嵌入式 Linux

驱动开发实践

朱文伟 李建英 / 著

清华大学出版社
北 京

内 容 简 介

人们日常生活中打交道最多的就是嵌入式系统,目前广泛使用的手机、MP3播放器、智能家用电器、无人机、自动驾驶汽车、机器人等都用到了嵌入式系统,嵌入式系统的开发占整个计算机系统开发的比重也越来越大。本书详细讲解嵌入式Linux驱动开发和设备端系统构建,并配套全书实例源代码和作者QQ答疑服务。

本书共分12章,内容包括嵌入式系统概述、搭建Linux安全开发环境、必会的嵌入式开发应用层技术、内核模块开发、字符设备驱动、驱动模块的并发控制、块设备驱动、Linux平台驱动、基于AArch64的内核和文件系统、设备树、I^2C驱动实战、SPI驱动实战。

本书适合作为嵌入式Linux驱动开发初学者的入门书,以及嵌入式Linux开发人员的参考书,也适合作为高等院校电子、通信、自动化、计算机等专业"嵌入式操作系统"课程的教材和教学参考书。

图书在版编目(CIP)数据

嵌入式 Linux 驱动开发实践/朱文伟,李建英著. —北京:清华大学出版社,2024.1
ISBN 978-7-302-64924-3

Ⅰ. ①嵌… Ⅱ. ①朱… ②李… Ⅲ. ①Linux 操作系统 Ⅳ. ①TP316.85

中国国家版本馆 CIP 数据核字(2023)第 224549 号

责任编辑:夏毓彦
封面设计:王　翔
责任校对:闫秀华
责任印制:杨　艳

出版发行:清华大学出版社
　　　　网　　　址:https://www.tup.com.cn, https://www.wqxuetang.com
　　　　地　　　址:北京清华大学学研大厦 A 座　　　　　　邮　　编:100084
　　　　社 总 机:010-83470000　　　　　　　　　　　　邮　　购:010-62786544
　　　　投稿与读者服务:010-62776969, c-service@tup.tsinghua.edu.cn
　　　　质量反馈:010-62772015, zhiliang@tup.tsinghua.edu.cn
印 装 者:北京嘉实印刷有限公司
经　　销:全国新华书店
开　　本:190mm×260mm　　　　　印　　张:23　　　　字　　数:621 千字
版　　次:2024 年 1 月第 1 版　　　　印　　次:2024 年 1 月第 1 次印刷
定　　价:89.00 元

产品编号:102865-01

前　言

随着超大规模集成电路的发展，计算机处理器技术不断提高，计算机芯片的处理能力越来越强，体积越来越小，计算机技术广泛应用到生活的方方面面。与人们日常生活打交道最多的就是嵌入式系统，从目前广泛使用的手机、MP3播放器、家用电器到无人机、自动驾驶汽车、机器人，嵌入式系统的应用无处不在。嵌入式系统的开发占整个计算机系统开发的比重也越来越大。

嵌入式系统开发与传统的计算机程序开发不同。嵌入式系统开发涉及软件和硬件的开发，是一个协同工作的统一体。目前，已经有许多的嵌入式系统硬件和操作系统软件，其中应用最广泛的是ARM/AArch64嵌入式处理器和Linux系统。

写作思路

嵌入式开发的涉及面很广，要在一本书中讲述所有内容是不可能的。可以这么说，如果谁看到某本书囊括很多内容，但篇幅又不大，那基本上是蜻蜓点水，毫无深度。嵌入式开发必须集中某个知识点学透相关知识，才能从事这方面的基本开发，然后在工作中不断提高。那应该如何进行学习呢？笔者的经验是分两大块来学，分别是主机端的驱动和设备端系统的构建。

通常嵌入式产品都会有一个主机端运行的用户程序（或称客户端），它通过主机端的驱动和设备端应用程序通信，指示设备端完成某个功能；而设备端也是一个Linux系统，它除运行设备端应用程序外，还要运行设备端驱动程序，以此让设备端应用程序和设备端的某个硬件设备通信。但初学者（比如，学生朋友）不可能购买所有的设备端硬件（费用太高）来学习设备端驱动，因此我们可以把学习驱动的过程放在主机端来，也就是在主机端的Linux虚拟机中学习驱动开发，一旦学会，以后转到设备端开发驱动程序大同小异，甚至只是换个编译器而已。

另外，笔者为了让初学者节省学习成本，把主机端的驱动开发也尽量做成虚拟驱动开发，也就是说没有硬件，不需要购买昂贵的开发板，也可以学习驱动开发。区别就是看不到实际硬件的工作结果，但我们可以用数据来表示，比如驱动模块收到上层发来的数据1，就表示灯亮了。在实际工作中，我们只需要替换调用一下厂家提供的硬件操作API函数即可，这些函数我们可以现学现用，没必要在初学阶段去掌握。

除驱动开发外，设备端的系统构建也是一个难点，幸运的是，我们依然可以使用QEMU这个软件来模拟一个开发板，并在QEMU上编译一个内核并启动这个内核，再加上文件系统，等等。这些步骤与实际在开发板上的操作区别不大。开发板最多就是多了一个Uboot（类似于计算机的BIOS）开机引导程序，而这个开机引导程序开发板厂家也是会提供的。

基于这两点（驱动和基于内核的系统构建），我们以此为重点贯穿本书，并给出较多的实例和详细的说明，相信读者能够快速进入嵌入式开发的大门。

源码资源下载

本书配套示例源码需要用微信扫描下面的二维码获取，也可按扫描出来的页面提示输入你的电子邮箱，把下载链接发送到邮箱中再下载。

如果在学习和下载资源的过程中遇到问题，可以发送邮件至booksaga@163.com，邮件主题写"嵌入式Linux驱动开发实践"。

作者答疑服务

如果在学习过程中遇到问题，也可以向作者写信或加作者QQ，作者联系方式参见下载资源中的相关文件。

作　者
2023年12月

目　　　录

第 1 章
嵌入式系统概述

在数字信息技术和网络技术高速发展的后PC时代，嵌入式系统因其体积小、可靠性高、功能强、灵活方便等优点，已经渗透到工业、农业、教育、国防、科研以及日常生活等各个领域，对各行各业的技术改造、产品更新换代、加速自动化进程、提高生产率等起到了极其重要的推动作用。同时，嵌入式Linux操作系统以其开放源代码、易于开发、功能强大、稳定、成本低等优势，迅速跻身于主流嵌入式开发平台。基于嵌入式Linux操作系统的研究和应用具有巨大的学术和商业价值。在嵌入式Linux系统的开发中，嵌入式设备种类繁多的特点，决定了不同的嵌入式产品在开发时都必须设计和开发自己的设备驱动程序。因此，嵌入式Linux设备驱动程序的开发在整个嵌入式系统开发工作中占有举足轻重的地位。

本章对嵌入式Linux系统的基本概念做一个阐述，让读者对嵌入式Linux系统有一个基本的感性认识。

1.1 嵌入式系统

嵌入式系统是目前发展最快的应用领域之一。嵌入式系统用在一些特定的专用设备上，通常这些设备的硬件资源非常有限，并且对成本很敏感，对实时性应用要求很高，特别是对于消费家电的智能化来说，嵌入式显得尤为重要。而当今又是智能设备和家电设备的大融合时代，嵌入式的发展也是日新月异。嵌入式的发展不仅需要大批量专业人才的加入，更需要整个嵌入式开发过程的更新和进步。

根据电气工程协会（IEEE）的定义，嵌入式系统是用来控制、监控或者辅助操作机器、装置、工厂等大规模系统的设备，这仅是功能上的定义，而更具一般性的定义是：嵌入式系统以应用为中心，以计算机技术为基础，软硬件可裁剪，适应应用系统对功能、可靠性、成本、体积、功耗严格要求的专用计算机系统。正是由于嵌入式系统的这种可剪裁和可定制性，才使得嵌入式硬件不具备通用性，从而导致嵌入式软件的开发依赖于硬件。

从上述定义可以看出，嵌入式系统是针对特定应用的软硬件综合体，其一般具备以下几方面的特征：

（1）嵌入式系统通常是面向用户、面向产品、面向特定应用的。

（2）嵌入式系统是先进的计算机技术、半导体技术以及电子技术与各个行业的具体应用相结合的产物。

（3）嵌入式系统必须根据应用需求对软硬件进行裁剪，满足应用系统的功能、可靠性、成本、体积等要求。

（4）嵌入式系统开发需要专门的开发工具和环境。

（5）为了提高执行速度和系统可靠性，嵌入式系统中的软件一般都固化在储存器芯片或单片机中。

嵌入式系统目前已经在许多领域被广泛使用，例如日常使用的电视机、冰箱、手机、平板电脑等，此外还有汽车、航空航天领域，如刹车系统、月球探测器、空间望远镜等，都需要嵌入式应用的支持。

1.2　Linux 操作系统

Linux操作系统核心最早是由芬兰的Linus Torvalds于1991年8月在芬兰赫尔辛基大学上学时发布的（Linux 0.11版），后来经过众多世界顶尖的软件工程师不断修改和完善，Linux得以在全球普及开来，在服务器领域及个人桌面领域得到越来越多的应用。

Linux是在GNU公共许可权限下免费获得的，是一款符合POSIX标准的多用户、多任务、支持多线程和多CPU的类UNIX操作系统。Linux以其高效性和灵活性著称。Linux模块化的设计结构使得它能够在价格昂贵的工作站上运行，也能够在廉价的计算机上实现全部的UNIX特性。Linux当前有很多发行版本，较流行的有Red Hat Linux、Debian Linux、RedFlag Linux等。

1.3　Linux 作为嵌入式操作系统的优势

在后PC时代，由于集成电路技术的飞速发展，嵌入式系统的开发从单片机时代进入一个"系统"开发的阶段，嵌入式操作系统也逐渐走上了历史舞台。从国内和国外来看，嵌入式操作系统主要有Windows CE、VxWorks、pSOS、Palm OS等。Linux是一个成熟、稳定的操作系统，由于其在嵌入式开发方面具有其他操作系统无可比拟的优势，经过这几年的发展，已迅速跻身主流嵌入式开发平台，并以每年100%的用户递增数量显示其强大的力量。Linux作为嵌入式操作系统的优势在于：

（1）Linux是开放源代码的免费软件。只要遵守GPL的规定，就可以免费获得Linux内核和其他自由软件的源代码，采用Linux操作系统构建嵌入式系统，可以大大降低开发成本和周期。此外，由于拥有源代码，开发人员可以针对特定的应用来修改Linux内核和软件的源代码，更好地进行开发工作。

（2）Linux具有完善的文档和广泛的技术支持。Linux是互联网充分发展的产物，在网上能够找到许多关于Linux的文档以及强大的技术支持。

（3）Linux内核功能强大，性能高效、稳定。Linux的内核非常稳定，它的高效和稳定性已经在各个领域，尤其是在网络服务器领域得到了事实上的验证。

（4）Linux能够支持多种体系结构，是支持微处理器种类最多的操作系统。目前，Linux已经被移植到数十种硬件平台上，几乎所有主流的硬件平台，如X86、ARM、PPC、MIPS、ALPHA、SPARC等，Linux都支持。

（5）Linux拥有强大的网络功能。随着嵌入式系统的发展，嵌入式系统与Internet结合得越来越紧密。与其他操作系统相比，Linux在网络方面具有较大的优势，基本上所有的网络协议和网络接口都可以在Linux上找到。

（6）Linux大小和功能可定制。Linux继承了UNIX的优秀设计思想，内核与用户界面完全独立，各部分的可定制性很强，可以按照需求进行定制和配置，这对于硬件资源有限的嵌入式系统来说是一个理想的选择。

总之，嵌入式Linux操作系统非常适合用于构建嵌入式系统，但由于Linux是一种通用的操作系统，而不是一个真正的实时操作系统，内核不支持事件优先级和抢占实时特性（2003年年底推出的Linux 2.6内核实现了一定程度上的可抢占性），因此也存在着硬实时性、体积庞大等问题。

由于Linux具有免费开源的特性和嵌入式Linux广阔的市场前景，因此针对上述问题的研究具有巨大的学术和商业价值，国内外不少大学、研究机构和公司都纷纷加入嵌入式Linux的研究开发中，目前国际上对嵌入式Linux的研究开发主要集中在以下几个方面：

- 实时性：在数据采集、控制、音/视频等设备中，对操作系统的实时性有比较高的要求。Linux 并不是一个实时操作系统，因而必须提高实时性以满足这些设备的要求。
- 内核裁减：嵌入式设备资源有限，对软件的体积有比较苛刻的要求。由于 Linux 是单一模块结构，体积较大，不适合直接在嵌入式设备中应用。许多厂商致力于开发符合原 Linux 接口标准的小体积 Linux 内核，并加强其可裁减性和可配置性。
- 集成开发环境：提供完整的集成开发环境是每一个嵌入式系统开发人员所期待的。一个完整的嵌入式系统的集成开发环境一般由编译器、连接器、内核调试/跟踪器和集成图形界面开发平台组成。目前嵌入式 Linux 还没有比较完善的集成开发环境，特别是基于图形界面的特定系统定制平台的研究上，与 Windows 操作系统相比还存在差距。因此，要使嵌入式 Linux 在嵌入式操作系统领域中的优势更加明显，整体集成开发环境还有待提高和完善。

从国家战略目标与产业发展来看，嵌入式软件特别是嵌入式操作系统是实现传统制造业转型与提升的关键技术，它对整体提升我国制造业的竞争能力、大幅度地增强我国软件自主创新能力意义重大。但是，我国当前嵌入式系统研究和开发的整体水平不高，与国际领先水平还有较大的差距，国内的嵌入式设备生产商大多数还是采用国外的商用嵌入式操作系统。而免费开源的Linux在嵌入式领域的发展为我国发展自己的嵌入式操作系统，扭转PC机软件市场的被动局面提供了难得的机遇，也为振兴国内软件行业找到了最佳的突破口。

设备驱动程序在Linux内核中扮演着特殊的角色，它是进入Linux内核世界的大门。对嵌入式Linux设备驱动的研究有助于深入理解嵌入式Linux内核代码。此外，硬件必须有配套的驱动程序才能正常工作。由于嵌入式设备种类繁多的特点，决定了不同的嵌入式产品在开发时都必须设计自己的设备驱动程序,使得设备驱动程序的开发在整个嵌入式系统开发工作中占有举足轻重的地位。因此，对嵌入式Linux设备驱动的研究是一个很好的技术方向，具有重要的社会和商业价值。

1.4　嵌入式系统的开发流程

目前嵌入式开发从开始立项到最终结束，大致可以分为如下几个部分：需求分析，硬件设计，驱动开发，应用程序开发、整合和调试。在这个流程中，每一步都依赖于之前的步骤，硬件的开发进度很大程度上影响软件的开发。嵌入式开发作为开发过程中比较靠后的位置，其进度严重地依赖软件开发之前的步骤。这种情况不仅影响嵌入式系统的开发周期，对于整个嵌入式项目的管理也是非常困难的事情。

自从集成电路技术出现以来，嵌入式设备得到了迅速的应用，特别是最近几年来，手机和平板电脑得到了长足的发展，这使得嵌入式技术的发展吸引了大量的开发者参与其中。嵌入式系统可以分为有操作系统和无操作系统两大类。嵌入式系统中的操作系统（简称嵌入式操作系统）由于其源码可修改、可定制的特性，使其在嵌入式开发中应用得越来越广泛。嵌入式操作系统为嵌入式软件开发提供了一个统一的平台，在一定程度上缓解了嵌入式应用程序开发中应用程序对底层硬件的依赖。嵌入式操作系统对底层硬件进行一定的抽象，并为上层的应用程序提供了统一的接口，让千差万别的硬件在应用程序看来都是类似的设备。在操作系统中，完成这一艰巨任务的就是硬件抽象层（Hardware Abstract Layer，HAL）。

硬件抽象层是Linux中用于抽象底层硬件，并向上层应用程序提供统一接口的软件。硬件抽象层对同一类硬件进行抽象，向上层提供统一的接口，使应用程序开发人员不需要学习底层的硬件知识，就可以通过统一的接口实现和硬件的交互。这一层的好处是减少了程序员的学习成本，提高了开发效率。

Linux操作系统和硬件抽象层协同工作，屏蔽硬件细节，提供统一接口，使得应用程序不需要修改，就可以把通用设备上开发的应用程序，轻松移植到嵌入式设备上，这也是Linux能成为最流行的嵌入式操作系统的一个重要原因。由于操作系统和硬件抽象层的出现，使得应用程序和硬件设计同时进行成为可能。但是，在实际应用中，很多嵌入式设备的硬件都是定制的，很多硬件在通用的计算机上并不存在。所以，在没有硬件的情况下，虽然操作系统能够提供统一的接口，但由于没有硬件的支持，因此程序写出来无法进行调试。另一方面，嵌入式开发基本上都是以交叉开发来完成的，在没有硬件的情况下，即使程序能够编译成功，也不能看到运行结果，这对于软件的开发是不利的。

因此，本书不少实例使用虚拟驱动来解决这个问题，用虚拟驱动来模拟嵌入式的硬件，使得软件开发可以在没有硬件支持的情况下进行编写和调试，并提供了一定的扩展性，程序员可以添加一些自定义的新的虚拟设备。此外，本书还将详细介绍基于虚拟化平台QEMU的嵌入式开发，本质上也可以解决这个问题。

学习嵌入式开发不是一件容易的事情，不像学C语言那样，一上来就进入实战环节，这不现实。所以我们用一章的篇幅介绍理论，让读者有一个"感性"的认识，知道这个领域要学哪些内容。

1.5　嵌入式 Linux 系统的体系结构

嵌入式Linux系统有两层含义：狭义的嵌入式Linux系统指的是嵌入式Linux操作系统，广义的嵌入式Linux系统指的是基于嵌入式Linux操作系统构建的嵌入式系统。嵌入式系统主要分为两大部分：嵌入式硬件和嵌入式软件。嵌入式系统体系结构如图1-1所示。

嵌入式硬件部分主要由嵌入式处理器、储存器、I/O端口和外围设备构成；嵌入式软件部分主要由嵌入式操作系统、设备驱动和嵌入式应用软件构成。

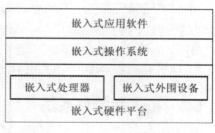

嵌入式应用软件	
嵌入式操作系统	
嵌入式处理器	嵌入式外围设备
嵌入式硬件平台	

图 1-1

1.5.1　嵌入式处理器

嵌入式系统的核心是各种类型的嵌入式处理器，嵌入式处理器与通用处理器最大的不同点在于，嵌入式处理器大多工作在为特定用户群所设计的系统中，它将许多板卡上的接口电路集成到芯片内部，从而有利于嵌入式系统趋于小型化，同时还具有很高的效率和可靠性。嵌入式处理器可以分为以下几类：

（1）嵌入式微处理器（Embedded Microprocessor Unit，EMU）。嵌入式微处理器的基础是通用计算机中的CPU。在应用中，将微处理器装配在专门设计的电路板上，只保留和嵌入式应用有关的母板功能，这样可以大幅度减小系统体积和功耗。嵌入式微处理器目前主要有ARM、Power PC、MIPS、Am186/88、386EX、68000等系列。

（2）嵌入式微控制器（Micro Controller Unit，MCU）。嵌入式微控制器一般以某一种微处理器内核为核心，芯片内部集成ROM/EPROM、RAM、I/O、串口、脉宽调制输出、A/D、D/A、Flash RAM等各种必要功能和外设。嵌入式微控制器目前主要有8051、P51XA、MCS-96/196/296、C166/167、MC68HC05/11/12/16等系列。

（3）数字信号处理器（Digital Signal Processor，DSP）。数字信号处理器对系统结构和指令进行了特殊设计，使其适合执行DSP算法，编译效率较高，指令执行速度也较快，在数字滤波、快速傅里叶变换、频谱分析等方面得到了大量应用。嵌入式数字信号处理器比较有代表性的产品是TI的TMS320系列和Motorola 的DSP56000系列。

（4）嵌入式片上系统（System On Chip）。嵌入式片上系统指的是在单个芯片上集成一个完整的系统。所谓完整的系统，一般包括中央处理器、存储器以及外围电路等。通用的SOC系列包括Infineon的TriCore、Motorola的M-Core以及Echelon和Motorola联合研制的Neuron芯片等。

1.5.2　嵌入式外围硬件设备

嵌入式外围设备是指在一个嵌入硬件系统中，除中心控制部件（EMU、MCU、DSP、SOC）外的完成存储、通信、保护、调试、显示等辅助功能的其他部件。根据外围设备的功能，主要可分为以下三类。

（1）存储设备类：静态易失型存储器（RAM、SRAM）、动态存储器（DRAM）、非易失型存储器（ROM、EPROM、EEPROM、FLASH）。其中，FLASH以可擦写次数多、存储速度快、容量大、价格便宜等优点在嵌入式领域中有着广泛的应用。

（2）通信设备类：目前存在的大多数通信设备在嵌入式领域中都有着广泛的应用，其中RS232接口（串行通信接口）、IrDA接口（红外线接口）、I^2C总线接口（现场总线接口）、USB接口（通用串行总线接口）和Ethernet接口（以太网接口）应用较广泛。

（3）显示设备类：CRT、LCD/LED和触摸屏等外围显示设备。

1.5.3　嵌入式操作系统

嵌入式操作系统是一种用途广泛的系统软件，负责嵌入式系统的全部软、硬件资源的分配，调度、控制和协调各部件的工作。嵌入式操作系统与一般操作系统相比，在系统的实时高效性、硬件的相关依赖性、软件固化以及应用的专用性等方面具有较为突出的特点。一般情况下，嵌入式操作系统可以分为两类：一类是面向控制、通信等领域的实时操作系统，如VxWorks、pSOS、QNX等；另一类是面向个人数字助理（Personal Digital Assistant，PDA）、移动电话、机顶盒等消费电子产品的非实时操作系统，如Windows CE、嵌入式Linux、Palm OS等。

1.5.4　设备驱动

在Linux内核中，设备驱动程序是一个个独立的“黑盒子”，使某个特定硬件响应一个定义良好的内部编程接口，这些接口完全隐藏了设备的工作细节。用户的操作通过一组标准化的调用执行，设备驱动负责将这些调用映射到作用于实际硬件设备特有的操作上。

1.5.5　嵌入式应用软件

嵌入式应用软件是针对特定应用领域，基于某一固定的硬件平台，用来达到用户预期目标的计算机软件。嵌入式应用软件和普通应用软件有一定的区别，不仅要求其准确性、安全性和稳定性等方面能够满足实际应用的需要，还要尽可能地进行优化，以减少对系统资源的消耗，降低硬件成本。

1.6　嵌入式 Linux 系统的设计与实现

嵌入式系统的开发涉及两个方面：硬件部分与软件部分。硬件部分提供整个系统开发可见的或可触摸的“实体”，而软件部分则提供这个“实体”内部的功能逻辑，本章我们的目标集中在嵌入式Linux系统的软件开发上面。嵌入式Linux系统从软件的角度来看通常可以分为4个层次：

（1）引导加载程序，包括固化在固件（Firmware）中的启动代码（可选）和Bootloader（引导加载程序）两大部分。

（2）嵌入式Linux内核，包括特定于嵌入式开发板的定制内核以及控制内核引导系统的参数。

（3）文件系统，包括根文件系统（RamDisk）和建立于Flash之上的文件系统。

（4）用户应用程序，特定于用户的应用程序，有时还包括一个嵌入式图形用户界面。

针对以上4个软件层次，构建一个嵌入式Linux系统的基本步骤如下：

（1）搭建嵌入式Linux开发环境。

（2）根据开发板的硬件配置编写Bootloader。

（3）裁减和编译嵌入式Linux内核。

（4）编写设备驱动程序和嵌入式Linux应用程序。

（5）构建嵌入式Linux根文件系统。

1.7　Linux 操作系统内核

Linux源代码的开放性为修改和更新标准Linux内核代码，开发适合目标平台的嵌入式Linux内核以及驱动程序提供了良好的机会，但这一切都必须建立在熟悉Linux内核结构和工作原理的基础之上。

1.7.1　Linux内核的组成

Linux是采用模块化程序设计方法开发的单内核结构的操作系统，可将Linux内核按功能划分为5个部分：进程管理、内存管理、文件系统、设备控制和网络，如图1-2所示。

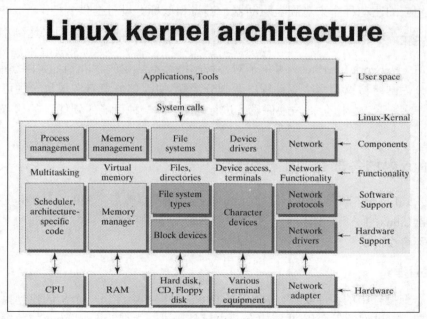

图 1-2

这里，笔者故意画了一幅英文图，笔者觉得，学Linux，常用的Linux相关的英文单词必须知道，因为你以后查国外技术资料时，这些单词都是经常会碰到的。

1. 进程管理

进程管理（Process Management）模块负责创建和销毁进程，并且采用合适的调度策略对进程进行调度，控制进程对CPU的访问，使得各个进程能够公平合理地访问CPU，同时保证内核能够及时地执行硬件操作。除此之外，进程管理还支持进程间各种通信机制。

2. 内存管理

内存管理（Memory Management）模块用于确保所有进程能够安全地共享机器主内存区，同时内存管理模块还支持虚拟内存，将暂时不用的内存数据块交换到外部存储设备上去，当需要时再交换回来，这样使得Linux的进程可以使用比实际内存空间更多的内存容量。内存管理从逻辑上分为硬件无关部分和硬件相关部分。硬件无关部分提供了进程的映射和逻辑内存的对换，硬件相关的部分为内存管理硬件提供了虚拟接口。

3. 文件系统

文件系统（File System）管理模块用于管理挂接在系统上的文件系统以及文件。Linux虚拟文件系统（Virtual File System，VFS）通过向所有外部存储设备提供一个通用的文件接口，隐藏了各种硬件设备的不同细节，从而提供并支持多达数十种不同的文件系统。

4. 设备驱动（Device Driver）

几乎每一个系统操作最终都会映射到物理设备上。除CPU、内存以及其他有限的几个对象外，所有设备控制操作都由与被控制相关的代码（驱动程序）来完成。内核通过为系统中的每个外设嵌入相应的驱动程序来对硬盘驱动器、键盘和鼠标等设备提供支持。

5. 网络接口

网络接口（Network Interface）提供了对各种网络标准协议的存取和各种网络硬件的支持。网络接口可分为网络协议和网络驱动程序两部分。网络协议部分负责实现每一种可能的网络传输协议，网络设备驱动程序负责与硬件设备进行通信，每一种可能的硬件设备都有相应的设备驱动程序。

1.7.2　Linux内核各部分的工作机制

由于嵌入式Linux内核是通过对标准Linux进行裁减和修改后得到的，因此其支持的功能一般来说是标准Linux的子集，但作为一个操作系统，对于进程管理、内存管理和文件系统管理的支持是必不可少的。

1. 进程管理

进程是一个执行中的程序实例，在Linux中每个进程都会经历一个从创建到执行，再到消亡的生命周期。在进程的生命周期中，Linux内核是通过一个名为task_struct的数据结构来描述进程的。task_struct也称为进程控制块（Process Control Block，PCB）或进程描述符（Process Descriptor，PD），其中保存着用于控制和管理进程的所有信息（进程调度信息、进程间通信信息、文件系统信息、虚拟内存信息等）。

Linux内核可使用系统调用fork()、clone()和vfork()来创建一个进程，这三个系统调用都会以不同的参数调用do_fork()。do_fork()完成了进程创建中的大部分工作，其运行的大致流程如下：

（1）调用alloc_task_struct()为新进程分配两个连续的物理页面，用作task_struct和系统空间堆栈，然后将父进程的task_struct复制到新分配的空间中。

（2）将新的子进程状态设置为TASK_UNINTERRUPTIBLE，以保证它不会投入运行。

（3）调用copy_flags()以更新task_struct的flags成员。

（4）调用getpid()为新进程获取一个有效的PID，再初始化task_struct相应的字段。

（5）根据参数标志，调用copy_files()、copy_fs()、copy_sighand()和copy_mm()来复制或共享打开的文件、文件系统信息、信号处理函数和进程地址空间等。

（6）将父进程的task_struct结构中的counter值（进程的运行时间配额）分成两半，父子进程各一半。

（7）再调用SET_LINKS()将子进程的task_struct结构链入内核的进程队列，然后通过hash_pid()将其挂入可执行进程等待调度。

（8）新的子进程执行后一般会调用exec()函数执行一个新的程序。

Linux中的进程被创建后就进入了执行阶段，进程的执行状态及其转换如图1-3所示。

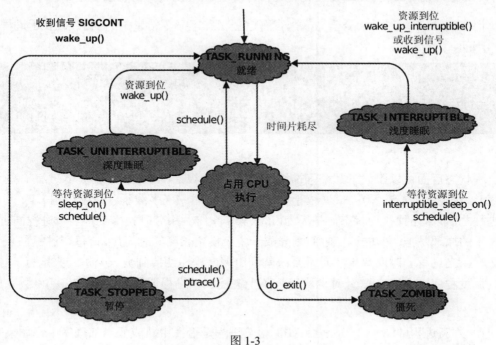

图 1-3

在Linux中，进程状态可以分为R（正在运行，或在就绪队列中的进程）、D（不可中断）、S（处于休眠状态）、T（停止或被追踪）、Z（僵尸进程）、X（死掉的进程）这5个状态。

- R 状态：R 是 Runnable 或 Running 的缩写，表示进程在 CPU 的就绪队列中，正在运行或者正在等待运行，对应图 1-3 中的“就绪”和“占用 CPU 执行”。也就是说，R 状态并不意味着进程一定在运行中（并不一定在使用 CPU），它表明进程要么是在运行中，要么在运行队列中。
- D 状态：磁盘休眠（Disk Sleep）状态有时候也叫不可中断睡眠状态（Uninterruptible Sleep），在这个状态的进程通常会等待 IO 结束。该状态是一种深度睡眠，一般表示进程正在跟硬件交互，并且交互过程不允许被其他进程或中断打断。比如往磁盘中写数据，不可以随便终止进程，进程需要接受磁盘返回的信息，对应图 1-3 中的“深度睡眠”。
- S 状态：S 是 Sleeping 的缩写，也就是睡眠状态，意味着进程在等待事件完成，这里的睡眠有时候也叫作可中断睡眠（Interruptible Sleep），也就是可以随时被终止，接收中断信号，是一种浅度睡眠，比如调用 sleep 函数可以随时被终止，对应图 1-3 中的浅度睡眠。
- T 状态：T 表示 Stopped，也就是停止状态，可以通过发送 SIGSTOP 信号给进程来停止进程。这个被暂停的进程可以通过发送 SIGCONT 信号让进程继续运行，对应图 1-3 中的暂停。
- I 状态：I 是 Idle 的缩写，也就是空闲状态，用在不可中断睡眠的内核线程上。硬件交互导致的不可中断进程用 D 表示，但对某些内核线程来说，它们有可能实际上并没有任何负载，用 Idle 正是为了区分这种情况。要注意，D 状态的进程会导致平均负载升高，I 状态的进程却不会。
- Z 状态：Z 是 Zombie 的缩写，它表示僵尸进程，也就是进程实际上已经结束了，但是父进程还没有回收它的资源（比如进程的描述符、PID 等），对应图 1-3 中的僵死。

我们在Linux下可以用命令ps -aux来查看进程状态，命令结果中的列STAT表示进程状态，如图1-4所示。

```
root@bush-virtual-machine:~# ps -aux
USER         PID %CPU %MEM    VSZ   RSS TTY      STAT START   TIME COMMAND
root           1  0.1  0.2 167528 11372 ?        Ss   10:18   0:04 /sbin/init sp
root           2  0.0  0.0      0     0 ?        S    10:18   0:00 [kthreadd]
root           3  0.0  0.0      0     0 ?        I<   10:18   0:00 [rcu_gp]
root           4  0.0  0.0      0     0 ?        I<   10:18   0:00 [rcu_par_gp]
```

图 1-4

进程状态后面可以跟如下几个修饰符：<（高优先级）、N（低优先级）、L（有些页被锁进内存）、s（包含子进程）、+（位于后台的进程组）、l（多线程，克隆线程）。

进程之所以有5种执行状态，是因为Linux操作系统利用分时技术支持多个进程同时运行。分时技术的原理是把CPU的运行时间划分成一个个规定长度的时间片，让每个进程在一个时间片内运行，当进程的时间片用完时，系统就利用调度程序切换到另一个进程来运行。Linux内核通过调度程序schedule()来分时调度运行各个进程。在进程调度时，schedule()函数完成的主要工作是：

（1）判断进程的active_mm是否为0，检查进程是否在中断或低半部程序中，如果是，则会出错。

（2）调用signal_pending()判断是否有信号发送给处于等待状态的当前进程，如果有，则将其唤醒，如果没有，则将其从运行队列中删去。

（3）遍历可执行队列中的各个进程，为每个进程调用goodness()，计算出其当前具有的权值，最后找到队列中权值最高的那个进程，若该进程的权值不为0 则将获得CPU，若该进程的权值为0，则要重新计算所有进程的时间配额。

（4）选出权值最高的进程后，schedule()最后会调用switch_to()对进程进行切换。switch_to()主要通过堆栈的切换和程序执行的切换来完成进程的切换。

当一个进程完成自己的使命后，会通过调用exit()或者从某个程序的主函数返回这两种方式进入消亡阶段，内核必须释放它所占用的资源并通知其父进程，大部分的工作都是由do_exit()来完成的，其完成的工作主要有：

（1）将task_struct中的标志成员设置为PF_EXITING，调用acct_process()来输出统计信息。

（2）调用__exit_files()、__exit_fs()、__exit_sighand()和__exit_mm()分别递减文件描述符、文件系统数据、信号处理函数和进程地址空间的引用计数。如果其中某些引用计数降为0，则代表没有进程在使用相应的资源，可以彻底释放。

（3）调用exit_notify()向父进程发送信号，通知父进程处理相关事务，并且将进程状态设置为TASK_ZOMBIE。

（4）调用schedule()切换到其他的进程，由于进程的状态为TASK_ZOMBIE，因此进程将永远不会从schedule()中返回。父进程被唤醒后会遍历其子进程的状态，若发现有状态为TASK_ZOMBIE的子进程，则调用release_task()释放子进程残存的资源。

2．内存管理

内存是计算机系统中最重要的资源之一，内存管理子系统是Linux内核的重要组成部分。Linux的内存管理主要包括物理内存的管理和虚拟内存的管理。

为了有效地使用机器中的物理内存，Linux内核将内存划分成几个功能区域，如图1-5所示。

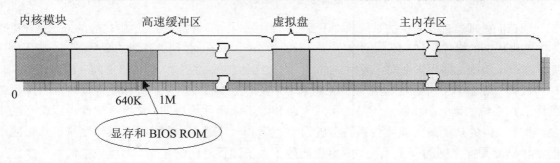

图 1-5

其中，Linux内核程序占据在物理内存的开始部分，接下来是用于供硬盘等块设备使用的高速缓冲区部分。当有一个进程需要读取块设备中的数据时，系统会首先将数据读到高速缓冲区中；当有数据需要写到块设备上去时，系统也是先将数据放到高速缓冲区中，然后由块设备的驱动程序写到设备上。最后的部分是供所有进程可以随时申请使用的主内存区。所有程序在使用主内存区之前，都要首先向内核的内存管理子系统提出申请。

Linux内核支持多个进程同时运行，但内存是一种很有限的资源，它通常容纳不下系统中的全部活动进程。内存管理子系统利用了虚拟内存技术来解决这个问题，以满足活动进程所需的内存空间。虚拟内存通过使用磁盘作为RAM的扩展，而使系统看起来有多于实际内存的内存容量。Linux内核利用地址映射机制、内存分配回收机制、缓存和刷新机制、请求页机制、交换机制和内存共享机制来实现虚拟内存。内存管理程序通过映射机制把用户程序的逻辑地址映射到物理地址。当用户程序运行时，如果发现程序中要用的虚地址没有对应的物理内存，就发出了请求页要求。如果有空闲的内存可供分配，就请求分配内存，并把正在使用的物理页记录在缓存中。如果没有足够的内存可供分配，那么就调用交换机制，腾出一部分内存。另外，在地址映射中要通过翻译后援存储器（Translation Lookaside Buffer，TLB）来寻找物理页；交换机制中也要用到交换缓存，并且把物理页内容交换到交换文件中，也要修改页表来映射文件地址。

3. 文件系统管理

Linux内核利用虚拟文件系统支持很多不同的逻辑文件系统和很多不同的硬件设备。虚拟文件系统对用户隐去了各种不同文件系统的实现细节，为用户程序提供了一个统一的、抽象的、虚拟的文件系统界面，此界面的主体为file_operation、dentry_operations、inode_operations和super_operations结构，它们是代表着文件系统的逻辑文件操作、目录操作、物理文件操作和文件系统超级块操作的函数跳转表，用来指向具体文件系统实现的入口函数。文件管理子系统向用户提供系统调用mount()和umount()来实现文件系统的安装和拆卸。mount()负责将一个可访问的块设备安装到一个可访问的节点上，而umount()则负责把已经安装的设备拆卸下来。

1.8　Linux 设备驱动程序

1.8.1　Linux设备驱动概述

现在的处理器都具有保护系统软件不受应用程序破坏的功能，实现这个功能的方法是在处理器中实现不同的操作级别，不同的级别具有不同的功能，Linux使用处理器的两种级别，应用程序运行在最低级别，即用户空间（或用户态），内核运行在最高级别，即内核空间（或内核态）。

任何一个嵌入式系统都是由硬件系统和软件系统组成的。硬件系统和软件系统的协同保证了嵌入式系统的运行。硬件系统是由集成电路和电子元器件构成的，是所有软件得以运行的平台，程序代码的功能最终靠硬件系统上的组合逻辑和时序逻辑电路实现。操作系统是介于应用程序和机器硬件之间的一个系统软件，它掩盖了系统硬件之间的差别，为用户提供了一个统一的应用编程接口。操作系统和应用程序构成了软件系统，应用程序通过应用编程接口使用操作系统提供的服务。而设备驱动程序是操作系统和硬件之间的接口，它为应用程序屏蔽了硬件的细节，使得应用程序只需要调用操作系统的应用编程接口就可以让硬件来完成要求的工作。

不同种类、型号和厂家的设备都有自己的特性。要支持某种设备，就必须提供这种设备的控制代码，如果要把所有设备的驱动程序都写在操作系统内核中，就必然会使内核变得过分庞大，这不利于内核的开发和维护。解决这个问题需要两步：第一步把驱动程序从内核中分离；第二步是在内核和驱动程序之间定义一个统一的接口，双方通过这个接口通信。

因此，对Linux内核来说，驱动程序是一个设备的代表。当Linux内核需要与某个设备通信时，内核首先找到该设备的驱动程序，然后通过标准的接口调用驱动程序的相应函数完成与设备的通信。

由于定义了内核和驱动程序之间的接口，因此驱动程序的开发变得相对容易。设备驱动程序就是对内核和驱动程序之间的接口函数的实现。硬件厂商和第三方用户都可以开发自己的驱动程序。设备驱动程序由一些私有数据和一组函数组成，它是Linux内核的一部分，设备通过驱动程序与内核其他部分交互。

Linux内核中有许多不同的设备驱动程序，而且其数量还在不断增长，所有的驱动程序都有一些共同的特点：

（1）设备驱动程序运行在内核态，是内核的一部分。如果驱动程序发生错误，就会导致很严重的后果，甚至系统崩溃。

（2）实现标准的内核接口，设备驱动程序必须向Linux内核或它所在的系统提供一组函数来实现这些标准的内核接口函数。

（3）使用标准的内核服务。虽然驱动程序运行在内核态，但是它不能使用所有的内核服务，可以使用的内核服务也必须定义在一个接口函数中。

（4）可装载、可配置。这样可以减少内核的大小，节约系统资源。

初始化配置程序、I/O程序和中断服务程序是Linux下的设备驱动程序的三个主要组成部分。初始化配置程序检测硬件存在与否，能否正常工作，在可以正常工作的前提下初始化硬件。用户空间函数通过I/O程序完成数据的通信。应用程序进行的系统调用是该部分程序完成的。Linux内核负责用户态与内核态的切换。中断服务程序是硬件产生中断后被内核调用的一段程序代码，因为中断产生时Linux内核有正在运行的进程，所以中断服务程序禁止依赖进程的上下文。

1.8.2 设备驱动的功能

设备驱动程序是应用程序和实际设备之间的一个软件层，它向下负责和硬件设备的交互，向上通过一个通用的接口挂接到文件系统上，从而使用户或应用程序可以按操作普通文件的方式访问控制硬件设备。作为Linux内核的重要组成部分，设备驱动程序主要完成以下功能：

（1）对设备初始化和释放。
（2）把数据从内核传送到硬件和从硬件读取数据。
（3）读取应用程序传送给设备文件的数据和回送应用程序请求的数据。
（4）检测错误和处理中断。

1.8.3 设备的分类

Linux内核对设备进行分类管理，共有三类：字符设备（Character Device）、块设备（Block Device）和网络设备（Network Device也称网络接口（Network Interface）。每类设备驱动程序都向内核提供通用接口，内核使用这些通用接口与设备进行通信。

- 字符设备：字符设备只能顺序存储或者传输不定长数据。一些字符设备不使用缓存技术并以字节为单位处理数据。另一些在内部缓冲数据，一次可以传输多字节数据。Linux 内核把字符设备看成是可顺序访问的字节流。常见的字符设备有串口、键盘、触摸屏等。
- 块设备：按可寻址的块为单位（大小从 512B 到 32KB）进行数据处理的设备。块设备使用缓冲技术并允许随机访问。常见的块设备有硬盘、光盘驱动器等。
- 网络设备：网络设备是通过套接口访问的设备，它负责数据包的发送和接收。网络设备不对应任何设备文件，内核设备按照 UNIX 标准给网络设备分配一个名字（如 eth0）。

1.8.4 驱动的分类

前面提到，Linux内核把设备分为三类，相应地，设备驱动程序也分为三类，分别是字符设备驱动程序、块设备驱动程序和网络设备驱动程序。字符设备是以字节为单位逐个进行I/O操作的设备，在对字符设备发出读写请求时，实际的硬件I/O紧接着就发生了，一般来说字符设备中的缓存是可有可无的，而且也不支持随机访问。块设备主要是针对磁盘等慢速设备设计的，其目的是避免耗费过多的CPU时间来等待操作的完成。它利用一块系统内存作为缓冲区，当用户进程对设备进行读写请求时，驱动程序先查看缓冲区中的内容，如果缓冲区中的数据能满足用户的要求就返回相应的数据，否则调用相应的请求函数来进行实际的I/O操作。网络设备是一个能够和其他主机交换数据的设备，它通常是个物理设备，但也可能是个软件设备，如回环（Loopback）设备。网络设备驱动程序负责驱动设备发送和接收数据包。除设备类型外，内核还使用了一个主设备号和一个次设备号来唯一标识设备，主设备号标识了设备对应的驱动程序，而次设备号仅由驱动程序解释，一般用于识别在若干可能的硬件设备中，I/O请求所涉及的那个设备。

Linux操作系统分为用户态和内核态，驱动程序作为应用软件访问硬件的接口部件，具有连接用户态和内核态的功能，并能利用Linux提供的通信技术帮助应用程序和内核代码进行通信。在Linux操作系统中，最常见的用户态访问内核态的方式是系统调用，Linux操作系统向应用程序提供了一系列的函数接口用于内核态访问。

在Linux的世界里，所有东西都被看作文件，当然这也包括设备。Linux通过HAL的抽象把所有的硬件设备都看作文件，对硬件设备的操作也被抽象成对文件的读写，每个设备都被抽象成一个设备文件。Linux支持多种文件系统，设备文件系统（devfs）是专门处理设备文件而产生的，Linux为了给用户统一的文件接口，又对文件系统进行抽象，把所有的文件操作抽象出来，形成虚拟文件系统（Virtual File System，VFS），虚拟文件系统给用户提供了统一的文件操作接口。

在Linux操作系统中，添加内核代码有两种方式，一种是把代码直接编译到内核中，这样每次启动内核，这部分代码都会被加载到内存中；另一种方法是以模块的方式动态地加载到内核中：把代码编译成模块的形式，在需要的时候才加载到内核中，在不需要的时候卸载出来，这样的设计能够保证内核代码的纯洁性，由于模块可以单独编译，这就使得内核可以快速进行编译，此外，由于可以在不重新启动内核的情况下把一个模块加载、卸载多次，因此对模块进行调试也比对内核进行调试效率要高得多。

　　Linux为常见的硬件都提供了框架，在框架的基础上编写驱动程序可以大大减少编写程序的工作量。Linux把同类硬件设备操作上的共性提取出来，形成了设备驱动框架，设备驱动框架屏蔽了大量重复的编码工作，驱动开发者只需要针对每个硬件之间不同的部分编写代码就可以实现对硬件的控制。如下所示，把一个灯点亮的语句为：

```
echo 1 > /sys/class/leds/red_1/brightness
```

　　以上语句是向名为/sys/class/leds/red_1/brightness的文件中写入数值1，这条语句会导致下面一系列的过程调用。

　　（1）系统调用，向文件中写入1的shell命令，会被转换成对brightness文件的open的系统调用，并通过write系统调用向该文件中写入1。这个过程和在Linux编程中向普通的文件中写入数据十分类似。这个过程是用户态程序通过系统调用完成对文件的写操作，其中使用了系统调用技术。

　　（2）虚拟文件系统，shell程序通过open、write对文件进行操作时，open和write都是Linux的库函数，是用户态程序，而在库函数中最终会调用sys_open、sys_write等系统调用。Linux为文件操作提供了一套系统调用的接口，其中包括sys_open、sys_write、sys_close、sys_write等。这些sys_xxx就是由虚拟文件系统提供的文件访问接口。

　　Linux驱动框架如图1-6所示。

　　（3）文件系统，sys_write函数最终要把数据写到具体的文件系统中，而前面所提到的brightness所在的文件系统名为sysfs，这种文件系统和devfs类似，是Linux中比较新的设备文件系统。虚拟文件系统中的sys_write函数最终会调用挂载在其上的sysfs文件系统中的函数。

　　（4）具体的文件节点，write函数会查找文件/sys/class/leds_1/brightness，并向这个文件中写入数据。

　　（5）硬件抽象层（Hardware Abstraction Layer，HAL），向sysfs中的brightness文件写入数据，实际上就相当于向硬件抽象层中写入数据，在这里，硬件抽象层把点亮LED灯的操作抽象成向代表LED灯的brightness文件写入数据1，而把熄灭LED的操作抽象成向LED灯的brightness文件写入数据0，这样就屏蔽了底层的硬件细节，对于LED灯这样简单的硬件来说，底层的实现细节也可能是不同的，比如，可以通过GPIO来控制灯，也可以通过脉冲宽度调制（Pulse Width Modulation，PWM）来控制灯，这完全取决于硬件是如何设计的。有些高级的控制也可能会用到，例如通过brightness_set和brightness_get文件可以控制灯的亮度。

　　（6）设备驱动，设备驱动链接硬件抽象层和具体的硬件。设备驱动需要针对不同的硬件进行开发，每种硬件的控制是不同的。对于LED设备驱动来说，硬件抽象层规定，设备驱动需要实现brightness_set和brightness_get这两个程序接口，硬件抽象层通过回调机制在适当的时候调用这两个函数实现对硬件设备的控制。

　　经过以上步骤的分析，说明要写一个高质量的设备驱动，不仅需要了解系统底层硬件信息，还需要熟悉从虚拟文件系统到文件系统以及硬件抽象层等多个部件的原理。

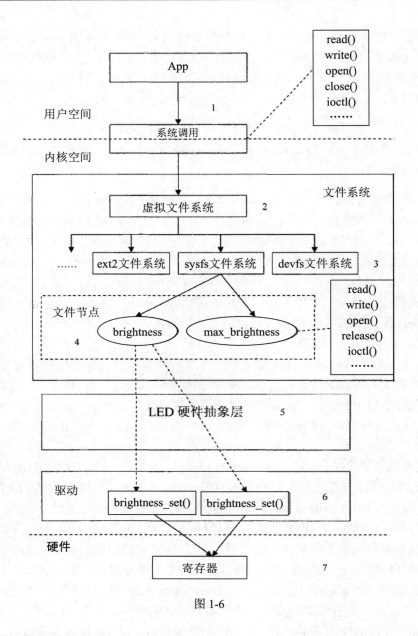

图 1-6

1.8.5　设备驱动与内核的关系

在Linux中将驱动程序嵌入内核有两种方式：一种是静态编译链接进内核；另一种是先编译成模块，再动态加载进内核。如果采用静态编译链接方式，就需要把驱动程序的源代码放在内核源代码目录"Drivers/"下，并修改Makefile文件。在编译链接内核的时候，驱动程序会作为内核的一部分链接到内核镜像文件中。这种方式会增加内核的大小，还要改动内核的源文件，而且不利于调试，不如模块方式方便灵活。模块（Module）在Linux中是一种已经编译好的目标文件，它可以被链接进内核，从而生成可执行的机器代码。如果采用模块加载的方式，驱动程序首先会被编译成未链接的目标文件，具有root权限的用户在需要时可利用insmod命令将其动态地加载到内核中，而在不需要的时候可利用rmmod命令卸载该模块。

驱动程序加载到 Linux 内核中后，会利用虚拟文件系统提供的一个统一的接口（file_operations数据结构）挂载到虚拟文件系统下，二者的关系如图1-7所示。

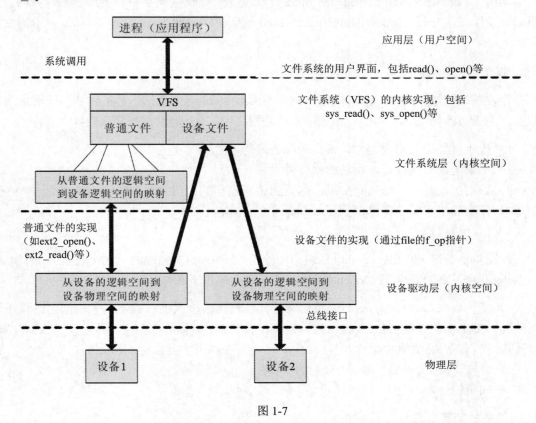

图 1-7

从图1-7可以看出，一个用户应用程序要对一个设备文件进行操作，它的流程大致如下：

（1）用户程序通过Linux所提供的系统调用（如open()、read()等）进入内核。这些函数总共有几百个，提供了几乎所有应用程序中可能需要进入内核运行的操作。

（2）内核中对应这些系统调用的函数是sys_open()、sys_read()等，函数的参数与系统调用函数的参数相同，它们由内核空间中的虚拟文件系统层实现。虚拟文件系统是一个从普通文件和设备文件抽象出来的文件系统层，完成了进入具体的设备文件的操作之前的准备工作。

（3）Linux内核将通过file_operations结构进入具体的设备文件的操作函数，这部分的函数是由设备驱动程序提供的。这些函数负责对设备硬件进行各种操作。

1.8.6 设备驱动的结构

Linux的设备驱动程序按实现的功能大致可以分为如下几个部分：驱动程序的注册与注销、设备的打开与释放、设备的读写操作、设备的控制操作、设备的中断和轮询处理。

1. 驱动程序的注册与注销

向系统增加一个驱动程序意味着要赋予它一个主设备号,这可以通过在驱动程序的初始化过程中调用register_chrdev()或者register_blkdev()来完成。而在关闭字符设备或者块设备时,则需要通过调用unregister_chrdev()或unregister_blkdev()从内核中注销设备,同时释放占用的主设备号。

2. 设备的打开与释放

打开设备是通过调用file_operations结构中的函数open()来完成的,它是驱动程序用来为今后的操作完成初始化准备工作的。在大部分驱动程序中,open()通常需要完成以下工作:

(1)检查设备相关错误,如设备尚未准备好等。

(2)如果是第一次打开,则初始化硬件设备。

(3)识别次设备号,如果有必要,则更新读写操作的当前位置指针f_ops。

(4)分配和填写要放在file->private_data中的数据结构。

(5)使计数增1。

释放设备是通过调用file_operations结构中的函数release()来完成的,这个设备方法有时也被称为close(),它的作用正好与open()相反,通常要完成以下工作:

(1)使计数减1。内核对每个file结构维护其被使用多少次的计数器,无论创建进程还是复制进程,都不会创建新的file数据结构,数据结构只能由open创建,它们只是增加已有结构中的计数,只有在file结构的计数归0时,close这个系统调用才会执行release方法。

(2)释放在file->private_data中分配的内存。

(3)如果使计数归为0,则关闭设备。

3. 设备的读写操作

字符设备的读写操作相对比较简单,直接使用函数read()和write()就可以了。但如果是块设备,则需要调用函数block_read()和block_write()来进行数据读写,这两个函数将在设备请求表中增加读写请求,以便Linux内核可以对请求顺序进行优化。由于是对内存缓冲区而不是直接对设备进行操作的,因此能够很大程度上加快读写速度。如果内存缓冲区中没有所要读入的数据,或者需要执行写操作将数据写入设备,那么就要执行真正的数据传输,这是通过调用数据结构blk_dev_struct中的函数request_fn()来完成的。

4. 设备的控制操作

除读写操作外,应用程序有时还需要对设备进行控制,这可以通过设备驱动程序中的函数ioctl()来完成。ioctl()的用法与具体设备密切关联,因此需要根据设备的实际情况进行具体分析。

5. 设备的中断和轮询处理

对于不支持中断的硬件设备,读写时需要轮流查询设备状态,以便决定是否继续进行数据传输。如果设备支持中断,则可以按中断方式进行操作。

1.8.7　设备驱动的设计和实现步骤

由于模块方式要比静态编译链接方式更加方便灵活，因此在Linux内核基础上二次开发的设备驱动程序一般是按照模块方式实现的。模块化驱动程序的设计和实现流程主要有编写模块化编程子程序、编写自动配置和初始化子程序、编写服务于I/O请求的子程序和编写中断服务子程序4个步骤。

1. 模块化编程子程序

模块化编程子程序主要包括init_module()函数和cleanup_module()函数。init_module()函数在模块被加载到内核时调用，其主要负责向内核注册模块所提供的任何新功能。新功能可能是一个完整的驱动程序，或者只是一个新的软件抽象。对于每种新功能，init_module()函数都会调用与其相对应的内核函数完成注册。字符设备驱动程序对应的内核函数的函数原型为：

```
int register_chrdev(unsigned int major, const char *name, struct file_operations *fops);
```

其中，major是为设备驱动程序向系统申请的主设备号，如果为0，则系统为此驱动程序动态地分配一个主设备号。name是设备名，fops是指向与设备驱动对应的file_operations结构的指针。如果register_chrdev()操作成功，驱动程序就会注册到内核中，设备名也会出现在/proc/devices文件中。在成功向系统注册了设备驱动程序后，就可以使用mknod命令来将设备映射为一个设备文件，其他程序使用这个设备的时候，只要对此设备文件进行操作就行了。

cleanup_module()函数在模块被卸载的时候调用，其主要负责从内核中注销模块所提供的各种功能。cleanup_module()函数会调用与其相对应的内核函数完成注销，字符驱动程序对应的内核函数为unregister_chrdev()。

2. 自动配置和初始化子程序

自动配置和初始化子程序一般在设备接入系统或者加载设备驱动时调用，其主要负责检测所要驱动的硬件设备是否存在或是否能正常工作。如果该设备正常，则对这个设备及其相关的驱动程序需要的软件状态进行初始化。自动配置和初始化子程序还负责为驱动程序申请包括内存、中断、时钟、I/O端口等资源，这些资源也可以在xxx_open()函数中申请。

3. 服务于 I/O 请求的子程序

服务于I/O请求的子程序又称为驱动程序的上半部分，调用这部分是由于系统调用的结果。这部分程序在执行的时候，系统仍认为和调用的进程属于同一个进程，只是进程的运行状态由用户态变成了核心态，具有进行此系统调用的用户程序的运行环境。驱动程序所提供的与设备的打开、释放、读写和控制操作相对应的入口点函数都属于服务于I/O请求的子程序，并且通过file_operations结构向系统进行说明。file_operations结构的定义如下：

```
struct file_operations {
  loff_t (*llseek) (struct file *, loff_t, int); //修改文件的当前读写位置
    ssize_t (*read) (struct file *, char *, size_t, loff_t *); //从设备读取数据
```

```
    ssize_t (*write) (struct file *, const char *, size_t, loff_t *);  //向设备发送
数据
    int (*readdir) (struct file *, const char * size_t, loff_t *); //读目录，设备驱
动中应设为NULL
    //询问设备是否可读可写，若为NULL，则表明设备总是可读写的
    unsigned int (*poll) (struct file *, struct poll_table_struct *);
    //调用设备控制相关命令
    int (*ioctl) (struct inode *, struct file *, unsigned int, unsigned long);
    int (*mmap) (struct file *, struct vm_area_struct *); //将设备内存映射到进程内存中
    int (*open) (struct inode *, struct file *);          //打开设备
    int (*flush) (struct file *);                         //将缓冲中的数据写回设备
    int (*release) (struct inode *, struct file *);       //关闭设备
    int (*fsync) (struct file *, struct dentry *);        //刷新设备
    int (*fasync) (int , struct file *, int);  //用于异步触发，通知设备FASYNC标志的变化
    int (*lock) (struct file *, int, struct file_lock *);    //给文件上锁
    //将读入的数据按同样的顺序散布到缓冲区中
    ssize_t (*readv) (struct file *, const struct iovec *, unsigned long, loff_t *);
    //将多个数据存储在一起
    ssize_t (*writev) (struct file *, const struct iovec *, unsigned long, loff_t *);
    };
```

从file_operations结构的定义可以看出，该结构是一个函数指针表，这个表中的每一项都指向由驱动程序实现的、处理相应请求的函数。在编写设备驱动程序时，根据具体设备提供的功能分别编写相应的函数，函数的名称可任意定义，但要符合函数名称的基本要求，然后按照其实现的功能填入file_operations结构相应的位置中。对于驱动程序来说，常用的方法指针主要有open()、release()、read()、write()和ioctl()等，它们对应着设备的打开、释放、读写和控制等基本设备操作。

4．中断服务子程序

中断服务子程序又称为驱动程序的下半部分。在Linux系统中，并不是直接从中断向量表中调用设备驱动程序的中断服务子程序，而是由Linux系统接收硬件中断，再由系统调用中断服务子程序。中断可以产生在任何一个进程运行的时候，因此在中断服务程序被调用的时候，不能依赖于任何进程的状态，也就不能调用任何与进程运行环境相关的函数。

由于对中断的处理属于系统核心的部分，因此如果设备与系统之间以中断方式进行数据交换的话，就必须把该设备的驱动程序作为系统核心的一部分。设备驱动程序在设备第一次打开且硬件被告知产生中断之前，调用request_irq()函数来申请中断，在最后一次关闭且硬件设备被告知不用再进行中断处理后，调用free_irq()函数来释放中断。它们的定义为：

```
    int request_irq(unsigned int irq,  void (*handler) (int irq, void dev_id, struct
pt_regs *regs), unsigned long flags, const char *device, void *dev_id);
    void free_irq(unsigned int irq, void *dev_id);
```

参数irq表示所要申请的硬件中断号，handler为向系统登记的中断处理子程序，中断产生时由系统来调用，调用时所带参数irq为中断号，dev_id为申请时告诉系统的设备标识，regs为中断发生时寄存器的内容。device为设备名，将会出现在/proc/interrupts文件中。flags是申请时的选项，它决定中断处理程序的一些特性，其中最重要的是中断处理程序是快速中断处理程序

（flags中设置了SA_INTERRUPT）还是慢速中断处理程序。快速中断处理程序运行时，所有中断都被屏蔽；而慢速中断处理程序运行时，除正在处理的中断外，其他中断都没有被屏蔽。dev_id用来区分共享同一中断的不同中断处理程序（flags中设置了SA_SHIRQ），如果中断由某个处理程序独占，则dev_id可以为NULL。

Linux中断处理程序一般分为两个半部：上半部（tophalf）和下半部（bottomhalf）。上半部的功能是"登记中断"，当一个中断发生时，它首先会调用相应的硬件读写函数，将设备的"中断挂起"位清除，让设备可以继续产生中断，然后把中断例程的下半部挂到该设备的下半部执行队列中去。因此，上半部执行的速度就会很快，可以服务更多的中断请求，下半部则完成中断处理的绝大多数工作。上半部和下半部最大的不同是：上半部不可中断，而下半部可中断，而且可以被新的中断打断。下半部相对来说并不是非常紧急的，通常还是比较耗时的，因此由系统自行安排运行时机，不在中断服务上下文中执行。

第 2 章

搭建Linux驱动开发环境

本章开始我们就要慢慢进入实战了。俗话说，工欲善其事，必先利其器。在开始实战之前，首先要安装好开发环境，为了照顾初学者，笔者尽量讲得细一些，使得读者跟着做起来轻松一些。好了，我们出发吧。

2.1 准备虚拟机环境

2.1.1 在VMware下安装Linux

要开发Linux程序，前提是安装一个Linux操作系统。通常在公司开发项目都会有一台专门的Linux服务器供员工使用，而我们自己学习不需要这样，可以使用虚拟机软件（比如VMware）来安装一个虚拟机中的Linux操作系统。

VMware是大名鼎鼎的虚拟机软件，它通常分为两种版本：工作站版本VMware Workstation和服务器客户机版本VMware vSphere。这两大类软件都可以安装操作系统作为虚拟机操作系统。但个人用得较多的是工作站版本，供单个人在本机使用。VMware vSphere通常用于企业环境，供多个人远程使用。通常，我们把自己真实计算机上安装的操作系统叫宿主机系统，VMware中安装的操作系统叫虚拟机系统。

VMware Workstation可以到网上下载，它是Windows软件，安装非常"傻瓜化"，这里就不浪费笔墨了。笔者这里使用的版本是15.5，其他版本应该也可以。虽然现在VMware Workstation 16已经问世，但由于笔者的Windows操作系统是Windows 7，因此没有使用VMware Workstation 16，因为VMware Workstation 16不支持Windows 7，必须使用Windows 8及以上版本。

通常我们开发Linux程序，需要先在虚拟机中安装Linux操作系统，然后在这个虚拟机的Linux系统中编程调试，或在宿主机系统（比如Windows）中进行编辑，然后传到Linux中进行编译。有了虚拟机的Linux系统，开发方式的灵活性比较大。实际上，不少一线开发工程师都是在Windows下阅读编辑代码，然后放到Linux环境中编译运行的，这样的方式效率居然还不低。

在这里，我们采用的虚拟机软件是VMware Workstation 15.5（它是最后一个能安装在Windows 7上的版本，当然使用Windows 10的朋友可以直接用VMware Workstation 16，操作与之类似）。在安装Linux之前，我们要准备Linux映像文件（ISO文件），可以从网上直接下载Linux操作系统的ISO文件，也可以通过UltraISO等软件从Linux系统光盘制作一个ISO文件，制作方法是在菜单上选择"工具"→"制作光盘映像文件"。

不过，笔者建议直接从网上下载一个ISO文件，笔者就从Ubuntu官网（https://Ubuntu.com）上下载了一个64位的Ubuntu 20.04，下载下来的文件名是Ubuntu-20.04.1- desktop-amd64.iso。当然，其他发行版本也可以，如Red Hat、Debian、Ubuntu或Fedora等，作为学习开发环境都可以，但建议用较新的版本。

ISO文件准备好之后，就可以通过VMware来安装Linux了。打开VMware Workstation，然后根据下面几个步骤操作即可。

（1）在VMware上选择菜单"文件"→"新建虚拟机"，然后出现"欢迎使用新建虚拟机向导"对话框，如图2-1所示。

（2）单击"下一步"按钮，出现"安装客户机操作系统"对话框，由于VMware 15默认会让Ubuntu简易安装，而简易安装可能会导致很多软件装不全，因此，为了不让VMware简易安装Ubuntu，因此我们选择"稍后安装操作系统（s）。"，如图2-2所示。

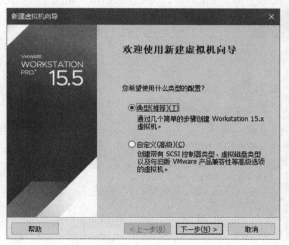
图 2-1

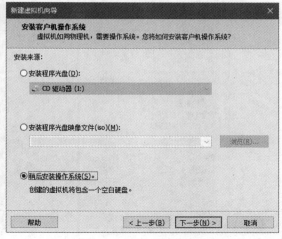
图 2-2

（3）单击"下一步"按钮，此时出现"选择客户机操作系统"对话框，客户机操作系统选择Linux，版本选择"Ubuntu 64位"，如图2-3所示。

（4）接着单击"下一步"按钮，此时出现"命名虚拟机"对话框，设置虚拟机名称为Ubuntu 20.04.1，位置可以自己选一个空闲空间较多的磁盘路径，这里选择的是"g:\vm\ubuntu20.04，然后单击"下一步"按钮，此时出现"指定磁盘容量"对话框，保持默认的20GB，再多一些也可以，其他保持默认设置，继续单击"下一步"按钮，此时出现"已准备好创建虚拟机"对话框，这一步只是让我们看一下前面设置的配置列表，直接单击"完成"按钮即可。此时在VMware主界面上可以看到有一个名为Ubuntu 20.04.1虚拟机，如图2-4所示。

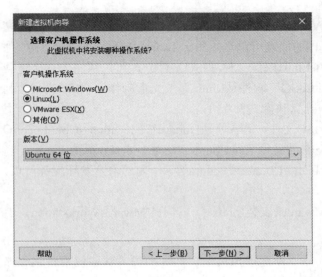

图 2-3　　　　　　　　　　　　　　　　　　　　　图 2-4

（5）虚拟机现在还是空的，启动不了，因为还未真正安装。单击"编辑虚拟机设置"，此时出现"虚拟机设置"对话框，在硬件列表中选中CD/DVD（SATA），右边选中"使用ISO映像文件"，并单击"浏览(B)…"按钮，选择我们下载的ubuntu-20.04.1-desktop- amd64.iso文件，如图2-5所示。

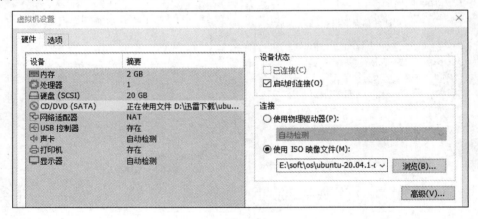

图 2-5

（6）这里虚拟机Ubuntu使用的内存是2GB。接着单击下方的"确定"按钮，关闭"虚拟机设置"对话框。此时又回到了主界面上，现在可以单击"开启此虚拟机"了，稍等片刻，会出现Ubuntu 20.04.1的"安装"界面，如图2-6所示。

（7）在左边选择语言为"中文（简体）"，然后在右边单击"安装Ubuntu"按钮。安装过程很简单，保持默认即可，这里不再赘述。另外要注意的是，安装时需要主机保持联网，因为很多软件需要下载。

稍等片刻，虚拟机Ubuntu 20.04.1安装完毕。下面我们对其进行设置，使其使用起来更加方便。

图 2-6

2.1.2　开启登录时的root账号

我们在安装Ubuntu的时候会新建一个普通用户，该用户权限有限。开发者一般需要root账户，这样操作和配置起来才比较方便。因为Ubuntu默认是不开启root账户的，所以需要手工来打开，步骤如下。

1. 设置 root 用户密码

先以普通账户登录Ubuntu，在桌面上右击，选择"在终端中打开"打开终端模拟器，并输入命令：

```
sudo passwd root
```

然后输入设置的密码，输入两次，这样就完成设置root用户密码的操作了。为了好记，我们把密码设置为123456。

然后通过su命令就可以切换到root账户了。此时可以安装一个VMware提供的VMware Tools。单击菜单"虚拟机"→VMware Tools，然后在Ubuntu中打开光盘根目录，可以看到文件VMwareTools-10.3.22-15902021.tar.gz，把它复制到/home/bush下，然后在/home/bush下解压该文件：

```
tar zxvf VMwareTools-10.3.22-15902021.tar.gz
```

再进入vmware-tools-distrib文件夹，执行./vmware-install.pl即可开始"傻瓜化"安装，安装过程出现提示，采用默认选项即可。注意，安装VMware Tools需要root权限。我们安装这个工具主要是为了可以在Windows和Ubuntu之间复制和粘贴命令，避免总是输入命令。另外，可以在Windows和Ubuntu之间传递文件，只需要拖动鼠标即可。

安装完毕后，就可以重启Ubuntu，然后依旧以普通账号登录，再打开Ubuntu中的终端窗口时，就可以粘贴Windows中复制的内容了。

2. 修改 50-Ubuntu.conf

执行sudo gedit /usr/share/lightdm/lightdm.conf.d/50-Ubuntu.conf把配置修改为如下：

```
[Seat:*]
user-session=Ubuntu
greeter-show-manual-login=true
all-guest=false
```

保存后关闭编辑器。

3. 修改 gdm-autologin 和 gdm-password

执行sudo gedit /etc/pam.d/gdm-autologin,然后注释掉auth required pam_succeed_if.so user != root quiet_success这一行（大概在第三行），其他保持不变，修改后如下：

```
#%PAM-1.0
auth    requisite       pam_nologin.so
#auth   required        pam_succeed_if.so user != root quiet_success
```

保存后关闭编辑器。

再执行sudo gedit /etc/pam.d/gdm-password注释掉auth required pam_succeed_if.so user != root quiet_success这一行（大概在第三行），修改后如下：

```
#%PAM-1.0
auth    requisite       pam_nologin.so
#auth   required        pam_succeed_if.so user != root quiet_success
```

保存后关闭编辑器。

4. 修改/root/.profile 文件

执行sudo gedit /root/.profile，将文件末尾的mesg n 2> /dev/null || true这一行修改成：

```
tty -s&&mesg n || true
```

5. 修改/etc/gdm3/custom.conf

如果需要每次自动登录root账户，可以执行sudo gedit /etc/gdm3/custom.conf，修改后如下：

```
# Enabling automatic login
AutomaticLoginEnable = true
AutomaticLogin = root
# Enabling timed login
TimedLoginEnable = true
TimedLogin = root
TimedLoginDelay = 5
```

但通常不需要每次自动登录root账户，看个人喜好吧。

6. 重启系统使其生效

准备重启Ubuntu，执行命令reboot。如果做了第5步，则重启会自动登录root账户，否则可以在登录界面单击"未列出"，然后就可以root账户和密码（123456）登录了。以root账户登录后，最好做个快照。单击菜单"虚拟机"→"快照"→"拍摄快照"，下面设置发生错误的时候，可以恢复到现在的状态。

2.1.3　关闭内核自动更新

Ubuntu默认启动了自动更新内核，我们可以进一步关闭内核更新，使用当前内核。这对驱动开发者比较重要，因为驱动的不少内核函数都和内核版本息息相关，如果任凭Ubuntu自动升级，会导致驱动内核函数不兼容，进而导致驱动程序编译错误。因此，我们需要关闭内核自动更新，这样可以确保使用当前操作系统的原生内核。

可以用uname命令查看当前系统的内核版本，比如：

```
# uname -r
5.4.0-42-generic
```

可以看出，当前系统的内核版本是5.4.0。

如果以后安装了多个内核，也可以下列命令查看已安装的内核：

```
# dpkg --list | grep linux-image
ii  linux-image-5.4.0-42-generic  5.4.0-42.46  amd64  Signed kernel image generic
ii  linux-image-generic-hwe-20.04  5.4.0.42.46  amd64  Generic Linux kernel image
```

如果当前系统的内核真是我们需要的，那么可以禁止Ubuntu自动更新，方法是编辑以下两个文件：

```
vi /etc/apt/apt.conf.d/10periodic
vi /etc/apt/apt.conf.d/20auto-upgrades
```

把文件中的每行后面部分全部改成0，然后保存关闭文件，并重新启动系统即可生效。

2.1.4　解决Ubuntu上的vi方向键问题

其实，Ubuntu真不算是个好系统，至少在人性化方面。先不说好多常用软件都不预装，就是一个vi编辑命令也让人恼火！CentOS多好，系统装好，很多软件就有了。

在Ubuntu下，初始使用vi的时候有点问题，就是在编辑模式下使用方向键的时候，并不会使光标移动，而是在命令行中出现[A [B [C [D之类的字母，而且编辑错误的话，就连平时的退格键（Backspace键）都使用不了，只能用Delete来删除。在图形界面的终端窗口输入命令：

```
gedit ~/.vimrc
```

添加：

```
set nocompatible
set backspace=2
```

保存后退出。再用vi键编辑文档时，就可以用方向键。

2.1.5　关闭防火墙

为了以后联网方便，最好一开始就把防火墙关闭，输入如下命令：

```
root@myub:~#ufw disable
```

防火墙在系统启动时自动禁用：

```
root@myub:~#ufw status
状态：不活动
```

其中ufw disable表示关闭防火墙，而且系统启动的时候就会自动关闭。ufw status是查询当前防火墙是否在运行，不活动表示不在运行。如果以后要开启防火墙，则使用ufw enable命令开启即可。

2.1.6　配置安装源

在Ubuntu中下载安装软件需要配置镜像源，否则会提示无法定位软件包，比如安装apt install net-tools时可能会出现"E：无法定位软件包 net-tools"。原因是本地没有该功能的资源或者你更换了源但是还没有更新，所以只需要更新一下本地资源就可以了。因此，在安装完系统后，一定要记得配置镜像源，配置镜像源就在sources.list文件中。

在图形界面的虚拟机Ubuntu中，切换到/etc/apt/，在这个路径下可以看到文件sources.list。我们要将这个sources.list替换掉，即在官网源https://mirrors.ustc.edu.cn/repogen/下载对应版本最新的源。在虚拟机Ubuntu中，打开火狐浏览器，然后输入网址https://mirrors.ustc.edu.cn/repogen/，打开网页后，找到Ubuntu那一行，笔者的Ubuntu版本是20.04，所以在Download按钮左边的下拉框中选择focal(20.04)，如图2-7所示。

图 2-7

然后单击Download按钮，这时会下载sources.list，如果不想下载，那么在somesofts目录下也可以找到这个文件。接着，我们将其复制到路径/etc/apt/下，然后开始更新源，输入命令：

```
apt-get update
```

稍等片刻，更新完成。执行完毕后，还可以执行以下命令：

```
apt --fix-broken install
```

2.1.7　安装网络工具包

Ubuntu居然刚安装完，连ifconfig都不能用，因为系统网络工具的相关组件没有安装，所以只能自己手工在线安装。在命令行下输入：

```
apt install net-tools
```

稍等片刻，安装完成。再输入ifconfig，就可以查询到当前IP了：

```
root@myub:/etc/apt# ifconfig
ens33: flags=4163<UP,BROADCAST,RUNNING,MULTICAST>  mtu 1500
```

```
inet 192.168.11.129  netmask 255.255.255.0  broadcast 192.168.11.255
inet6 fe80::4b29:6a3e:18f4:ad4c  prefixlen 64  scopeid 0x20<link>
ether 00:0c:29:c6:4a:d3  txqueuelen 1000  (以太网)
RX packets 69491  bytes 58109114 (58.1 MB)
RX errors 0  dropped 0  overruns 0  frame 0
TX packets 35975  bytes 2230337 (2.2 MB)
TX errors 0  dropped 0  overruns 0  carrier 0  collisions 0
```

可以看到，网卡ens33的IP是192.168.11.129，这是系统自动分配（DHCP方式）的，并且当前和宿主机采用的网络连接模式是NAT，这也是刚刚安装的系统的默认方式。只要宿主机Windows能上网，则虚拟机也可以上网。

> 🔔注意　不同的虚拟机动态配置的IP可能不同。

2.1.8　安装基本开发工具

默认情况下，Ubuntu不会自动安装gcc或g++，所以我们先要在线安装，确保虚拟机Ubuntu能上网，然后在命令行下输入以下命令在线安装：

```
apt-get install build-essential
```

稍等片刻，便会把gcc、g++、gdb等安装在Ubuntu上。

2.1.9　启用SSH

使用Linux不会经常在Linux自带的图形界面上操作，而是在Windows下通过Windows的终端工具（比如SecureCRT等）连接Linux，然后使用命令操作Linux，这是因为Linux所处的机器通常不配置显示器，也可能位于远程，我们只能通过网络和远程Linux连接。Windows上的终端工具一般通过SSH（Secure Shell）协议和远程Linux相连，该协议可以保证网络上传输数据的机密性。

SSH是用于客户端和服务器之间安全连接的网络协议。服务器与客户端之间的每次交互均被加密。启用SSH将允许用户远程连接系统并执行管理任务。用户还可以通过scp和sftp安全地传输文件。启用SSH后，我们可以在Windows上用一些终端软件（比如SecureCRT）远程操作Linux，也可以用文件传输工具（比如SecureFX）在Windows和Linux之间相互传文件。

Ubuntu默认是不安装SSH的。因此，我们要手动安装并启用SSH。这里不免吐槽一句，乌班图那帮人为何这么懒，网络命令ifconfig没有，SSH也没有，这些可都是使用Linux的必备工具，真希望他们能去CentOS那里学习几天。

现在我们还是老老实实地安装和配置吧，步骤如下：

1. 安装 SSH 服务器

在Ubuntu 20.04的终端输入如下命令：

```
apt install openssh-server
```

稍等片刻，安装完成。

2. 修改配置文件

在命令行下输入：

```
gedit /etc/ssh/sshd_config
```

此时将打开SSH服务器配置文件sshd_config，我们搜索定位PermitRootLogin，把下列3行：

```
#LoginGraceTime 2m
#PermitRootLogin prohibit-password
#StrictModes yes
```

改为：

```
LoginGraceTime 2m
PermitRootLogin yes
StrictModes yes
```

然后保存并退出编辑器Gedit。

3. 重启 SSH 使配置生效

在命令行下输入：

```
service ssh restart
```

再用命令systemctl status ssh查看是否在运行：

```
root@myub:/etc/apt# systemctl status ssh
● ssh.service - OpenBSD Secure Shell server
     Loaded: loaded (/lib/systemd/system/ssh.service; enabled; vendor preset:
enabled)
     Active: active (running) since Thu 2022-09-15 10:58:07 CST; 10s ago
       Docs: man:sshd(8)
             man:sshd_config(5)
    Process: 5029 ExecStartPre=/usr/sbin/sshd -t (code=exited, status=0/SUCCESS)
   Main PID: 5038 (sshd)
      Tasks: 1 (limit: 4624)
     Memory: 1.4M
     CGroup: /system.slice/ssh.service
             └─5038 sshd: /usr/sbin/sshd -D [listener] 0 of 10-100 startups
```

可以发现，现在的状态是active (running)，说明SSH服务器程序在运行了。稍后我们就可以去Window下用Windows终端工具连接虚拟机Ubuntu了。下面我们来做个快照，保存好前面辛苦做的工作。

2.1.10 做个快照

VMware快照功能可以把当前虚拟机的状态保存下来，以后一旦虚拟机操作系统出错了，可以恢复到做快照时的系统状态。制作快照很简单，选择VMware主菜单"虚拟机"→"快照"→"拍摄快照"，然后出现Take SnapShot对话框，如图2-8所示。

我们可以增加一些描述，比如刚刚装好之类的话，然后单击Take Snapshot按钮，此时正式

制作快照，并且在VMware左下角的任务栏上会有百分
比进度显示，在达到100%之前最好不要对VMware进
行操作，到100%表示快照制作完毕。

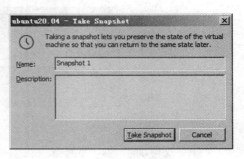

图 2-8

2.1.11　连接虚拟机Linux

前面虚拟机Linux准备好了，本小节在物理机的
Windows操作系统（简称宿主机）上连接VMware中的
虚拟机Linux（简称虚拟机），以便传送文件和远程控
制编译运行。基本上，两个系统能相互ping通就算连接成功了。别小看这一步，有时候也蛮费
劲的。下面简单介绍一下VMware的三种网络模式，以便连接失败的时候可以尝试修复。

VMware虚拟机网络模式的意思就是虚拟机操作系统和宿主机操作系统之间的网络拓扑
关系，通常有3种方式：桥接模式、主机模式和NAT（Network Address Translation，网络地址
转换）模式。这三种网络模式通过一台虚拟交换机和主机通信。默认情况下，桥接模式下使用
的虚拟交换机是VMnet0，主机模式下使用的虚拟交换机为VMnet1，NAT模式下使用的虚拟交
换机为VMnet8。如果需要查看、修改或添加其他虚拟交换机，可以打开VMware，然后选择主
菜单"编辑"→"虚拟网络编辑器"，此时会出现"虚拟网络编辑器"对话框，如图2-9所示。

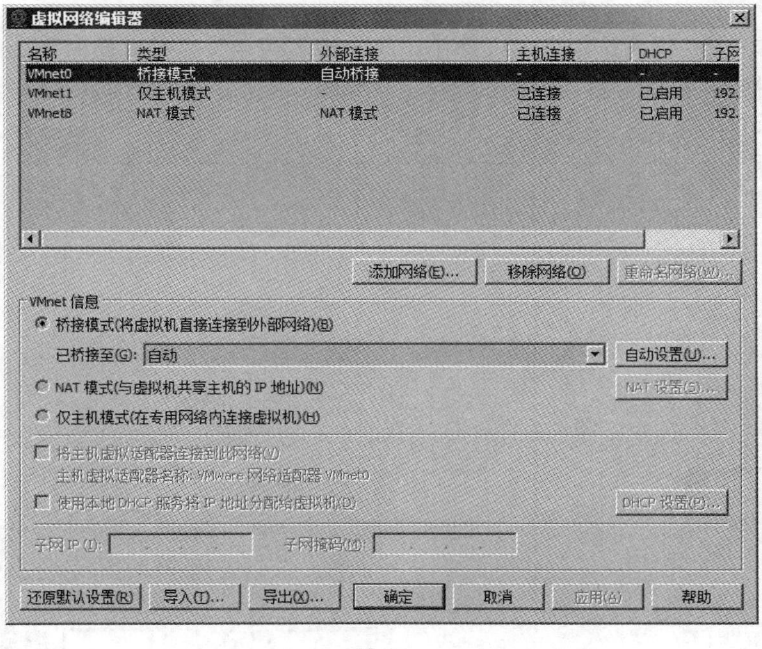

图 2-9

默认情况下，VMware也会为宿主机操作系统（笔者这里使用的是Windows 7）安装两块
虚拟网卡，分别是VMware Virtual Ethernet Adapter for VMnet1和VMware Virtual Ethernet
Adapter for VMnet8，看名字就知道，前者用来和虚拟交换机VMnet1相连，后者用来连接
VMnet8。我们可以在宿主机Windows 7系统的"控制面板"→"网络和Internet"→"网络和
共享中心"→"更改适配器设置"下看到这两块网卡，如图2-10所示。

图 2-10

有朋友可能会问，为何宿主机系统中没有虚拟网卡来连接虚拟交换机VMnet0呢？这个问题好，其实VMnet0这个虚拟交换机所建立的网络模式是桥接网络（桥接模式中的虚拟机操作系统相当于宿主机所在的网络中的一台独立主机），所以宿主机直接用物理网卡来连接VMnet0。

值得注意的是，这三种虚拟交换机都是默认就有的，我们也可以自己添加更多的虚拟交换机（在图2-9中的"添加网络"按钮便有这样的功能），如果添加的虚拟交换机的网络模式是主机模式或NAT模式，那么VMware会自动为主机系统添加相应的虚拟网卡。本书在开发程序的时候一般使用桥接模式连接，如果要在虚拟机中上网，则可以使用NAT模式。接下来我们具体阐述在这两种模式下如何相互ping通，对于主机模式一般了解即可，不太常用。

1．桥接模式

桥接（或称网桥）模式是指宿主机操作系统的物理网卡和虚拟机操作系统的虚拟网卡通过VMnet0虚拟交换机进行桥接，物理网卡和虚拟网卡在拓扑图上处于同等地位。桥接模式下的网络拓扑如图2-11所示。

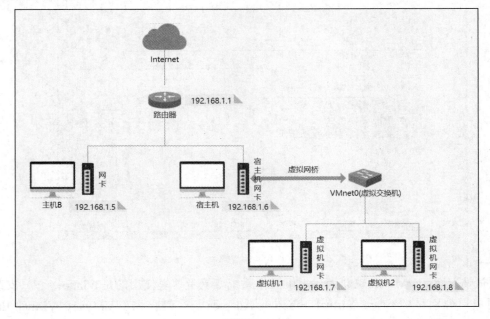

图 2-11

知道原理后，我们现在来具体设置桥接模式，使得宿主机和虚拟机可以相互ping通，过程如下：

（1）打开VMware，然后单击Ubuntu 20.04下的"编辑虚拟机设置"，如图2-12所示。

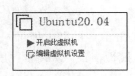

图 2-12

注意此时虚拟机Ubuntu20.04必须处于关机状态，即"编辑虚拟机设置"上面的文字是"开启此虚拟机"，说明虚拟机是关机状态。通常，对虚拟机进行设置最好是在虚拟机的关机状态，比如更改内存大小等。不过，如果只是配置网卡信息，也可以在开启虚拟机后进行设置。

（2）单击"编辑虚拟机设置"后，将弹出"虚拟机设置"对话框，在该对话框上，我们在左边选中"网络适配器"，在右边选择"桥接模式：直接连接物理网络"，并勾选"复制物理网络连接状态"，如图2-13所示。

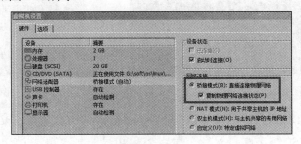

图 2-13

然后单击"确定"按钮。接着，开启此虚拟机，并以root身份登录Ubuntu。

（3）设置了桥接模式后，VMware的虚拟机操作系统就像是局域网中的一台独立主机，相当于物理局域网中的一台主机，它可以访问网内任何一台机器。在桥接模式下，VMware的虚拟机操作系统的IP地址、子网掩码可以手工设置，而且要和宿主机处于同一网段，这样虚拟系统才能和宿主机进行通信，如果要上网，还需要自己设置DNS地址。当然，更方便的方法是从DHCP服务器处获得IP、DNS地址（我们的家庭路由器通常包含DHCP服务器，所以可以从它那里自动获取IP和DNS等信息）。

在桌面上右击，然后在菜单中选择"在终端中打开"来打开终端窗口，然后在终端窗口（下面简称终端）中输入查看网卡信息的命令ifconfig，如图2-14所示。

图 2-14

其中ens33是当前虚拟机Linux中的一块网卡名称，我们可以看到它已经有一个IP地址192.168.0.118（注意：由于是从路由器上动态分配而得到的IP，因此读者系统的IP不一定是这个，完全是根据读者的路由器而定的），这个IP地址是笔者宿主机Windows 7系统的一块上网网卡所连接的路由器动态分配而来的，说明路由器分配的网段是192.168.0，这个网段是在路由器中设置好的。我们可以到宿主机Windows 7下看看当前上网网卡的IP，打开Windows 7命令行窗口，输入ipconfig命令，如图2-15所示。

可以看到，这个上网网卡的IP是192.168.0.162，这个IP也是路由器分配的，而且和虚拟机Linux中的网卡处于同一网段。为了证明IP是动态分配的，我们可以打开Windows 7下该网卡的属性窗口，如图2-16所示。

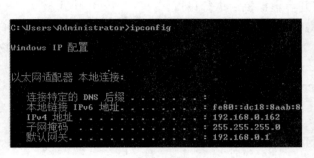

图 2-15　　　　　　　　　　　　　　　　　　图 2-16

可以看到，默认自动获得IP地址。虚拟机Linux网卡的IP怎么证明是动态分配的呢？我们可以到Ubuntu下看看它的网卡配置文件，单击Ubuntu桌面左下角处的9个小白点图标，然后会在桌面上显示一个"设置"图标，双击"设置"图标，出现"设置"对话框，在对话框左侧上方选择"网络"，在右侧单击"有线"旁边的"设置"图标，如图2-17所示。

图 2-17

此时出现"有线"对话框，我们选择IPv4，就可以看到当前IPv4方式默认是自动（DHCP）的，如图2-18所示。如果要设置静态IP，可以选择"手动"，并设置IP。至此，虚拟机Linux和宿主机Windows 7都通过DHCP方式从路由器那里得到了IP地址，我们可以让它们相互ping一下。先从虚拟机Linux中ping宿主机Windows 7，可以发现能ping通（注意Windows 7的防火墙要先关闭），如图2-19所示。

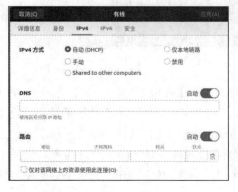

图 2-18　　　　　　　　　　　　　　　　　　图 2-19

我们再从宿主机Windows 7中ping虚拟机Linux，
也可以ping通（注意Ubuntu的防火墙要先关闭），如
图2-20所示。

图 2-20

至此，在桥接模式的DHCP方式下，宿主机和虚
拟机能相互ping通了，而且现在在虚拟机Ubuntu下是
可以上网的（当然前提是宿主机也能上网），比如使用火狐浏览器打开网页，如图2-21所示。

图 2-21

下面再来看一下静态方式下如何相互ping通。静态方式的网络环境比较单纯，是笔者喜欢
的方式，更重要的原因是静态方式是手动设置IP地址的，这样可以和读者的IP地址保持完全一
致，读者学习起来比较方便。所以，本书很多网络场景都会使用桥接模式的静态方式。

首先设置宿主机Windows 7的IP地址为120.4.2.200，然后设置虚拟机Ubuntu的IP地址为
120.4.2.8，如图2-22所示。

单击右上角的"应用"按钮后重启即生效，然后就能相互ping通了，如图2-23所示。

图 2-22

图 2-23

至此，桥接模式下的静态方式相同ping通。如果想要重新恢复DHCP动态方式，则只要在
图2-18中选择IPv4方式为"自动（DHCP）"，并单击右上角的"应用"按钮，然后在终端窗
口用命令重启网络服务即可，命令如下：

```
root@tom-virtual-machine:~/桌面# nmcli networking off
root@tom-virtual-machine:~/桌面# nmcli networking on
```

然后再次查看IP，可以发现IP改变了，如图2-24所示。

图 2-24

笔者比较喜欢桥接模式的动态方式，因为不影响主机上网，在虚拟机Linux中也可以上网。

2. 主机模式

VMware的Host-Only（仅主机模式）就是主机模式。默认情况下，物理主机和虚拟机都连在虚拟交换机VMnet1上，VMware为主机创建的虚拟网卡是VMware Virtual Ethernet Adapter VMnet1，主机通过该虚拟网卡和VMnet1相连。主机模式将虚拟机与外网隔开，使得虚拟机成为一个独立的系统，只与主机相互通信。当然，在主机模式下也可以让虚拟机联网，方法是将主机网卡共享给VMware Network Adapter VMnet1网卡，从而达到虚拟机联网的目的。但一般主机模式都是为了和物理主机的网络隔开，仅让虚拟机和主机通信。因为用得不多，这里不再展开。

3. NAT 模式

如果虚拟机Linux要联网，那么这种模式最方便。NAT模式也是VMware创建虚拟机的默认网络连接模式。使用NAT模式连接网络时，VMware会在宿主机上建立单独的专用网络，用以在主机和虚拟机之间相互通信。虚拟机向外部网络发送的请求数据将被"包裹"，都会交由NAT网络适配器加上"特殊标记"并以主机的名义转发出去，外部网络返回的响应数据将被拆"包裹"，也是先由主机接收，然后交由NAT网络适配器根据"特殊标记"进行识别并转发给对应的虚拟机，因此，虚拟机在外部网络中不必具有自己的IP地址。从外部网络来看，虚拟机和主机共享一个IP地址，默认情况下，外部网络终端也无法访问虚拟机。

此外，在一台宿主机上只允许有一个NAT模式的虚拟网络。因此，同一台宿主机上的多个采用NAT模式连接网络的虚拟机也是可以相互访问的。

设置虚拟机NAT模式的过程如下：

（1）编辑虚拟机设置，使得网卡的网络连接模式为NAT模式，如图2-25所示。然后单击"确定"按钮。

（2）编辑网卡配置文件，设置以DHCP方式获取IP，即修改ifcfg-ens33文件中的字段BOOTPROTO为dhcp即可。命令如下：

```
[root@localhost ~]# cd /etc/sysconfig/network-scripts/
[root@localhost network-scripts]# ls
ifcfg-ens33
[root@localhost network-scripts]# gedit ifcfg-ens33
[root@localhost network-scripts]# vi ifcfg-ens33
```

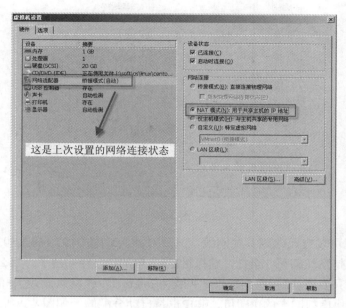

图 2-25

然后编辑网卡配置文件ifcfg-ens33内容如下：

```
TYPE=Ethernet
PROXY_METHOD=none
BROWSER_ONLY=no
BOOTPROTO=dhcp
DEFROUTE=yes
IPV4_FAILURE_FATAL=no
IPV6INIT=yes
IPV6_AUTOCONF=yes
IPV6_DEFROUTE=yes
IPV6_FAILURE_FATAL=no
IPV6_ADDR_GEN_MODE=stable-privacy
NAME=ens33
UUID=e816b1b3-1bb9-459b-a641-09d0285377f6
DEVICE=ens33
ONBOOT=yes
```

保存并退出。接着重启网络服务，以使刚才的配置生效：

```
[root@localhost network-scripts]# nmcli c reload
[root@localhost network-scripts]# nmcli c up ens33
```

连接已成功激活（D-Bus 活动路径：/org/freedesktop/NetworkManager/ActiveConnection/4）。
此时查看网卡ens33的IP，发现已经是新的IP地址了，如图2-26所示。

可以看到网卡ens33的IP变为192.168.11.128了，值得注意的是，由于是DHCP动态分配IP，
因此也有可能不是这个IP。那为何是192.168.11的网段呢？这是因为VMware为VMnet8默认分
配的网段就是192.168.11网段，我们可以单击菜单"编辑"→"虚拟网络编辑器"看到，如
图2-27所示。

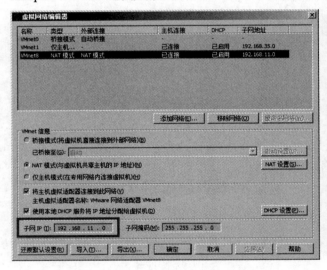

图 2-26

当然，我们也可以自己改成其他网段，只要对图2-27中的192.168.11.0重新编辑即可。这里就先不改了，保持默认即可。至此，虚拟机Linux中的IP已经知道了，那么宿主机Windows 7的IP是多少呢？这只要查看"控制面板"→"网络和Internet"→"网络连接"下的VMware Network Adapter VMnet8这块虚拟网卡的IP即可，其IP也是自动分配的，如图2-28所示。

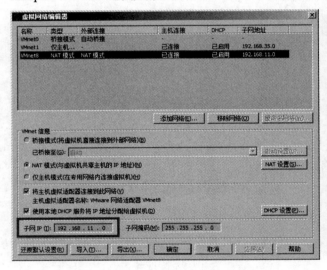

图 2-27　　　　　　　　　　　　　　　　　　　图 2-28

192.168.11.1也是VMware自动分配的。此时，就可以和宿主机相互ping通了（如果ping Windows不通，可能是Windows中的防火墙开着，可以把它关闭），如图2-29所示。

在虚拟机Linux下也可以ping通Windows 7，如图2-30所示。

图 2-29　　　　　　　　　　　　　　　　　　　图 2-30

最后，在确保宿主机Windows 7能上网的情况下，虚拟机Linux也可以上网浏览网页了，如图2-31所示。

图 2-31

在虚拟机Linux下上网也是蛮重要的，毕竟以后安装软件的时候，很多时候需要在线安装。

4. 通过终端工具连接虚拟机 Linux

安装虚拟机的Linux操作系统后，我们就可以使用它了。怎么使用呢？通常都是在Windows下通过终端工具（比如SecureCRT或SmarTTY）来操作Linux。这里，我们使用SecureCRT这个终端工具来连接Linux，然后在SecureCRT窗口以命令行的方式操作Linux。该工具既可以通过安全加密的网络连接方式（SSH）来连接Linux，也可以通过串口的方式来连接Linux，前者需要知道Linux的IP地址，后者需要知道串口号。除此之外，还能通过Telnet等方式连接Linux，读者可以在实践中慢慢体会。

虽然操作界面也是命令行方式，但比Linux自己的字符界面方便得多，比如SecureCRT可以打开多个终端窗口，可以使用鼠标，等等。SecureCRT是Windows下的软件，可以在网上免费下载。其下载和安装方式就不赘述了，不过强烈建议使用比较新的版本，笔者使用的版本是64位的SecureCRT 8.5和SecureFX 8.5，其中SecureCRT表示终端工具本身，SecureFX表示配套的用于相互传输文件的工具。我们通过一个例子来演示如何连接虚拟机Linux，网络模式采用桥接模式，假设虚拟机Linux的IP为192.168.11.129。其他模式与之类似，只是要连接的虚拟机Linux的IP不同而已。使用SecureCRT连接虚拟机Linux的步骤如下：

图 2-32

（1）打开SecureCRT 8.5或以上版本，在左侧Session Manager工具栏上选择第三个按钮，这个按钮表示New Session，即创建一个新的连接，如图2-32所示。

此时出现New Session Wizard对话框，如图2-33所示。

在该对话框中选中SecureCRT协议：SSH2，然后单击"下一步"按钮，出现向导的第二个对话框。

（2）输入Hostname为192.168.11.129，Username为root。这个IP就是我们前面安装的虚拟机Linux的IP，root是Linux的超级用户账户。输入完毕后如图2-34所示。

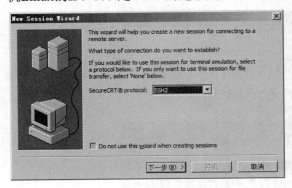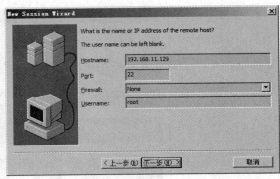

图 2-33   图 2-34

再单击"下一步"按钮，出现向导的第三个对话框。

（3）在该对话框中保持默认设置即可，即保持SecureFX协议为SFTP，这个SecureFX是宿主机和虚拟机之间传输文件的软件，采用的协议可以是SFTP（安全的FTP传输协议）、FTP、SCP等，如图2-35所示。

再单击"下一步"按钮，出现向导的最后一个对话框，在该对话框中可以重命名会话的名称，也可以保持默认设置，即使用IP作为会话名称。这里保持默认设置，如图2-36所示。

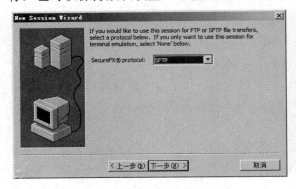

图 2-35   图 2-36

最后单击"完成"按钮。此时我们可以看到左侧的Session Manager中出现了刚才创建的新会话，如图2-37所示。

双击192.168.11.129开始连接，但不幸报错了，如图2-38所示。

图 2-37

图 2-38

前面我们讲到SecureCRT是安全保密的连接，需要安全算法，Ubuntu 20.04的SSH所要求的安全算法，SecureCRT默认不支持，所以报错了。我们可以在SecureCRT主界面上单击菜单

Options→Session Options...，打开Session Options对话框，在该对话框的左边选择SSH2，然后在右边的Key exchange下勾选最后几个算法，确保全部算法都勾选上，如图2-39所示。

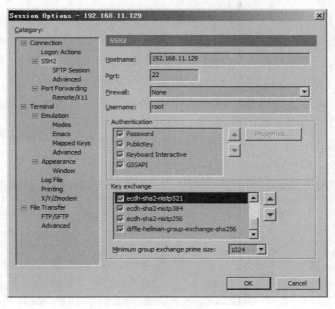

图 2-39

最后单击OK按钮关闭该对话框。接着回到SecureCRT主界面，并再次对左边Session Manager中的192.168.11.129进行双击，尝试再次连接，这次成功了，出现登录框，如图2-40所示。

输入root的Password为123456，并勾选Save password检查框，这样不用每次都输入密码了。输入完毕后，单击OK按钮，我们就到了熟悉的Linux命令提示符界面，如图2-41所示。

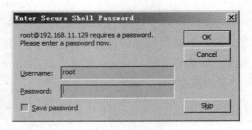

图 2-40

这样，在NAT模式下SecureCRT成功连接虚拟机Linux，以后可以通过命令来使用Linux了。如果在桥接模式下，只要把前面的步骤的目的IP改一下即可，这里不再赘述。

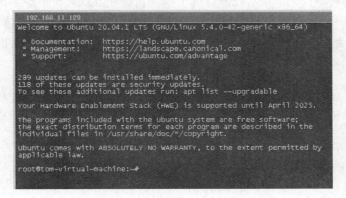

图 2-41

2.1.12　和虚拟机互传文件

由于笔者喜欢在Windows下编辑代码，然后把文件传到Linux下编译运行，因此经常要在宿主机Windows和虚拟机Linux之间传送文件。把文件从Windows传到Linux的方式很多，既有命令行的sz/rz，也有FTP客户端、SecureCRT自带的SecureFX等图形化工具，读者可以根据习惯和实际情况选择合适的工具。本书使用的是命令行工具SecureFX。

首先我们用SecureCRT连接到Linux，然后单击右上角工具栏的SecureFX按钮，如图2-42所示。

启动SecureFX程序，并自动打开Windows和Linux的文件浏览窗口，界面如图2-43所示。

图 2-42

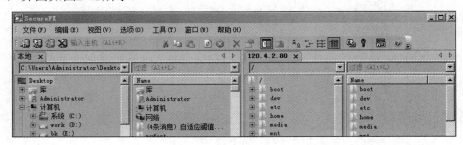

图 2-43

在图2-43中，左边是本地Windows的文件浏览窗口，右边是IP为120.4.2.80的虚拟机Linux的文件浏览窗口，如果需要把Windows中的某个文件上传到Linux，只需要在左边选中该文件，然后拖动到右边的Linux窗口中，从Linux下载文件到Windows也是这样的操作，非常简单，相信读者实践几下即可上手。

2.2　安装编译工具

由于我们安装Ubuntu的时候自带了图形界面，因此可以直接在Ubuntu下用其自带的编辑器（比如Gedit）来编辑源代码，然后在命令行下编译，这种方式对付下小规模程序也挺方便的。本节的内容比较简单，主要用来测试各种编译工具是否能正常工作，希望读者能认真做一遍下面的小例子。在开始讲解第一个范例之前，我们先检查一下编译工具是否准备好，命令如下：

```
gcc -v
```

如果有版本显示，说明已经安装了。注意，默认情况下，Ubuntu不会自动安装gcc或g++，所以我们先要在线安装，并确保虚拟机Ubuntu能联网。在命令行输入以下命令进行在线安装：

```
apt-get install build-essential
```

下面开启我们的第一个C程序。程序代码很简单，主要用来测试我们的环境是否支持编译C语言。

【例2.1】 第一个C程序

（1）在Ubuntu下打开终端窗口，然后在命令行下输入命令gedit或者vi来打开文本编辑器，接着在编辑器中输入如下代码：

```
#include <stdio.h>
void main()
{
  printf("Hello world\n");
}
```

然后保存文件到某个路径（比如/root/ex，ex是自己创建的文件夹），文件名是test.c，并关闭Gedit编辑器。

（2）在终端窗口的命令行下进入test.c所在路径，并输入编译命令：

```
gcc test.c -o test
```

其中选项-o表示生成目标文件，也就是可执行程序，这里是test。此时会在同一路径下生成一个test程序，我们可以运行它：

```
./test
Hello world
```

至此，第一个C程序编译运行成功。这说明C语言开发环境搭建起来了。如果要调试，可以使用gdb命令，这里不再赘述，关于该命令的使用，读者可以参考清华大学出版社出版的《Linux C与C++一线开发实践》，另外本书也详述了在Linux下用图形开发工具进行C语言开发的过程，这里不再赘述。有读者会问，既然喜欢在Windows下开发，为何还要开辟这一节，直接进入Windows下开发不好吗？笔者认为，这是有原因的，本节的小程序是为了验证我们的编译环境是否正常，如果这个小程序能运行起来，说明Linux下的编译环境没有问题，以后到Windows下开发如果发现问题，至少可以排除Linux本身的原因。因此，笔者每做一步都是有原因的，都是在为后续做铺垫。

2.3　使用 VS Code 开发内核驱动程序

在实际一线开发中，很少有人直接在Linux下开发程序，一般都是在Windows下编辑好代码，然后上传到Linux中编译运行。这里也是如此，我们采用的开发工具是VS Code，这个工具既可以远程开发Linux C的内核层程序，也可以开发应用层程序。但为了让读者多熟悉一门工具，这里用VS Code开发内核层程序，应用层程序用更加强大和稳定的Visual Studio开发。

由于很多程序员习惯使用Windows，因此这里采取在Windows下开发Linux程序的方式。基本步骤就是先在Windows用自己熟悉的编辑器写源代码，然后通过网络连接到Linux，把源代码文件（.c或.cpp文件）上传到远程Linux主机，在Linux主机上对源代码进行编译、调试和运行。当然，编译和调试所输入的命令也可以在终端工具（比如SecureCRT）中完成，这样从编辑、编译、调试到运行都可以在Windows下操作，注意是操作（命令），真正的编译、调试、运行工作实际都是在Linux主机上完成的。

　　我们在Windows下选择什么编辑器呢？Windows下的编辑器多如牛毛，读者可以根据自己的习惯来选择使用。常用的编辑器有VS Code、Source Insight、UltraEdit（简称UE），它们小巧、功能多，具有语法高亮、函数列表显示等编写代码所需的常用功能，对付普通的小程序开发绰绰有余。但笔者推荐读者使用VS Code，因为它不仅插件多、默认支持UTF-8编码格式（不带DOM签名）、师出名门，而且是免费的。而Source Insight、Ultraedit都是要收费的。

　　首先要准备两款软件，一款是OpenSSH，另一款是Visual Studio Code，官网地址是https://code.visualstudio.com/。如果不想下载，这两款软件也已经包含在somesofts文件夹内，可以直接使用。这两款软件的安装非常"傻瓜化"，基本都是默认安装的。只是因为本地的Windows是作为客户端的，而远程的Linux系统是作为服务器的，所以在安装OpenSSH时可以不用选择Server。OpenSSH Logo如图2-44所示。

　　其他都保持默认设置即可。当然，选中Server复选框也没事。安装完成后，打开cmd窗口，输入ssh --server，验证安装是否成功，如果有usage反馈结果，说明成功了，如图2-45所示。

图 2-44　　　　　　　　　　　　　　　　　　　　图 2-45

　　至此，OpenSSH安装完毕。

　　VS Code的安装更加简单，首先到官网（地址为https://code.visualstudio.com/）下载VS Code，然后直接双击安装包即可开始安装，过程很简单。VS Code安装后，启动的主界面如图2-46所示。

图 2-46

　　【例2.2】 第一个VS Code开发的内核层程序

　　（1）如果是第一次使用VS Code，先安装两个和C/C++编程有关的插件，单击左方竖条工具栏的EXTENSIONS图标或者直接按快捷键Ctrl+Shift+X切换到EXTENSIONS页，该页主要用来搜索和安装（扩展）插件，在左上角的搜索框中搜索C++，然后安装两个C/C++插件，如图2-47所示。

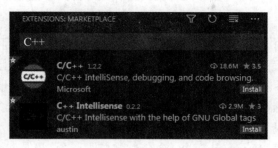

图 2-47

分别单击Install按钮开始安装，安装完毕后，代码的语法就高亮了，也有函数定义跳转功能了。接着我们安装一个插件，该插件能实现在VS Code中上传文件到远程Linux主机上，这样就不用切换软件窗口了。搜索SFTP，安装第一个就行，如图2-48所示。

单击Install按钮，然后重启VS Code。

（2）在Windows本地新建一个存放源代码文件的文件夹，比如e:\ex\test\。打开VS Code，单击菜单File→New Folder，此时将在左边显示EXPLORER视图，在该视图的右上方单击New File图标，如图2-49所示。

图 2-48

图 2-49

然后会在下方出现一行编辑框，用于输入新建文件的文件名，我们输入mydrv.c，然后按Enter键，此时会在VS Code中间出现一个编辑框，这就是我们输入代码的地方，输入如下代码：

```
#include<linux/module.h>
#include<linux/kernel.h>
#include<linux/init.h>

static int __init hello_init(void)
{
    printk("<1>Hello, World! from the kernel space.\n");
    return 0;
}

static void __exit hello_exit(void)
{
    printk("<1>Good Bye, World! leaving kernel space.\n");
}

module_init(hello_init);      // 注册模块
module_exit(hello_exit);      // 注销模块
MODULE_LICENSE("GPL");        //告诉内核该模块具有GNU公共许可证
```

这是一段简单的内核模块程序。如果前面两个C/C++插件安装正确的话，可以看到代码的颜色是丰富多彩的，这就是语法高亮。如果把鼠标停留在某个变量、函数或对象（比如cout）

上，还会出现更加完整的定义说明。另外，如果不准备新建文件，而是要添加已经存在的文件，可以把文件放到当前目录下，然后在VS Code的Explorer视图中就能看到。

（3）上传源文件到虚拟机Linux。

我们用SecureCRT自带的文件传输工具SecureFX把**mydrv.c**上传到虚拟机Linux的某个目录下。SecureFX的用法前面已经介绍过了，这里不再赘述。这是手工上传方式，有点烦琐。在VS Code中，我们可以下载插件SFTP，实现在VS Code中就能同步本地文件和服务器端文件。使用SFTP插件前，我们需要进行一些简单设置，告诉SFTP远程Linux主机的IP、用户名和口令等信息。我们按键盘快捷键Ctrl+Shift+P后，会进入VS Code的命令输入模式，然后可以在上方的Search settings框中输入sftp:config命令，会在当前文件夹（这里是e:\ex\test\）生成一个.vscode文件夹，里面有一个sftp.json文件，我们需要在这个文件中配置远程服务器地址，VS Code会自动打开这个文件。输入如下内容：

```
{
    "name": "My Server",
    "host": "192.168.100.136",
    "protocol": "sftp",
    "port": 22,
    "username": "root",
    "password": "123456",
    "remotePath": "/root/ex/test/",
    "uploadOnSave": true,
    "useTempFile": false,
    "openSsh": false
}
```

通过字段我们基本可以知道其含义。输入完毕后，按快捷键Alt+F+S保存。其中，/root/ex/test/是虚拟机Ubuntu上的一个路径（可以不必预先建立，VS Code会自动帮我们建立），我们上传的文件将会存放到该路径下。host表示远程Linux主机的IP或域名，注意这个IP地址必须和Windows主机的IP地址相互ping通。protocol表示使用的传输协议，我们使用SFTP，即安全的FTP协议。username表示远程Linux主机的用户名。password表示远程Linux主机的用户名对应的口令。remotePath表示远程文件夹地址，默认是根目录/。uploadOnSave表示本地更新的文件会自动同步到远程文件（不会同步重命名文件和删除文件）。另外，如果源码在本地其他路径，也可以通过context设置本地文件夹地址，默认为VSCode工作区根目录。

随后，我们在mydrv.c中随便输入两个空格，然后保存一下，就可以在VS Code的Output视图中看到如下输出（注意，要在Output视图的右上角选择SFTP）：

```
[07-24 22:04:38] [info] [file-save] D:\ex\test\mydrv.c
[07-24 22:04:38] [info] local → remote d:\ex\test\mydrv.c
```

（4）编译源文件。

至此，源文件已经在Linux的某个目录（本例是/root/ex/test/）下了，我们可以在命令行下对其进行编译。在Linux下编译C源程序通常有两种方式，一种是利用gcc命令，另一种是使用Makefile文件，这里提供本实例的Makefile文件，内容如下：

```
obj-m := mydrv.o
CURRENT_PATH := $(shell pwd)
LINUX_KERNEL := $(shell uname -r)
LINUX_KERNEL_PATH := /usr/src/linux-headers-$(LINUX_KERNEL)

all:
    make -C $(LINUX_KERNEL_PATH) M=$(CURRENT_PATH) modules
clean:
    make -C $(LINUX_KERNEL_PATH) M=$(CURRENT_PATH) clean
```

保存这个文件后，会自动上传到Linux下，并且和mydrv.c在同一个目录。然后通过Windows下的终端工具SecureCRT登录Linux，并进入/root/ex/test目录，直接用make命令进行编译即可，如果编译成功，则输出：

```
# make
make -C /usr/src/linux-headers-5.4.0-42-generic M=/root/ex/test modules
make[1]: 进入目录"/usr/src/linux-headers-5.4.0-42-generic"
  CC [M]  /root/ex/test/mydrv.o
  Building modules, stage 2.
  MODPOST 1 modules
  CC [M]  /root/ex/test/mydrv.mod.o
  LD [M]  /root/ex/test/mydrv.ko
make[1]: 离开目录"/usr/src/linux-headers-5.4.0-42-generic"
root@mypc:~/ex/test#
```

此时，当前目录下会生成模块程序文件mydrv.ko，把它加载到系统中：

```
insmod mydrv.ko
```

随后，我们用dmesg -c命令查看模块程序的hello_init函数的printk的输出结果：

```
<1>Hello, World! from the kernel space.
```

如果要查看当前内存中的模块，可以用命令lsmod：

```
# lsmod
Module            Size  Used by
mydrv             16384  0
...
```

如果要卸载这个模块，可以用命令rmmod mydrv，再用dmesg -c命令查看hello_exit函数中的printk的结果：

```
# dmesg -c
[ 5454.362829] <1>Good Bye, World! leaving kernel space.
```

至此，第一个内核模块程序开发成功了，这个程序是运行在内核层的。顺便提一句，浏览代码经常要前进和后退，前进的快捷键是Alt+右箭头，后退的快捷键是Alt+左箭头。再次为VS Code打个公益广告，该编辑器免费、跨平台、跨语言、插件多，背景还强悍。顺便再吐槽一下，UE和SI编辑器居然还要收费。

2.4 使用 Visual C++ 2017 开发应用程序

相信习惯了在Windows下集成开发环境的程序员，对非集成式颇为头大，VB、VC、.NET和Delphi等优秀基础开发环境提高了我们的编程效率，也让我们变懒了。所谓集成式，简单讲就是代码编辑、编译、调试都在一个软件（窗口）中做完，不需要在不同的窗口之间来回切换，更不需要自己手动把文件从一个系统（Windows）传到另一个系统（Linux）中，传文件也可以让同一个软件来完成。这样的开发软件（环境）称为集成开发环境（Integrated Development Environment，IDE）。

在Windows下有这样能支持Linux开发的集成开发环境吗？答案是肯定的。微软为了壮大对手Linux，估计是想让对手更强，以此显得自己更强大，居然在Visual C++ 2017（简称VC 2017）上全面支持Linux的开发。VC 2017是当前Windows平台上主流的集成化可视化开发软件，功能非常强大，几乎无所不能。按理，为了照顾一些没有使用过VC系列工具的朋友，应该简单介绍一下它的界面和使用，但限于篇幅，此处不再赘述，建议读者参考清华大学出版社出版的《Visual C++ 2017从入门到精通》一书，那本书是学习VC的蓝宝书。

在VC 2017中，可以编译、调试和运行Linux可执行程序，也可以生成Linux静态库（.a库）和动态库（也称共享库，即.so库），是不是有点小兴奋？但前提是我们安装VC 2017的时候把支持Linux开发的组件选上，默认是不会安装的，打开VC 2017的安装程序，然后在"工作负载"页面的右下角勾选"使用C++的Linux开发"复选框，如图2-50所示。

然后继续安装VC 2017。安装完毕后，我们新建工程的时候就可以看到有一个Linux工程选项。下面通过一个例子来生成可执行程序。

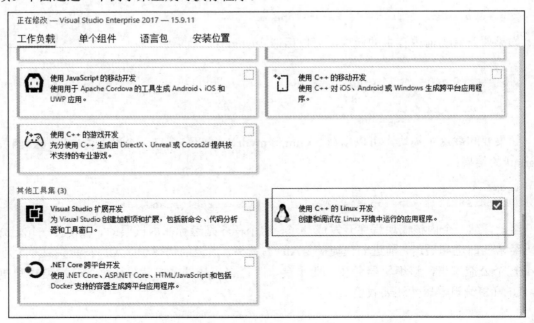

图 2-50

【例2.3】第一个VC开发的Linux应用层程序

（1）打开VC 2017，单击菜单"文件"→"新建"→"项目"或者直接按快捷键Ctrl+Shift+N来打开"新建项目"对话框，在该对话框左边展开Visual C++→"跨平台"，并选中Linux节点，此时右边出现项目类型，选中"控制台应用程序（Linux）"，并在对话框下方输入项目名称（比如test）和项目路径（比如e:\ex\），如图2-51所示。

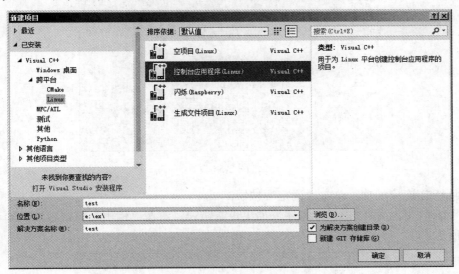

图 2-51

然后单击"确定"按钮，这样一个Linux项目就创建好了。我们可以看到创建了一个main.cpp文件，内容如下：

```
#include <cstdio>
int main()
{
    printf("hello from test!\n");
    return 0;
}
```

（2）打开虚拟机Ubuntu 20.04，使用桥接模式静态IP方式，虚拟机Ubuntu的IP是120.4.2.8，宿主机Windows 7的IP是120.4.2.200，保持相互ping通。

（3）设置连接。单击VC 2017的菜单"工具"→"选项"来打开"选项"对话框，在该对话框的左下方展开"跨平台"，并选中"连接管理器"节点，在右边单击"添加"按钮，然后在出现的"连接到远程系统"对话框中，输入虚拟机Ubuntu 20.04的主机名、密码等信息，如图2-52所示。

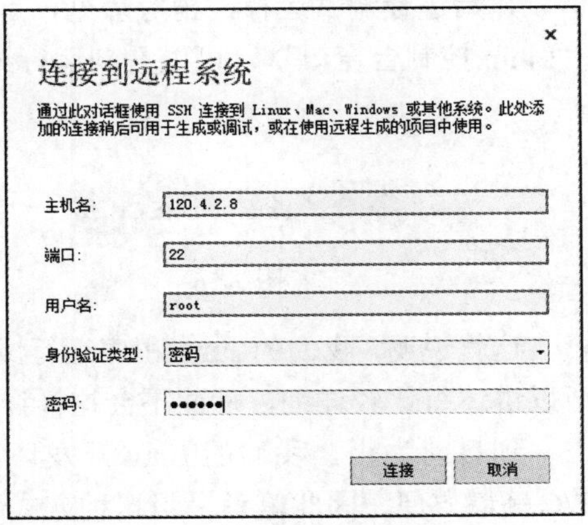

单击"连接"按钮，此时将下载一些开发所需要的文件，如图2-53所示。

图 2-52

图 2-53

稍等片刻，列表框内出现另一个主机名为120.4.2.8的SSH连接，如图2-54所示。

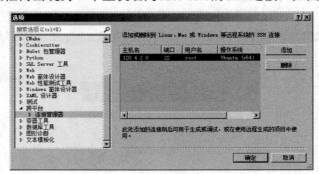

图 2-54

这说明添加连接成功，单击"确定"按钮。

（4）编译运行，按F7键生成程序，如果没有错误，将在"输出"窗口中输出编译结果，如图2-55所示。

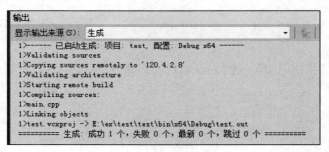

图 2-55

此时可以单击VC 2017工具栏上的"运行"按钮准备运行，如图2-56所示。

开始进行调试运行，稍等片刻，运行完毕，单击菜单"调试"→"Linux控制台"来打开"Linux控制台窗口"，可以看到运行结果，如图2-57所示。

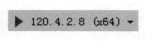

图 2-56

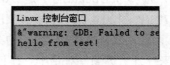

图 2-57

这就说明，我们的Linux程序运行成功了。因为这是第一个VC 2017开发的Linux应用程序，所以讲述得比较详细，后面不会这样详述了，节省篇幅。

到目前为止，我们的Linux开发环境已经建立起来了。由于在Windows下集成开发Linux C/C++最方便，因此笔者采用这种方式开发环境。

第 3 章
嵌入式开发必会应用层技术

嵌入式（包括驱动）开发很多时候都是在内核态开发的，但不少用户态的操作也会经常遇到，笔者把自己多年工作中遇到的用户态常用操作进行了归纳总结，读者最好掌握，以后在工作中经常会碰到。

3.1 Linux 启动过程

Linux系统的启动过程并不是读者想象的那么复杂，其过程可以分为以下5个阶段。

1. 内核的引导

当计算机打开电源后，首先要进行BIOS开机自检，按照BIOS中设置的启动设备（通常是硬盘）来启动。操作系统接管硬件以后，首先读入/boot目录下的内核文件。

2. 运行 init

init 进程是系统所有进程的起点，可以把它比喻成系统所有进程的老祖宗，没有这个进程，系统中任何进程都不会启动。Init进程首先需要读取配置文件/etc/inittab。

3. 系统初始化

在init的配置文件中有这么一行：si::sysinit:/etc/rc.d/rc.sysinit，它调用执行了/etc/rc.d/rc.sysinit，而rc.sysinit是一个Bash Shell脚本，它主要是完成一些系统初始化的工作，rc.sysinit是每个运行级别都要首先运行的重要脚本。它主要完成激活交换分区、检查磁盘、加载硬件模块以及其他一些需要优先执行的任务。

```
15:5:wait:/etc/rc.d/rc 5
```

这一行表示以5为参数运行/etc/rc.d/rc，/etc/rc.d/rc是一个Shell脚本，它接受5作为参数来执行/etc/rc.d/rc5.d/目录下的所有rc启动脚本，/etc/rc.d/rc5.d/目录中的这些启动脚本实际上都是一些链接文件，而不是真正的rc启动脚本，真正的rc启动脚本实际上都放在/etc/rc.d/init.d/目录下。

这些rc启动脚本有着类似的用法，它们一般能接受start、stop、restart、status等参数。/etc/rc.d/rc5.d/中的rc启动脚本通常是K或S开头的链接文件，对于以S开头的启动脚本，将以start参数来运行。而如果发现存在相应的脚本，也存在以K打头的链接，而且已经处于运行态（以/var/lock/subsys/下的文件作为标志），则将首先以stop为参数停止这些已经启动了的守护进程，然后重新运行。这样做是为了保证当init改变运行级别时，所有相关的守护进程都将重启。

至于在每个运行级别中将运行哪些守护进程，用户可以通过chkconfig或setup中的System Services来自行设定。

不同的场合需要启动不同的程序，比如用作服务器时，需要启动Apache，用作桌面就不需要。Linux允许为不同的场合分配不同的开机启动程序，这就叫作"运行级别"（Runlevel）。也就是说，启动时根据"运行级别"，确定要运行哪些程序。Linux系统有以下7个运行级别（runlevel）：

- 运行级别 0：系统停机状态，系统默认运行级别不能设为 0，否则不能正常启动。
- 运行级别 1：单用户工作状态，root 权限，用于系统维护，禁止远程登录。
- 运行级别 2：多用户状态（没有 NFS）。
- 运行级别 3：完全的多用户状态（有 NFS），登录后进入控制台命令行模式。
- 运行级别 4：系统未使用，保留。
- 运行级别 5：X11 控制台，登录后进入图形 GUI 模式。
- 运行级别 6：系统正常关闭并重启，默认运行级别不能设为 6，否则不能正常启动。

4. 建立终端

rc执行完毕后，返回init。这时基本系统环境已经设置好了，各种守护进程也已经启动了。init接下来会打开6个终端，以便用户登录系统。在inittab中的以下6行就是定义了6个终端：

```
1:2345:respawn:/sbin/mingetty tty1
2:2345:respawn:/sbin/mingetty tty2
3:2345:respawn:/sbin/mingetty tty3
4:2345:respawn:/sbin/mingetty tty4
5:2345:respawn:/sbin/mingetty tty5
6:2345:respawn:/sbin/mingetty tty6
```

从上面可以看出，在2、3、4、5的运行级别中，都将以respawn方式运行mingetty程序，mingetty程序能打开终端、设置模式。同时，它会显示一个文本登录界面，这个界面就是我们经常看到的登录界面，在这个登录界面中会提示用户输入用户名，而输入的用户名将作为参数传给login程序来验证用户的身份。

5. 用户登录系统

一般来说，用户的登录方式有三种：命令行登录、ssh登录和图形界面登录。对于运行级别为5的图形方式来说，是通过一个图形化的登录界面登录的。登录成功后可以直接进入KDE、Gnome等窗口管理器。

这里主要讲的是以文本方式登录的情况。当我们看到mingetty登录界面时，就可以输入用户名和密码来登录系统。Linux的账号验证程序是login，login会接收mingetty传来的用户名作为用户名参数。然后login会对用户名进行分析：如果用户名不是root，且存在/etc/nologin文件，login将输出nologin文件的内容，然后退出。这通常用来系统维护时防止非root用户登录。只有在/etc/securetty中登记了的终端才允许root用户登录，如果不存在这个文件，则root用户可以在任何终端上登录。/etc/usertty文件用于对用户做出附加访问限制，如果不存在这个文件，则没有此限制。

我们可以用一幅图来熟悉Linux的启动过程，如图3-1所示。

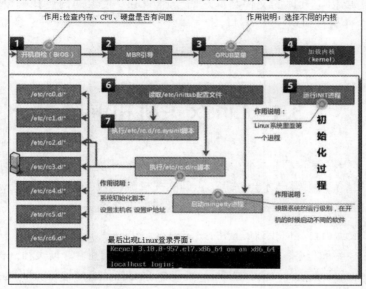

图 3-1

3.2　图形模式与命令模式的切换方式

Linux预设提供了6个命令窗口让我们来登录。默认登录的是第一个窗口，也就是tty1，这个6窗口分别为tty1、tty2、…、tty6，可以按快捷键Ctrl+Alt+F1～F6来切换它们。

如果你安装了图形界面，默认情况下是进入图形界面的，此时可以按快捷键Ctrl+Alt+F1～F6来进入其中一个命令窗口。当你进入命令窗口后，要再返回图形界面，只要按快捷键Ctrl+Alt+F7就回来了。

如果你用的VMware虚拟机，命令窗口切换的快捷键为Alt+Space+F1～F6。如果在图形界面下，请按快捷键Alt+Shift+Ctrl+F1～F6切换至命令窗口。

3.3　在文件中搜索

使用grep -rn可以在某个指定路径的文件中搜索需要的内容，注意命令参数，一个是r，另一个是n。命令格式如下：

```
grep -rn "内容" 路径
```

比如，我们在/tmp下新建一个文件a.txt，然后输入内容：hello world。保存后，再到命令下搜索，就会有结果了：

```
root@myub:/tmp# grep -rn hello /tmp/
/tmp/a.txt:1:hello world
```

而且我们不需要指定具体的文件名。这对于不知道要搜索的内容在哪个文件中时非常有用。当然，指定文件名也可以：

```
root@myub:/tmp# grep -rn hello /tmp/a.txt
1:hello world
```

3.4 Linux 关机和重启

Linux系统大多用在服务器上，很少遇到关机的操作。毕竟在服务器上运行一个服务是永无止境的，除非特殊情况，不得已才会关机。正确的关机流程为：sync→shutdown→reboot→halt。关机指令为shutdown或poweroff，例如可以运行以下命令关机。

- sync：将数据由内存同步到硬盘中。
- shutdown：关机指令，可以使用 man shutdown 命令来查看帮助文档。例如可以运行如下命令关机：shutdown － h 10 'This server will shutdown after 10 mins'。这个命令告诉用户，计算机将在10分钟后关机，并且会显示在登录用户的当前屏幕中。shutdown 的常见用法如下：

  （1）立刻关机：

  ```
  shutdown -h now
  ```

  （2）系统会在今天20:25关机：

  ```
  shutdown -h 20:25
  ```

  （3）10分钟后关机：

  ```
  shutdown -h +10
  ```

  （4）系统立马重启：

  ```
  shutdown -r now
  ```

  （5）系统10分钟后重启：

  ```
  shutdown -r +10
  ```

  （6）重启：

  ```
  reboot
  ```

该命令就是重启，等同于 shutdown -r now。

（7）关闭系统：

```
halt
```

等同于 shutdown -h now 和 poweroff。

3.5　开机自启动

开机自启动就是让我们自己的程序随着操作系统的启动而启动运行。这个功能经常会用到，比如杀毒软件，一般就是在操作系统启动后自动运行，而不需要人工开启。下面以CentOS环境为例说明如何让我们自己的程序开机自启动。步骤如下：

（1）准备需要启动的脚本内容auto_run.sh，文件名可以随意取。在这个脚本文件中，我们可以放置要开机执行的shell命令、自己的程序或者其他脚本文件。为了开机自启动有效，.sh脚本的前三行需如下：

```
#!/bin/bash
#chkconfig: 2345 80 90
#description: auto_run
touch /tmp/123.txt
```

其中，第一行，所有Shell脚本开头都是这样的，表示该脚本由/bin/路径的bash解释器来解释脚本。第二行，chkconfig后面有三个参数2345 80 90，告诉chkconfig程序，需要在/etc/rc2.d～/etc/rc5.d目录下创建名为S80auto_run.sh的文件链接，链接到/etc/rc.d/init.d目录下的auto_run脚本。S80auto_run.sh这个文件名中的第一个字符S，表示系统在启动的时候运行脚本auto_run，并且添加一个start参数，该参数告诉脚本，现在是启动模式。同时，在rc0.d和rc6.d目录下创建名为K90auto_run.sh的文件链接，第一个字符为K，在关闭系统的时候会运行auto_run，并且添加一个参数stop，该参数告诉脚本，现在是关闭模式。如果缺少上面三行，在运行下面第（4）步chkconfig --add auto_run时会报错。第4行的意思是我们通过touch命令在/tmp下新建一个文件123.txt，以此来确定开机启动后，这个脚本文件是否执行成功，如果这个123.txt存在，就说明脚本文件执行成功了。

（2）给要自启动的脚本xxx.sh增加可执行权限。我们把这个脚本文件保存为auto_run.sh，并将其移动或复制到/etc/rc.d/init.d目录下。/etc/rc.d/init.d中包含一些脚本，这些脚本供INIT进程（也就是1号进程）在系统初始化的时候，按照该进程获取的开机运行等级有选择地运行init.d中的脚本。复制到/etc/rc.d/init.d后，也会在/etc/init.d下发现这个文件，这是因为/etc/init.d其实是/etc/rc.d/init.d的软链接。为auto_run.sh增加权限：

```
chmod 755 /etc/rc.d/init.d/auto_run.sh
```

第一位7：4+2+1，创建者，可读、可写、可执行；第二位5：4+1，组用户，可读、可执行；第三位5：4+1，其他用户，可读、可执行。所以755表示只允许创建者修改，允许其他用户读取和执行。

（3）把脚本添加到开机自启动项目中。

```
cd /etc/rc.d/init.d
chkconfig --add auto_run.sh
chkconfig auto_run.sh on
```

其中chkconfig的功能是检查、设置系统的各种服务。语法如下：

```
chkconfig [--add][--del][--list][系统服务] 或
chkconfig [--level <等级代号>][系统服务][on/off/reset]
--add 添加服务；--del 删除服务；--list 查看各服务启动状态
```

（4）重启并验证。执行重启命令init 6或reboot，前者更通用。然后到/tmp下查看，可以发现123.txt已经存在：

```
[root@localhost ~]# ls /tmp/123.txt
/tmp/123.txt
```

至此，开机自启动程序设置完成。在实际应用中，只需要把要执行的程序放入auto_run.sh中，并赋予权限即可，比如：

```
#!/bin/bash
#chkconfig: 2345 80 90
#description: auto_run
touch /tmp/123.txt
chmod 777 /myapp/install_driver.sh
/myapp/install_driver.sh

chmod 777 /myapp/mysvr
nohup /myapp/mysvr > /myapp/mysvr.out 2>&1 &
```

其中nohup英文全称是no hang up（不挂起），用于在系统后台不挂断地运行命令，退出终端不会影响程序的运行，但可以通过kill等命令终止。nohup命令在默认情况下（非重定向时）会输出一个名叫nohup.out的文件到当前目录下，如果当前目录的nohup.out文件不可写，输出重定向到$HOME/nohup.out文件，这里我们指定输出文件为mysvr.out。mysvr有打印的地方，都会输出内容到mysvr.out中，从而方便我们观察程序的运行情况。

2>&1用来将标准错误2重定向到标准输出1中。1前面的&是为了让bash将1解释成标准输出，而不是文件1。&是为了让bash在后台执行。

3.6　查看 Ubuntu 的内核版本

命令如下：

```
cat /proc/version
 Linux version 5.15.0-56-generic (buildd@lcy02-amd64-004) (gcc (Ubuntu
11.3.0-1ubuntu1~22.04) 11.3.0, GNU ld (GNU Binutils for Ubuntu) 2.38) #62-Ubuntu SMP
Tue Nov 22 19:54:14 UTC 2022
```

或者用uname -r：

```
uname -r
5.15.0-56-generic
```

内核版本是5.15.0-56-generic。

3.7　查看 Ubuntu 操作系统的版本

命令如下：

```
# lsb_release -a
No LSB modules are available.
Distributor ID: Ubuntu
Description:    Ubuntu 22.04.1 LTS
Release:        22.04
Codename:       jammy
```

3.8　配置文件的区别

下面说明Linux中常用的配置文件的区别。

- /etc/profile: 该文件为系统的每个用户设置环境信息，当用户第一次登录时，该文件被执行并从/etc/profile.d 目录的配置文件中搜集 shell 的设置。
- /etc/bashrc: 为每一个运行 bash shell 的用户执行该文件。当 bash shell 被打开时，该文件被读取。
- ~/.bash_profile: 每个用户都可使用该文件输入专用于自己使用的 shell 信息，当用户登录时，该文件仅执行一次。默认情况下，会设置一些环境变量，执行用户的.bashrc 文件。
- ~/.bashrc: 该文件包含专用于自己的 bash shell 的 bash 信息，当登录时或每次打开新的 shell 时，该文件被读取。
- ~/.bash_logout: 当每次退出系统（退出 bash shell）时，执行该文件。

对于Ubuntu，bash的几个初始化文件说明如下。

- /etc/profile: 全局（公有）配置，无论是哪个用户，登录时都会读取该文件。
- /ect/bashrc: Ubuntu 没有此文件，与之对应的是/ect/bash.bashrc，它也是全局（公有）的。bash 执行时，无论是哪种方式，都会读取此文件。
- ~/.profile: 若 bash 以 login 方式执行，则读取~/.bash_profile；若它不存在，则读取~/.bash_login；若前两者都不存在，则读取~/.profile。另外，以图形模式登录时，此文件将被读取，即使存在 ~/.bash_profile 和 ~/.bash_login。
- ~/.bash_login: 若 bash 以 login 方式执行，则读取~/.bash_profile，若它不存在，则读取~/.bash_login，若前两者都不存在，则读取~/.profile。
- ~/.bash_profile: Ubuntu默认没有此文件，可新建。只有 bash 以 login 形式执行，才会读取此文件。通常该配置文件还会配置成读取~/.bashrc。

- ～/.bashrc：当 bash 以 non-login 形式执行时，读取此文件。若以 login 形式执行，则不会读取此文件。
- ～/.bash_logout：注销时，且是 login 形式，此文件才会被读取。也就是说，在文本模式注销时，此文件会被读取，在图形模式注销时，此文件不会被读取。

下面是在本机的几个例子：

（1）以图形模式登录时，顺序读取/etc/profile和～/.profile。

（2）以图形模式登录后，打开终端时，顺序读取/etc/bash.bashrc和～/.bashrc。

（3）以文本模式登录时，顺序读取/etc/bash.bashrc、/etc/profile和～/.bash_profile。

（4）从其他用户使用su命令切换到该用户，分两种情况：第一种情况，如果带-l参数（或--login参数），如su -l username，则bash是login的，它将顺序读取以下配置文件：/etc/bash.bashrc、/etc/profile和～/.bash_profile；第二种情况，如果没有带-l参数，则bash是non-login的，它将顺序读取/etc/bash.bashrc和～/.bashrc。

（5）注销时，或退出su登录的用户，如果是login方式，那么bash会读取：～/.bash_logout。

（6）执行自定义的shell文件时，若使用bash -l a.sh方式，则bash会读取行：/etc/profile和～/.bash_profile，若使用其他方式，如bash a.sh、./a.sh、sh a.sh（这个不属于bash shell），则不会读取上面的任何文件。

（7）上面的例子凡是读取到～/.bash_profile的，若该文件不存在，则读取～/.bash_login，若前两者都不存在，则读取～/.profile。

3.9　让/etc/profile 文件修改后立即生效

方法1：使用如下命令让/etc/profile文件修改后立即生效：

```
# . /etc/profile
```

⊙➕注意　. 和/etc/profile有空格。

方法2：使用如下命令让/etc/profile文件修改后立即生效：

```
# source /etc/profile
```

source命令也称为"点命令"，也就是一个点符号（.）。source命令通常用于重新执行刚修改的初始化文件，使之立即生效，而不必注销并重新登录。用法如下：

```
source filename 或 . filename
```

3.10　测试 Web 服务器的性能

3.10.1　架设Web服务器Apache

我们首先需要一台Web服务器，因为我们的程序是运行在Web服务器上的。Web服务器的软件比较多，比较著名的有Apache和Nginx。这里选用Apache。这里我们不必再去下载和安装Apache，因为按照前面讲述的方法安装Ubuntu，Apache就会自动安装。我们这里可以直接运行它。首先用命令dpkg来查看Apache是否安装：

```
# dpkg -s apache2
```

如果什么也没显示，说明没安装，我们可以用下列命令来在线安装：

```
# apt-get update
# apt-get install apache2
```

安装完毕后，检查一下apache提供的Web服务是否在运行：

```
root@mypc:~# systemctl status apache2
● apache2.service - The Apache HTTP Server
     Loaded: loaded (/lib/systemd/system/apache2.service; enabled; vendor preset:
enabled)
     Active: active (running) since Thu 2023-10-12 14:58:05 CST; 6min ago
       Docs: https://httpd.apache.org/docs/2.4/
...
```

结果中输出Active: active (running)，说明在运行了。

可以看到，httpd已经运行了，第一列是进程ID。这个时候如果在宿主机Windows下打开浏览器，并在地址栏输入http://192.168.100.128后回车，注意：192.168.100.128是笔者这里的虚拟机Linux的IP，然后就可以看到网页了，如图3-2所示。

Apache2 Ubuntu Default Page

It works!

This is the default welcome page used to test the correct operation of the Apache2 server after installation on Ubuntu systems. It is based on the equivalent page on Debian, from which the Ubuntu Apache packaging is derived. If you can read this page, it means that the Apache HTTP server installed at this site is working properly. You should **replace this file** (located at /var/www/html/index.html) before continuing to operate your HTTP server.

If you are a normal user of this web site and don't know what this page is about, this probably means that the site is currently unavailable due to maintenance. If the problem persists, please contact the site's administrator.

图 3-2

并且首页文件(indx.html)位于/var/www/html/下，文件名是index.html。我们可以到这个目录下看一下：

```
root@mypc:/var/www/html# ls
index.html
css  images  index.html
```

如果要修改这个首页文件，可以直接修改index.html。比如修改代码如下：

```
<!DOCTYPE html>
<html>
    <head>
        <meta charset="utf-8" />
        <title></title>
    </head>
    <body>
    <p>kkkkkkkkkkkkkkkkk</p>
    </body>
</html>
```

然后保存。再刷新浏览器，此时可以在浏览器中看到一行k，如下所示：

```
kkkkkkkkkkkkkkkkk
```

至此，Apache Web服务器架设成功了。

3.10.2　在Windows下测试Web服务器的性能

以前安装好Apache总是不知道该如何测试Apache的性能，现在总算有一个测试工具了，那就是Apache自带的测试工具ab（Apache Benchmark），在Apache的bin目录下。既然是自带的，那么我们首先要在宿主机Windows下安装一个Apache服务器，然后到其bin目录下找到ab.exe，随后就可以测试虚拟机的Web性能了。

在配套源码包somesofts目录下找到Apache安装包Apache For Windows.msi，直接双击即可安装，非常"傻瓜化"。如果是默认安装，则可以在路径C:\Program Files (x86)\Apache Software Foundation\ Apache2.2\bin\下找到ab.exe，然后在命令行窗口下运行ab。我们先来一个简单的测试，不带任何选项，命令如下：

```
C:\Program Files (x86)\Apache Software Foundation\Apache2.2\bin>ab
http://192.168.31.184/index.html
    This is ApacheBench, Version 2.3 <$Revision: 655654 $>
    Copyright 1996 Adam Twiss, Zeus Technology Ltd, http://www.zeustech.net/
    Licensed to The Apache Software Foundation, http://www.apache.org/

    Benchmarking 192.168.31.184 (be patient).....done

    Server Software:        Apache/2.4.6
    Server Hostname:        192.168.31.184
    Server Port:            80

    Document Path:          /index.html
    Document Length:        208 bytes

    Concurrency Level:      1
```

```
Time taken for tests:       0.003 seconds
Complete requests:          1
Failed requests:            0
Write errors:               0
Non-2xx responses:          1
Total transferred:          434 bytes
HTML transferred:           208 bytes
Requests per second:        333.00 [#/sec] (mean)
Time per request:           3.003 [ms] (mean)
Time per request:           3.003 [ms] (mean, across all concurrent requests)
Transfer rate:              1 41.13 [Kbytes/sec] received

Connection Times (ms)
              min  mean[+/-sd] median   max
Connect:        1    1   0.0      1       1
Processing:     1    1   0.0      1       1
Waiting:        1    1   0.0      1       1
Total:          2    2   0.0      2       2

C:\Program Files (x86)\Apache Software Foundation\Apache2.2\bin>
```

可以看出，Web服务器的版本号是Apache/2.4.6，每秒请求的并发数（Requests Per Second）是333，其他结果说明我们先不管。

3.10.3　在Linux下测试Web服务器的性能

Linux下的测试工具稍微多一些，比如ab、httperf等。ab依旧是Apache自带的，如果Apache已经安装了，那就可以直接使用它，可以通过which命令查看它所在的路径：

```
# which ab
/usr/bin/ab
```

可见，它在系统路径下，因此我们在任何路径下都可以直接运行ab。比如查看版本：

```
[root@localhost ~]# ab -V
This is ApacheBench, Version 2.3 <$Revision: 1430300 $>
Copyright 1996 Adam Twiss, Zeus Technology Ltd, http://www.zeustech.net/
Licensed to The Apache Software Foundation, http://www.apache.org/
```

由于ab这个工具我们在Windows下已经使用过了，用法是一样的。ab是笔者所知道的HTTP基准测试工具中最简单、最通用的，笔者在使用它的时候每秒大约只能生成900个请求。虽然笔者见过其他人使用它每秒能达到2000个请求，但ab并不适合需要发起很多连接的基准测试。

下面我们将使用httperf，它也是个老牌Web服务器性能测试工具。httperf也是衡量Web服务器性能的工具，比ab要强大一些。它为生成各种HTTP工作负载和测量服务器性能提供了灵活的设施。httperf的重点不在于实施一个特定的基准，而是提供一个强大的高性能工具，有助于构建微观和宏观层面的基准。httperf的显著特点是其稳健性，并且支持HTTP/1.1和SSL协议。

既然要在Linux下运行测试工具，那么还需要另一个Linux环境，可以把已经安装好的虚拟机Linux复制一份，然后互相ping通。接着把somesofts下的httperf-0.9.0.tar.gz上传到新复制的Linux中，然后开始编译安装，步骤如下：

（1）解压：

```
tar zxvf httperf-0.9.0.tar.gz
```

（2）配置。进入httperf-0.9.0目录，运行配置命令：

```
./configure --prefix=/usr/local/httperf
```

其中，选项prefix用来指定安装目录，这里是/usr/local/httperf。

（3）编译：

```
make
```

（4）消除环境变量DESTDIR，如果系统中已经存在环境变量DESTDIR（它通常也标记一个路径），那么最终安装后的路径是DESTDIR/prefix，prefix代表我们在配置时设置的路径，因此，为了不让DESTDIR干扰我们，最好先删除DESTDIR这个环境变量。查看和删除DESTDIR的命令如下：

```
env|grep DESTDIR
unset DESTDIR
```

（5）安装：

```
make install
```

安装完毕后，我们可以到/usr/local/httperf/bin/下查看可执行文件httperf。下面我们先小试牛刀，在Web服务器（Linux虚拟机）上使用httperf来测试本机Web服务器的性能。进入/usr/local/httperf/bin，然后执行httperf：

```
[root@localhost bin]# cd /usr/local/httperf/bin
[root@localhost bin]# ./httperf --server 127.0.0.1 --port 80  --num-conns 18 --rate
10
    httperf --client=0/1 --server=127.0.0.1 --port=80 --uri=/ --rate=10
--send-buffer=4096 --recv-buffer=16384 --num-conns=18 --num-calls=1
    ...
    ...
    .
    Reply size [B]: header 299.0 content 4941.0 footer 0.0 (total 5240.0)
    Reply status: 1xx=0 2xx=0 3xx=0 4xx=18 5xx=0
    ...
    ...
```

出现了错误状态码。我们看结果输出中的Reply status这一行，4xx=18，这表明出现了18次的4xx错误，具体什么错误我们不知道。反正是错误码为400多的错误值，4xx通常表示请求错误，这些状态码表示请求可能出错，妨碍了服务器的处理。错误原因可能是入参不匹配、请求类型错误、接口不存在等。出现这个错误的原因是当前Web服务器默认的主目录（存放网页文件的目录）下没有默认首页文件，即/var/www/html下没有默认首页文件，所以当httperf访问--uri=/时（请看上述命令第二行，如果不指定选项uri，则httperf会自动在主目录下寻找默认首页），出现找不到首页文件而报错。有读者可能会说，那我在浏览器可以访问默认主页啊？别忘了，那个默认主页是/usr/share/httpd/noindex/下的index.html，而不是/var/www/html/下的

index.html。所以我们应该在/var/www/html/下放置一个index.html文件，这样才会成功。我们把前面那个显示kkk…的1.html文件重命名为index.html，然后放置到/var/www/html/下，再运行命令：

```
[root@localhost bin]# ./httperf --server 127.0.0.1 --port 80  --num-conns 18 --rate 10
httperf --client=0/1 --server=127.0.0.1 --port=80 --uri=/ --rate=10
--send-buffer=4096 --recv-buffer=16384 --num-conns=18 --num-calls=1
httperf: warning: open file limit > FD_SETSIZE; limiting max. # of open files to
FD_SETSIZE
Maximum connect burst length: 1

Total: connections 18 requests 18 replies 18 test-duration 1.702 s

Connection rate: 10.6 conn/s (94.5 ms/conn, <=1 concurrent connections)
Connection time [ms]: min 0.8 avg 0.9 max 1.6 median 0.5 stddev 0.2
Connection time [ms]: connect 0.0
Connection length [replies/conn]: 1.000

Request rate: 10.6 req/s (94.5 ms/req)
Request size [B]: 62.0

Reply rate [replies/s]: min 0.0 avg 0.0 max 0.0 stddev 0.0 (0 samples)
Reply time [ms]: response 0.9 transfer 0.0
Reply size [B]: header 299.0 content 4941.0 footer 0.0 (total 5240.0)
Reply status: 1xx=0 2xx=0 3xx=0 4xx=18 5xx=0

CPU time [s]: user 1.66 system 0.04 (user 97.7% system 2.2% total 99.9%)
Net I/O: 54.8 KB/s (0.4*10^6 bps)

Errors: total 0 client-timo 0 socket-timo 0 connrefused 0 connreset 0
Errors: fd-unavail 0 addrunavail 0 ftab-full 0 other 0
[root@localhost bin]# ./httperf --server 127.0.0.1 --port 80  --num-conns 18 --rate 10
httperf --client=0/1 --server=127.0.0.1 --port=80 --uri=/ --rate=10
--send-buffer=4096 --recv-buffer=16384 --num-conns=18 --num-calls=1
httperf: warning: open file limit > FD_SETSIZE; limiting max. # of open files to
FD_SETSIZE
Maximum connect burst length: 1

Total: connections 18 requests 18 replies 18 test-duration 1.702 s

Connection rate: 10.6 conn/s (94.5 ms/conn, <=1 concurrent connections)
Connection time [ms]: min 0.7 avg 0.8 max 1.9 median 0.5 stddev 0.3
Connection time [ms]: connect 0.1
Connection length [replies/conn]: 1.000

Request rate: 10.6 req/s (94.5 ms/req)
Request size [B]: 62.0

Reply rate [replies/s]: min 0.0 avg 0.0 max 0.0 stddev 0.0 (0 samples)
Reply time [ms]: response 0.8 transfer 0.0
Reply size [B]: header 289.0 content 159.0 footer 0.0 (total 448.0)
Reply status: 1xx=0 2xx=18 3xx=0 4xx=0 5xx=0

CPU time [s]: user 1.56 system 0.14 (user 91.9% system 8.0% total 99.9%)
Net I/O: 5.3 KB/s (0.0*10^6 bps)

Errors: total 0 client-timo 0 socket-timo 0 connrefused 0 connreset 0
Errors: fd-unavail 0 addrunavail 0 ftab-full 0 other 0
```

会发现4xx=0，这说明4xx错误没有发生。结果分析如下：

```
Maximum connect burst length: 1
最大并发连接数：1
Total: connections 300 requests 300 replies 300 test-duration 12.459 s
一共300个连接，300个请求，应答了300个，测试耗时12.459s
Connection rate: 24.1 conn/s (41.5 ms/conn, <=52 concurrent connections)
连接速率：24.1个每秒（每个连接耗时41.5ms，小于指定的50个并发）
Connection time [ms]: min 180.9 avg 734.9 max 7725.7 median 402.5 stddev 815.7
连接时间（微妙）：最小180.9，平均734.9，最大7752.7，中位数402.5，标准偏差815.7
Connection time [ms]: connect 221.4
连接时间（微妙）:连接 221.4
Connection length [replies/conn]: 1.000
连接长度（应答/连接）：1.000
Request rate: 24.1 req/s (41.5 ms/req)
请求速率：549.5（pqs），每个请求41.5ms
Request size [B]: 64.0
请求长度（字节）：64.0
Reply rate [replies/s]: min 26.2 avg 28.4 max 30.6 stddev 3.1 (2 samples)
响应速率（响应个数/秒）：最小26.2 ，平均28.4，最大30.6，标准偏差 3.1（2个例样）
Reply time [ms]: response 257.6 transfer 255.8
响应时间（微妙）：响应25.5，传输61.0
Reply size [B]: header 304.0 content 178.0 footer 0.0 (total 482.0)
响应包长度（字节）：响应头147.0，内容：178.0,响应末端2.0（总共53412.0）
Reply status: 1xx=0 2xx=0 3xx=300 4xx=0 5xx=0
响应包状态： 3xx 有300个，其他没有
CPU time [s]: user 1.19 system 11.27 (user 9.6% system 90.5% total 100.0%)
CPU时间（秒）：用户1.19 系统11.27（用户占了9.6     % 系统90.5% 总共100%）
Net I/O: 12.8 KB/s (0.1*10^6 bps)
网络I/O: 12.8 KB/s (0.1*10^6 bps)
Errors: total 0 client-timo 0 socket-timo 0 connrefused 0 connreset 0
错误：总数 0 客户端超时0 套接字超时0 连接拒绝0 连接重置50
Errors: fd-unavail 0 addrunavail 0 ftab-full 0 other 0
错误：fd不正确0 地址不正确0 ftab占满0 其他0
```

各选项说明如下。

- rate: 是指每秒多少个请求，num-conn 是指共发多少个请求，num-call 是指每次连接发送的请求数通常为 1。
- --client=I/N: 指定当前客户端 I 是 N 个客户端中的第几个，用于多个客户端发送请求，希望确保每个客户端发送的请求不完全一致。一般不用指定。
- --server: 请求的 server 名。
- --port: 请求的端口号，默认为 80。如果指定了—ssl，则为 443。
- --uri: 请求路径。
- --rate: 指定一个固定速率来创建连接和会话。
- --num-conns: 创建连接数。
- --num-call: 每个连接发送多少请求。
- --send-buffer: 指定发送 HTTP 请求的最大 buffer，默认为 4KB，一般不用指定。

- --recv-buffer: 指定接受 HTTP 请求的最大 buffer，默认为 16KB，一般不用指定。

另外，如果/var/www/html/下有HTML文件，我们也可以通过httperf的选项uri来指定这个文件，比如把index.html复制为1.html，再执行命令：

```
./httperf --server 127.0.0.1 --port 80 --uri=/1.html --num-conns 18 --rate 10
```

可以看到依旧是成功的。httperf命令的输出信息可以分为以下6个部分。

1. 测试整体数据

```
Total: connections 1000 requests 1000 replies 1000 test-duration 40.037 s
```
　　建立了TCP连接总数、HTTP request总数以及得到的HTTP reply总数

2. TCP 连接数据

```
Connection rate: 25.0 conn/s (40.0 ms/conn, <=975 concurrent connections)
```
　　每秒新建连接数（CPS），其间最大同一时刻并发连接数
```
Connection time [ms]: min 502.7 avg 29377.2 max 36690.2 median 30524.5 stddev 5620.5
```
　　成功的TCP链接的生命周期（成功建立，并且至少1次request和1次reply），计算median是用histogram方法，统计粒度为1ms
```
Connection time [ms]: connect 93.6
```
　　成功建立的TCP连接的链接建立平均时间（有可能http request发出但并不replay，最终失败）
```
Connection length [replies/conn]: 1.000
```
　　平均每个TCP链接收到的HTTP reply数目

3. HTTP 请求数据

```
Request rate: 25.0 req/s (40.0 ms/req)
```
　　每秒HTTP请求数，若没有persistent connections（持久链接），则HTTP Request和Connect指标基本一致
```
Request size [B]: 67.0
```
　　HTTP请求body大小

4. HTTP 响应数据

```
Reply rate [replies/s]: min 1.8 avg 24.3 max 127.2 stddev 42.8 (8 samples)
```

每秒收到的HTTP reply数目。每5秒采集一个sample，建议至少30个sample，也就是运行150秒以上。

```
Reply time [ms]: response 85.9 transfer 29197.6
```
　　response 代表从发送http request到接收到reply的间隔时间，transfer表示接收到reply直到结束消耗的时间
```
Reply size [B]: header 219.0 content 4694205.0 footer 2.0 (total 4694426.0)
Reply status: 1xx=0 2xx=1000 3xx=0 4xx=0 5xx=0
```
　　Reply状态码以及Body Size统计

5. 混杂的数据

```
CPU time [s]: user 1.10 system 38.88 (user 2.8% system 97.1% total 99.9%)
```
　　如果total值远小于100%，代表其他进程同时在run，results are "polluted" and the test should be rerun
```
Net I/O: 114505.2 KB/s (938.0*10^6 bps)
```
　　计算TCP连接中发送和接收的payload，Mbps

6. 错误数据

```
Errors: total 0 client-timo 0 socket-timo 0 connrefused 0 connreset 0
Errors: fd-unavail 0 addrunavail 0 ftab-full 0 other 0
```

第1行的错误很有可能是服务器端达到瓶颈。client-timo和connrefused错误说明很有可能被测服务器端达到瓶颈、处理慢或者丢失客户端请求（也可能是自己time-out参数设置得太短）。而fd-unavail说明本机文件描述符不够用了，可以查看ulimit -n；addrunavail说明客户端用完了TCP端口，可以检查net.ipv4.ip_local_port_range以及在执行httperf时调整rate、timeout、num-conns参数的配合。如果other不为0，则在安装./configurej阶段加入--enable-debug，运行时加上--debug 1参数以进行进一步的调试。

至此，在本机测试Web性能完成，如果要在不同的主机上测试，则只需要把IP换一下即可。

3.11   Linux 中的文件权限

在Linux中，有时可以看到一个文件的权限如下：

```
-rw-r--r--
```

一共10个字符，第一个字符：表示文件类型，d是文件夹，l是链接文件，-是普通文件。后面的9个字符表示权限。权限分为4种，r表示读取权限，w表示写入权限，x表示执行权限，-表示无此权限。9个字符共分为3组，每组3个字符。第1组表示创建这个文件的用户的权限，第2组表示创建这个文件的用户所在的组的权限，第3组表示其他用户的权限。在每组中的3个字符中，第1个字符表示读取权限，第2个字符表示写入权限，第3个字符表示执行权限。如果有此权限，则对应位置为r，w或x；如果没有此权限，则对应位置为-。

所以说-rw-r-r--表示这是一个普通文件，创建文件的用户的权限为rw-，创建文件的用户所在的组的权限为r-，其他用户的权限为r-。

在修改权限时，是用不同数字来表示不同权限的。4表示读取权限，2表示写入权限，1表示执行权限。设置权限时，要给3类用户分别设置权限。例如chmod 761表示给创建文件的用户设置的权限是7，7=4+2+1，所以意思是给创建文件的用户赋予读取、写入和执行权限。6=4+2，也就是说赋予创建文件的用户所在的组读取和写入权限。最后一个1表示执行权限，也就是说给其他用户执行权限。

3.12   环境变量的获取和设置

操作系统的环境表中存储了程序的运行环境的所有环境变量，例如路径path、用户USER、Java环境变量JAVA_HOME等。查看环境变量的方法：

在Windows系统中，可以通过"高级"→"环境变量"来查看和设置环境变量。

在Linux系统中，可以用env命令来列出环境表的值，例如：

```
% env
TERM_PROGRAM=Apple_Terminal
SHELL=/bin/zsh
TERM=xterm-256color
USER=user1
...
JAVA_HOME=/Library/Java/JavaVirtualMachines/jdk1.8.0_251.jdk/Contents/Home
CLASSPATH=.:/Library/Java/JavaVirtualMachines/jdk1.8.0_251.jdk/Contents/Home/
lib/dt.jar:/Library/Java/JavaVirtualMachines/jdk1.8.0_251.jdk/Contents/Home/lib
/tools.jar
    LANG=zh_CN.UTF-8
```

可以看到，结果列出了环境表中的所有环境变量值，包括我们配置的JAVA_HOME的值。
接下来介绍环境变量的获取和设置。

在Linux系统中，提供全局变量environ来存储所有的环境表的地址。环境表是一个字符指
针数组，其中每个指针包含一个以null结束的字符串的地址。全局变量environ指向包含该指针
数组的地址，从而可以获得所有的环境变量。

Linux系统还提供了getenv函数、putenv函数和setenv函数来获取和设置环境变量值。getenv
函数和putenv函数的声明如下：

```
#include<stdlib.h>
//1. getenv
char * getenv(const char *name);
```
功能：getenv()用来取得参数name环境变量的内容。参数name为环境变量的名称，如果该变量存在，则会
返回指向该内容的指针。环境变量的格式为name＝value。
返回值：若执行成功，则返回指向该内容的指针，若找不到符合的环境变量名称，则返回NULL。
```
//2. putenv
int putenv(const char * string);
```
功能：putenv()用来改变或增加环境变量的内容。参数string的格式为name＝value，如果该环境变量原
先存在，则变量内容会依参数string改变，否则此参数内容会成为新的环境变量。
返回值：若执行成功则返回0，若有错误发生则返回-1。
错误代码：ENOMEM内存不足，无法配置新的环境变量空间。

程序举例：获取指定的几个环境变量的值。

```
#include <stdlib.h>
#include <stdio.h>
main()
{
    char *p;
    char env_str[4][20] = {"LANG","USER","JAVA_HOME","SHELL","ABC"};
    for (int i = 0; i<4; i++) {
        p = getenv(env_str[i]);
        if (p) {
            printf("%s = %s\n",env_str[i],p);
        }else {
            printf("%s not exist!\n",env_str[i]);
        }
    }
    //put test
```

```
    putenv ("ABC=abc");
    if ( (p = getenv( "ABC" ) ) ) {
        printf( "ABC = %s\n", p );
    }
}
```

运行结果如下：

```
LANG = zh_CN.UTF-8
USER = user1
JAVA_HOME = /Library/Java/JavaVirtualMachines/jdk1.8.0_251.jdk/Contents/Home
SHELL = /bin/zsh
ABC = abc
```

其中，getenv函数返回的就是指定的环境变量的值。

ABC是新设置的环境变量，是通过putenv函数设置成功的。设置后，仅在当前环境中起作用。接下来介绍environ全局变量的运用。

程序功能：利用environ来获取所有的环境变量值。

```
#include <stdlib.h>
#include <stdio.h>
main()
{
    extern char ** environ;
    for (int i =0; i<environ[i];i++){
        printf("%s\n",environ[i]);
    }
}
```

运行结果如下：

```
TERM_PROGRAM=Apple_Terminal
SHELL=/bin/zsh
TERM=xterm-256color
USER=user1
...
JAVA_HOME=/Library/Java/JavaVirtualMachines/jdk1.8.0_251.jdk/Contents/Home
CLASSPATH=.:/Library/Java/JavaVirtualMachines/jdk1.8.0_251.jdk/Contents/Home/
lib/dt.jar:/Library/Java/JavaVirtualMachines/jdk1.8.0_251.jdk/Contents/Home/lib
/tools.jar
LANG=zh_CN.UTF-8
```

可见，和用env命令得到的结果是一样的。其实，env命令就是用environ来实现的，有兴趣的朋友可以看一下env的源码（putenv.c）：

```
#include <stdlib.h>
#include <string.h>
int
putenv(const char *str)
{
    char *p, *equal;
    int rval;
```

```
    if ((p = strdup(str)) == NULL)
        return (-1);
    if ((equal = strchr(p, '=')) == NULL) {
        (void)free(p);
        return (-1);
    }
    *equal = '\0';
    rval = setenv(p, equal + 1, 1);
    (void)free(p);
    return (rval);
}
```

可见，putenv是通过调用setenv来实现的。

3.13　解析命令行参数函数

getopt_long为解析命令行参数函数，它是Linux C库函数。使用此函数需要包含系统头文件getopt.h。getopt_long函数声明如下：

```
    int getopt_long(int argc, char * const argv[], const char *optstring, const struct
option *longopts, int *longindex);
```

getopt_long 函数的工作方式与getopt函数类似，关于getopt的介绍可以参考：https://blog.csdn.net/fengbingchun/article/details/81122843。但是getopt_long函数除接受短选项外，还可以接受长选项，长选项以"--"开头。如果程序只接受长选项，那么optstring应指定为空字符串。如果缩写是唯一的，那么长选项名称可以缩写。长选项可以采用两种形式：--arg=param和--arg param。longopts是一个指针，指向结构体option数组。

结构体option声明如下：

```
struct option {
    const char *name;
    int has_arg;
    int *flag;
    int val;
};
```

name：长选项的名字；has_arg：0表示不需要参数，1表示需要参数，2表示参数是可选的；flag指定如何为长选项返回结果，如果flag是NULL，那么getopt_long返回val（可以将val设置为等效的短选项字符），否则getopt_long返回0。val表示要返回的值。结构体option数组的最后一个元素必须用零填充。

当一个短选项字符被识别时，getopt_long也返回选项字符。对于长选项，如果flag是NULL，则返回val，否则返回0。返回-1和错误处理方式与getopt相同。

第 4 章
内核模块开发

本章主要介绍Linux内核模块的相关概念，以及简单的模块开发过程。主要从模块开发中的常用指令、内核模块程序的结构、模块使用计数以及模块的编译等角度对内核模块进行介绍。在Linux系统开发过程中，以模块形式开发的重要性不言自明，而在嵌入式设备驱动开发中，将驱动程序以模块的形式发布更是极大地提高了设备使用的灵活性——用户只需要拿到相关驱动模块，再插入用户的内核中，即可灵活地使用设备。

内核模块是Linux操作系统中一个比较独特的机制。通过本章的学习，希望读者能够理解Linux提出内核模块这个机制的意义，理解并掌握Linux实现内核模块机制的基本技术路线，运用Linux提供的工具和命令，掌握操作内核模块的方法。

4.1 Linux 内核概述

现代操作系统的一个发展方向是采用微内核，与传统的单一内核相比，它不仅简单易实现，而且具有更大的灵活性。虽然Linux Kernel没有采用微内核，但它利用微内核的思想设计了可装载的内核模块，以此来简化和缩短开发时间，节省内核空间，并且可以动态配置。由于采用了模块，Linux可以在系统运行时动态地添加、删除模块代码，并且所做的更改立即生效而无须重新启动系统，例如可以动态加载某种类型的文件系统。更为灵活的是，一个模块可以使用另一个模块提供的服务，这意味着可以将一组相似模块中的公共代码移到一个独立的模块中，而无须在每个模块中保留一份副本。

Linux操作系统是单一内核（Monolithic Kernel）体系结构的。也就是说，整个内核是一个单独的非常大的程序。与单一体系结构相对的是微内核（Micro Kernel）体系结构，比如Windows NT采用的就是微内核体系结构。对于微内核体系结构，操作系统的核心部分是一个很小的内核，用于实现一些基本的服务，如创建和删除进程、内存管理、中断管理等。而文件系统、网络协议等其他部分都在微内核外的用户空间中运行。

这两种体系的内核各有优缺点。使用微内核的操作系统具有很好的可扩展性，而且内核非常小，但这样的操作系统由于不同层次之间的消息传递要花费一定的代价，因此效率比较低。对于单一内核体系结构的操作系统来说，所有的模块都集成在一起，系统的速度和性能都很好，但是可扩展性和维护性相对比较差。

据笔者了解，正是为了改善单一内核体系结构的可扩展性、可维护性等，Linux操作系统使用了一种全新的内核模块机制。用户可以根据需要，在不需要对内核重新编译的情况下，将模块动态地装入内核或从内核移出。

4.2　内核模块简介

4.2.1　何为内核模块

内核模块是一段可以动态加载到内核中的代码。通常由一组函数和数据结构组成，用于实现文件系统、驱动程序或其他内核上层的功能。

模块是在内核空间运行的程序，实际上是一种目标对象文件，没有链接，不能独立运行，但是其代码可以在运行时链接到系统中作为内核的一部分运行或从内核中取下，从而可以动态扩充内核的功能。这种目标代码通常由一组函数和数据结构组成，用来实现一种文件系统、一个驱动程序或其他内核上层的功能。模块机制的完整叫法是动态可加载内核模块（Loadable Kernel Module，LKM），一般简称为模块。与前面讲的运行在微内核体系操作系统的外部用户空间的进程不同，模块不是作为一个进程执行的，而是像其他静态链接的内核函数一样，在内核态代表当前进程执行。由于引入了模块机制，因此Linux的内核可以达到最小，即在内核中实现一些基本功能，如从模块到内核的接口、内核管理所有模块的方式等，而系统的可扩展性就留给模块来完成。

Linux内核模块是一段编译后的二进制代码，它直接插入Linux内核中并在Ring 0上运行，Intel的CPU将特权级别分为4个级别：ring0、ring1、ring2和ring3，ring0是最高级别，ring1次之，ring2更次之，级别越高表示权限越大，这里的代码完全不受检查，但是运行速度很快，可以访问系统中的所有内容。

Intel x86架构使用了4个级别来标明不同的特权级。Ring 0实际就是内核态，拥有最高权限。而一般应用程序处于Ring 3状态（用户态）。在Linux中，还存在Ring 1和Ring 2两个级别，一般归属驱动程序的级别。在Windows平台没有Ring 1和Ring 2两个级别，只有Ring 0（内核态）和Ring 3（用户态）。在权限约束上，高特权等级状态可以阅读低特权等级状态的数据，例如进程上下文、代码、数据等，反之则不可以。Ring 0最高可以读取Ring 0～Ring 3所有的内容，Ring 1可以读Ring 1～Ring 3所有的内容，Ring 2以此类推，Ring 3只能读取自己的数据。

模块和内核是在同样的地址空间运行的，模块编程在一定意义上也就是内核编程。但是并不是内核中所有的地方都可以使用模块。一般是在设备驱动程序、文件系统等地方使用模块，而对Linux内核中极为重要的地方，如进程管理和内存管理等，仍难以通过模块来实现，通常必须直接对内核进行修改。

在Linux内核源程序中，经常利用内核模块实现的有文件系统、SCSI高级驱动程序、大多数的SCSI驱动程序、多数CD-ROM驱动程序、以太网驱动程序等。

4.2.2　增加内核功能的两种方法

Linux内核整体结构已经很庞大，它包含很多的组件，而对于工程师而言，有两种方法将需要的功能包含进内核中。

（1）将所有的功能都编译进Linux内核。

（2）将需要的功能编译成模块，在需要的时候动态地添加。

第一种方法的优点是不会有版本不兼容的问题，不需要进行严格的版本检查；缺点是生成的内核会很大，如果要在现有的内核中添加新的功能，则要编译整个内核。

第二种方法的优点是模块本身不编译进内核，从而控制了内核的大小，模块一旦被加载，将和其他的部分完全一样；缺点是可能会有内核与模块版本不兼容的问题，导致内核崩溃，造成内存的利用率比较低。

4.2.3　使用模块的优缺点

使用模块的优点如下：

（1）使得内核更加紧凑和灵活。

（2）修改内核时，不必全部重新编译整个内核，可节省不少时间，避免人工操作的错误。在系统中如果需要使用新模块，只要编译相应的模块，然后使用特定用户空间的程序将模块插入即可。

（3）模块可以不依赖于某个固定的硬件平台。

（4）模块的目标代码一旦被链接到内核，它的作用和静态链接的内核目标代码完全等价。因此，当调用模块的函数时，无须显式地传递消息。

但是，内核模块的引入也带来一定的问题：

（1）由于内核所占用的内存是不会被换出的，因此链接进内核的模块会给整个系统带来一定的性能和内存利用方面的损失。

（2）装入内核的模块就成为内核的一部分，可以修改内核中的其他部分，因此模块使用不当会导致系统崩溃。

（3）为了让内核模块能访问所有内核资源，内核必须维护符号表，并在装入和卸载模块时修改符号表。

（4）由于模块会要求利用其他模块的功能，因此内核要维护模块之间的依赖性。

4.2.4　常用的模块操作命令

模块文件就是.ko结尾的文件，通常对模块文件的操作有加载和卸载。加载就是将.ko文件添加进内核，使之运行；卸载就是将其从内核中移除，停止运行。

加载模块的命令如下：

```
insmod xxx.ko
```

将模块从内核卸载的命令如下：

```
rmmod xxx.ko
```

除insmod可以加载模块外，modprobe也可以用来加载，modprobe是Linux内核中自带的一个命令，它可以自动加载模块及其依赖的模块。也就是说，如果你需要加载一个模块，但是该模块需要依赖其他模块，那么使用modprobe命令可以自动加载所有依赖的模块，不需要手动一个一个加载。另外，modprobe还可以在加载模块时传递参数。这几个命令需要root权限。

除此之外，还可以通过lsmod命令查看已被内核加载的模块的状态，例如：

```
root@mypc:~# lsmod
Module                      Size  Used by
vmw_vsock_vmci_transport    32768 2
vsock                       36864 3 vmw_vsock_vmci_transport
nls_iso8859_1               16384 1
binfmt_misc                 24576 1
...
```

第1列：表示模块的名称，例如vmw_vsock_vmci_transport、vsock和nls_iso8859_1。
第2列：表示模块的大小，例如36864表示模块vsock的大小为36864字节。
第3列：表示依赖模块的个数，例如3表示有3个模块依赖vsock模块。
第4列：表示依赖模块的内容。

modinfo可以查看某个具体模块的信息，例如：

```
# modinfo vsock
filename:       /lib/modules/5.4.0-42-generic/kernel/net/vmw_vsock/vsock.ko
license:        GPL v2
version:        1.0.2.0-k
description:    VMware Virtual Socket Family
author:         VMware, Inc.
srcversion:     F7967C8E93E4EFCBB9E28E1
...
```

4.2.5　Linux内核程序结构

开始编写Linux内核模块之前，首先要准备一些工具。最重要的是，需要有一台安装Linux系统的计算机，笔者使用的是Ubuntu 20.04.1。其次，需要一台物理机或虚拟机，不建议读者直接使用物理机编写内核模块，因为当出现错误时，主机的数据可能会丢失。在编写和调试内核模块的过程中，至少会锁定机器几次，内核崩溃时，最新的代码更改可能仍在写缓冲区中，因此源文件可能会损坏，在虚拟机中进行测试可以避免这种风险。总之，建议在虚拟机中安装和使用Ubuntu 20.04。最后，至少需要了解一下C。对于内核来说，C++在运行时太大了，因此编写纯C代码是必不可少的。另外，对于其与硬件的交互，了解一些组件可能会有所帮助。

一个基本的Linux设备驱动或内核模块的开发环境通常由宿主机和目标机组成，宿主机就是用来做驱动开发工作的主机，目标机就是用来运行和测试设备驱动的主机，在宿主机上需要有开发工具（gcc、gdb、make等）和Linux源码（版本要对应目标机上的Linux内核），而目标机上只要运行Linux即可。由于步骤有所不同，Linux的驱动开发中宿主机和目标机可以是一台主机，即在本机上开发编译，然后在本机上加载运行。为了方便初学者做实验，我们这里就在本机上开发编译，然后在本机上加载运行。

Linux设备驱动也可以直接编译进内核，但为了开发工作方便，一般采用动态加载的方式。当然，也可以准备两台主机，如果准备了两台主机的话，要保证宿主机上的Linux源码的版本号与目标机中的Linux内核版本一致。

编译模块程序不需要内核源码，只需要linux-header头文件。默认情况下，Ubuntu的/usr/src/下已经有头文件了：

```
root@bush-virtual-machine:/# ls /usr/src
linux-headers-5.13.0-30-generic  linux-hwe-5.13-headers-5.13.0-30
```

一个是带有generic标记的通用头文件，另一个是不带generic，针对硬件体系结构的不同而分类的头文件。

【例4.1】一个简单的内核模块程序

（1）打开VS Code，新建文件hello.c，然后输入如下代码：

```
#include<linux/module.h>
#include<linux/kernel.h>
#include<linux/init.h>

static int __init hello_init(void)
{
    printk("<1>Hello, World! from the kernel space...\n");
    return 0;
}

static void __exit hello_exit(void)
{
    printk("<1>Good Bye, World! leaving kernel space...\n");
}

module_init(hello_init);        // 注册模块
module_exit(hello_exit);        // 注销模块
MODULE_LICENSE("GPL");          //告诉内核该模块具有GNU公共许可证
```

当加载（insmod）模块的时候，将调用函数hello_init，当卸载（rmmod）模块的时候，将调用hello_exit函数。printk是内核打印函数，也是常用的调试手段。

然后把hello.c上传到Linux。再编写一个Makefile文件，内容如下：

```
#sample driver module
obj-m := hello.o
CURRENT_PATH := $(shell pwd)
LINUX_KERNEL := $(shell uname -r)
LINUX_KERNEL_PATH := /usr/src/linux-headers-$(LINUX_KERNEL)

all:
```

```
    make -C $(LINUX_KERNEL_PATH) M=$(CURRENT_PATH) modules
clean:
make -C $(LINUX_KERNEL_PATH) M=$(CURRENT_PATH) clean
```

当make的目标为all时，-C (KDIR)指明跳转到内核源码目录下，读取那里的Makefile；M=(PWD)表明返回当前目录继续读入，执行当前的Makefile。

我们把Makefile也上传到Linux，并和hello.c同一个目录。注意，Makefile文件不要用空格控制步进，要用Tab键。特别是gcc、rm、cp前面是Tab分隔符，不能用空格。

在hello.c和Makefile所在目录下执行make即可，编译后在当前目录生成hello.ko文件，这个就是内核模块文件，也就是运行在内核模式下的二进制程序文件。另外，也可以只在Makefile文件中写obj-m := hello.o，然后编译时写：

```
    make -C /usr/src/kernels/3.10.0-957.el7.x86_64/ M=$(pwd) modules
```

此时也可以生成hello.ko文件。

（2）加载并测试：加载使用insmod或modprobe命令来实现，如在当前路径执行如下代码：

```
insmod hello.ko
```

或者用modprobe hello命令。另外，通过modinfo hello.ko命令可以看到该模块的信息。

（3）查看模块程序中的打印结果。

我们在hello.c中使用打印函数printk，可以通过命令来查看其打印结果，命令如下：

```
# cat /var/log/messages | tail
    ...
Jan 11 21:49:38 localhost kernel: hello world enter
```

如果要卸载模块，可以使用命令：

```
rmmod hello
```

此时从内核中移除hello驱动模块，并自动调用函数hello_exit，执行cat /var/log/messages |tail命令，可以看到打印信息：

```
Jan 11 21:52:28 localhost kernel: hello world exit
```

更简单的是，直接用dmesg | tail命令，效果与cat /var/log/messages | tail命令一样。

第 5 章

字符设备驱动

在实际的硬件系统组成中，设备可以分为网卡、显卡、U盘等，按其接口类型可以分为USB设备、PCI设备、SPI设备、串口设备等。而在Linux内核中把所有设备都看成文件，可以分为字符设备、块设备、网络设备。字符设备是嵌入式系统中应用最广泛、最常见的类型。因此，本章着重探讨基于Linux的字符设备驱动程序的设计原理和基本用法。

字符设备能够像字节流一样被访问，设备驱动程序与硬件设备之间建立了标准的抽象接口。通过这个接口，用户可以像处理普通文件一样，通过open、close、read、write等系统调用对设备进行操作。

本章重点讲解字符设备的设备号及注册，以及字符设备的重要数据结构，并对字符设备驱动的读和写方法、ioctl 接口及阻塞与非阻塞等技术进行研究。

5.1 Linux 设备框架

Linux系统将设备分为3类：字符设备、块设备和网络设备。我们可以通过Linux系统框架来了解字符设备文件、字符设备驱动和字符设备的层次关系。Linux系统框架如图5-1所示。

可见，应用程序看到的是字符设备文件，对字符设备文件的操作将转换为驱动程序来操作真正的字符设备。每一个字符设备或块设备都在/dev目录下对应一个设备文件。Linux用户程序通过设备文件（或称设备节点）来使用驱动程序操作字符设备和块设备。

设备驱动程序（Device Driver）简称驱动程序（Driver），是一个允许高级（High Level）计算机软件（Software）与硬件（Hardware）交互的程序，这种程序建立了一个硬件与硬件，或硬件与软件沟通的界面，经由主板上的总线（Bus）或其他沟通子系统（Subsystem）与硬件形成连接的机制，这样的机制使得硬件设备（Device）上的数据交换成为可能。想象平时我们说的写驱动，例如点LED灯的驱动，就是简单的IO操作。

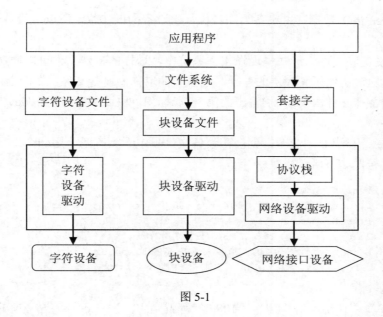

图 5-1

5.2　字符设备的概念

1. 什么是字符设备

字符设备是指只能一字节一字节读写的设备,不能随机读取设备内存中的数据。字符设备按照字符流的方式被有序访问。字符设备是面向流的设备,常见的字符设备有鼠标、键盘、串口、控制台和LED设备等。

2. 字符设备和块设备的区别

虽然本章并不讲解块设备,但预先了解一下字符设备和块设备的区别,能更深入地理解字符设备的特点。接下来了解一下块设备的概念。块设备是指可以从设备的任意位置读取一定长度数据的设备。块设备包括硬盘、磁盘、U盘和SD卡等。

字符设备和块设备的根本区别在于它们是否可以被随机访问。换句话说就是,能否在访问设备时随意地从一个位置跳转到另一个位置。举个例子,键盘这种设备提供的就是一个数据流,当你输入"fox"这个字符串时,键盘驱动程序会按照和输入完全相同的顺序返回由这三个字符组成的数据流。硬盘设备的驱动可能要求读取磁盘上任意块的内容,然后又转去读取别的块的内容,而被读取的块在磁盘上的位置不一定要连续,所以说硬盘可以被随机访问,而不是以流的方式被访问,显然它是一个块设备。

3. 什么是设备号

为了方便管理,Linux中每个设备都有一个设备号,设备号由主设备号和次设备号两部分组成,主设备号表示某一个具体的驱动,次设备号表示使用这个驱动的各个设备。设备号是一个32位（Unsigned Int）数据，主设备为高12位，次设备为低20位，所以主设备号的范围为0～4095（0～2^{12}–1）。

Linux字符设备以文件的形式呈现在文件系统中，这样的特殊文件可以通过文件名字进行存取操作，大大地透明化了其底层的差异。这些文件也称为设备文件，惯例上均位于/dev目录下，字符驱动的特殊文件由使用ls -l输出的第一列c标识。块设备也出现在/dev中，但是它们由b表示。

如果你在/dev下输入ls -l命令，就会在设备文件项中看到有两个用一个逗号隔开的数，这就是主、次设备号，如下所示：

```
crw-rw-rw- 1 root root       1,   3 6月  16 22:35 null
crw------- 1 root root      10, 144 6月  16 22:35 nvram
crw-r----- 1 root kmem       1,   4 6月  16 22:35 port
crw------- 1 root root     108,   0 6月  16 22:35 ppp
crw------- 1 root root      10,   1 6月  16 22:35 psaux
crw-rw-rw- 1 root tty        5,   2 6月  16 22:44 ptmx
crw-rw-rw- 1 root root       1,   5 6月  16 22:35 zero
```

其中，"1,3""10,144""1,4""108,0"等就是主、次设备号，逗号前的数字是主设备号，比如1、10、1、108、10、5、1；逗号后的数字是次设备号，比如3、144、4、0、1、2、5。而6月16是笔者计算机当天的日期。最后一列英文字符串是字符设备文件名，比如null、nvram、port等。除此之外，还可以使用命令cat /proc/devices来查看当前系统已经占用的设备号。

主编号用来标识设备相连（或称对应）的驱动。例如，/dev/null和/dev/zero都由驱动1来管理，而/dev/nvram和/dev/psaux都由驱动4管理。虽然现代Linux内核允许多个驱动共享主编号，但是用户看到的大部分设备仍然按照一个主编号对应一个驱动的原则来组织。

次编号被内核用来决定引用哪个设备。依据用户的驱动是如何编写的（如同我们下面见到的），可以从内核得到一个设备的直接指针，或者可以自己使用次编号作为本地设备数组的索引。不论使用哪种方法，内核几乎不知道次编号的任何事情，除它指向驱动实现的设备外。通过主设备号和次设备号合成设备号的宏如下：

```
MKDEV(major,minor);
```

从设备号中提取主设备号和次设备号的宏如下：

```
MAJOR(dev);
MINOR(dev);
```

4. 设备编号的内部表示

Linux提供了一个名为dev_t的数据类型表示设备号，dev_t定义在文件include/linux/types.h中，定义如下：

```
typedef   __u32          __kernel_dev_t;
typedef   __kernel_dev_t     dev_t;
```

可以看出，dev_t是__u32类型的，而__u32定义在文件include/uapi/asm-generic/int-ll64.h中，定义如下：

```
typedef  unsigned int   __u32;
```

综上所述，dev_t其实就是unsigned int类型的，是一个32位的数据类型。这32位的数据构成了主设备号和次设备号两部分，其中高12位为主设备号，低20位为次设备号。因此，Linux系统中主设备号的范围为0～4095，所以读者在选择主设备号的时候一定不要超过这个范围。在文件 include/linux/kdev_t.h中提供了几个关于设备号的宏，如下所示：

```
#define MINORBITS 20    //表示次设备号位数，一共是20位
#define MINORMASK ((1U << MINORBITS) - 1)  //表示次设备号掩码
//宏MAJOR用于从 dev_t 中获取主设备号，将 dev_t 右移20位即可
#define MAJOR(dev) ((unsigned int) ((dev) >> MINORBITS))
//宏MINOR用于从 dev_t 中获取次设备号，取 dev_t 的低20位的值即可
#define MINOR(dev) ((unsigned int) ((dev) & MINORMASK))
//宏MKDEV用于将给定的主设备号和次设备号的值组合成dev_t类型的设备号
#define MKDEV(ma,mi) (((ma) << MINORBITS) | (mi))
```

5. 设备节点

在Linux中，所有设备都以文件的形式存放在/dev目录下，都是通过文件的方式进行访问的，设备节点是Linux内核对设备的抽象，一个设备节点就是一个文件。应用程序通过一组标准化的调用访问设备，这些调用独立于任何特定的驱动程序。而驱动程序负责将这些标准调用映射到实际硬件的特有操作。

在Linux中，设备节点是通过mknod命令来创建的。一个设备节点其实就是一个文件。有一点要说明的是，在Linux中，所有的设备访问都是通过文件的方式访问的，一般的数据文件称为普通文件，设备节点称为设备文件。

设备节点被创建在/dev下，是连接内核与用户层的枢纽，就是设备连接到对应哪种接口的哪个ID上。设备节点相当于硬盘的inode一样，记录了硬件设备的位置和信息。

设备节点、驱动和硬件设备是如何关联到一起的呢？

这是通过设备号实现的，包括主设备号和次设备号。当我们创建一个设备节点时，需要指定主设备号和次设备号。应用程序通过名称访问设备，而设备号指定了对应的驱动程序和对应的设备。主设备号标识设备对应的驱动程序，次设备号由内核使用，用于确定设备节点所指的设备。

值得注意的是，对于网络设备，不存在设备节点。在Linux中，一个网络设备也可以叫作一个网络接口，如eth0，应用程序是通过Socket而不是设备节点来访问网络设备的，在系统中根本就不存在网络设备节点。网络接口没有像字符设备和块设备一样的设备号，只有一个唯一的名字，如eth0、eth1等，而这个名字也不需要与设备文件节点对应。

6. 字符设备的结构体描述

在Linux内核中，使用cdev结构体来描述一个字符设备，cdev结构体的定义如下：

```
<include/linux/cdev.h>
struct cdev {
    struct kobject kobj;                    //内嵌的内核对象
    struct module *owner;                   //该字符设备所在的内核模块的对象指针
    const struct file_operations *ops;      //该结构描述了字符设备所能实现的方法
    struct list_head list;                  //用来将已经向内核注册的所有字符设备形成链表
    dev_t  dev;                             //字符设备的设备号，由主设备号和次设备号构成
```

```
        unsigned int count;                              //隶属于同一主设备号的次设备号的个数
    };
```

后续还会对一些成员字段进行进一步的描述。内核给出的操作设备的接口基本都是围绕着
struct cdev结构的。在这些字段中，ops是极为关键的一个结构体。

5.3　字符设备驱动

前面我们对字符设备进行了介绍，下面讲解字符设备驱动，也就是驱动字符设备工作，如
何驱动呢？其实不难，就是熟悉并按照一定的步骤调用相关的驱动函数。

首先从应用层来看，Linux中一切皆文件，字符设备驱动加载成功后会在/dev目录下生成
相应的设备文件，应用层的程序可以通过open函数来打开这个设备文件，然后通过write和read
对这个设备进行读写操作，完毕后调用close函数。比如现在有个叫作/dev/led的驱动文件，此
文件是LED灯的驱动文件。应用程序使用open函数来打开文件/dev/led，使用完成以后，再使
用close函数关闭文件/dev/led。open和close就是打开和关闭LED驱动的函数，如果要点亮或关
闭LED，那么就使用write函数来操作，也就是向此驱动写入数据，这个数据就是要关闭还是要
打开LED的控制参数。如果要获取LED灯的状态，就用read函数从驱动中读取相应的状态。

应用程序运行在用户空间，而 Linux 驱动属于内核的一部分，因此驱动运行于内核空间。
当我们在用户空间想要实现对内核的操作，比如使用open函数打开/dev/led这个驱动时，因为
用户空间不能直接对内核进行操作，因此必须使用一个叫作"系统调用"的方法来实现从用户
空间"陷入"内核空间，这样才能实现对底层驱动的操作。open、close、write和read等函数是
由C库提供的，在Linux系统中，系统调用作为 C 库的一部分。当我们调用open函数的时候，
流程如图5-2所示。

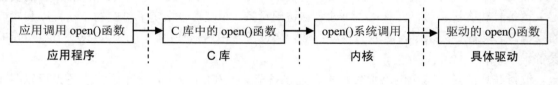

图 5-2

其中关于C库以及如何通过系统调用"陷入"内核空间我们不用去管，重点关注应用程序
和具体的驱动，应用程序使用的函数在具体驱动程序中都有与之对应的函数，比如应用程序中
调用了open函数，那么在驱动程序中也得有一个名为open的函数。

5.3.1　file_operations结构体

每一个系统调用在驱动中都有一个与之对应的驱动函数，在 Linux 内核文件include/
linux/fs.h中有个叫作file_operations的结构体，此结构体就是Linux内核驱动操作函数集合。

open、write等函数在驱动中都对应一个函数，驱动中这类函数有很多，它们都在结构体
file_operations中（kernel/include/linux/fs.h），而这个结构体只是字符设备结构体cdev中的一个
成员。结构体file_operations就是Linux内核驱动文件操作函数的集合，结构体定义如下：

```
    struct file_operations {
        struct module *owner;
        loff_t (*llseek) (struct file *, loff_t, int);
        ssize_t (*read) (struct file *, char __user *, size_t, loff_t *);
        ssize_t (*write) (struct file *, const char __user *, size_t, loff_t *);
        ssize_t (*aio_read) (struct kiocb *, const struct iovec *, unsigned long, loff_t);
        ssize_t (*aio_write) (struct kiocb *, const struct iovec *, unsigned long,
loff_t);
        int (*readdir) (struct file *, void *, filldir_t);
        unsigned int (*poll) (struct file *, struct poll_table_struct *);
        long (*unlocked_ioctl) (struct file *, unsigned int, unsigned long);
        long (*compat_ioctl) (struct file *, unsigned int, unsigned long);
        int (*mmap) (struct file *, struct vm_area_struct *);
        int (*open) (struct inode *, struct file *);
        int (*flush) (struct file *, fl_owner_t id);
        int (*release) (struct inode *, struct file *);
        int (*fsync) (struct file *, loff_t, loff_t, int datasync);
        int (*aio_fsync) (struct kiocb *, int datasync);
        int (*fasync) (int, struct file *, int);
        int (*lock) (struct file *, int, struct file_lock *);
        ssize_t (*sendpage) (struct file *, struct page *, int, size_t, loff_t *, int);
        unsigned long (*get_unmapped_area)(struct file *, unsigned long, unsigned long,
unsigned long, unsigned long);
        int (*check_flags)(int);
        int (*flock) (struct file *, int, struct file_lock *);
        ssize_t (*splice_write)(struct pipe_inode_info *, struct file *, loff_t *, size_t,
unsigned int);
        ssize_t (*splice_read)(struct file *, loff_t *, struct pipe_inode_info *, size_t,
unsigned int);
        int (*setlease)(struct file *, long, struct file_lock **);
        long (*fallocate)(struct file *file, int mode, loff_t offset,    loff_t len);
        int (*show_fdinfo)(struct seq_file *m, struct file *f);
        /* get_lower_file is for stackable file system */
        struct file* (*get_lower_file)(struct file *f);
    };
```

file_operations结构体函数成员太多，这里介绍几个常用的。

- llseek()函数用于修改文件指针偏移量。
- read()函数用于读取设备文件。
- write()函数用于向设备文件写入数据。
- poll()函数用于轮询监听设备状态。
- unlocked_ioctl()函数提供对于设备的控制功能，与应用程序中的 ioctl 函数对应。
- compat_ioctl()函数与 unlocked_ioctl()函数的功能一样，区别在于在 64 位系统上，32 位的应用程序调用将会使用此函数。在 32 位的系统上运行 32 位的应用程序调用的是 unlocked_ioctl()函数。
- mmap()函数用于将设备的内存映射到进程空间（也就是用户空间）中。
- open()函数用于打开设备文件。

- release()函数用于释放（关闭）设备文件，与应用程序中的 close 函数对应。
- fasync()函数用于刷新待处理的数据，用于将缓冲区中的数据刷新到磁盘中。
- aio_fsync()函数与 fasync 函数的功能类似，只是 aio_fsync 是异步刷新待处理的数据。

5.3.2　字符设备驱动开发步骤

学过单片机的朋友应该知道，开发裸机（就是没有操作系统的机器）程序的时候，关于驱动的开发就是初始化相应的外设寄存器，在Linux驱动开发中，肯定也要初始化相应的外设寄存器，这个是毫无疑问的。只是在Linux驱动开发中，我们需要按照其规定的框架来编写驱动，所以说学Linux驱动开发重点是学习其驱动框架。设备驱动开发都有着特定的步骤，并不是随意调用函数，都要按照先后次序来调用。具体步骤如下。

1. 驱动模块的加载和卸载

Linux驱动开发有两种运行方式：一种是将驱动编译进Linux内核中，这样当Linux内核启动的时候就会自动运行驱动程序；另一种是将驱动编译成模块（在Linux下，模块扩展名为.ko），在Linux内核启动以后，使用insmod命令加载驱动模块。在调试驱动的时候，一般都选择将其编译为模块，这样我们修改驱动后只需要编译一下驱动代码即可，不需要编译整个Linux代码，而且在调试的时候只需要加载或者卸载驱动模块即可，不需要重启整个系统。总之，将驱动编译为模块最大的好处就是方便开发，当驱动开发完成，确定没有问题后，就可以将驱动编译进Linux内核中，当然也可以不编译进Linux内核中，具体看自己的需求。

模块有加载和卸载两种操作，我们在编写驱动的时候需要注册这两种操作函数，模块的加载和卸载注册函数如下：

```
module_init(xxx_init); //注册模块加载函数
module_exit(xxx_exit); //注册模块卸载函数
```

module_init函数用来向Linux内核注册一个模块加载函数，参数xxx_init就是需要注册的具体函数，当使用insmod命令加载驱动的时候，xxx_init函数就会被调用。module_exit()函数用来向Linux内核注册一个模块卸载函数，参数xxx_exit就是需要注册的具体函数，当使用rmmod命令卸载具体驱动的时候，xxx_exit函数就会被调用。

驱动编译完成后，扩展名为.ko，有两个命令可以加载驱动模块：insmod和modprobe，insmod是最简单的模块加载命令，此命令用于加载指定的.ko模块，比如加载drv.ko这个驱动模块，命令如下：

```
insmod drv.ko
```

insmod命令不能解决模块的依赖关系，比如drv.ko模块依赖first.ko模块，就必须先使用insmod命令加载first.ko模块，再加载drv.ko模块。

但是modprobe命令就不存在这个问题，modprobe命令会分析模块的依赖关系，然后将所有的依赖模块都加载到内核中，因此modprobe命令比insmod要智能一些。modprobe命令主要智能在提供了模块的依赖性分析、错误检查、错误报告等功能，推荐使用modprobe命令来加载驱动。modprobe命令默认会在"/lib/modules/内核版本号/"目录中查找模块，假设使用的Linux

Kernel的版本号为4.1.15，那么modprobe 命令默认会到/lib/modules/4.1.15目录下查找相应的驱动模块，一般自己制作的根文件系统中是不会有这个目录的，所以需要自己手动创建。

驱动模块的卸载使用rmmod命令即可，比如要卸载drv.ko模块，使用如下命令即可：

```
rmmod drv.ko
```

也可以使用modprobe -r命令卸载驱动，比如要卸载 drv.ko，命令如下：

```
modprobe -r drv.ko
```

使用modprobe命令可以卸载驱动模块所依赖的其他模块，前提是这些依赖模块没有被其他模块所使用，否则不能使用modprobe命令来卸载驱动模块。因此，对于模块的卸载，还是推荐使用rmmod命令。

2. 字符设备的注册与注销

对于字符设备驱动而言，驱动模块加载成功后需要注册字符设备，同样，卸载驱动模块的时候也需要注销掉字符设备。字符设备的注册和注销函数原型如下：

```
#include <linux/fs.h>
static inline int register_chrdev(unsigned int major, const char *name, const struct
file_operations *fops);
static inline void unregister_chrdev(unsigned int major, const char *name);
```

其中，major表示主设备号（填0时，会自动分配），Linux下每个设备都有一个设备号，设备号分为主设备号和次设备号两部分；name表示设备名字，指向一串字符串；fops是结构体file_operations类型指针，指向设备的操作函数集合变量。若register_chrdev成功，则返回分配的主设备号，否则返回负数。

一般字符设备的注册在驱动模块的入口函数xxx_init中进行，字符设备的注销在驱动模块的出口函数xxx_exit中进行，代码示意如下所示：

```
static struct file_operations test_fops;
//驱动入口函数
static int __init xxx_init(void)
{
 int ret = 0;
 //注册字符设备驱动
 ret = register_chrdev(100, "chrdev_test", &test_fops);
 if (ret < 0)
     printk("chrdev register failed");
 return 0;
}

//驱动出口函数
static void __exit xxx_exit(void)
{
 unregister_chrdev(100, "chrdev_test");
}

//指定入口函数和出口函数
```

```
module_init(xxx_init);      // 注册模块
module_exit(xxx_exit);      // 注销模块
MODULE_LICENSE("GPL");      //告诉内核该模块具有 GNU 公共许可证
```

这段程序只是一个模板，结构体test_fops只是被定义，它的成员（如open、release）还没有被初始化（定义）。

3. 实现具体的设备操作函数

file_operations结构体中的成员函数的实现就是设备的具体操作函数，比如我们定义file_operations结构体类型的变量为test_fops，需要实现部分成员函数，这里以常见的open、release、read和write写一个简单的示例：

```
/* 打开设备 */
static int test_open(struct inode *inode, struct file * filp)
{
    printk("Chrdev was opened.\n");
    return 0;
}
/* 读设备 */
static ssize_t test_read(struct file *filp, char __user *buf,
size_t cnt, loff_t *offt)
{
    return 0;
}
/* 写设备 */
static ssize_t test_write(struct file *filp, const char __user *buf,
size_t cnt, loff_t *offt)
{
    return 0;
}
/* 释放设备 */
static int test_release(struct inode *inode, struct file *filp)
{
    printk("Chrdev was closed.\n");
    return 0;
}
// 定义文件操作结构体变量
static struct file_operations test_fops = {
    .owner = THIS_MODULE,
    .open = test_open,
    .read = test_read,
    .write = test_write,
    .release = test_release,
};
/* 驱动入口函数 */
static int __init test_init(void)
{
    int ret = 0;

    /* 注册字符设备驱动 */
```

```
    ret = register_chrdev(100, "chrdev_test", &test_fops);
    if(ret < 0)
    {
        printk("Chrdev register failed.\n");
    }
    printk("Driver installed\n");
    return 0;
}
/* 驱动出口函数 */
static void __exit test_exit(void)
{
    /* 注销字符设备驱动 */
    unregister_chrdev(100, "chrdev_test");
    printk("Driver uninstalled\n");
}
/* 指定入口函数和出口函数 */
module_init(test_init);
module_exit(test_exit);
```

上面编写了4个操作函数test_open()、test_read()、test_write()及test_release()，当应用层使用open()、read()、write()或close()时，就会调用驱动中对应的函数。这段示例相当于一个模板，并没有实现实际的功能。

4. 添加 LICENSE 和作者信息

在驱动中还需要加入LICENSE信息和作者信息，前者是必须加的，否则编译不能通过。添加方式如下：

```
MODULE_LICENSE()  //添加模块 LICENSE 信息
MODULE_AUTHOR()   //添加模块作者信息
```

这两行代码放在驱动的最后两行即可。至此，一个字符设备驱动的所有组成部分就全部介绍完了。

5.3.3　设备号的分配

上一小节讲述了字符驱动程序的开发步骤，整个步骤行云流水，一气呵成，相信读者按照这个步骤来开发字符设备驱动可以信手拈来。但有一点需要注意，就是设备号的分配。

首先复习一下设备号的概念。Linux中每个设备都有一个设备号，设备号由主设备号和次设备号组成，主设备号代表一个驱动，次设备号对应单个驱动中的各个设备。设备号是一个32位（Unsigned Int）数据，主设备为高12位，次设备为低20位，所以主设备号的范围为0～4095（0～$2^{12}-1$）。那它是怎么分配的呢？有两种方式：静态分配和动态分配。

1. 静态分配

前面讲解驱动开发的时候，注册字符设备（调用register_chrdev函数）需要给设备指定一个设备号，这种方式就是静态分配设备号的方式。

有一些常用的设备号已经被Linux内核开发者给分配掉了，具体分配的内容可以查看系统文档Documentation/devices.txt。并不是说内核开发者已经分配掉的主设备号我们就不能再用了，具体能不能用还得看我们的硬件平台在运行过程中有没有使用这个主设备号，使用cat /proc/devices命令即可查看当前系统中所有已经使用了的设备号。

2．动态分配

静态分配很容易带来设备号冲突的问题，所以推荐使用动态分配设备号，设备号申请函数如下：

```
int alloc_chrdev_region(dev_t *dev, unsigned baseminor, unsigned count, const char
*name);
```

其中，dev是个输出参数，表示申请到的设备号；baseminor表示次设备号起始地址，一般填0；count表示要申请的设备号数量；name表示设备名。

有申请，就会有对应的注销，下面是alloc_chrdev_region()对应的注销函数：

```
void unregister_chrdev_region(dev_t from, unsigned count);
```

其中，参数from表示要释放的设备号；count表示要释放的设备数量。

值得注意的是，在前面介绍字符设备注册函数时，设备号填0，也能实现动态分配。

5.4　驱动开发的常用函数

Linux为驱动开发提供了一些常用函数，本节介绍一下。

5.4.1　copy_from_user函数

copy_from_user和copy_to_user是在进行驱动相关程序设计的时候经常遇到的函数，因为内核空间与用户空间的内存不能直接互访。

copy_from_user函数的目的是从用户空间复制数据到内核空间，这么简单的一个函数却涵盖许多关于内核方面的知识，比如内核关于异常出错的处理。从用户空间复制数据到内核中时必须很小心，假如用户空间的数据地址是个非法的地址，要么超出了用户空间的范围，要么那些地址还没有被映射到，都可能对内核产生很大的影响，如oops，可能会对系统安全造成影响。因此，copy_from_user函数的功能就不只是从用户空间复制数据那样简单了，它还需要执行指针检查并处理这些问题。下面我们来仔细分析这个函数。函数的实现在arch/i386/lib/usercopy.c中。该函数声明如下：

```
unsigned long copy_from_user(void * to, const void __user * from, unsigned long n)
```

其中，第一个参数to是内核空间的数据目标地址指针，第二个参数from是用户空间的数据源地址指针，第三个参数n是数据的长度。如果数据复制成功，则返回零；否则返回没有复制成功的数据字节数，而且会在已复制的数据后面填充0，直到指定的数量n。

此函数将from指针指向的用户空间地址开始的连续n字节的数据，传送到to指针指向的内核空间地址。值得注意的是，该函数可能会睡眠，因此只能用在用户上下文中。该函数示例如下：

```
ssize_t hello_dev_write(struct file *file, const char __user *buf, size_t count,
loff_t *offset)
{
    char alpha[27];
    memset(alpha, 0, 27);
    int cnt;
    ...
    //使用copy_from_user()函数从user写数据到driver
    if(!copy_from_user((char *)alpha, buf, cnt))
    {
        printk(alpha);
        printk("\n");
        return cnt;
    }
    else  return -1;
}
```

Linux把操作系统内存和用户区内存隔离开，用户程序只能通过系统调用访问系统功能，内核态可以访问用户内存，但是要做检查，因为用户区内存是不可靠的，甚至是危险的。宏__user就表示这个意思，它在～/include/linux/compiler.h中有如下定义：

```
# define __user     __attribute__((noderef, address_space(1)))
```

__attribute__是GNU C编译器的一个功能，它用来让开发者使用此功能给所声明的函数或者变量附加一个属性，以方便编译器进行错误检查，其实就是一个内核检查器。

宏__user放在变量前，表示这个变量必须是非解除参考（No Dereference）的，即这个变量地址必须是有效的，而且变量所在的地址空间必须是用户程序空间的。

5.4.2　copy_to_user函数

copy_to_user函数用于复制内核空间到用户空间的内容。该函数声明如下：

```
#include <linux/uaccess.h>
unsigned long copy_to_user(void __user *to, const void *from, unsigned long n);
```

其中参数to是用户空间的指针；from是内核空间的指针。如果数据复制成功，则返回0，否则返回没有复制成功的数据字节数。使用示例如下：

```
ssize_t hello_dev_read(struct file *file, char __user *buf,size_t count, loff_t
*offset)
{
    char alpha[27];
    int i, cnt;
    memset(alpha, 0, 27);
    ...
    //使用copy_to_user ()函数从driver读数据到user
    if(!copy_to_user((char *)buf, alpha, cnt))
        return cnt;
    else  return -1;
}
```

5.4.3   printk函数

printk相当于printf的孪生姐妹，printf运行在用户态，printk则是运行在内核态的打印函数。printk是在内核中用来记录日志信息的函数，只能在内核范围内使用，用法类似于printf函数。printk函数声明如下：

```
#include "console.h"
#include "vargs.h"
void printk(const char *format, ...);
```

printk函数声明的参数列表首先是一个字符串，然后是三个小数点，这样的话编译器会允许我们在调用printk函数的时候带有任意多个实参。

还有一个带颜色的内核打印函数：

```
void printk_color(real_color_t back, real_color_t fore, const char *format, ...);
```

其中，back是背景色；fore是前景色；format依旧是输出格式字符串。

值得注意的是，printk相比printf来说还多了个日志级别的设置，用来控制printk打印的这条信息是否在终端上显示，当日志级别的数值小于控制台级别时，printk要打印的信息才会在控制台打印出来，否则不会显示在控制台。

在内核文件kernel.h（include\linux）中定义了0～7这8个级别的名称：

```
#define KERN_EMERG    "<0>"   /* system is unusable              */
#define KERN_ALERT    "<1>"   /* action must be taken immediately */
#define KERN_CRIT     "<2>"   /* critical conditions             */
#define KERN_ERR      "<3>"   /* error conditions                */
#define KERN_WARNING "<4>"   /* warning conditions              */
#define KERN_NOTICE   "<5>"   /* normal but significant condition */
#define KERN_INFO     "<6>"   /* informational                   */
#define KERN_DEBUG    "<7>"   /* debug-level messages            */
```

在使用printk时，我们会将日志级别放到最开始的位置，比如：

```
printk(KERN_WARNING"there is a warning here!\n");
printk(KERN_DEBUG"%s %s %d\n", __FILE__, __FUNCTION__, __LINE__);
```

注意，KERN_WARNING和KERN_DEBUG后面都没有逗号间隔。

我们没有设置日志级别时，系统会为它设置一个默认的日志级别：default_message_loglevel。当printk()中的消息日志级别小于当前控制台日志级别（console_printk[0]）时，printk的信息就会在控制台上显示。但无论当前控制台日志级别是何值，即使没有在控制台打印出来，也可以通过两种方法查看日志：一种是使用dmesg命令打印；另一种是通过cat /proc/kmsg命令打印。另外，如果配置并运行了syslogd或klogd，没有在控制台上显示的printk信息也会追加到/var/log/messages.log中。

总之，printk函数主要做两件事情：一是将信息记录到log中；二是调用控制台驱动来将信息输出。

printk将内核信息输出到内核信息缓冲区中，内核信息缓冲区在kernel/printk/printk.c中定义：

```
static char __log_buf[__LOG_BUF_LEN] __aligned(LOG_ALIGN);
```

内核信息缓冲区是一个环形缓冲区（Ring Buffer），因此，如果塞入的消息过多，就会将之前的消息冲刷掉。

5.4.4　register_chrdev函数

当我们需要注册字符设备的时候，需要在module_init()中调用register_chrdev()注册。内核共提供了三个函数来注册一组字符设备编号，这三个函数分别是register_chrdev_region()、alloc_chrdev_region()和register_chrdev()。

register_chrdev函数是比较旧的内核注册形式，register_chrdev_region和alloc_chrdev_region函数属于新的驱动形式。register_chrdev可以实现静态注册和动态注册两种方式，主要是通过判断给定的参数主设备号是否为0来进行区分的，为0的时候为动态注册，否则为静态注册。register_chrdev_region和alloc_chrdev_region就是将上述函数的静态注册和动态注册设备号进行拆分，前者为静态注册，后者为动态注册。

该函数声明如下：

```
#include <linux.fs.h>
int register_chrdev(unsigned int major, const char * name, const struct
file_operations * fops);
```

参数major表示主设备号，是指模块归属的总线或字符类，当用户设置为0时，内核会自动分配一个设备号（major为0称为动态分配，否则称为静态分配），Linux下每个设备都有一个设备号，设备号分为主设备号和次设备号两部分；参数name表示设备名字，指向一串字符串；参数fops表示结构体file_operations类型指针，指向设备的操作函数集合变量。当major值为0时，注册成功后，返回分配的主设备号，如果分配失败，则返回EBUSY的负值（-EBUSY）。当major值不为0时，若成功注册，则返回0，否则返回负数。

静态注册字符设备示例如下：

```
static unsigned int major = 222;
    ret = register_chrdev(major, "hello", &test_fops);
```

动态注册字符设备示例如下：

```
ret = register_chrdev(0, "chrdev_test", &test_fops); //第一个参数是0，就是让系统动态
分配一个设备号
if (ret < 0)    printk("Chrdev register failed.\n");
```

register_chrdev函数只是为设备分配主设备号，并将设备文件操作函数与主设备号绑定。在这个过程中，并没有创建真正的设备文件，也没有分配次设备号。这时代码是不能直接使用文件系统访问设备的。为了在用户态能够访问设备文件，需要使用cdev_add函数手动在内核中创建设备文件节点，绑定主设备号和次设备号，同时初始化file_operations结构体，例如：

```
struct cdev mycdev;     // 创建一个cdev对象

int ret = register_chrdev(MY_MAJOR, "mydev", &mydev_fops); // 注册设备，然后得到主设
备号
```

```
cdev_init(&mycdev, &mydev_fops);      // 初始化cdev对象，设置mydev_fops结构体
mycdev.owner = THIS_MODULE;
// 在内核中创建设备文件节点，并绑定主设备号和次设备号
ret = cdev_add(&mycdev, MKDEV(MY_MAJOR, 0), 1);
```

通过上面的代码，我们可以使用该文件操作函数来访问设备，代码如下：

```c
#include <stdio.h>
#include <stdlib.h>
#include <fcntl.h>

int main()
{
    int fd;
    fd = open("/dev/mydev", O_RDWR);
    if (fd == -1)
        printf("failed to open\n");
    else
        printf("success to open\n");
    close(fd);
    return 0;
}
```

通过上面的代码，我们已经成功访问设备了。

register_chrdev函数有局限性，它的次设备号固定是从0开始的，设备的个数固定为256个。如都用这个函数来实现设备驱动，那么主设备就无法重用，尽管次设备号还有很大的可用空间。如果用于实现只有一个同类设备的驱动，只用一个设备号就可以，使用这个函数就会浪费设备号。如果用于实现多于256个同类设备的驱动，设备号就会不够用。它的内部实现是这样的一个过程：

```c
static inline int register_chrdev(unsigned int major, const char *name,
                                  const struct file_operations *fops)
{
    return __register_chrdev(major, 0, 256, name, fops);
}
int __register_chrdev(unsigned int major, unsigned int baseminor,
                      unsigned int count, const char *name,
                      const struct file_operations *fops)
{
    struct char_device_struct *cd;
    struct cdev *cdev;
    int err = -ENOMEM;

    cd = __register_chrdev_region(major, baseminor, count, name); //申请设备号
    if (IS_ERR(cd))
        return PTR_ERR(cd);

    cdev = cdev_alloc(); //动态创建cdev对象并初始化list和kobj成员
    if (!cdev)
        goto out2;

    cdev->owner = fops->owner;
    cdev->ops = fops;
```

```
    kobject_set_name(&cdev->kobj, "%s", name);

    err = cdev_add(cdev, MKDEV(cd->major, baseminor), count);  //增加cdev对象到内核中
    if (err)
        goto out;

    cd->cdev = cdev;

    return major ? 0 : cd->major;
out:
    kobject_put(&cdev->kobj);
out2:
    kfree(__unregister_chrdev_region(cd->major, baseminor, count));
    return err;
}
```

register_chrdev函数其实常用于内核的中间层（把某类设备驱动的必用功能封装成一种简化的可共用的接口）。

5.4.5　register_chrdev_region函数

register_chrdev_region函数用于静态注册字符设备，该函数声明如下：

```
int register_chrdev_region(dev_t from, unsigned count, const char *name);
```

其中，参数from是dev_t类型的变量，用于指定字符设备的起始设备号，（缺点）如果要注册的设备号已经被其他的设备注册了，就会导致注册失败；count指定要申请的设备号个数，count的值不可以太大，否则会与下一个主设备号重叠；name用于指定该设备的名称，我们可以在/proc/devices中看到该设备。若该函数返回0，则表示申请成功，否则返回错误码。

5.4.6　alloc_chrdev_region函数

相较于静态定义，需要自己管理设备号，可能造成设备号冲突的缺点，动态地由内核自己分配一个尚未使用的主设备号可以解决这个问题。

alloc_chrdev_region函数用于动态注册字符设备，该函数声明如下：

```
#include <linux/fs.h>
int alloc_chrdev_region(dev_t *dev,unisgned baseminor,unsigned count,const
char*name);
```

其中，参数dev是输出型参数，用于获得一个分配到的设备号，它表示指向dev_t类型数据的指针变量，用于存放分配到的设备编号，可以用MAJOR和MINOR将主次设备号打印查看；参数baseminor表示次设备号的起始值，通常设置为0；count表示次设备号的个数；name表示设备的名字。若该函数返回设备号，则表示申请成功，否则返回负数。

5.4.7　cdev_init函数

cdev_init函数用于初始化一个静态分配的cdev结构体变量，cdev_init函数会自动初始化cdev->ops对象。该函数声明如下：

```
#include <linux/cdev.h>
void cdev_init(struct cdev *pcdev, struct file_operations *fops);
```

第一个参数pcdev表示一个字符设备，在函数中将被初始化；第二个输入参数是file_operations结构体类型的指针,通过这个结构体中提供的函数完成对设备的操作。在内核中,每个字符设备都对应一个cdev结构的变量，结构体cdev的定义如下：

```
struct cdev {
    struct kobject kobj;                    //内嵌的内核对象
    struct module *owner;                   //该字符设备所在的内核模块的对象指针
    const struct file_operations *ops;      //该结构描述了字符设备所能实现的方法，即
file_operations
    struct list_head list;                  //用来将已经向内核注册的所有字符设备形成链表
    dev_t dev;                              //字符设备的设备号，由主设备号和次设备号构成
    unsigned int count;                     //隶属于同一主设备号的次设备号的个数
} __randomize_layout;
```

结构体file_operations前面已经讲述过了，这里不再赘述。cdev_init函数源码如下：

```
void cdev_init(struct cdev *cdev, struct file_operations *fops)
{
    memset(cdev, 0, sizeof *cdev);              //首先将cdev对应的空间进行清零操作
    INIT_LIST_HEAD(&cdev->list);                // 初始化list变量为双向环形链表的头结点
    cdev->kobj.ktype = &ktype_cdev_default;
    kobject_init(&cdev->kobj);
    cdev->ops = fops;
}
```

其实就是初始化list域的next指针和prev指针，使其指向自己。示例如下：

```
struct cdev my_cdev;//变量在stack中
cdev_init(&my_cdev, &fops);
my_cdev.owner = THIS_MODULE;
```

变量my_cdev在栈（Stack）中生成，然后用cdev_init对其初始化。

cdev一般有两种定义初始化方式：静态的和动态的。静态内存定义初始化如下：

```
struct cdev my_cdev;
cdev_init(&my_cdev, &fops);
my_cdev.owner = THIS_MODULE;
```

动态内存定义初始化如下：

```
struct cdev *my_cdev = cdev_alloc();  //在堆(Heap)中分配内存
my_cdev->ops = &fops;
my_cdev->owner = THIS_MODULE;
```

两种方式实现的功能是一样的，只是使用的内存区不一样，一般视实际的需求而定。

5.4.8　cdev_alloc函数

cdev_alloc函数用于动态申请一个cdev内存。该函数声明如下：

```
struct cdev *cdev_alloc(void);
```

如果该函数执行成功，则返回一个struct cdev类型的指针，否则返回NULL。

使用方式如下：

```
struct cdev * x_cdev;
x_cdev = cdev_alloc();          //完成内存申请
cdev_init(x_cdev,&fops);        //完成fops链接操作
```

cdev_alloc函数的源码如下：

```
struct cdev *cdev_alloc(void)
{
   struct cdev *p = kzalloc(sizeof(struct cdev), GFP_KERNEL);
   if (p) {
      INIT_LIST_HEAD(&p->list);
      kobject_init(&p->kobj, &ktype_cdev_dynamic);
   }
   return p;
}
```

相比cdev_init，还多赋了一个cdev->ops的值。这里需要注意的是，kzalloc后的空间是不需要再执行memset的，因为它本身就包含这个操作。而memset一般作用在已经存在的空间上。

至此，基本上对这两个函数有了一个基本的概念：cdev_alloc函数针对需要申请空间的操作，而cdev_init针对不需要申请空间的操作。因此，如果定义的是一个指针，那么只需要使用cdev_alloc函数并在其后做一个ops的赋值操作就可以了；如果定义的是一个结构体而非指针，那么只需要使用cdev_init函数就可以了。

看到有些代码在定义一个指针后使用了cdev_alloc函数，紧接着又使用了cdev_init函数，这个过程不会出现错误，但却做了一些重复的无用工作，其实完全没必要。

初始化cdev后，需要把它添加到系统中。为此，可以调用cdev_add函数传入cdev结构的指针、起始设备编号以及设备编号范围。

5.4.9 cdev_add函数

cdev_add函数用于向Linux内核系统中添加一个新的cdev结构体变量所描述的字符设备，并且使这个设备立即可用。该函数声明如下：

```
#include <linux/cdev.h>
int cdev_add(struct cdev *p, dev_t dev, unsigned count)
```

其中，参数p指向要添加的字符设备（cdev结构体变量）；参数dev表示设备所使用的设备号；参数count表示要添加的设备数量。若该函数执行成功，则返回0，否则返回错误码。注意必须先完成对cdev结构体变量的初始化（比如使用cdev_init 函数），然后使用cdev_add函数向Linux系统添加这个字符设备。示例如下：

```
err = cdev_add(cdev, MKDEV(cd->major, baseminor), count);
if (err)  goto out;
```

cdev_add的源码如下：

```
int cdev_add(struct cdev *p, dev_t dev, unsigned count)
{
    int error;
    #给cdev 赋值
    p->dev = dev;
    p->count = count;
    //将p添加到cdev_map中，也就是添加到系统中
    error = kobj_map(cdev_map, dev, count, NULL,
            exact_match, exact_lock, p);
    if (error)
        return error;

    kobject_get(p->kobj.parent);

    return 0;
}
int kobj_map(struct kobj_map *domain, dev_t dev, unsigned long range,
        struct module *module, kobj_probe_t *probe,
        int (*lock)(dev_t, void *), void *data)
{
    #检测添加major number的范围
    unsigned n = MAJOR(dev + range - 1) - MAJOR(dev) + 1;
    unsigned index = MAJOR(dev);
    unsigned i;
    struct probe *p;
    #要添加的设备不能超过255
    if (n > 255)
        n = 255;
    #申请probe 结构体
    p = kmalloc_array(n, sizeof(struct probe), GFP_KERNEL);
    if (p == NULL)
        return -ENOMEM;
    #给probe结构体赋值
    for (i = 0; i < n; i++, p++) {
        p->owner = module;
        p->get = probe;
        p->lock = lock;
        p->dev = dev;
        p->range = range;
        p->data = data;
    }
    mutex_lock(domain->lock);
    #将p表示的probe插入domain中，这里是根据range来决定插入的位置的
    for (i = 0, p -= n; i < n; i++, p++, index++) {
        #每个domain，也就是每个主设备号可以有255个从设备，因此这里用从设备号作为索引
        struct probe **s = &domain->probes[index % 255];
        while (*s && (*s)->range < range)
            s = &(*s)->next;
        p->next = *s;
        *s = p;
    }
    mutex_unlock(domain->lock);
```

```
    return 0;
}
```

5.4.10　cdev_del函数

卸载驱动的时候，一定要使用cdev_del函数从Linux内核中删除相应的字符设备，cdev_del函数原型如下：

```
void cdev_del(struct cdev* p);
```

参数p就是要删除的字符设备。

5.4.11　宏class_create

宏class_create用于动态创建设备的逻辑类，并完成部分字段的初始化，然后将其添加到Linux内核系统中。此宏的执行效果就是在/sys/class/目录下创建一个新的文件夹，此文件夹的名字为此函数的第二个输入参数，但此文件夹是空的。宏class_create在实现时调用了函数__class_create。该宏定义如下：

```
#define class_create(owner, name)        \
({                                       \
    static struct lock_class_key __key;  \
    __class_create(owner, name, &__key); \
})
```

owner是一个struct module结构体类型的指针，指向函数__class_create()即将创建的、"拥有"这个struct class的模块。一般赋值为THIS_MODULE，此结构体的详细定义见文件include/linux/module.h。name是char类型的指针，代表即将创建的struct class变量的名字，用于给struct class的name字段赋值。通俗地说，就是指向struct class名称的字符串的指针。

内部函数__class_create具体实现如下：

```
struct class *__class_create(struct module *owner, const char *name,  struct
lock_class_key *key)
{
    struct class *cls;
    int retval;

    cls = kzalloc(sizeof(*cls), GFP_KERNEL);
    if (!cls) {
        retval = -ENOMEM;
        goto error;
    }

    cls->name = name;
    cls->owner = owner;
    cls->class_release = class_create_release;

    retval = __class_register(cls, key);    //这也是个内部函数，限于篇幅不再展开
    if (retval)
        goto error;
```

```
    return cls;

error:
    kfree(cls);
    return ERR_PTR(retval);
}
EXPORT_SYMBOL_GPL(__class_create);
```

宏class_create需要与函数class_destroy配对使用，不能单独使用。当其单独使用时，第一次不会出现错误，但当第二次插入模块时就会出现错误。

class_create创建一个逻辑类后，还需在这个类下创建设备，不然这个类就没什么用。创建设备的函数是device_create。

5.4.12　device_create函数

虽然可以在命令行下通过mknod命令手动创建设备节点，但是这种操作不符合标准驱动的开发过程，并且Linux内核提供了一组函数device_create和device_del，可以在加载驱动时自动在/dev目录下创建相应的设备节点，并在卸载模块时删除该节点。

在调用device_create前，要先用class_create创建一个类。类这个概念在Linux中被抽象成一种设备的集合。类保存在/sys/class目录中。Linux内核中有各种类，比如gpio、rtc、led等。

device_create()函数用于动态地创建逻辑设备，并对新的逻辑设备类进行相应的初始化，将其与此函数的第一个参数所代表的逻辑类关联起来，然后将此逻辑设备加到Linux内核系统的设备驱动程序模型中。该函数能够自动在/sys/devices/virtual目录下创建新的逻辑设备目录，在/dev目录下创建与逻辑类对应的设备文件。该函数声明如下：

```
    struct device *device_create(struct class *cls, struct device *parent, dev_t devt,
void *drvdata, const char *fmt, ...);
```

第一个输入参数cls代表与即将创建的逻辑设备相关的逻辑类；第二个输入参数parent代表即将创建的逻辑设备的父设备的指针，子设备与父设备的关系是：当父设备不可用时，子设备不可用，子设备依赖父设备，父设备不依赖子设备；第三个输入参数devt是逻辑设备的设备号，设备号需与（设备号）创建时保持一致，否则即使创建出设备节点，也无法正常操作；第四个输入参数drvdata是void类型的指针，代表回调函数；第五个输入参数fmt是逻辑设备的设备名，即在目录/sys/devices/virtual/和/dev创建的逻辑设备目录的目录名。

该函数在驱动的初始化函数中使用，在加载驱动时生成设备节点。

5.4.13　device_del函数

device_del函数用于从Linux内核系统设备驱动程序模型中移除一个逻辑设备，并删除/sys/devices/virtual目录下对应的设备目录及/dev目录下对应的设备文件。该函数声明如下：

```
    void device_del(struct device *dev);
```

输入参数dev是struct device结构体类型的指针变量，代表即将从Linux内核系统中删除的逻辑设备，此结构体的定义在device_create函数中。

该函数在驱动的卸载函数中使用，在卸载驱动时删除设备节点。

5.4.14　unregister_chrdev函数

unregister_chrdev函数是旧版字符设备注销函数。该函数声明如下：

```
#include <linux.fs.h>
int  unregister_chrdev ( unsigned  int  major ,  const  char  * name );
```

参数major表示主设备号；name表示设备名称。若major值大于255，则返回EINVAL的负值（-EINVAL）。若major的值小于或等于255，则将要注销的 major 值并不是注册的设备驱动程序，返回EINVAL的负值（-EINVAL）。若成功注销，则返回0。

注册和注销函数的简单示例如下：

```
#include <linux/init.h>
#include <linux/module.h>
#include <linux/fs.h>

#define MYMA 95
ssize_t myread(struct file *fl, char __user *buf, size_t len, loff_t *off)
{
    printk("in myread ...\n");
    return 0;
}
struct file_operations  fops = {
    .read = myread,
};
static int __init test_init(void)
{
    int ret;
    ret = register_chrdev(MYMA, "mydev", &fops);
    return ret;
}
static void __exit test_exit(void)
{
    unregister_chrdev(MYMA, "mydev");
}
module_init(test_init);
module_exit(test_exit);
MODULE_LICENSE("GPL");
```

编译加载驱动后，只要创建主设备号为95、次设备号为0~255的设备文件都可以调用驱动。

5.4.15　实战字符设备驱动

字符设备驱动的理论知识讲述完了，下面进入实战环节，写一个字符设备驱动，该驱动主要实现的功能是应用层和驱动层互相传输数据。

【例5.1】第一个字符设备驱动

（1）打开VS Code，新建文件mydrv.c，然后输入如下驱动代码：

```c
#include <linux/module.h>
#include <linux/init.h>
#include <linux/fs.h>
#include <linux/kernel.h>

static char rxbuff[255];
static char txbuff[255] = {"\"user read test.\""};

/* 打开设备 */
static int test_open(struct inode *inode, struct file * filp)
{
    printk("Chrdev was opened.\n");
    return 0;
}

/* 读设备 */
static ssize_t test_read(struct file *filp,
    char __user *buf,
    size_t cnt,
    loff_t *offt)
{
    int ret = 0;
    // 将数据发送到用户空间
    ret = copy_to_user(buf, txbuff, cnt);
    if (ret != 0)
    {
        printk("Send failed.\n");
    }
    return 0;
}

/* 写设备 */
static ssize_t test_write(struct file *filp,
    const char __user *buf,
    size_t cnt,
    loff_t *offt)
{
    int ret = 0;
    // 从用户空间获取数据
    ret = copy_from_user(rxbuff, buf, cnt);
    if (ret != 0)
    {
        printk("Receive failed.\n");
    }
    else
    {
        printk("The data received from user is %s\n", rxbuff);
    }
    return 0;
}

/* 释放设备 */
static int test_release(struct inode *inode, struct file *filp)
{
```

```
        printk("Chrdev was closed.\n");
        return 0;
}

// 定义文件操作结构体变量
static struct file_operations test_fops = {
        .owner = THIS_MODULE,
        .open = test_open,
        .read = test_read,
        .write = test_write,
        .release = test_release,
};
/* 驱动入口函数 */
static int __init test_init(void)
{
        int ret = 0;

        /* 注册字符设备驱动 */
        ret = register_chrdev(0, "chrdev_test", &test_fops);
        if (ret < 0)
        {
                printk("Chrdev register failed.\n");
        }
        printk("Driver installed\n");
        return 0;
}

/* 驱动出口函数 */
static void __exit test_exit(void)
{
        /* 注销字符设备驱动 */
        unregister_chrdev(0, "chrdev_test");
        printk("Driver uninstalled\n");
}
/* 指定入口函数和出口函数 */
module_init(test_init);
module_exit(test_exit);

/* LICENSE 和 AUTHOR */
MODULE_LICENSE("GPL");
MODULE_AUTHOR("zww");
```

然后准备Makefile，新建一个名为Makefile的文本文件，输入如下代码：

```
obj-m := mydrv.o
#export ARCH=arm
#export CROSS_COMPILE=arm-linux-gnueabihf-
KDIR := /lib/modules/$(shell uname -r)/build
all:
        make -C $(KDIR) M=$(shell pwd) modules
clean:
        rm -f *.ko *.o *.mod.o *.mod.c *.symvers *.order
```

笔者是在x86平台测试的，如果想编译成ARM平台的驱动，只需指定ARM交叉编译器和内核路径即可（如上面注释掉的那部分内容）。保存Makefile文件，然后把mydrv.c和Makefile上传到Linux某目录（笔者的是/zww/mydrv/），并打开终端窗口，定位到该目录，然后编译：

```
# make
make -C /lib/modules/5.15.0-72-generic/build M=/zww/mydrv modules
make[1]: 进入目录 "/usr/src/linux-headers-5.15.0-72-generic"
  CC [M]  /zww/mydrv/mydrv.o
  MODPOST /zww/mydrv/Module.symvers
  CC [M]  /zww/mydrv/mydrv.mod.o
  LD [M]  /zww/mydrv/mydrv.ko
  BTF [M] /zww/mydrv/mydrv.ko
Skipping BTF generation for /zww/mydrv/mydrv.ko due to unavailability of vmlinux
make[1]: 离开目录 "/usr/src/linux-headers-5.15.0-72-generic"
```

编译成功后，在该目录下可以看到驱动文件mydrv.ko。

（2）加载并查看驱动。使用 insmod 安装（也就是加载）驱动：

```
# insmod test_drv.ko
```

然后使用dmesg查看内核打印信息，可以看到最后一行的内容：

```
[ 1457.765128] Driver installed
```

这说明驱动安装成功了。其实这个Driver installed信息是在入口函数test_init中打印的：

```
    printk("Driver installed\n");
```

可见，加载驱动的时候调用了test_init函数。

（3）生成设备节点（或称设备文件）。驱动虽然安装成功了，但是没有在/dev下生成设备文件。因为注册字符设备后并不会自己生成设备节点，需要在驱动中添加相关代码，或者手动创建，这里使用手动创建的方式。首先使用cat /proc/devices查看驱动申请到的设备号，命令如下：

```
#cat /proc/devices
Character devices:
  1 mem
  4 /dev/vc/0
  4 tty
  ...
  236 chrdev_test
  ...
```

可以看到设备号是236，然后使用 mknod 命令手动生成设备节点，命令如下：

```
# mknod /dev/chrdev_test c 236 0
```

再用ls查看小，命令如下：

```
# ls /dev/chrdev_test
/dev/chrdev_test
```

设备节点/dev/chrdev_test生成成功了。下面我们编写应用层程序来测试驱动。

（4）在VS Code下新建一个名为testdrv.c的文件，然后输入如下代码：

```c
#include <sys/types.h>
#include <sys/stat.h>
#include <fcntl.h>
#include <stdlib.h>
#include <stdio.h>
#include <unistd.h>

#define DEV_PATH "/dev/chrdev_test"

static char txbuff [] = "\"user write test\"";

int main()
{
    int fd;
    int ret = 0;
    char rxbuff[255];

    // 打开驱动文件
    fd = open(DEV_PATH, O_RDWR);
    if (fd < 0)
    {
        printf("Cannot open device file.\n");
        exit(-1);
    }
    // 从设备读数据
    ret = read(fd, rxbuff, sizeof(rxbuff));
    if (ret < 0)
    {
        printf("Read data failed.\n");
    }
    else
    {
        printf("The data received from kernel is %s\n", rxbuff);
    }
    // 向设备写数据
    ret = write(fd, txbuff, sizeof(txbuff));
    if (ret < 0)
    {
        printf("Write data failed.\n");
    }
    else
    {
        printf("Write data success.\n");
    }
    // 关闭设备
    close(fd);

    return 0;
}
```

代码很简单，就是先打开，再读写，最后关闭。上传到Linux，并进入testdrv.c所在目录后编译：

```
# gcc testdrv.c -o testdrv
```

如果没有报错，将在当前目录下生成二进制文件testdrv，我们运行它：

```
# ./testdrv
The data received from kernel is "user read test."
Write data success.
```

看来读写成功了，这就证明我们的字符驱动程序是正确的。

【例5.2】通过代码生成设备节点

（1）打开VS Code，新建文件mydrv.c，然后输入如下驱动代码：

```c
#include <linux/init.h>
#include <linux/module.h>
#include <linux/fs.h>
#include <linux/cdev.h>
#include <linux/uaccess.h>

MODULE_LICENSE("GPL");
MODULE_AUTHOR("zz");

static dev_t devno;

#define KMAX_LEN 32

struct class *my_class;
struct device *my_device;

static int demo_open(struct inode *ind, struct file *fp)
{
    printk("demo open\n");
    return 0;
}

static int demo_release(struct inode *ind, struct file *fp)
{
    printk("demo release\n");
    return 0;
}

static ssize_t demo_read(struct file *fp, char __user *buf, size_t size, loff_t *pos)
{
    int rc;
    char kbuf[KMAX_LEN] = "read test\n";
    if (size > KMAX_LEN)
        size = KMAX_LEN;

    rc = copy_to_user(buf, kbuf, size);
    if(rc < 0) {
        return -EFAULT;
        pr_err("copy_to_user failed!");
```

```
        }
        return size;
    }

    static ssize_t demo_write(struct file *fp, const char __user *buf, size_t size, loff_t
*pos)
    {
        int rc;
        char kbuf[KMAX_LEN];
        if (size > KMAX_LEN)
            size = KMAX_LEN;

        rc = copy_from_user(kbuf, buf, size);
        if(rc < 0) {
            return -EFAULT;
            pr_err("copy_from_user failed!");
        }
        printk("%s", kbuf);
        return size;
    }

    static struct file_operations fops = {
        .open = demo_open,
        .release = demo_release,
        .read = demo_read,
        .write = demo_write,
    };

    static struct cdev cd;

    static int demo_init(void)
    {
        int rc;
        rc = alloc_chrdev_region(&devno, 0, 1, "test");
        if(rc < 0) {
            pr_err("alloc_chrdev_region failed!");
            return rc;
        }
        printk("MAJOR is %d\n", MAJOR(devno));
        printk("MINOR is %d\n", MINOR(devno));

        cdev_init(&cd, &fops);
        rc = cdev_add(&cd, devno, 1);
        if (rc < 0) {
            pr_err("cdev_add failed!");
            return rc;
        }

          my_class = class_create(THIS_MODULE, "my_char_dev0");
        if (!my_class)
        {
            printk(KERN_INFO "create calss failed\n");
            //kobject_put(&my_char_cdev.kobj);
            cdev_del(&cd);
            unregister_chrdev_region(&cd,1);
```

```
        return -1;
    }

    my_device = device_create(my_class, NULL, devno/*MAJOR(devno)*/,NULL,
"my_char_dev");
    if (!my_device)
    {
        printk(KERN_INFO "create device failed\n");
        //kobject_put(&my_char_cdev.kobj);
        cdev_del(&cd);
        unregister_chrdev_region(&cd,1);
        class_destroy(my_class);
        return -1;
    }

    return 0;
}
static void demo_exit(void)
{

    cdev_del(&cd);
    unregister_chrdev_region(devno, 1);
    device_del(my_device);
    printk(KERN_INFO "delete device /dev/my_char_dev \n");
    class_destroy(my_class);
    printk(KERN_INFO "delete device /sys/class/my_char_dev \n");

    return;
}
module_init(demo_init);
module_exit(demo_exit);
```

（2）再准备Makefile，其内容和上例一样，这里不演示了。然后make，此时将生成mydrv.ko文件，这个文件就是驱动文件。然后加载驱动：

```
insmod mydrv.ko
```

再用dmesg查看最后几行：

```
  756.282300] mydrv: loading out-of-tree module taints kernel.
  [ 756.282407] mydrv: module verification failed: signature and/or required key
missing - tainting kernel
  [ 756.293502] MAJOR is 236
  [ 756.293513] MINOR is 0
```

可见打印了主、次设备号。但出现了"loading out-of-tree module taints kernel."这个提示信息，不过，模块还是能够被加载。卸载后再次加载时，该提示信息没有再次出现。然而整个系统重启后再加载模块，仍然会出现该提示信息。也就是说，在Linux运行期间，加载自己编写的驱动模块时出现了上述提示信息。提示信息中的taint是污染的意思，整个提示信息的意思是加载树外模块污染内核。我们自己写的驱动，并加载到内核。之后的一个时间点，假如内核运行出现了问题。此时不应该向内核开发者反映问题。因为很有可能内核本身没有问题，而是这个用户自己写的驱动存在问题，导致内核崩溃。out-of-tree module是说，内核开发者只审核了位于内核源码树中的代码，因而只对源码树中的代码负责。换句话说，一个被污染的内核出现问题可能不是内核的bug，一个没有被污染的内核的错误报告更可能蕴含内核bug。

什么是污染的Linux内核？被污染的内核是处于不受支持状态的内核，因为它不能保证正常运行。大多数内核开发人员会忽略涉及被污染内核的错误报告，社区成员可能会要求用户更正污染情况，然后才能继续诊断与内核相关的问题。此外，当内核被污染时，一些调试功能和API调用可能会被禁用。

污染状态由一系列标志表示，这些标志表示不能信任内核正常工作的各种原因。内核被污染的常见原因是从NVIDIA或AMD加载专有图形驱动程序，在这种情况下，通常可以安全地忽略这种情况。但是，某些导致内核被污染的情况可能表明存在更严重的问题，例如硬件故障。检查系统日志和设置的特定污点标志以确定问题的根本原因是一个好主意。

而module verification failed: signature and/or required key missing - tainting kernel的意思是内核模块签名验证失败。这是因为自3.7内核之后有了内核签名机制。我们可以在Makefile中添加一行代码来禁用签名：

```
CONFIG_MODULE_SIG=n
```

还有一种方法，在编译内核时，在.config中修改内核签名相关的选项：

```
CONFIG_MODULE_SIG=n
CONFIG_MODULE_SIG_ALL=n
```

默认都是y。有兴趣的朋友可以试试。

至此，就可以看到/dev下有**my_char_dev**了：

```
# ls /dev/my_char_dev
/dev/my_char_dev
```

（3）下面我们编制应用层程序，代码和上例类似，只需要修改DEV_PATH，其他不需要改变，比如：

```
#define DEV_PATH "/dev/my_char_dev"
```

然后编译运行，结果输出：

```
The data received from kernel is read test

Write data success.
```

再到Linux下，用dmesg查看最后几行：

```
[ 3360.738037] demo open
[ 3360.738145] "user write test"
[ 3360.738154] demo release
```

其中，"user write test"是应用层传下去的数据。看来驱动模块接收到了，并打印出来了。

5.5 字符设备的 ioctl 接口

只会对字符设备进行读写怎么行？有的人已经在学ioctl了，我们不能落后啊。

5.5.1 什么是ioctl接口

ioctl是设备驱动程序中的设备控制接口函数，一个字符设备驱动通常会实现设备打开、关闭、读、写等功能，在一些需要细分的情形下，如果需要扩展新的功能，通常以增设 ioctl命令的方式实现。在文件I/O中，ioctl扮演着重要的角色，我们将从用户空间到内核空间纵向分析ioctl函数。

简而言之，就是对设备的一些特性进行管理，例如传感器的数据采集频率、串口波特率、停止位等。通常来说，使用read write接口来读写数据，使用ioctl接口设置一些属性，等等。ioctl接口既可以读，又可以写，但是读写大数据的效率不如使用read/write接口高。

5.5.2 为什么要引入ioctl接口

引入ioctl接口主要有以下3方面的原因：

（1）读写操作只是很基础的功能，有的设备需要支持其他命令来控制，比如串口需要提供设置波特率、数据位、终止位等操作。

（2）如果不同的命令操作都在write和read中做判断，对于支持的命令比较多的设备，write和read函数的工作量就会很大，不利于维护。

（3）ioctl函数专门用来处理上层发给驱动程序的命令，设备有需要就实现这个函数，没有需要就不实现，将函数指针赋值为NULL。

如果不用ioctl的话，也可以实现对设备I/O通道的控制。例如，我们可以在驱动程序中实现write的时候检查一下是否有特殊约定的数据流通过，如果有的话，那么后面就跟着控制命令（一般在Socket编程中经常这样做）。但是如果这样做的话，会导致代码分工不明确，程序结构混乱，程序员自己也会头昏眼花的。所以，我们可以使用ioctl来实现控制的功能。要记住，用户程序所做的只是通过命令码（cmd）告诉驱动程序它想做什么，至于怎么解释这些命令和怎么实现这些命令，这都是驱动程序要做的事情。

5.5.3 ioctl如何使用

ioctl的使用分两部分，一部分在应用层调用，另一部分在驱动层实现具体功能。其中，在应用层调用的函数原型如下：

```
#include <sys/ioctl.h>
#include <sys/ioctl.h>
int ioctl(int fd, unsigned long cmd, ...);
```

其中，fd是打开设备文件时得到的文件描述符；cmd是给驱动层传递的命令，也可以说是请求码，这个命令会事先规定好；"..."是C语言的可变参数。

在驱动层具体实现实现ioctl函数接口，首先在file_operations中声明：

```
struct file_operations
{
    ...
    long (*unlocked_ioctl) (struct file * file, unsigned int cmd, unsigned long
data);
    ...
}
```

其中，参数file对应应用层ioctl函数的fd文件描述符；cmd对应ioctl函数的cmd命令；data对应ioctl函数的可变参数，可以没有值，也可以是指针或者整数值等。

在驱动程序中实现的ioctl函数体内，实际上可以通过一个switch{case}结构将每个case对应一个命令码（cmd），并做出相应的操作。简而言之，就是用户空间通过ioctl系统调用传递cmd参数到内核空间，通过cmd的一一对应来决定命令需要进行什么操作，比如：

```
switch (cmd) {
    case CDEV_IOC_CLEAN: {
        printk("== CDEV_IOC_CLEAN ==\n");
        } break;
    case CDEV_IOC_WRITE: {
        printk("== CDEV_IOC_WRITE ==\n");
        result = copy_from_user(&k_value, (int*)arg, sizeof(int));
        printk("== CDEV_IOC_WRITE == k_value: %d\n", k_value);
    } break;
    case CDEV_IOC_READ: {
        printk("== CDEV_IOC_READ ==\n");
        result = copy_to_user((int*)arg, &k_value, sizeof(int));
    } break;
    case CDEV_IOC_WR: {
        ...
    } break;
```

5.5.4　定义命令

命令其实质而言就是一个整数，但为了让这个整数具备更好的可读性，我们通常会把这个整数分为几个段，比如设备类型（8位）、序列号、参数传递方向和数据尺寸（参数长度），如图5-3所示。

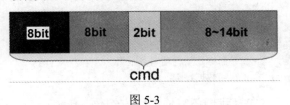

图 5-3

- 设备类型（Type）：表明这是属于哪个设备的命令。通常就用一个字母表示，占用 8 位（_IOC_TYPEBITS），称为幻数，就是一个 0~0xff 的数，这个数用来区分不同的驱动，像申请设备号的时候一样，内核有一个文档给出一些推荐的或者已经被使用的幻数，如下所示：

```
/*Documentation/ioctl/ioctl-number.txt*/
164 'w' all CERN SCI driver
165 'y' 00-1F packet based user level communications
166 <mailto:zapman@interlan.net>
167 'z' 00-3F CAN bus card
168 <mailto:hdstich@connectu.ulm.circular.de>
169 'z' 40-7F CAN bus card
170 <mailto:oe@port.de>
```

- 序列号（Number）：用来区分同一设备的不同命令，即用这个数来给自己的命令编号，也是占据 8 位（_IOC_NRBITS）。
- 参数传递方向（Direction）：占 2 位（_IOC_DIRBITS）。如果命令涉及要传的参数（就是命令附带的数据），则该字段定义数据的传输方向，传输的方向是以应用层的角度来描述的。可以使用的值如下。

  ➢ _IOC_NONE：值为 0，无数据传输。
  ➢ _IOC_READ：值为 1，从设备驱动读取数据。
  ➢ _IOC_WRITE：值为 2，往设备驱动写入数据。
  ➢ _IOC_READ_IOC_WRITE：双向数据传输。

  数据传输是从应用程序的角度来看的，也就是说 IOC_READ 意味着从设备中读取数据，对应驱动程序应该是往用户空间写入数据。
- 数据尺寸（Size）：所涉及的用户数据的大小。数据尺寸与体系结构相关，ARM 下占 14 位（_IOC_SIZEBITS），如果数据是 int 类型的，内核所赋的值就是 sizeof(int)。

命令类型主要由 type 和 number 决定，先看 type，再看 number。命令编号有着确定的规则：命令编号要在系统范围内唯一。否则可能会造成错误地匹配，进而完成意想不到的错误操作。为了避免这种错误，Linux 内核约定了方法为驱动程序选择 ioctl 编号，首先来看 include/asm/ioctl.h 和 Documentation/ioctl-number.txt 这两个文件。ioctl-number.txt 文件中罗列了内核所使用的序列号，在选择自己的序列号的时候要避免和内核冲突。强调一下，内核要求按照这样的方法对 cmd 分类，当然你也可以不这样做，这只是为了迎合内核的要求，让自己的程序看上去很"正宗"。

既然内核这样定义 cmd，就肯定有方法让用户方便定义，Linux 系统提供了下面的宏来帮助用户定义命令：

```
_IO(type,nr)            //没有参数的命令
_IOR(type,nr,size)      //该命令是从驱动读取数据
_IOW(type,nr,size)      //该命令是从驱动写入数据
_IOWR(type,nr,size)     //双向数据传输
```

这几个宏已经定义了方向，我们还需要传给宏幻数（type）、序号（nr）和大小（size）。

在这里，szie的参数只需要填参数的类型，如int，这些宏内部就会帮你检测类型是否正确，然后赋值为sizeof(int)。

有生成cmd的命令，就有拆分cmd的命令：

```
_IOC_DIR(cmd)       //从命令中提取方向
_IOC_TYPE(cmd)      //从命令中提取幻数
_IOC_NR(cmd)        //从命令中提取序数
_IOC_SIZE(cmd)      //从命令中提取数据大小
```

另外，系统还有一些预定义命令，预定义命令是由内核来识别并且实现相应的操作的，换句话说，一旦你使用了这些命令，就不要指望驱动程序能够收到，因为内核识别后就把它处理掉了。预定义命令分为三类：可用于任何文件的命令、只用于普通文件的命令以及特定文件系统类型的命令。

5.5.5 ioctl的基本应用

在驱动层面主要是填充unlocked_ioctl函数，我们可以按照如下步骤进行：

（1）利用_IOC_TYPE检测幻数有效性。
（2）利用access_ok检测arg是否符合要求。
（3）利用switch case结构定义每个cmd的处理。

我们按照这个步骤来实现一个ioctl实例。

【例5.3】ioctl命令的简单处理

（1）复制一份上例的mydrv.c，在该文件中添加如下主要代码：

```
static long demo_ioctl(struct file* filep, unsigned int cmd, unsigned long arg) {
    int result;

    printk("demo_ioctl");
    if (_IOC_TYPE(cmd) != CDEV_IOC_MAGIC) {
        printk("magic num error!\n");
        return -ENODEV;
    }

    if (!access_ok((void __user *)arg, _IOC_SIZE(cmd))) {
        printk("size error!\n");
        return -ENODEV;
    }

    switch (cmd) {
    case CDEV_IOC_CLEAN: {
            printk("== CDEV_IOC_CLEAN ==\n");
            k_value = 1314;
        } break;
    case CDEV_IOC_WRITE: {
            printk("== CDEV_IOC_WRITE ==\n");
            result = copy_from_user(&k_value, (int*)arg, sizeof(int));
            printk("== CDEV_IOC_WRITE == k_value: %d\n", k_value);
```

```
        } break;
    case CDEV_IOC_READ: {
            printk("== CDEV_IOC_READ ==\n");
            result = copy_to_user((int*)arg, &k_value, sizeof(int));
        } break;
    case CDEV_IOC_WR: {
            printk("== CDEV_IOC_WR ==\n");
            result = get_user(k_value, (int*)arg);
            printk("== CDEV_IOC_WR == k_value: %d\n", k_value);

            k_value = 957;
            result = put_user(k_value, (int*)arg);
        } break;
    default: {
            printk("unsupport cmd:0x%x\n", cmd);
            return -EINVAL;
        } break;
    }

    return 0;
}

static struct file_operations fops = {
    .open = demo_open,
    .release = demo_release,
    .read = demo_read,
    .write = demo_write,
    .unlocked_ioctl = demo_ioctl,
};
```

当应用层调用close函数关闭设备的时候，驱动模块会执行demo_release函数。

（2）再准备Makefile，其内容和上例一样，这里不再演示了。然后make，此时将生成mydrv.ko文件，这个文件就是驱动文件。加载驱动insmod mydrv.ko。

（3）下面编制应用层程序，复制上例的testdrv.c，添加一个函数myio，代码如下：

```
void myio(int fd)
{
    int value = 9999;

    if (ioctl(fd, CDEV_IOC_CLEAN) < 0) {
        printf("ioctl CDEV_IOC_CLEAN failed!\n");
        return 0;
    }

    if (ioctl(fd, CDEV_IOC_READ, &value) < 0) {
        printf("ioctl CDEV_IOC_READ failed!\n");
        return 0;
    }
    printf("read k_value = %d\n", value); // 1314

    value = 369;
```

```
    if (ioctl(fd, CDEV_IOC_WRITE, &value) < 0) {
        printf("ioctl CDEV_IOC_WRITE failed!\n");
        return 0;
    }
    if (ioctl(fd, CDEV_IOC_READ, &value) < 0) {
        printf("ioctl CDEV_IOC_READ failed!\n");
        return 0;
    }
    printf("write end, read k_value = %d\n", value); // 369

    value = 9090;
    if (ioctl(fd, CDEV_IOC_WR, &value) < 0) {
        printf("ioctl CDEV_IOC_WR failed!\n");
        return 0;
    }
    printf("after CDEV_IOC_WR, k_value = %d\n", value);
}
```

该函数用于实现ioctl命令的发送和接收。然后放在main中的open后面调用：

```
int main()
{
    int fd,ret = 0;
    char rxbuff[255];

    // 打开驱动文件
    fd = open(DEV_PATH, O_RDWR);
    if (fd < 0)
    {
        printf("Cannot open device file.\n");
        exit(-1);
    }

    myio(fd);
...
}
```

编译并运行，运行结果如下：

```
read k_value = 1314
write end, read k_value = 369
after CDEV_IOC_WR, k_value = 957
The data received from kernel is read test

Write data success.
```

此时到Linux下用demsg查看，可以看到对应的命令处理：

```
[ 1370.676206] demo open
[ 1370.676212] demo_ioctl
[ 1370.676212] == CDEV_IOC_CLEAN ==
[ 1370.676214] demo_ioctl
[ 1370.676214] == CDEV_IOC_READ ==
```

```
[ 1370.676319] demo_ioctl
[ 1370.676321] == CDEV_IOC_WRITE ==
[ 1370.676322] == CDEV_IOC_WRITE == k_value: 369
[ 1370.676324] demo_ioctl
[ 1370.676324] == CDEV_IOC_READ ==
[ 1370.676327] demo_ioctl
[ 1370.676327] == CDEV_IOC_WR ==
[ 1370.676328] == CDEV_IOC_WR == k_value: 9090
[ 1370.676335] "user write test"
[ 1370.676339] demo release
```

这说明能正确接收并处理应用层发来的ioctl命令。demo_release函数用于释放（关闭）设备文件，与应用程序中的close函数对应，所以应用层调用close(fd)的时候，驱动会调用demo_release打印demo release。

5.5.6　ioctl处理结构体

前面ioctl函数只是发送一些简单的宏定义命令，其实在一线开发中，通常要构造比较复杂的命令结构体，以便处理多种实际情况并实现消息分发的效果。比如一个简单的结构体定义如下：

```
struct ioctl_transfer {
    int type;
    int value;
};
```

在实际应用中，value根据type的不同会有不同的取值，进而进行不同的处理。下面根据ioctl_transfer中type的不同进行不同的处理，若type为X2_MAGNIFICATION，则将value乘以2，若type为X10_MAGNIFICATION，则将value乘以10。

【例5.4】ioctl发送结构体

（1）复制一份上例的mydrv.c，在该文件中修改如下主要代码：

```
struct ioctl_transfer {
    int type;
    int value;
};

#define X2_MAGNIFICATION 0x00F1
#define X10_MAGNIFICATION 0x00F2
static long demo_ioctl(struct file* filep, unsigned int cmd, unsigned long arg) {
    int result;
    struct ioctl_transfer arg_data;

    printk("hello_ioctl cmd:%u\n", cmd);
    if (_IOC_TYPE(cmd) != CDEV_IOC_MAGIC) {
        printk("magic num error!\n");
        return -ENODEV;
    }

    if (!access_ok((void __user *)arg, _IOC_SIZE(cmd))) {
        printk("size error!\n");
```

```
                return -ENODEV;
        }

        if (copy_from_user(&arg_data, (void __user *)arg, sizeof(struct
ioctl_transfer))) {
                printk("get arg data error!\n");
                return -ENODEV;
        }
        printk("arg.type: 0x%x, arg.value: %d\n", arg_data.type, arg_data.value);
        switch (arg_data.type) {
        case X2_MAGNIFICATION: {
                arg_data.value *= 2;
                result = copy_to_user((void __user *)arg, &arg_data, sizeof(struct
ioctl_transfer));
            } break;
        case X10_MAGNIFICATION: {
                arg_data.value *= 10;
                result = copy_to_user((void __user *)arg, &arg_data, sizeof(struct
ioctl_transfer));
            } break;
        default: {
                return -ENODEV;
            } break;
        }
        return result;
    }
```

（2）再准备Makefile，其内容和上例一样，这里不再演示了。然后make，此时将生成mydrv.ko文件，这个文件就是驱动文件。加载驱动insmod mydrv.ko。

（3）下面编制应用层程序，复制上例的testdrv.c，添加一个函数myio，代码如下：

```
#define CDEV_IOC_MAGIC 'x'
#define CDEV_MSGSIZE(N) (((((N) * (sizeof(struct ioctl_transfer))) < (1 <<
_IOC_SIZEBITS)) ? ((N) * (sizeof(struct ioctl_transfer))) : 0)
#define CDEV_IOCTL_MESSAGE(N) _IOWR(CDEV_IOC_MAGIC, 0, char[CDEV_MSGSIZE(N)])

struct ioctl_transfer {
    int type;
    int value;
};

#define X2_MAGNIFICATION 0x00F1
#define X10_MAGNIFICATION 0x00F2
#define DEV_PATH "/dev/my_char_dev"
static char txbuff [] = "\"user write test\"";
void myio(int fd)
{
    static struct ioctl_transfer transfer1 = {
        .type = X2_MAGNIFICATION,
        .value = 9,
    };
    ioctl(fd, CDEV_IOCTL_MESSAGE(1), &transfer1);
```

```
    printf("transfer1 type: 0x%x, value: %d\n", transfer1.type, transfer1.value);
    static struct ioctl_transfer transfer2 = {
        .type = X10_MAGNIFICATION,
        .value = 30,
    };
    ioctl(fd, CDEV_IOCTL_MESSAGE(1), &transfer2);
    printf("transfer2 type: 0x%x, value: %d\n", transfer2.type, transfer2.value);
}
```

编译并运行，运行结果如下：

```
transfer1 type: 0xf1, value: 18
transfer2 type: 0xf2, value: 300
The data received from kernel is read test

Write data success.
```

在Linux下用dmesg查看最后几条信息：

```
1242.819899] demo open
[ 1242.819905] hello_ioctl cmd:3221780480
[ 1242.819906] arg.type: 0xf1, arg.value: 9
[ 1242.820007] hello_ioctl cmd:3221780480
[ 1242.820296] arg.type: 0xf2, arg.value: 30
[ 1242.902619] "user write test"
[ 1242.902630] demo release
```

打印的内容符合我们对程序的预期，看来ioctl发送和处理结构体成功了。

5.6　Linux 虚拟驱动框架设计

目前的嵌入式软件大体的开发过程可以分为如下几个步骤：分析需求、设计硬件、开发驱动、开发应用程序。每一步的开发都严重依赖于前一个步骤。而应用程序的开发是整个流程的最后一环，这导致应用程序的开发严重依赖于前面的环节。也就是说，只有前面的环节都开发完成之后，应用程序的开发才能进行。在嵌入式领域中，嵌入式设备不同于通用设备，经常需要针对硬件进行定制，而定制的硬件通常是不常见的，驱动也需要重新开发，这就导致整个嵌入式软件的开发流程要以驱动的开发作为前提，导致整个开发流程周期很长。

目前的嵌入式操作系统中，由于Linux的开源特性，使其成为全世界嵌入式开发者的第一选择。选择Linux操作系统作为开发基础，可以根据用户的需要自由地定制代码。

本节将指出嵌入式开发流程中由于依赖关系造成开发周期过长的现象，在详细分析驱动框架和原理的基础上，提出并实现了基于操作系统的虚拟驱动的仿真框架，可以在没有硬件的情况下模拟该硬件，向应用程序提供该硬件标准的驱动API，并在程序通过标准API操作硬件时，显示相应的效果。在此框架之上具体实现一个实例：LED灯的开关控制。这样，在没有这些硬件时，也可以进行嵌入式应用程序的开发，减少了嵌入式开发流程中软件开发对硬件设备的依赖，提高了开发效率。

通过本节的学习,读者可以在不用花钱购买硬件(这也是广大学生朋友学习嵌入式的痛点)的情况下,照样可以熟悉嵌入式Linux驱动开发的知识和过程。这也是本书不同于其他图书的特色,尽量花最少的钱,学最多的知识。

本节讲述的虚拟驱动框架主要是为了解决在没有硬件的情况下,对嵌入式应用程序开发调试困难的问题。此外,框架还提供了图形界面,使得应用程序在控制虚拟设备时,用户能够看到虚拟设备状态的改变。虚拟驱动和普通的驱动程序最本质的相同点在于,它们提供相同的接口给应用程序;它们的区别在于,真实的驱动程序会根据应用程序的要求控制相应的硬件,而虚拟的驱动程序是通过和图形界面进行交互,把本该硬件显示的东西在图形界面中显示出来。

LED作为输出设备,首先由应用程序打开该虚拟设备的文件节点,通过write系统调用把数据写入该节点文件中;在文件系统接收到数据之后,会首先查看该文件所在文件系统以及该文件系统的类型,并调用该文件系统的write函数,把应用程序写入的数据进一步传递到sysfs文件系统中;sysfs文件系统把传递过来的数据再发送给虚拟LED设备驱动,最后LED虚拟设备驱动通过内核态与用户态交互的技术把数据通过模拟的LED经过分析后显示出来。

以上流程中涉及大致三个模块,分别是虚拟驱动、驱动数据分析和虚拟LED。下面分别对这三个模块进行介绍。

1. 虚拟驱动

虚拟驱动提供正常的驱动接口给应用程序,保存应用程序提供的数据,并把数据反映到图形界面中。在Linux中,应用程序可以直接使用系统调用来操作设备文件,也可以通过库函数实现设备文件的修改,但从本质来看,这两种方法最终都会通过系统调用实现。虚拟LED中并不控制真正的硬件设备,只是在内存中把显存中应该显示的数据发送给数据处理模块,由数据处理模块分析处理后在图形界面中显示出来。虚拟LED驱动属于内核态,其以内核模块的形式编译运行,不会影响操作系统中其他功能的运行。

2. 分析模块

分析模块主要负责对虚拟驱动反馈回来的数据进行处理,对于每一种设备驱动需要定义不同的处理逻辑。对于虚拟的LED驱动来说,用户对虚拟驱动文件中的每个修改,最终都会被分析模块所捕获,分析模块对此修改进行分析,并最终显示到图形界面上。以修改分辨率为例,应用程序试图向驱动中写入修改显示器分辨率的命令,这些数据经过多层调用最终到达虚拟驱动,而虚拟驱动把这些数据传递给分析模块,分析模块经过处理后,把图形界面中虚拟的显示器的分辨率调整到用户要求的状态。

3. 图形界面

图形界面的设计非常简单,只是把分析模块传送过来的信息显示出来。由于设备分为输出设备和输入设备,因此图形界面也分为两种:一种是从虚拟驱动接收数据,并显示在图形界面上;另一种是从图形界面上捕获用户的动作,并把用户的动作写入虚拟驱动中。为了照顾初学者,笔者这里不准备使用图形界面了,太复杂或许并不合适。

工作流程

虚拟输出设备的数据流向如图5-4所示。

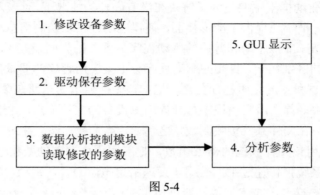

图 5-4

图5-4描述的是输出设备的数据流向，下面具体介绍每一步的工作过程。

（1）修改设备参数。应用程序打开虚拟文件节点，并向节点中写入修改设备参数的命令。在Linux中，一个设备节点就代表一个硬件设备，应用程序通过向设备文件中写入数据参数来达到控制硬件的目的。从应用程序的角度来看，修改一个硬件设备的参数可以分为如下几步：打开设备文件节点，向该文件中写入修改参数的命令，关闭文件。

（2）在应用程序通过文件节点发出修改参数的命令之后，该命令会依次通过虚拟文件系统、sysfs文件系统、硬件抽象层最终到达虚拟设备驱动。虚拟设备驱动接收到修改参数的命令之后，首先会检查参数是否合理，硬件是否支持这个参数，等等。通过检查后，虚拟驱动会把该参数保存在内存中，以备将来查询之用。如果参数设置得不对，则会以系统调用出错的方式通知应用程序，并给出正确的参数建议。

（3）分析模块以轮询的方式从虚拟驱动中读取参数，在发现参数被修改之后，会重新计算新设备参数应该如何显示在图形界面上，最后调整虚拟图形界面。分析模块对虚拟驱动只是读操作，并不需要向虚拟驱动中写入数据，所以不会导致读写冲突。

（4）最后是图形界面的显示，模块把分析模块分析后的数据显示到图形界面上，用来实现模块。在编程人员要创建新的虚拟驱动模块时，需要添加新的模块到框架中。

其实其他设备以后也可以这样做，比如虚拟显示器和虚拟灯的虚拟驱动工作流程非常类似，它们都是输出设备，只是在复杂度上有区别，虚拟显示器需要配置分辨率、色彩、编码方式，还要把显存中的数据显示到图形界面中，而对于灯来说只需要关心亮灭。

5.7   虚拟 LED 驱动的实现

基于前面阐述的虚拟驱动框架，我们也可以模拟一个虚拟LED驱动出来。简单来讲，就是应用层发送一个开或关的灯状态，驱动程序接收后保存好这个状态，然后应用层再次读取这个状态，从而在应用层上显示灯的状态（on或off）。如果有兴趣，还可以在应用层做一个图形的LED灯出来，这样更加形象化。限于篇幅，笔者只能简化程序，但思路是类似的。

【例5.5】 实现虚拟LED驱动并测试

（1）复制一份上例的**mydrv.c**，在该文件中修改如下主要代码：

```c
#include <linux/module.h>
#include <linux/fs.h>
#include <linux/cdev.h>
#include <linux/io.h>
#include <linux/uaccess.h>

#define USE_HARD 1

/* GPB寄存器 */
static volatile unsigned long *gpbcon = NULL;
static volatile unsigned long *gpbdata = NULL;

/* GPB5～GPB8配置为输出 */
static int led_open(struct inode *inode, struct file *file)
{
#if USE_HARD
    *gpbcon &= ~((0x01 << 10) | (0x01 << 12) | (0x01 << 14) | (0x01 << 16));
    *gpbcon |= ((0x01 << 10) | (0x01 << 12) | (0x01 << 14) | (0x01 << 16));
#endif

    return 0;
}
int gval = 0;
static ssize_t led_read(struct file *file, char __user *buf, size_t count, loff_t
*ppos)
{
    if (!copy_to_user((char *)buf, &gval, 4))
        return 4;
    return 0;
}

/* 点亮/熄灭 LED1～LED4 */
static ssize_t led_write(struct file *file, const char __user *buf, size_t count,
loff_t *ppos)
{
    int val;
    copy_from_user(&val, buf, count);    // 用户空间到内核空间传递数据
    printk("value %d", val);
    gval = val;

#if USE_HARD
    if (val == 1) {/* 点亮 */
        *gpbdata &= ~((0x01 << 5) | (0x01 << 6) | (0x01 << 7) | (0x01 << 8));
    }
```

```
        else {/* 熄灭 */
            *gpbdata |= ((0x01 << 5) | (0x01 << 6) | (0x01 << 7) | (0x01 << 8));
        }
#endif

        return 0;
}

static struct file_operations led_fops = {
    .owner = THIS_MODULE,
    .open = led_open,
    .read = led_read,
    .write = led_write,
};

static dev_t devid;                       // 起始设备编号
static struct cdev led_cdev;              // 保存操作结构体的字符设备
static struct class *led_cls;
static struct device *led_dev;

static int led_init(void)
{
    int ret = 0;
    printk("%s enter.\n", __func__);
    /* 动态分配字符设备：(major,0) */
    ret = alloc_chrdev_region(&devid, 0, 1, "led");  // ls /proc/devices看到的名字
    /* 返回值为负数，表示操作失败 */
    if (ret < 0) {
        printk("alloc char dev region error\n");
        goto fail_devid;
    }

     /* 初始化字符设备，添加字符设备 */
    cdev_init(&led_cdev, &led_fops);
    ret = cdev_add(&led_cdev, devid, 1);
    /* 返回值为负数，表示操作失败 */
    if (ret < 0) {
        printk("char device add failed\n");
        goto fail_cdev;
    }
    else {
        printk("char device add success\n");
    }

    /* 创建类，它会在sys目录下创建/sys/class/led这个类  */
    led_cls = class_create(THIS_MODULE, "led");
    if (IS_ERR(led_cls)) {
        printk("create class failed\n");
        ret = PTR_ERR(led_cls);
        goto fail_class;
    }
```

```
        else {
            printk("create class success\n");
        }

        /* 在/sys/class/led下创建led0设备，然后mdev通过ledo设备自动创建/dev/led0这个设备节
点 */
        led_dev = device_create(led_cls, NULL, devid, NULL, "led0");
        if (IS_ERR(led_dev)) {
            printk("create device failed\n");
            ret = PTR_ERR(led_dev);
            goto fail_device;
        }
        else {
            printk("create device success\n");
        }

        gpbcon = (volatile unsigned long *)ioremap(0x56000010, 16);
        gpbdata = (volatile unsigned long *)ioremap(0x56000014, 16);
        return 0;

fail_device:
        class_destroy(led_cls);
fail_class:
        cdev_del(&led_cdev);
fail_cdev:
        unregister_chrdev_region(devid, 1);
fail_devid:
        return ret;
}

static void __exit led_exit(void)
{
        /* 注销虚拟地址 */
        iounmap(gpbcon);
        iounmap(gpbdata);
        printk("led driver exit\n");
        /* 注销类以及类设备/sys/class/led会被移除*/
        device_destroy(led_cls, devid);
        class_destroy(led_cls);
        cdev_del(&led_cdev);
        unregister_chrdev_region(devid, 1);
        return;
}

module_init(led_init);
module_exit(led_exit);
MODULE_LICENSE("GPL");
```

以上这段驱动代码既可以适应没有硬件开发板的情况，也可以适应有硬件开发板的情况，只要通过宏USE_HARD来决定是否开启即可。当有硬件开发板的时候，通常无非就是读取寄存器地址来控制具体的LED灯。不同的开发板LED也就是寄存器地址不同而已。如果设置

USE_HARD为1，则本例的寄存器代码对应的是S3C2440开发板。S3C2440开发板是三星公司开发的一款基于ARM920T内核和0.18umCMOS工艺的16/32位RISC微处理器，适用于低成本、低功耗、高性能的手持设备或其他电子产品。当然，这里我们把USE_HARD设置为0即可，当用户把应用层传下来的要设置LED灯的状态值（val）存放到全局变量gval中，以后应用层要读取时，读取gval即可。

接下来把Makefile文件（和前面的例子一样，这里不再赘述）和mydrv.c上传到Linux某目录进行编译，直接输入make，然后得到mydrv.ko，再加载驱动（insmod mydrv.ko）。至此，驱动层工作完成。下面实现应用层。

（2）打开VC 2017，新建一个Linux控制台工程。或者用其他编辑器也可以，输入如下代码：

```c
#include <sys/stat.h>
#include <fcntl.h>
#include <stdio.h>
#include <pthread.h>
pthread_t ntid;
void print_usage(char *file)
{
    printf("Usage:\n");
    printf("%s <dev> <on|off>\n", file);
    printf("eg. \n");
    printf("%s /dev/led0 on\n", file);
    printf("%s /dev/led0 off\n", file);
}

int main(int argc, char **argv)
{
    int fd,st ,err,num;
    int val;
    char *filename;
    if (argc != 3) {
        print_usage(argv[0]);
        return 0;
    }

    filename = argv[1];
    fd = open(filename, O_RDWR);
    if (fd == -1) {
        printf("can't open %s!\n", filename);
        return 0;
    }

    if (!strcmp("on", argv[2])) {
        // 亮灯
        val = 1;
        //printf("%s on!\n", filename);
        write(fd, &val, 4);
    }
```

```
        else if (!strcmp("off", argv[2])) {
            // 灭灯
            val = 0;
            //printf("%s off!\n", filename);
            write(fd, &val, 4);
        }
        else {
            print_usage(argv[0]);
        }

        //读取设置的LED状态，可以扩展到图形界面
        read(fd, &st, 4);
        printf("st = %d\n", st);
        if (st == 1)puts("led is on");
        else puts("led is off");

        return 0;
}
```

编译后运行：

```
./test /dev/led0 off
```

运行结果如下：

```
st = 1
led is on
```

表示灯开启了。以后扩展的话，可以在应用层用图形界面画一个灯泡，然后从驱动层得到开启状态，让灯泡变亮，这样就更形象地模拟出开发板上的LED灯了。

第 6 章

驱动模块的并发控制

在嵌入式Linux系统中,设备驱动程序是连接硬件与应用软件的重要纽带,同时也是内核的重要组成部分,在系统开发过程中起着举足轻重的作用。在支持多进程、多线程和内核抢占的嵌入式Linux系统中,设备驱动的并发控制是一项关键的技术。分析嵌入式Linux操作系统执行路径并发访问共享设备的原理和过程,有利于开发出稳定的设备驱动程序。合理使用并发控制机制——自旋锁和信号量,能使进程和中断处理程序正确地访问系统设备,并且能避免因访问设备过程中出现的错误而造成系统停止,不能向前推进的问题。

6.1　嵌入式 Linux 系统的空间组成

嵌入式Linux设备驱动程序是Linux内核的一部分,设备驱动并发控制的分析和设计涉及Linux内核相关的理论,所以本节首先介绍与之相关的Linux内核理论。

6.1.1　操作系统内核

操作系统包括内核、设备驱动程序、启动引导程序、命令行Shell或者其他类型的用户界面、基本的文件管理工具和系统工具。在现代操作系统设计中,为了减少操作系统本身的开销,提高系统运行效能,往往将一些与硬件紧密相关的(如中断处理程序、设备驱动程序等)、基本的、公共的、运行频率较高的模块(如时钟管理、进程调度等)及关键性数据结构独立开来,使之常驻内存,并对它们进行特殊保护,通常把这一部分称为操作系统的内核。用户通过系统调用访问操作系统的功能,这些功能最终都通过操作系统内核实现。它通常负责响应中断的中断服务程序,管理多个进程,从而分享处理器时间的调度程序,管理进程地址空间,负责进程间通信等系统服务。系统其他部分必须依靠内核这部分软件提供的服务,操作系统内核也被称作超级管理者或者操作系统核心。

6.1.2　操作系统的空间组成及模式

操作系统内核的安全问题是非常重要的，为了有效保护系统数据不被用户非法获取或篡改，操作系统可以设置多种不同级别的执行模式（所谓模式，就是程序在运行过程中使用的、由硬件体系结构提供的CPU特权保护方式）。Linux系统有两种工作模式，即内核模式和用户模式。在内核模式下，处理器及其指令、寄存器和内存都受到完全控制和保护，执行的进程有权限存取系统内核和用户地址。用户程序一般运行在用户模式下，用户程序的运行无须受到完全控制，与内核模式相同，用户模式下执行的进程只能存取自己的指令和数据，无权存取内核指令和数据。

现代操作系统提供了保护机制，这种保护机制使得内核与普通应用程序在不同的内存空间，这些内存空间统称为内核空间，内核一般处于系统态，拥有访问硬件设备的所有权限。相对地，应用程序所处的内存空间叫用户空间，它们只能访问部分资源，不能直接访问硬件，只能通过内核来访问硬件。

总之，当CPU执行的程序处于内核空间时，CPU就处于内核模式；当CPU执行的程序处于用户空间时，CPU就处于用户模式。

6.1.3　用户空间访问内核空间及模式切换

内核模式和用户模式之间可以相互转换，称为模式切换。模式切换不同于进程切换，模式切换不一定引起进程状态改变，而进程切换一定会引起进程状态改变。当某进程在用户态执行引起一个系统调用时，将会从用户态切换到系统态，直到系统调用的功能执行完毕，返回用户态继续执行，此过程中进程的状态不会发生改变。若一个进程在执行过程中被中断，则系统将保存该进程的执行现场，并切换到新的进程执行。这时，被中断的进程和被执行的进程的状态都会发生改变，后者变为执行状态。进程切换时，会引起操作系统更新这两个进程的PCB（进程控制块）内容，如修改它们的状态、更新它们占用系统资源的相关信息等。在系统模式下完成中断服务后，新的进程仍然在用户模式下被执行。

内核在内核空间以内核态运行，普通用户程序在用户空间以用户态运行。应用程序通过系统调用来使用内核中的功能，如访问硬件，其结构和访问过程如图6-1所示。

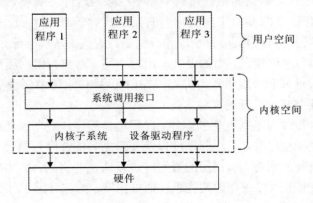

图 6-1

应用程序通过系统调用使用内核中的函数来完成应用程序的任务。

6.2　进程的基本概念

6.2.1　进程和线程的定义

进程是指一个具有独立功能的程序在某个数据集合上的一次动态执行过程,它是操作系统进行资源分配和调度的基本单元。一次任务的运行可以发起多个进程,这些进程通过相互合作来完成该任务的一个最终目标。

进程是系统中程序执行和资源分配的基本单位。每个进程都拥有自己的数据段、代码段和堆栈段,这就造成了进程在进行切换时操作系统的开销比较大。为了提高效率,操作系统又引入了另一个概念——线程,也称为轻量级进程。线程是进程上下文中执行的代码序列,又称为轻量级进程。它是操作系统能够调度的最小单元。线程可以对进程的内存空间和资源进行访问,并与同一进程中的其他线程共享。因此,线程的上下文切换的开销比进程小得多。一个进程可以拥有多个线程,其中每个线程共享该进程所拥有的资源。要注意的是,由于线程共享了进程的资源和地址空间,因此任何线程对系统资源的操作都会给其他线程带来影响。由此可知,多线程中的同步是非常重要的问题。

线程是进程的基本执行单元,一个进程的所有任务都在线程中执行。进程要想执行任务,必须得有线程,进程至少要有一条线程。程序启动会默认开启一条线程,这条线程被称为主线程,或称领头线程。总之,进程是资源分配的基本单位,线程是CPU调度的基本单位。

Linux系统中的进程一般具备4个要素:

（1）有对应执行的程序。

（2）有进程独立的系统堆栈空间。

（3）有一个task_struct结构,即进程描述符,或称进程控制块。

（4）有独立的存储空间,即拥有专有的用户空间。

这4个都是必要条件,缺乏其中任何一个都不能称为进程。如果只具备前面三个而缺乏第四个,则为线程。有独立的存储空间意味着有用于虚存管理mm_struct数据结构以及下属的vm_area数据结构,以及相应的页面目录项和页面表。这些都从属于task_struct结构。如果完全没有用户空间,就称为内核线程,而如果共享用户空间,则称为用户线程。每个线程拥有独立的程序计数器、进程堆栈和一组进程寄存器。在Linux操作系统中,线程就是使用某些共享资源的进程,比如地址空间、打开的文件等。

进程是一个随执行过程不断变化的实体。进程包含程序计数器和所有CPU寄存器的值,同时它的堆栈中存储着子程序参数、返回地址以及变量之类的临时数据。为了管理进程,内核必须对每个进程运行所处的状态、所占用的资源等进行清楚的描述。例如,内核必须知道进程的优先级,它是正在CPU上运行还是因某些事件而被阻塞,给它分配了什么样的地址空间,允许它访问哪个文件等。进程描述符结构体task_struct正好记录着这样的描述信息，包括进程所有的信息。进程一般具有如下4个主要特性。

（1）并发性：指的是系统中多个进程可以同时并发执行，相互之间不受干扰。

（2）动态性：指的是进程都有完整的生命周期，而且在进程的生命周期内，进程的状态是不断变化的，另外进程具有动态的地址空间（包括代码、数据和进程控制块等）。

（3）交互性：指的是进程在执行过程中可能会与其他进程发生直接和间接的通信，如进程同步和进程互斥等，需要为此添加一定的进程处理机制。

（4）独立性：指的是进程是一个相对完整的资源分配和调度的基本单位，各个进程的地址空间是相互独立的，只有采用某些特定的通信机制才能实现进程之间的通信。

6.2.2　进程的类型

Linux系统中主要包括以下3种类型的进程。

（1）交互式进程：这类进程经常与用户进行交互，需要等待用户的输入（键盘和鼠标操作等）。当接收到用户的输入之后，这类进程能够立刻响应。典型的交互式进程有shell命令进程、文本编辑器和图形应用程序等。

（2）批处理进程：这类进程不必与用户进行交互，因此通常在后台运行。由于这类进程通常不必很快响应，因此往往不会优先调度。典型的批处理进程包括编译器的编译操作、数据库搜索引擎等。

（3）守护进程：这类进程一直在后台运行，和任何终端都不关联。通常系统启动时开始执行，系统关闭时才结束。很多系统进程（各种服务）都是以守护进程的形式存在的。

因为Linux是一个多任务的操作系统，所以其他的进程必须等到操作系统将处理器使用权分配给自己之后才能运行。当正在运行的进程需要等待其他的系统资源时，Linux内核将取得处理器的控制权，按照某种调度算法将处理器分配给某个正在等待执行的进程。

6.2.3　进程的内存结构

Linux操作系统采用虚拟内存管理技术，使得每个进程都有独立的地址空间，该地址空间是大小为4GB的线性虚拟空间。该技术不但更安全（用户不能直接访问物理内存），而且用户程序可以使用比实际物理内存更大的地址空间。

4GB的进程地址空间被分为两部分，分别是用户空间与内核空间。用户地址空间占据0～3GB（0xC0000000），内核地址空间占据3～4GB。用户空间包括以下几个功能区域（段，segment）：

（1）只读段：具有只读属性，包含程序代码（.init和.text）和只读数据（.rodata）。

（2）数据段：存放的是全局变量和静态变量。其中初始化数据段（.data）存放显式初始化的全局变量和静态变量；未初始化数据段（.bss）存放未初始化的全局变量和静态变量。

（3）栈：由系统自动分配释放，存放函数的参数值、局部变量的值、返回地址等。

（4）堆：存放动态分配的数据，一般由程序员动态分配和释放，若程序员不释放，则程序结束时可能由操作系统回收。

（5）共享库的内存映射区：Linux动态链接器和其他共享库代码的映射区域。

6.2.4 多任务机制

多任务处理是指用户可以在同一时间内运行多个应用程序，每个正在执行的应用程序被称为一个任务。Linux是一个支持多任务的操作系统，比起单任务系统，它的功能增强了许多。

多任务操作系统使用某种调度策略支持多个任务并发执行。事实上，（单核）处理器在某一时刻只能执行一个任务。每个任务创建时被分配时间片（几十到上百毫秒），任务执行（占用CPU）时，时间片递减。操作系统会在当前任务的时间片用完时调度执行其他任务。由于任务会频繁地切换执行，因此给用户多个任务同时运行的感觉。多任务操作系统中通常有3个基本概念：任务、进程和线程。

任务指的是一个逻辑概念，是指由一个软件完成的活动，或者是为实现某个目的而进行的一系列操作。通常一个任务是一个程序的一次运行，一个任务包含一个或多个完成独立功能的子任务，子任务是进程或线程。例如，一个杀毒软件的一次运行是一个任务，目的是保护计算机系统不受各种病毒的侵害，这个任务包含多个独立功能的子任务（进程或线程），包括实时监控功能、定时查杀功能、防火墙功能以及用户交互功能等。任务、进程和线程之间的关系如图6-2所示。

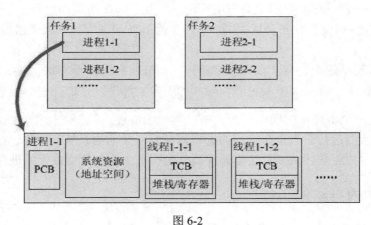

图 6-2

6.2.5 进程与程序

进程是指一个具有独立功能的程序在某个数据集合上的一次动态执行过程，它是操作系统进行资源分配和调度的基本单元。一次任务的运行可以激活多个进程，这些进程相互合作来完成该任务的一个最终目标。本小节将阐述进程的定义，并澄清其与程序之间的区别。程序是包含一系列信息的文件，这些信息描述了运行时创建一个进程，包括如下内容。

（1）二进制格式标识：每个程序文件都包含用于描述可执行文件格式的元信息。内核利用此信息来解释文件中的其他信息。现在，大多数Linux系统采用可执行链接格式（Executable and Linkable Format，ELF）。

（2）机器语言指令：对程序进行编码。

（3）程序入口地址：标识程序开始执行时的起始指令位置。

（4）数据：程序文件包含的变量初始值和程序使用的字面常量。

（5）符号表及重定位表：描述程序中函数和变量的位置及名称。这些表格有多种用途，其中包括调试和运行时的符号解析（动态链接）。

（6）共享库和动态链接信息：程序文件所包含的一些字段，列出了程序运行时需要使用的共享库，以及加载共享库的动态链接器的路径名。

6.2.6　进程标识符

系统给每个进程定义了一个唯一标识该进程的非负整数，称作进程标识符，也叫进程ID，简称PID。进程标识符可以简单地表示为主进程表中的一个索引，也就是用来标识进程的编号。当某一进程终止后，其标识符可以重新用作另一进程的标识符。不过，在任何时刻，一个标识符所代表的进程都是唯一的。系统把标识符0和1保留给系统的两个重要进程。进程0是调度进程，它按一定的原则把处理机分配给进程使用。进程1是初始化进程，它是程序/sbin/init的执行。进程1是UNIX系统的其他进程的祖先，并且是进程结构的最终控制者。

进程标识符是被顺序编号的，新创建的进程的PID通常是从前一个进程ID向后找空闲的第一个序号，最大到32767之后，再从300开始重新查找（300以内的进程ID被系统保留给一些重要的系统进程使用，例如init进程会固定使用1号进程ID）。这里的32767是个默认值，可以通过内核参数/proc/sys/kernel/pid_max修改，在64位系统上，这个最大值的上限可以达到400多万（4194303）。要在程序运行时获取当前进程的进程ID，可以通过系统调用getpid()来完成。

每个进程都有6个重要的ID：进程ID、父进程ID、有效用户ID、有效组ID、实际用户ID和实际组ID。Linux环境下分别使用getpid()和getppid()函数来得到进程ID和父进程ID，分别使用getuid()和geteuid()函数来得到进程的用户ID和有效用户ID，分别使用getgid()和getegid()函数来获得进程的组ID和有效组ID。它们的函数原型如下：

```
#include <unistd.h>
pid_t getpid(void);        //获取进程ID
pid_t getppid(void);       //获取父进程ID

uid_t getuid(void);        //获取用户ID
uid_t geteuid(void);       //获取有效用户ID

gid_t getgid(void);        //获取组ID
gid_t getegid(void);       //获取有效组ID
```

以上6个函数若执行成功，则返回对应的ID值；若执行失败，则返回−1。除进程ID和父进程ID这两个值不能够更改外，其他的4个ID值在适当的条件下可以被更改。

在Linux编程中，用于定义进程ID的数据类型是pid_t类型，需要引入头文件<sys/types.h>，首先看一下头文件/usr/include/x86_64-linux-gnu/sys/types.h中关于pid_t的定义：

```
#ifndef __pid_t_defined
typedef __pid_t pid_t;
# define __pid_t_defined
#endif
```

可见pid_t等同于__pid_t，继续寻找__pid_t的定义。头文件<sys/types.h>中包含头文件<bits/types.h>，根据名称可见与类型的定义相关，我们在头文件/usr/include/x86_64-linux-gnu/bits/types.h中找到了__pid_t的定义如下：

```
#if __WORDSIZE == 32
...
# define __STD_TYPE      __extension__ typedef
#elif __WORDSIZE == 64
...
# define __STD_TYPE      typedef
#else
# error
#endif
__STD_TYPE __PID_T_TYPE __pid_t;   /* Type of process identifications. */
```

省略号的意思是省略掉无关的内容。可以看出，如果我们编译的程序是32位的，那么__pid_t的定义如下：

```
__extension__ typedef  __PID_T_TYPE  __pid_t;
```

如果我们编译的程序是64位的，那么__pid_t的定义如下：

```
typedef  __PID_T_TYPE  __pid_t;
```

其中__extension__的作用是，GCC对标准C语言进行了扩展，但用到这些扩展功能时，编译器会发出警告，使用__extension__关键字会告诉GCC不要发出警告。

__pid_t的定义等同于__PID_T_TYPE，我们继续寻找__PID_T_TYPE的定义，在头文件/usr/include/x86_64-linux-gnu/bits/typesizes.h中发现__PID_T_TYPE的定义如下：

```
#define  __PID_T_TYPE      __S32_TYPE
```

至此，我们找到了pid_t的定义等同于__S32_TYPE。那么__S32_TYPE又是什么类型呢？我们返回至头文件/usr/include/x86_64-linux-gnu/bits/types.h，发现有如下定义：

```
#define __S32_TYPE      int
```

至此，我们得出结论：pid_t等于int。

为了与旧版本的Unix和Linux兼容，PID的最大值默认设置为32768（short int（短整型）的最大值），尽管这个值也可以增加到高达400万（这受<linux/threads.h>中所定义的PID最大值的限制）。内核把每个进程的PID存放在它们各自的进程描述符中。

这个最大值很重要，因为它实际上就是系统中允许同时存在的进程的最大数目。这个值越小，转一圈就越快，本来数值大的进程比数值小的进程迟运行，但这样一来就破坏了这一原则。系统管理员通过修改/proc/sys/kernel/pid_max来提高上限。PID的值有一个上限，当内核使用的PID达到这个上限值的时候，就必须循环使用已闲置的小PID号。在默认情况下，最大的PID号是32767（PID_MAX_DEFAULT-1）。在64位体系结构中，系统管理员可以把PID的上限扩大到4194303。

6.2.7 线程标识符

读者应该上过操作系统原理这门理论课程。操作系统原理通常会从理论上讲，进程是任务的资源分配单位，而线程是任务的执行单位。每个进程都是由一个或多个线程组成的。而PID是进程的全局唯一ID，TID是线程的全局唯一ID。这都没问题。

但是，原理和实现是不一样的，操作系统原理这本书其实是对各种操作系统实现的抽象和总结，那么Linux中是如何实现的呢？

我们应该知道，在Linux中，线程其实是通过轻量级进程（Light Weight Process，LWP）实现的，因此在Linux中每个线程都是一个进程，因此都拥有一个PID。换句话说，操作系统原理中的线程对应的其实是Linux中的进程（轻量级进程），因此Linux内核中的线程PID对应的其实是原理中的TID（线程ID），即Linux中，线程标识符（线程ID）就是PID。具体到代码，每个进程都对应一个进程描述符（task_struct，后面会详解）这样的结构体，其内部有成员PID，既然每个线程等价于轻量级进程，那么每个线程也对应一个task_struct，其内部成员PID就是线程ID。一句话，线程ID就是轻量级进程PID。

6.2.8 线程组及其标识符TGID

在Linux操作系统中，线程等价于轻量级进程。在Linux C编程中，通常把main函数的执行流称为主线程，一个进程中，主线程必须有且只有一个；程序员创建的线程被称为工作线程，工作线程可以有多个，也可以不创建工作线程，即进程中没有工作线程。因此，进程可由一个或多个线程组成，同一个进程的各个线程属于同一个线程组，每个线程等价于一个轻量级进程。其实在Linux内核中都可以看作进程，无非就是普通进程和轻量级进程的区别，用户态使用fork创建进程，使用pthread_create创建线程。两个系统调用最终都调用了do_dork。一直以来，Linux内核并没有线程的概念。每个执行实体都是一个task_struct结构，通常称之为进程。

现在有了一个新概念，即线程组。新东西出来肯定要弄个标记，就像每个人都要给个身份证号一样，目的都是为了好管理。如何标记线程组呢？答案是用TGID，全称是Thread Group ID，也就是线程组标识符，真够简单明了的。但它的地位却不低，因为描述进程的结构体（task_struct，后面会详解）中，只有TGID和PID能选入该结构体，作为两个成员。也就是说，在tast_struct中，主要涉及以下两个ID：

```
struct task_struct {
...
pid_t pid;
pid_t tgid;
...
};
```

tast_struct是用来描述进程的，每个进程都对应一个tast_struct结构体。由于Linux中，线程就是轻量级进程，那么线程也对应着一个tast_struct结构体。也就是说，每个进程都拥有PID和TGID，而每个线程（轻量级进程）也拥有PID和TGID，且此时PID就是线程ID。主线程与所属进程实际上是同一个task_struct，因此进程的PID和TGID和主线程的PID和TGID相同。

在任何一个进程中，主线程的PID和TGID相同，主线程的PID也就是这个主线程所属进程的PID。当程序开始运行时，只有一个主线程，这个主线程的TGID的值就等于PID。当其他（工作）线程被创建的时候，就继承了主线程的TGID，即工作线程的TGID的值和主线程的TGID相同。而主线程的TGID和主线程的PID（也就是进程的PID）也相同，因此工作线程的TGID就是领头线程（也称主线程）或进程的PID。感觉在说绕口令，我们用一幅图来说明，如图6-3所示。

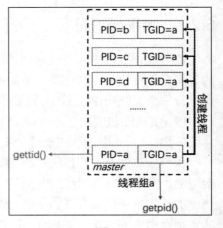

图 6-3

虚线围起来的部分就表示一个进程，里面创建了若干线程，可以看出进程的所有线程都有着相同的TGID，但PID各不相同。这好理解，PID用来区分不同轻量级进程，怎么能相同呢。而TGID用来标记某线程所属哪个线程组，这些线程都是一组的，所以TGID当然是相同的。图6-3中master表示主线程，当程序开始运行时，只有一个主线程，这个主线程的TGID就等于PID。图6-3中还展示了两个函数gettid和getpid，前者是得到线程ID，也就是task_struct中的PID值；后者是得到线程的TGID，也就是task_struct中的TGID值。总之，在单线程的进程中，getpid()函数的值和gettid()的值是相同的。而在多线程中，所有线程的getpid()值都是相同的，每个线程有自己的gettid()值。需要注意的是，无论是在单线程还是多线程环境下，主线程的gettid()值始终和getpid()值相同，可以通过这种方式来判断当前线程是否为主线程。比如：

```
bool isMainThread(){
    return gettid() == getpid();
}
```

线程其实是用户态的概念，内核态不区分进程和线程。可以认为，内核中统一执行的是进程，只是有些是普通进程（对应用户态的进程（process）），有些是轻量级进程（对应用户态的线程pthread或npthread），都使用task_struct结构体保存。我们再来看图6-4。

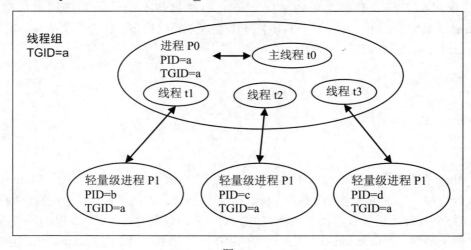

图 6-4

在图6-4中，进程P0有4条执行流，即4个线程，主线程t0是它的第一个线程，且与进程P0相关联，它们是同一个task_struct。之后衍生出t1、t2、t3三个工作线程，这三个用户态的线程与内核态的轻量级进程P1、P2、P3一一关联，或称对应、等价。t1和P1是同一个task_struct，以此类推。也就是说，线程就是由轻量级进程实现的，只是在不同的层次上叫法不同而已，本质是一样的。

每个进程都有自己的PID，图5-4中，进程PID（P0）=a，轻量级进程PID（P1）=b、PID（P2）=c、PID（P3）=d。同属于一个线程组的所有线程有同样的线程组标识符，且其为第一个线程所关联的进程标识符，这里都是a。

讲了这么多理论，下面我们来动手实践，查看一个线程的ID和进程内的线程数。在Linux下输入命令：

```
# ps -eLf
UID          PID    PPID    LWP  C NLWP STIME TTY      TIME      CMD
root           1       0      1  0    1 11:28 ?        00:00:08  /sbin/init spla
root           2       0      2  0    1 11:28 ?        00:00:00  [kthreadd]
root           3       2      3  0    1 11:28 ?        00:00:00  [rcu_gp]
root           4       2      4  0    1 11:28 ?        00:00:00  [rcu_par_gp]
root           5       2      5  0    1 11:28 ?        00:00:00  [slub_flushwq]
```

其中，UID表示用户ID，实际输出的是用户名，如root；PID表示当前进程的ID；PPID表示当前进程的父进程ID；LWP表示该线程ID，也就是getttid函数的返回值；C表示当前进程占用CPU的百分比；NLWP表示线程组内线程的个数；STIME表示进程启动的时间；TTY表示当前进程对应的终端，若与进程无关，则显示问号（?）；CMD表示命令名称和参数；TIME表示进程的执行时间。

6.2.9　进程描述符

Linux进程描述符是Linux系统中每个进程都有的存储结构，可以描述每个进程的属性和运行状态。它由内核维护，并且在启动进程或处理信号时都会被激活。Linux进程描述符是一个结构体，用于描述每个运行进程的很多信息，这些信息被存放在进程结构中，主要记录进程的有关状态，如其基本属性、运行状态以及优先级等。简单地说，进程描述符就是Linux内核对进程的一种抽象。

Linux内核使用task_struct数据结构来关联所有与进程有关的数据和结构，Linux内核所有涉及进程和程序的算法都是围绕该数据结构建立的，是内核中最重要的数据结构之一。该数据结构在内核文件include/linux/sched.h中定义，在目前最新的内核中，该数据结构足足有380行之多，在这里不可能逐项描述其表示的含义，我们只关注该数据结构如何组织和管理进程I的。这个结构定义形式如下：

```
struct task_struct {
#ifdef CONFIG_THREAD_INFO_IN_TASK
    /*
     * For reasons of header soup (see current_thread_info()), this
     * must be the first element of task_struct.
     */
```

```
    struct thread_info        thread_info;
#endif
    unsigned int              __state;
...
}
```

该结构体中的成员变量和函数的作用主要包括：任务ID、亲缘关系、任务状态、任务权限、运行统计、进程调度、信号处理、内存管理、文件与文件系统、内核栈。

1. 任务 ID

任务ID是任务的唯一标识，在tast_struct中，主要涉及以下几个ID：

```
pid_t pid;    //进程的唯一标识
pid_t tgid;   //线程组的领头线程的pid成员的值
struct task_struct *group_leader;
```

之所以有pid(process id)、tgid(thread group ID)以及group_leader，是因为线程和进程在内核中是统一管理的，视为相同的任务（Task）。任何一个进程，如果只有主线程，那么PID和TGID相同，group_leader指向自己。但是，如果一个进程创建了其他线程，就会有所变化了。线程有自己的PID，TGID就是进程的主线程的PID，group_leader指向进程的主线程。因此，根据PID和TGID是否相等，我们可以判断该任务是进程还是线程。

2. 亲缘关系

除0号进程外，其他进程都是有父进程的。全部进程其实就是一棵进程树，相关成员变量如下：

```
struct task_struct __rcu *real_parent; /* real parent process */
struct task_struct __rcu *parent; /* recipient of SIGCHLD, wait4() reports */
struct list_head children;        /* list of my children */
struct list_head sibling;         /* linkage in my parent's children list */
```

其中，parent指向其父进程，当它终止时，必须向它的父进程发送信号。children指向子进程链表的头部。链表中的所有元素都是它的子进程。sibling用于把当前进程插入兄弟链表中。

通常情况下，real_parent和parent是一样的，但是也会有例外。例如，bash创建一个进程，那么进程的parent和real_parent都是bash。如果在Bash上使用GDB来debug一个进程，这个时候GDB是parent，bash是这个进程的real_parent。

3. 任务状态

任务状态主要涉及以下成员变量：

```
volatile long state;    /* -1 unrunnable, 0 runnable, >0 stopped */
int exit_state;
unsigned int flags;
```

其中，状态state表示进程的状态，它可以通过设置比特位的方式来赋值，具体值在include/linux/sched.h中定义：

```
/* Used in tsk->state: */
#define TASK_RUNNING                0
#define TASK_INTERRUPTIBLE          1
#define TASK_UNINTERRUPTIBLE        2
#define __TASK_STOPPED              4
#define __TASK_TRACED               8
/* Used in tsk->exit_state: */
#define EXIT_DEAD                   16
#define EXIT_ZOMBIE                 32
#define EXIT_TRACE                  (EXIT_ZOMBIE | EXIT_DEAD)
/* Used in tsk->state again: */
#define TASK_DEAD                   64
#define TASK_WAKEKILL               128
#define TASK_WAKING                 256
#define TASK_PARKED                 512
#define TASK_NOLOAD                 1024
#define TASK_NEW                    2048
#define TASK_STATE_MAX              4096

#define TASK_KILLABLE               (TASK_WAKEKILL | TASK_UNINTERRUPTIBLE)
```

TASK_RUNNING并不是说进程正在运行，而是表示进程时刻准备运行。当处于这个状态的进程获得时间片的时候，就是在运行中；如果没有获得时间片，就说明它被其他进程抢占了，等待再次分配时间片。在运行中的进程一旦要进行一些I/O操作，需要等待I/O完毕，这个时候会释放 CPU，进入睡眠状态。

在Linux中有两种睡眠状态：一种是TASK_INTERRUPTIBLE，可中断的睡眠状态。这是一种浅睡眠的状态，也就是说，虽然在睡眠，等待I/O完成，但是这个时候接收到一个信号，进程就要被唤醒。只不过唤醒后，不是继续刚才的操作，而是进行信号处理。当然，程序员可以根据自己的意愿来写信号处理函数，例如收到某些信号，就放弃等待这个I/O操作完成，直接退出；或者收到某些信息，继续等待。

另一种是TASK_UNINTERRUPTIBLE，不可中断的睡眠状态。这是一种深度睡眠状态，不可被信号唤醒，只能死等I/O操作完成。一旦I/O操作因为特殊原因不能完成，那么谁也叫不醒这个进程。你可能会问，我可以kill它吗？别忘了，kill本身也是一个信号，既然这个状态不可被信号唤醒，kill信号也会被忽略。除非重启计算机，没有其他办法。因此，这其实是一件比较危险的事情，除非程序员非常有把握，不然还是不要设置成TASK_UNINTERRUPTIBLE。

于是，我们可以定义一种新的进程睡眠状态TASK_KILLABLE，它可以被终止。进程处于这种状态中，它的运行原理类似于TASK_UNINTERRUPTIBLE，只不过可以响应致命信号。由于TASK_WAKEKILL用于在接收到致命信号时唤醒进程，因此TASK_KILLABLE在TASK_UNINTERUPTIBLE的基础上增加一个TASK_WAKEKILL标记位即可。

TASK_STOPPED是在进程接收到SIGSTOP、SIGTTIN、SIGTSTP或者SIGTTOU信号之后进入该状态。

TASK_TRACED表示进程被debugger等进程监视，进程执行被调试程序停止。当一个进程被其他进程监视时，每个信号都会让进程进入该状态。

一旦一个进程要结束，先进入的是EXIT_ZOMBIE状态，但是这个时候它的父进程还没有使用wait()等系统调用来获知它的终止信息，此时进程就成了僵尸进程。EXIT_DEAD是进程的最终状态。EXIT_ZOMBIE和EXIT_DEAD也可以用于exit_state。

上面的进程状态和进程的运行、调度有关系，还有其他的一些状态，我们称为标志。放在flags字段中，这些字段都被定义成宏，以PF开头。

```
#define PF_EXITING          0x00000004
#define PF_VCPU             0x00000010
#define PF_FORKNOEXEC       0x00000040
```

PF_EXITING表示正在退出。当有这个flag的时候，在函数find_alive_thread()中找活着的线程，遇到有这个flag的就直接跳过。

PF_VCPU表示进程运行在虚拟CPU上。在函数account_system_time中，统计进程的系统运行时间，如果有这个flag，就调用account_guest_time按照客户机的时间进行统计。

PF_FORKNOEXEC表示进程fork完成，还没有进行exec操作。在_do_fork()函数中调用copy_process()，这个时候把flag设置为PF_FORKNOEXEC()。当在exec中调用load_elf_binary()的时候，又把这个flag去掉。

4. 任务权限

任务权限主要包括以下两个变量：real_cred和red。real_cred是可以操作本任务的对象，而red是本任务可以操作的对象。

```
/* Objective and real subjective task credentials (COW): */
const struct cred __rcu        *real_cred;
/* Effective (overridable) subjective task credentials (COW): */
const struct cred __rcu        *cred;
```

结构体cred定义如下：

```
struct cred {
...
    kuid_t        uid;         /* real UID of the task */
    kgid_t        gid;         /* real GID of the task */
    kuid_t        suid;        /* saved UID of the task */
    kgid_t        sgid;        /* saved GID of the task */
    kuid_t        euid;        /* effective UID of the task */
    kgid_t        egid;        /* effective GID of the task */
    kuid_t        fsuid;       /* UID for VFS ops */
    kgid_t        fsgid;       /* GID for VFS ops */
...
    kernel_cap_t  cap_inheritable; /* caps our children can inherit */
    kernel_cap_t  cap_permitted;  /* caps we're permitted */
    kernel_cap_t  cap_effective;  /* caps we can actually use */
    kernel_cap_t  cap_bset;       /* capability bounding set */
    kernel_cap_t  cap_ambient;    /* Ambient capability set */
...
} __randomize_layout;
```

从这里的定义可以看出，大部分是关于用户和用户所属的用户组信息。

uid和gid是注释为实际用户/组ID的标识符。一般情况下，谁启动的进程，就是谁的ID。但是在进行权限审核的时候，往往不比较这两个，也就是说起不了太大作用。euid和egid的注释是effective user/group id。一看这个名字，就知道谁在起作用。当这个进程要操作消息队列、共享内存、信号量等对象的时候，其实就是在比较这个用户和组是否有权限。fsuid和fsgid是文件系统/组ID。这个引起标识符用于审核文件操作的权限。

在Linux中，我们可以通过chmod u+s program命令更改euid和fsuid来获取权限。除以用户和用户组控制权限外，Linux还有另一个机制就是capabilities。原来控制进程的权限要么是高权限的root用户，要么是一般权限的普通用户，这时的问题是root用户权限太大，而普通用户权限太小。有时一个普通用户想做一点高权限的事情，必须给他整个root权限。这样太不安全了。于是，我们引入了新的机制capabilities，用位图表示权限，在capability.h中可以找到定义的权限。这里列举几个。

```
#define CAP_CHOWN                0
#define CAP_KILL                 5
#define CAP_NET_BIND_SERVICE     10
#define CAP_NET_RAW              13
#define CAP_SYS_MODULE           16
#define CAP_SYS_RAWIO            17
#define CAP_SYS_BOOT             22
#define CAP_SYS_TIME             25
#define CAP_AUDIT_READ           37
#define CAP_LAST_CAP             CAP_AUDIT_READ
```

对于普通用户运行的进程，当有这个权限的时候，就能进行这些操作；没有权限的时候，就不能进行这些操作，这样粒度要小很多。

5. 运行统计

运行统计从宏观来说也是一种状态变量，但是和任务状态不同，其存储的主要是运行时间相关的成员变量，具体如下：

```
u64              utime;              //用户态消耗的CPU时间
u64              stime;              //内核态消耗的CPU时间
unsigned long    nvcsw;              //自愿(voluntary)上下文切换计数
unsigned long    nivcsw;             //非自愿(involuntary)上下文切换计数
u64              start_time;         //进程启动时间，不包含睡眠时间
u64              real_start_time;    //进程启动时间，包含睡眠时间
```

6. 进程调度

进程调度部分较为复杂，后面会单独拆分讲解，这里先简单罗列成员变量。

```
//是否在运行队列上
int        on_rq;
//优先级
int        prio;
int        static_prio;
int        normal_prio;
unsigned int    rt_priority;
```

```
//调度器类
const struct sched_class  *sched_class;
//调度实体
struct sched_entity se;
struct sched_rt_entity rt;
struct sched_dl_entity dl;
//调度策略
unsigned int policy;
//可以使用哪些CPU
int nr_cpus_allowed;
cpumask_t cpus_allowed;
struct sched_info    sched_info;
```

7. 信号处理

信号处理相关的数据结构如下：

```
/* Signal handlers: */
struct signal_struct    *signal;
struct sighand_struct   *sighand;
sigset_t            blocked;
sigset_t            real_blocked;
sigset_t            saved_sigmask;
struct sigpending   pending;
unsigned long       sas_ss_sp;
size_t              sas_ss_size;
unsigned int        sas_ss_flags;
```

这里将信号分为三类：阻塞暂不处理的信号（blocked）、等待处理的信号（pending）以及正在通过信号处理函数处理的信号（sighand）。

信号处理函数默认使用用户态的函数栈，当然也可以开辟新的栈专门用于信号处理，这就是sas_ss_xxx这三个变量的作用。

8. 内存管理

内存管理相关的成员变量如下：

```
struct mm_struct            *mm;
struct mm_struct            *active_mm;
```

由于内存部分较为复杂，限于篇幅，这里不再详细说明。

9. 文件与文件系统

文件与文件系统相关的成员变量如下：

```
/* Filesystem information: */
struct fs_struct            *fs;
/* Open file information: */
struct files_struct         *files;
```

10. 内核栈

内核栈相关的成员变量如下：

```
struct thread_info    thread_info;
void *stack;
```

当进程产生系统调用时，会利用中断陷入内核态。而内核态中也存在着各种函数的调用，因此我们需要有内核态函数栈。Linux给每个任务都分配了内核栈。在32位系统上，内核栈在arch/x86/include/asm/page_32_types.h中是这样定义的：一个 PAGE_SIZE是4KB，左移一位就是乘以2，也就是8KB，如下所示：

```
#define THREAD_SIZE_ORDER  1
#define THREAD_SIZE    (PAGE_SIZE << THREAD_SIZE_ORDER)
```

在64位系统上，内核栈在arch/x86/include/asm/page_64_types.h中是这样定义的：在PAGE_SIZE的基础上左移两位，即16KB，并且要求起始地址必须是8192的整数倍，如下所示：

```
#ifdef CONFIG_KASAN
#define KASAN_STACK_ORDER 1
#else
#define KASAN_STACK_ORDER 0
#endif
#define THREAD_SIZE_ORDER  (2 + KASAN_STACK_ORDER)
#define THREAD_SIZE  (PAGE_SIZE << THREAD_SIZE_ORDER)
```

内核栈的结构首先是预留的8字节，然后是存储寄存器，最后是存储thread_info结构体，如图6-5所示。

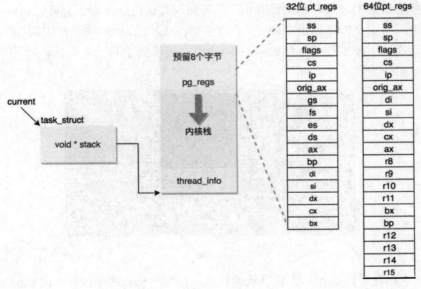

图 6-5

总之，Linux进程描述符是Linux操作系统的重要组成部分。它存储每个运行进程的大量信息，有助于更加准确和有效地管理进程，并能够提高系统的性能。

6.2.10　会话、进程组以及控制终端

在Linux系统中，可以有多个会话，每个会话中又可以包含多个进程组，每个进程组包含多个进程，每个进程构成一个线程组（Thread Group），一个线程组由一个进程内的一个线程或多个线程组成。熟悉Linux下C编程的读者都知道，每个进程都有自己的PID，每个线程都有自己的线程ID（pthread_t类型），但这是在用户空间层面的。而在内核层面中，线程其实也是进程。

会话是用户登录系统到退出系统前的全部活动，不同账户的登录属于不同会话，同一账户的多次登录也构成多个不同的会话。而进程组主要出于作业控制的目的，有些shell没有作业控制的能力，那么同一会话中只有一个进程组，所有的进程都属于这个进程组。

每当用户登录UNIX主机的时候，系统将打开一个终端运行login程序，等待用户输入用户名和密码，通过验证后则创建一个shell程序，从该终端读取用户命令和输出显示信息，由该shell创建的所有进程都使用这个终端，即同一会话所有进程都使用相同的终端。从登录成功到结束前创建的所有进程都属于这次会话（Session），第一个被创建的进程（通常为shell）称为会话的领头进程，会话的领头进程的PID将作为该会话的会话ID（SID），而系统打开的那个终端就是这些进程的控制终端。进程打开/dev/tty可以获得当前进程的控制终端文件描述符号fd（没有控制终端的进程则会失败），用库函数tcgetsid(fd)可以获得会话ID（SID）。如可以用命令tty查看当前shell的控制终端，在字符界面下，/dev/tty会映射到/dev/tty1-6，在图形界面下（XWindows），/dev/tty会映射到/dev/pts的伪终端上。

在Shell上的一条命令所产生的所有进程形成一个进程组，每个进程组内的第一个进程往往成为该进程组的领头进程，并以领头进程的PID作为组内进程的进程组ID（PGID）。进程组的生命周期持续到组中最后一个进程终止，或者加入其他进程组为止。可以利用getpgrp()系统调用来获取进程组ID。但是如果Shell没有作业控制（Job Control）能力，则不管理进程组，也就是所有进程构成一个进程组，例如ash中创建的进程都属于同一个会话、同一个进程组。看一个例子，如图6-6所示。

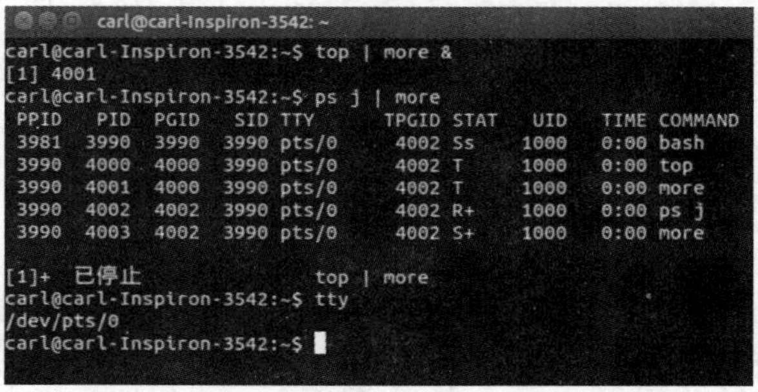

图 6-6

&表示让进程在后台运行。完成登录的时候就创建了bash这个进程，所以bash自然而然作为整个会话的领头进程，bash的PID为3990，可以看到，这次会话中所有进程的SID都是3990。第一条指令我们创建了top和more两个进程，并且这两个进程都在后台执行，返回了[1]4001这个提示，从ps来看应该是返回了最后一个创建的后台进程的PID；然后执行ps j | more这条指令，

又创建了两个进程ps和more，这时候可以看到刚刚第一条指令创建的两个后台进程top和more属于一个进程组，该进程组的ID（PGID）为领头进程top的PID 4000，同样下面的两个前台进程ps和more也属于同一个进程组，这个进程组的ID（PGID）为领头进程ps的PID 4002。用tty查看当前终端映射到了伪终端pts0。

6.3 PID 的管理

前面讲了不少PID，有进程本身的PID，线程组领头进程的PID，会话组领头进程的PID。为此，内核提供了一个枚举类型pid_type来描述它们，该枚举类型被定义在include/linux/pid.h中：

```
enum pid_type
{
        PIDTYPE_PID,  // 进程的PID
        PIDTYPE_TGID, // 线程组领头进程的PID
        PIDTYPE_PGID, // 进程组领头进程的PID
        PIDTYPE_SID,  // 会话领头进程的PID
        PIDTYPE_MAX   // 类型个数
};
```

我们再复习一遍PID，PID是Linux中在其命名空间中唯一标识进程而分配给它的一个号码，称作进程ID，简称PID。在使用fork或clone系统调用时，产生的进程均会由内核分配一个新的唯一的PID值。这个PID用于内核唯一地区分每个进程。索性我们再复习一下TGID、PGID和SID。

1. TGID

线程组的所有线程的ID叫作TGID。处于相同的线程组中的所有进程都有相同的TGID，但是由于它们是不同的进程，因此其PID各不相同；线程组组长（也叫主线程）的TGID与其PID相同；一个进程没有使用工作线程（仅有主线程），则其TGID与PID也相同。

2. PGID

独立的进程可以组成进程组（使用setpgrp系统调用），进程组可以简化向所有组内进程发送信号的操作，例如用管道连接的进程处于同一进程组内。进程组ID叫作PGID，进程组内的所有进程都有相同的PGID，等于该组组长的PID。

3. SID

几个进程组可以合并成一个会话组（使用setsid系统调用），可以用于终端程序设计。会话组中所有进程都有相同的SID，保存在task_struct的session成员中。

认识了这么多PID，那么如何高效地管理它们呢？这是本节要讲的内容。这方面如果详细展开会非常复杂，限于篇幅，本节只讲解要点和大体轮廓。若要真正理解全部细枝末节，则只能深入内核源码分析了。

6.3.1 PID散列表

散列表（Hash Table，也叫哈希表）是根据关键码值（Key Value）直接进行访问的数据结构。也就是说，它通过把关键码值映射到表中一个位置来访问记录，以加快查找的速度。这个映射函数叫作散列函数，存放记录的数组叫作散列表。

Linux系统中每个进程由一个进程ID标识，在内核中对应一个task_struct结构的进程描述符，系统中所有进程的task_struct通过链表链接在一起。

内核中经常需要通过进程的PID来获得进程描述符task_struct，顺序扫描进程链表并检查进程描述符的PID字段是可行的，但相当低效。为了加速查找，引入4个散列表，因为进程包含表示不同类型的PID字段，而且每个字段需要它自己的散列表。

PID散列表包含4个表，因为和进程相关的有4种类型的PID，每种类型的PID都需要自己的散列表。

内核定义了4个全局的散列表，分别对应4种类型。

```
static struct hlist_head *pid_hash[PIDTYPE_MAX];
```

散列表管理就是PID管理的高效方式。故事就围绕着散列表展开。

下面介绍Kernel中的哈希表的数据结构——哈希表头。

```
struct hlist_head {
    struct hlist_node *first;
};
```

链表头是 hlist_head，注意这是一个双向链表，但不循环。first字段指向第一个节点。哈希表节点：

```
struct hlist_node {
    struct hlist_node *next, **pprev;
};
```

这里的next指向下一个节点，pprev字段存放了上一个 next 字段的地址，即*(second->pprev) = = first->next，如图6-7所示。

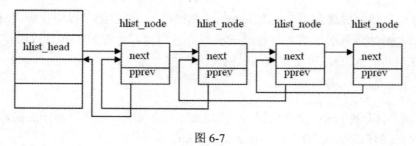

图 6-7

6.3.2 PID命名空间

命名空间为操作系统层面的虚拟化机制提供支撑，目前实现的有6种不同的命名空间，分别为mount命名空间、UTS命名空间、IPC命名空间、用户命名空间、PID命名空间、网络命名空间。命名空间简单来说提供的是对全局资源的一种抽象，将资源放到不同的容器中（不同的命名空间），各容器彼此隔离。

命名空间有的还有层次关系，比如PID命名空间，如图6-8所示。

在图6-8中有4个命名空间，一个父命名空间衍生了两个子命名空间，其中的一个子命名空间又衍生了一个子命名空间。以PID命名空间为例，由于各个命名空间彼此隔离，因此每个命名空间都可以有PID为1的进程；但又由于命名空间的层次性，父命名空间知道子命名空间的存在，子命名空间要映射到父命名空间中去，因此图5-8中level 1中两个子命名空间的6个进程分别映射到其父命名空间的PID 5～10。

命名空间是Linux内核用来隔离内核资源的方式。通过命名空间可以让一些进程只能看到与自己相关的一部分资源，而另外一些进程也只能看到与它们自己相关的资源，这两拨进程根本就感觉不到对方的存在。PID命名空间对进程PID重新标号，即不同的命名空间下的进程可以有同一个PID。

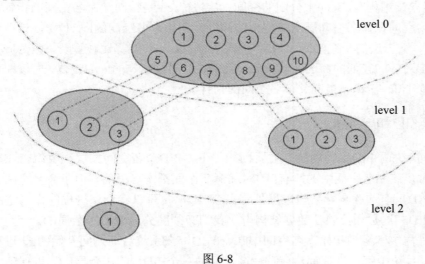

图 6-8

内核提供了一个结构体来描述PID命名空间，该结构体定义在linux5.xx/include/linux/pid_namespace.h中，结构体pid_namespace定义如下：

```
struct pid_namespace {
    struct kref kref;
    struct pidmap pidmap[PIDMAP_ENTRIES];
    struct rcu_head rcu;
    int last_pid;
    unsigned int nr_hashed;
    struct task_struct *child_reaper;
    struct kmem_cache *pid_cachep;
    unsigned int level;
    struct pid_namespace *parent;
#ifdef CONFIG_PROC_FS
    struct vfsmount *proc_mnt;
    struct dentry *proc_self;
    struct dentry *proc_thread_self;
```

```
#endif
#ifdef CONFIG_BSD_PROCESS_ACCT
    struct bsd_acct_struct *bacct;
#endif
    struct user_namespace *user_ns;
    struct work_struct proc_work;
    kgid_t pid_gid;
    int hide_pid;
    int reboot;    /* 如果pidns被重启，则执行进程组退出代码 */
    struct ns_common ns;
};
```

代码有点长，我们挑一些重要的字段进行说明。其中，字段kref是一个引用计数器，代表此命名空间在多少进程中被使用；字段pidmap[]记录当前系统的PID使用情况；字段last_pid记录上一次分配给进程的PID值；字段child_reaper保存了指向该进程的task_struct的指针；字段pid_cachep指向该进程在Cache中分配的空间；字段parent是指向父命名空间的指针；字段level表示当前命名空间在命名空间层次结构中的深度，初始命名空间的level为0，该命名空间的子空间level为1，下一层的子空间level为2，以此类推。level的计算比较重要，因为level较高的命名空间中的ID对level较低的命名空间来说是可见的，通过给定的level设置，内核即可推断进程会关联到多少个ID。parent指向父命名空间的指针。

6.3.3　局部ID和全局ID

命名空间增加了PID管理的复杂性。回想一下，PID命名空间按层次组织。在建立一个新的命名空间时，该命名空间中的所有PID对父命名空间都是可见的，但子命名空间无法看到父命名空间的PID，但这意味着某些进程具有多个PID，凡可以看到该进程的命名空间，都会为其分配一个PID。这必须反映在数据结构中。我们必须区分局部ID和全局ID。

全局ID是内核本身和初始命名空间中唯一的ID，在系统启动期间开始的init进程就属于初始命名空间。系统中每个进程都对应该命名空间的一个PID，叫作全局ID，以保证在整个系统中唯一。

局部ID则属于某个特定的命名空间，它在其命名空间内分配的ID称为局部ID，该ID的值也可以出现在其他的命名空间中。就像图5-8中的level 1的两个命名空间中都有ID 1。

全局PID和TGID直接保存在task_struct中，分别是task_struct的PID和TGID成员：

```
struct task_struct
{
    ...
    pid_t pid;
    pid_t tgid;
    ...
}
```

除这两个字段外，内核还需要管理所有命名空间内部的局部量，以及其他ID（如TID和SID）。这需要几个相互连接的数据结构，以及许多辅助函数。

6.3.4　进程PID结构

　　PID的管理围绕两个数据结构展开，即UPID结构体和PID结构体，它们和PID散列表有着千丝万缕的联系。struct pid是内核对PID的内部表示，struct upid则表示特定的命名空间中可见的信息。这两个结构定义在include/linux/pid.h中，它们定义如下：

```
struct upid {
    int nr;                          //表示进程ID具体的值
    struct pid_namespace *ns;        //指向命名空间的指针
};

struct pid
{
    refcount_t count;                //表示使用该PID的task的数目
    unsigned int level;              //表示可以看到该PID的命名空间的数目，
                                     //也就是包含该进程的命名空间的深度
    spinlock_t lock;
    /* lists of tasks that use this pid */
    struct hlist_head tasks[PIDTYPE_MAX];   /  /tasks保存使用该PID结构的进程的链表
    struct hlist_head inodes;
    /* wait queue for pidfd notifications */
    wait_queue_head_t wait_pidfd;
    struct rcu_head rcu;
    struct upid numbers[1];
};
```

　　tasks是一个数组，每个数组项都是一个散列表头，分别对应4种PID的类型（PIDTYPE_PID、PIDTYPE_TGID、PIDTYPE_PGID和PIDTYPE_SID），tasks[i]是某种PID类型的链表，这样做是必要的，因为一个ID可能用于几个进程。所有共享同一给定ID的task_struct实例都通过该列表连接起来，枚举pid_type中定义了不同的PID类型，这个枚举常量PIDTYPE_MAX正好是pid_type类型的数目，这里Linux内核使用了一个小技巧来由编译器自动生成ID类型的数目，numbers是一个UPID的实例数组，每个数组项代表一个命名空间，用来表示一个PID可以属于不同的命名空间，该元素放在末尾，可以向数组添加附加的项。

6.3.5　pid_link哈希表存储

　　Linux内核在设计管理ID的数据结构时，要充分考虑以下因素：

　　（1）如何快速地根据进程的task_struct、ID类型、命名空间找到局部ID？
　　（2）如何快速地根据局部ID、命名空间、ID类型找到对应进程的task_struct？
　　（3）如何快速地给新进程在可见的命名空间内分配一个唯一的PID？

　　如果将所有因素考虑到一起，将会很复杂。我们由简到繁使用该结构。由于本书不是专门讲述Linux内核设计的图书，因此我们只考虑最简单的一种情况，即一个PID对应一个task。
　　如果不考虑进程之间的关系，不考虑命名空间，只是一个PID对应一个task_struct，那么可以设计这样的数据结构：

```
struct task_struct
{
    ...
// PID哈希表链接
    struct pid                 *thread_pid;
    struct hlist_node          pid_links[PIDTYPE_MAX];
...
};
struct upid {
    int nr;   //就是PID
    struct pid_namespace *ns;
};
struct pid
{
 ...
    struct hlist_head tasks[PIDTYPE_MAX];        //指向pid_link[i]
    struct hlist_head inodes;                    //pid hash 散列表结点
 ...
 struct upid numbers[1];
};
struct hlist_head {
    struct hlist_node *first;
};

struct hlist_node {
    struct hlist_node *next, **pprev;
};
```

每个进程的 task_struct 结构体中有一个指向 PID 结构体的指针，PID 结构体通过 numbers[0].nr 得到包 PID 号。此时的结构体设计如图6-9所示。

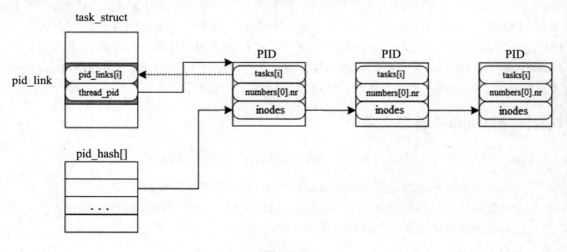

图 6-9

pid_hash[]是一个散列表的结构，根据 PID 的 nr 值找到到其某个表项，若有多个 PID 结构对应同一个表项，则可用散列表法解决冲突。

　　这样就能解决开始提出的第2个问题了，根据PID值快速找到task_struct结构体：首先通过PID计算其挂接到哈希表pid_hash[]的表项，然后遍历该表项，找到PID结构体中nr值与PID值相同的PID，再通过该PID结构体的tasks指针找到node，最后根据内核的container_of 机制就能找到task_struct结构体。

　　第1个问题是如何快速地根据进程的task_struct、ID类型、命名空间找到局部ID。其实更加简单，已知task_struct结构体，根据其pid_link的pid指针找到PID结构体，取出其nr，即为PID。

　　至于第3个问题，内核提供了一个位图结构pid_map，用来唯一分配PID值，图6-9中灰色部分表示已经分配过的值，在新建一个进程时，只需在其中找到一个将分配过的值赋给PID结构体的nr，再将pid_map中的该值设为已分配标志。这样就解决了上面的第3个问题，即如何快速地分配一个全局的PID。我们无须深究pid_map，因为对外提供了接口函数，屏蔽了这些内部结构，只需了解即可。

6.4　进程切换分析

　　进程是 Linux 操作系统最基本的抽象之一。进程包含程序本身的代码、打开的文件、挂起的信号、内核内部数据、处理器状态、地址空间以及一个或多个执行线程等资源。程序本身并不是进程，进程是处于执行期的程序以及它所包含的资源的总称。实际上，完全可能存在两个或多个不同的进程执行的是同一程序，并且两个或两个以上并存的进程还可以共享诸如打开的文件、地址空间之类的资源。

　　线程是进程中一个独立控制流，由环境（包括寄存器集和程序计数器）和一系列要执行的指令组成。一个进程至少由一个线程组成，一个进程可以创建多个线程，所有线程共享该进程分配的公共地址空间。多线程的意义是在一个应用程序中，有多个执行部分同时执行，线程是在进程活动中活动的对象，内核调度的对象是线程，而不是进程。

　　在Linux系统中，线程和进程没有特别区分，对Linux而言，线程只不过是一种特殊的进程罢了，因此本书都以进程为Linux系统基本调度单位。

6.4.1　进程的模式和分类

　　在Linux系统中，进程的执行模式分为用户模式和内核模式两种。

　　按照进程的功能和运行的程序分类,进程可划分为两大类：一类是系统进程，只运行在内核模式，执行操作系统代码，完成一些管理性的工作，例如内存分配和进程切换；另一类是用户进程，通常在用户模式下执行，并通过系统调用或在出现中断、异常时进入内核模式。用户进程通过中断或者系统调用来完成内核模式下的特殊功能，如图6-10所示。

　　这里讨论的是用户进程在用户模式和内核模式下的执行过程，没什么特别的说明，接下来描述的进程都是指用户进程。

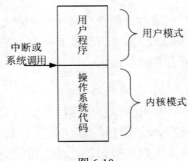

图 6-10

6.4.2 进程的5种基本状态

1. 5 种进程状态

在Linux系统中，定义了5种进程状态，系统中任何一个进程在任何时候一定处于这5个状态中的一种。这5个状态分别说明如下。

1）运行状态

该状态表示进程是可执行的，它可能正在执行，也可能因为高优先级的进程正在执行而在运行队列中等待执行，这是进程在用户空间中执行唯一可能的状态。

2）可中断睡眠状态

该状态表示该进程由于正在等待某个特定的事件发生而处于睡眠状态，当该进程所等待的事件发生后，该进程就会被唤醒，并设置为运行状态。处于该状态的进程可以接收信号被直接唤醒，而不用等到特定的事件发生时才被唤醒并投入运行。

3）不可中断睡眠状态

该状态与可中断睡眠状态都是表示该进程正处于睡眠状态，它们唯一的区别就是处于该状态的进程不会因为接收到信号而被唤醒，从而转变为运行状态。

4）僵死状态

处于该状态的进程表示该进程已经结束运行，但是为了让它的父进程能够获得它结束的消息，该进程的进程描述符会一直保留，直到父进程调用系统调用wait函数来获取该进程的状态，一旦父进程调用了该函数，进程描述符就会被释放。

5）停止状态

处于该状态的进程没有投入运行，也不能投入运行。通常这种状态发生在接收SIGSTOP、SIGTSTP等信号的时候。此外，在调试期间接收到任何信号，都会使进程进入这种状态。进程已结束，已经释放了相应的资源，但未释放进程控制块（Processing Control Block，PCB），因此，处于这一状态的进程可以被唤醒。

Linux系统中进程的各个转换状态如图6-11所示。

2. 进程的用户空间抢占和内核空间抢占

抢占是指调度程序强制挂起一个正在运行的进程，以便其他进程能够得到执行的机会。Linux 2.6版本开始支持内核抢占，根据Linux系统抢占发生的空间位置和抢占的对象分为用户抢占和内核抢占。

1）用户抢占

在内核即将返回用户空间的时候，无论是从外部中断处理程序还是从系统调用后返回，内核都会检查进程调度标志位，如果进程调度标志位被设置，内核会选择一个比先前进程更合适的进程投入运行，此时就可能会发生用户抢占。

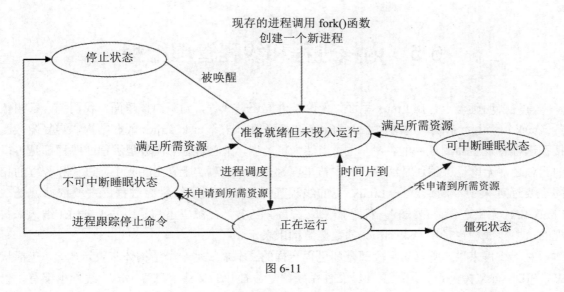

图 6-11

2）内核抢占

在2.5.4版本之前，Linux内核是不可抢占的，如果某一时刻一个进程在用户空间执行用户程序，这时一个高优先级的进程处于执行状态，那么高优先级的进程会抢占低优先级的进程执行；如果低优先级的进程在内核空间执行内核的程序，那么高优先级的进程不能抢占低优先级的进程执行，会一直等待下去，直到低优先级的进程执行完内核空间的程序，退出内核空间或者放弃占用处理器。但是在2.6版本的内核中引入了内核抢占功能，只要重新调度是安全的，那么在内核空间也能发生进程抢占。

6.4.3　进程的切换过程分析

Linux系统是抢占式多任务操作系统，它提供了抢占式的多进程模式。进程在被抢占之前，能够运行的时间是预先设置好的，而且有一个专门的名字，叫进程的时间片。时间片实际上就是分配给每个可运行的进程的处理器时间段。有效管理时间片能使调度程序从系统全局的角度做出调整决定，这样做还可以避免个别进程独占系统资源。Linux进程调度程序采用动态方法计算时间片。

时间片是一个数值，它表明进程在被抢占前所能持续运行的时间。当一个进程的时间片耗尽时，就认为进程到期了。没有时间片的进程不会再投入运行，除非等到其他所有的进程都耗尽了它们的时间片（也就是说它们的剩余时间片为0）。在那个时候，所有进程的时间片会被重新计算。

Linux系统是抢占式的，当一个进程进入运行状态时，内核会检查它的优先级是否高于当前正在执行的进程。如果被检查的进程优先级高于正在执行的进程，调度程序会被唤醒，抢占当前正在运行的进程并运行新的可运行进程。此外，当一个进程的时间片为0时，它会被抢占，调度程序被唤醒以选择一个新的进程。

6.5　内核进程和线程管理编程

首先要明确一点，在 Linux 里面，无论是进程还是线程，到了内核里面，我们统一都叫任务（task）。由一个统一的结构 task_struct 进行管理，这个 task_struct 数据结构非常复杂，囊括了进程管理生命周期中的各种信息。当然为了习惯，我们叫这个任务是进程或线程都是可以的。总之，无论是进程还是线程，在内核里面都是 task。事实上在 Linux 中，进程和线程的相同点要远远大于不同点。在 Linux 下的线程甚至都被称为了轻量级进程。主要依据就是在 Linux 中，无论进程还是线程，都是抽象成了 task 任务，在源码里都是用 task_struct 结构来实现的。内核线程也是用 task_struct 的数据结构来表示。

对于线程来讲，所有的字段都是和进程一样的（本来就是一个结构体来表示的），包括状态、PID、task 树关系、地址空间、文件系统信息、打开的文件信息等字段，线程也都有。也就是说，进程和线程的相同点要远远大于不同点，本质上是同一个东西，都是一个 task_struct！正因为进程线程如此之相像，所以在 Linux 下的线程还有另外一个名字，叫轻量级进程。我再次强调了。

6.5.1　获得进程PID结构体

find_get_pid函数根据提供的进程号获取对应的进程PID结构体，并使进程描述符中的字段count的值加1，即此进程的用户数加1。该函数声明如下：

```
struct pid *find_get_pid(int nr);
```

其中，参数nr是int型变量，是进程对应的进程号，返回值是struct pid的指针。struct pid已经介绍过了，这里不再展开。

【例6.1】得到进程PID结构体

（1）准备编写一个模块程序。打开VS Code，新建mydrv.c，然后输入如下代码：

```
#include <linux/init.h>
#include <linux/module.h>
#include <linux/cdev.h>

MODULE_LICENSE("GPL");
MODULE_AUTHOR("zz");

static int demo_init(void)
{
    printk("into demo_init.\n");
    printk("the pid of current thread is :%d\n", current->pid);  //显示当前线程进
程号
    struct pid * kpid = find_get_pid(current->pid); //根据进程号，调用函数获取进程描
述符信息
    printk("the count of the pid is :%d\n", kpid->count);    //显示进程描述符信息
```

```
    printk("the level of the pid is :%d\n", kpid->level);
    printk("the pid of the find_get_pid is :%d\n", kpid->numbers[kpid->level].nr);
    // 显示进程号
    return 0;
}

static void demo_exit(void)
{
    printk(KERN_INFO "demo exit\n");
    return;
}
module_init(demo_init);
module_exit(demo_exit);
```

主要代码都在demo_init函数中，其中current是内核中的宏，指向当前进程的task_struct结构，所以可以通过current->pid得到当前进程的进程号，然后传递给find_get_pid作为参数。限于篇幅，后续类似的模块例子将只列出主要代码，比如demo_init函数，而且Makefile文件也不再演示，这些都可以见源码文件夹。

（2）把mydrv.c和Makefile上传到Linux进行编译，然后执行命令insmod mydrv.ko，再执行dmesg，就可以看到模块程序的运行结果了：

```
[ 6103.853868] into demo_init.
[ 6103.853872] the pid of current thread is :14119
[ 6103.853876] the count of the pid is :3
[ 6103.853877] the level of the pid is :0
[ 6103.853878] the pid of the find_get_pid is :14119
```

6.5.2　从命名空间下的PID找到对应的PID结构体

find_pid_ns函数用于从指定PID命名空间中根据进程号找对应的PID结构体，声明如下：

```
struct pid *find_pid_ns(int nr, struct pid_namespace *ns);
```

其中，参数nr是与获取的进程描述符对应的进程号；参数ns是struct pid_namespace型变量，是对进程命名空间信息的描述。该结构体已经介绍过了，这里不再展开。该函数返回PID结构体的指针。

此函数获取进程的进程描述符，此进程应满足如下约束条件：

（1）进程的进程号和参数nr相同。

（2）保证进程的pid_namespace和参数ns相同。

和find_get_pid相比，find_pid_ns不但需要进程号，而且需要指定命名空间。

【例6.2】在指定命名空间中找PID结构体

（1）准备编写一个模块程序。打开VS Code，新建mydrv.c，主要代码如下：

```
static int demo_init(void)
{
    printk("into demo_init.\n");
```

```
    //获取当前进程的PID结构体
    struct pid * kpid = find_get_pid(current->pid);
    //调用进程PID结构体
    struct pid * fpid = find_pid_ns(kpid->numbers[kpid->level].nr,
kpid->numbers [kpid->level].ns);

    //显示函数执行结果的进程信息
    printk("the find_pid_ns result's count is:%d\n", fpid->count);
    printk("the find_pid_ns result's level is:%d\n", fpid->level);

    // 显示函数执行结果的进程号
    printk("the find_pid_ns result's pid is:%d\n", fpid->numbers[fpid->level].nr);
    printk("the pid of current thread is:%d\n", current->pid); //当前进程的进程号

    return 0;
}
```

（2）把mydrv.c和Makefile上传到Linux进行编译，然后执行命令insmod mydrv.ko，再执行dmesg，就可以看到模块程序的运行结果了：

```
[ 790.214373] into demo_init.
[ 790.214381] the find_pid_ns result's count is:3
[ 790.214383] the find_pid_ns result's level is:0
[ 790.214385] the find_pid_ns result's pid is:2639
[ 790.214386] the pid of current thread is:2639
```

6.5.3 获取进程的进程号

__task_pid_nr_ns函数用于获取进程的进程号，此进程应满足如下约束条件：

（1）如果参数type不等于PIDTYPE_PID，则参数task用其所属任务组中的第一个任务赋值，否则保持task不变。

（2）此进程是参数task任务描述符中的进程。

（3）保证进程描述符的pid_namespace和参数ns相同。

__task_pid_nr_ns函数声明如下：

```
pid_t __task_pid_nr_ns(struct task_struct *task, enum pid_type type, struct
pid_namespace *ns);
```

其中，参数task指向task_struct结构体指针，保存任务的基本信息；参数type是pid_type型变量，表示进程号类型；参数ns是struct pid_namespace型变量，是对进程命名空间信息的描述。这些结构体和枚举在前面已经详细介绍过了，这里不再展开。

【例6.3】符合条件的进程的进程号

（1）准备编写一个模块程序。打开VS Code，新建mydrv.c，主要代码如下：

```
static int demo_init(void)
{
    printk("into demo_init.\n");
```

```
//获取当前进程的进程pid结构体
struct pid * kpid = find_get_pid(current->pid);

// 获取进程的描述符
struct task_struct * task = pid_task(kpid, PIDTYPE_PID);
// 获取进程号
pid_t p1 = __task_pid_nr_ns(task, PIDTYPE_PID, kpid->numbers[kpid->level].ns);

printk("the pid of the find_get_pid is :%d\n", kpid->numbers[kpid->level].nr);
//显示函数__task_pid_nr_ns( )的返回值
printk("the result of the __task_pid_nr_ns is:%d\n", p1);
printk("the pid of current thread is :%d\n", current->pid);  //显示当前进程号

return 0;
}
```

（2）把mydrv.c和Makefile上传到Linux进行编译，然后执行命令insmod mydrv.ko，再执行dmesg，就可以看到模块程序的运行结果了：

```
[ 5291.275211] into demo_init.
[ 5291.275219] the pid of the find_get_pid is :6192
[ 5291.275223] the result of the __task_pid_nr_ns is:6192
[ 5291.275224] the pid of current thread is :6192
```

6.5.4　改变PID结构体的count字段

get_pid函数用于改变PID结构体的count字段的值，使count字段的值增加1，PID结构体指针是该函数的输入参数。该函数声明如下：

```
static inline struct pid *get_pid(struct pid *pid);
```

参数pid是struct pid结构体类型的指针，保存进程的描述符信息，与该函数的返回结果类型相同。

【例6.4】改变PID结构体的count

（1）准备编写一个模块程序。打开VS Code，新建mydrv.c，主要代码如下：

```
static int demo_init(void)
{
    printk("into demo_init.\n");

    struct pid * mypid = find_get_pid(current->pid);          //获取当前进程的描述符

    //显示函数find_get_pid返回的pid结构体指针
    printk("the count of mypid is :%d\n", mypid->count);
    printk("the level of mypid is :%d\n", mypid->level);
    struct pid * mypid1 = get_pid(mypid);    //获取当前进程pid结构体

    //显示pid结构体中的信息
    printk("the count of mypid1 is %d\n", mypid1->count);
    printk("the level of mypid1 is %d\n", mypid1->level);
    printk("the pid of current thread is :%d\n", current->pid);  //显示当前进程号
```

```
    return 0;
}
```

（2）把mydrv.c和Makefile上传到Linux进行编译，然后执行命令insmod mydrv.ko，再执行dmesg，就可以看到模块程序的运行结果了：

```
[ 2995.908829] into demo_init.
[ 2995.908838] the count of mypid is :3
[ 2995.908840] the level of mypid is :0
[ 2995.908842] the count of mypid1 is 4
[ 2995.908843] the level of mypid1 is 0
[ 2995.908844] the pid of current thread is :3254
```

结果说明在get_pid函数执行之后，进程描述符的count字段的值增加1，由3变为4，验证了get_pid函数的作用。

6.5.5 获取进程描述符信息

pid_task函数用于获取进程描述符信息，该函数声明如下：

```
struct task_struct *pid_task(struct pid *pid, enum pid_type);
```

其中，参数pid是struct pid类型的指针，参数type是pid_type型变量。该函数返回进程描述结构体指针。

【例6.5】获取进程描述符

（1）准备编写一个模块程序。打开VS Code，新建mydrv.c，主要代码如下：

```
static int demo_init(void)
{
    printk("into demo_init.\n");

    struct pid * kpid = find_get_pid(current->pid);        //获取当前进程的pid结构
    struct task_struct * task = pid_task(kpid, PIDTYPE_PID); //获取进程的进程描述符
信息
    printk("the state of the task is:%d\n", task->__state);//显示任务当前所处的状态
    printk("the pid of the task is:%d\n", task->pid);        //显示任务的进程号
    printk("the tgid of the task is:%d\n", task->tgid);      //显示任务的线程组号
    printk("the pid of current thread is:%d\n", current->pid); //显示当前进程的进
程号

    return 0;
}
```

（2）把mydrv.c和Makefile上传到Linux进行编译，然后执行命令insmod mydrv.ko，再执行dmesg，就可以看到模块程序的运行结果了：

```
[ 4650.212104] into demo_init.
[ 4650.212174] the state of the task is:0
[ 4650.212177] the pid of the task is:4173
[ 4650.212180] the tgid of the task is:4173
[ 4650.212181] the pid of current thread is:4173
```

6.5.6　释放进程所占用的Cache空间

put_pid函数用于释放进程所占用的Cache空间，但不是每次执行总是成功的，因为只有在进程的用户数量减为1时，即目前没有任何其他任务在使用此进程时，才可以释放此进程所占用的Cache空间；当进程用户的数量大于1时，此函数会减小进程描述符字段count的值，使其减小1。该函数声明如下：

```
void put_pid(struct pid *pid);
```

其中，参数pid是struct pid类型的指针。

【例6.6】释放进程所占用的Cache空间

（1）准备编写一个模块程序。打开VS Code，新建mydrv.c，主要代码如下：

```
static int demo_init(void)
{
    printk("into demo_init.\n");

    struct pid * kpid = find_get_pid(current->pid);        //获取当前进程pid结构体
    printk("the count of the pid is :%d\n", kpid->count);  //显示目前进程的用户量
    printk("the level of the pid is :%d\n", kpid->level);  //显示进程的level值

    // 显示进程的PID值
    printk("the pid of the find_get_pid is :%d\n", kpid->numbers[kpid->level].nr);
    put_pid(kpid);                        //调用函数释放进程
    printk("the new value after the function put_pid:\n");
    printk("the new count of the pid is:%d\n", kpid->count); //显示函数调用之后count
的值
    printk("the new level of the pid is:%d\n", kpid->level); //显示函数调用之后level
的值

    // 显示进程的PID值
    printk("the new pid of the thread is:%d\n", kpid->numbers[kpid->level].nr);
    printk("the pid of current thread is :%d\n", current->pid);

    return 0;
}
```

（2）把mydrv.c和Makefile上传到Linux进行编译，然后执行命令insmod mydrv.ko，再执行dmesg，就可以看到模块程序的运行结果了：

```
[ 5884.425534] into demo_init.
[ 5884.425540] the count of the pid is :3
[ 5884.425542] the level of the pid is :0
[ 5884.425543] the pid of the find_get_pid is :5140
[ 5884.425544] the new value after the function put_pid:
[ 5884.425545] the new count of the pid is:2
[ 5884.425546] the new level of the pid is:0
[ 5884.425547] the new pid of the thread is:5140
[ 5884.425548] the pid of current thread is :5140
```

可以看到，在put_pid函数执行之前，进程描述符字段count的值为3，在put_pid函数执行之

后，进程描述符字段count的值减为2，说明put_pid函数能够减小进程描述符字段count的值，此时进程的用户数量为2。

6.5.7 唤醒进程

__wake_up函数用于唤醒等待队列中处于特定状态的进程，此特定状态是此函数的第二个参数mode定义的。当进程的状态满足此特定状态时，就有可能被唤醒，获得CPU资源，从而被调度执行。该函数声明如下：

```
#include <linux/wait.h>
void __wake_up(wait_queue_head_t *q, unsigned int mode, int nr, void *key);
```

该函数的第一个输入参数是wait_queue_head_t类型的指针，代表等待队列的头指针，wait_queue_head_t定义如下：

```
struct list_head {
    struct list_head *next, *prev;      //字段next和prev分别指向等待队列链表的下一个和前
一个元素
};
struct __wait_queue_head {
    spinlock_t lock;                    //资源访问锁
    struct list_head task_list;     //等待队列链表元素
};
typedef struct __wait_queue_head wait_queue_head_t;
```

此函数的第二个参数mode是无符号的整型变量，代表能够被唤醒的进程所处的状态，即只有处于此状态的进程才能够被唤醒，取值为宏TASK_NORMAL和TASK_ALL，此二者的定义见文件linux-x.xx.xx/include/linux/sched.h，定义如下：

```
#define TASK_NORMAL        (TASK_INTERRUPTIBLE | TASK_UNINTERRUPTIBLE)
```

其中，TASK_NORMAL代表唤醒等待队列中处于可中断的等待状态的进程以及处于不可中断的等待状态的进程；TASK_ALL代表唤醒处于TASK_NORMAL状态的进程以及处于暂停状态和跟踪状态的进程。

此函数的第三个参数是一个整型变量，代表唤醒等待队列中进程的个数，当此参数小于或等于0时，此函数能够唤醒所有满足第二个参数条件的进程；当此参数大于0时，函数执行中止有两种可能：第一种是等待队列扫描完毕，即可唤醒的进程已被完全唤醒；第二种比较复杂，如下所示：

```
(curr->func(curr, mode, sync, key) &&(flags & WQ_FLAG_EXCLUSIVE)&& ! --nr_exclusive)
```

当此条件为真时，唤醒进程结束，即curr->func()返回值非0，flags为WQ_FLAG_EXCLUSIVE，nr_exclusive值为1时，进程唤醒结束。其中，curr->func()代表唤醒进程的函数，在此为default_wake_function()，返回值为0或1，flags是wake_queue_t的字段，代表是否为高优先级进程，值一般为0或1。

此函数的第四个参数是一个void型的指针变量，代表唤醒进程时执行的函数，一般传递NULL。

【例6.7】唤醒等待队列中处于特定状态的进程

（1）准备编写一个模块程序。打开VS Code，新建mydrv.c，主要代码如下：

```
int my_function(void * argc)
{
    printk("in the kernel thread function! \n");
    printk("the current pid is:%d\n", current->pid);        //显示当前进程的PID值
    //显示init进程的状态
    printk("the state of the init function is :%ld\n", old_thread->__state);
    //显示函数__wake_up( )调用之后的init进程的状态
    printk("the state of the init function after __wake_up is :%ld\n",
old_thread->__state);
    printk("out the kernel thread function\n");
    return 0;
}
static int demo_init(void)
{
    printk("into demo_init.\n");
    char namefrm [] = "__wake_up.c%s";          //线程的输出类型名，在此程序中无影响
    long time_out;
    struct task_struct * result;                //进程信息结构体变量
    wait_queue_entry_t data;                     //等待队列元素
    result = kthread_create_on_node(my_function, NULL, -1, namefrm); //创建新进程
    printk("the pid of the new thread is:%d\n", result->pid); //显示新线程的PID值
    printk("the current pid is:%d\n", current->pid);          //显示当前进程的PID值
    init_waitqueue_head(&head);                 //初始化等待队列头元素
    init_waitqueue_entry(&data, current);       //用当前进程初始化等待队列中的一个元素
    add_wait_queue(&head, &data);               //将等待队列元素加入等待队列中
    old_thread = current;                       //记录当前进程的信息
    wake_up_process(result);                    //唤醒新创建的线程
    time_out = schedule_timeout_uninterruptible(1000 * 10); //让当前进程进入睡眠状态
    printk("the schedule timeout is:%ld\n", time_out);       //显示函数返回结果
    return 0;
}
```

（2）把mydrv.c和Makefile上传到Linux进行编译，然后执行命令insmod mydrv.ko，此时会等待10秒，再执行dmesg -c，-c的意思是清理缓存，然后可以看到模块程序的运行结果了：

```
[ 5714.711734] into demo_init.
[ 5714.712386] the pid of the new thread is:8109
[ 5714.712389] the current pid is:8108
[ 5714.712414] in the kernel thread function!
[ 5714.712416] the current pid is:8109
[ 5714.712418] the state of the init function is :2
[ 5714.712419] the state of the init function after __wake_up is :2
[ 5714.712419] out the kernel thread function
[ 5754.738499] the schedule timeout is:0
```

可以看出，新的进程创建成功，在模块初始化进程被中断之后，新的进程开始执行。在创建的新进程中，模块初始化进程的状态值为2，即处于不可中断的等待状态。因为模块初始化进程中

执行了函数schedule_timeout_uninterruptible()，所以第一次实验过程中插入模块之后会等待10秒。

如果把语句"__wake_up(&head, TASK_ALL,0, NULL);"的注释去掉，重新编译模块，执行命令insmod mydrv.ko插入内核模块，此时终端会立即返回，无须等待10秒。模块插入成功之后，终端会返回命令模式。运行结果如下：

```
[ 8477.390499] into demo_init.
[ 8477.391320] the pid of the new thread is:9170
[ 8477.391324] the current pid is:9169
[ 8477.391329] in the kernel thread function!
[ 8477.391330] the current pid is:9170
[ 8477.391335] the state of the init function is :2
[ 8477.391338] the state of the init function after __wake_up is :0
[ 8477.391339] out the kernel thread function
[ 8477.391342] the schedule timeout is:10000
```

第二个实验结果显示，函数__wake_up()执行之前，模块初始化进程的状态值为2，函数__wake_up()执行之后，父进程的状态值变为0，并且函数schedule_timeout_uninterruptible()的返回结果是10000，说明模块初始化进程是被强制唤醒的，而非等待超时唤醒，所以在插入模块之后，不会出现第一次实验中等待10秒的结果。由此可以说明，函数__wake_up()能够唤醒等待队列中满足条件的进程，此条件是进程所处的状态在函数的第二个参数所定义的范围内。

我们顺便看一下进程状态的宏定义，它们定义在linux-5.xx.xx\include\linux\sched.h中：

```
/* Used in tsk->state: */
#define TASK_RUNNING            0x0000
#define TASK_INTERRUPTIBLE      0x0001
#define TASK_UNINTERRUPTIBLE    0x0002
#define __TASK_STOPPED          0x0004
#define __TASK_TRACED           0x0008
/* Used in tsk->exit_state: */
#define EXIT_DEAD               0x0010
#define EXIT_ZOMBIE             0x0020
#define EXIT_TRACE              (EXIT_ZOMBIE | EXIT_DEAD)
/* Used in tsk->state again: */
#define TASK_PARKED             0x0040
#define TASK_DEAD               0x0080
#define TASK_WAKEKILL           0x0100
#define TASK_WAKING             0x0200
#define TASK_NOLOAD             0x0400
#define TASK_NEW                0x0800
/* RT specific auxilliary flag to mark RT lock waiters */
#define TASK_RTLOCK_WAIT        0x1000
#define TASK_STATE_MAX          0x2000
```

6.5.8 创建一个新的内核线程

函数kthread_create_on_node用于在指定存储节点上创建一个新的内核线程，该函数首先在内核地址空间为此线程分配内存空间，然后初始化与此进程相关的变量，将该线程添加到内核线程列表中，并返回新线程的任务描述信息。该函数声明如下：

```
#include <linux/kthread.h>
struct task_struct kthread_create_on_node (int (*threadfn)(void * data), void* data,
int node, const char namefmt[], ...)
```

参数int (*threadfn) (void *data)是一个函数指针，即它是一个函数，该函数是该线程执行时执行的函数，该函数的返回值为int型，参数是一个void型指针；参数void * data是一个void型指针，是传递给第一个参数所代表函数的参数，即线程执行时函数的参数；参数node为存储节点编号，内核将内存区域进程编号，如果指定编号，则创建的新线程在指定的内存区域，如果不指定，则设置为-1，内核随机选择内存区域；namefmt为线程的输出类型名。该函数返回的是struct task_struct型变量，它是一个任务（也称轻量级进程）描述符结构体，用于保存任务的基本信息。

【例6.8】创建一个新的内核线程

（1）准备编写一个模块程序。打开VS Code，新建mydrv.c，主要代码如下：

```
int my_function(void * argc)
{
    printk("in the kernel thread function! \n");
    printk("the current pid is:%d\n", current->pid);        //显示当前进程的PID值
    printk("out the kernel thread function\n");
    return 0;
}

static int demo_init(void)
{
    printk("into demo_init.\n");
    struct task_struct * result;
    // 创建新线程
    result = kthread_create_on_node(my_function, NULL, -1,
"kthread_create_on_node_init.c");
    printk("the pid of the new thread is:%d\n", result->pid); //显示新线程的PID值
    wake_up_process(result);                                  //唤醒新创建的线程
    printk("the current pid is:%d\n", current->pid);  //显示当前进程的PID值
    return 0;
}
```

（2）把mydrv.c和Makefile上传到Linux进行编译，然后执行命令insmod mydrv.ko，可以看到模块程序的运行结果了：

```
[ 6029.892901] into demo_init.
[ 6029.893396] the pid of the new thread is:3502
[ 6029.893403] the current pid is:3501
[ 6029.922862] in the kernel thread function!
[ 6029.922876] the current pid is:3502
[ 6029.922878] out the kernel thread function
```

说明创建新进程成功，当前进程的pid是3501，新创建线程的pid是3502，在新进程创建完成之后，执行函数wake_up_process()唤醒新进程，执行新进程，输出结果显示新进程对应的函数能够被成功执行。

6.5.9　终止指定进程

函数kthread_stop用于终止输入参数k对应的进程。该函数声明如下：

```
int kthread_stop (struct task_struct * k);
```

参数task是struct task_struct型指针，它指向进程描述符结构体，表示要停止的进程的描述符信息。函数返回值对应被终止线程的线程函数返回值，对应函数kthread_create_on_node()中输入的第一个参数的返回值，如果新创建的进程没有调用函数wake_up_process()唤醒，则此函数返回-EINTR。如果线程函数正在处理一个非常重要的任务，它不会被中断。当然，如果线程函数永远不返回并且不检查信号，它将永远都不会停止。

【例6.9】终止指定进程

（1）准备编写一个模块程序。打开VS Code，新建mydrv.c，主要代码如下：

```
int my_function(void * argc)
{
    printk("in the kernel thread function! \n");
    printk("the current pid is:%d\n", current->pid);      //显示当前进程的PID值
    printk("out the kernel thread function\n");
    return 0;
}

static int demo_init(void)
{
    printk("into demo_init.\n");
    char namefrm [] = "kthread_stop_init.c%s"; //输出类型名，在此程序中无影响
    struct task_struct * result;
    result = kthread_create_on_node(my_function, NULL, -1, namefrm);  //创建新进程
    printk("the pid of the new thread is:%d\n", result->pid);//显示当前进程的PID值
    wake_up_process(result);                                 //启动新的线程
    kthread_stop(result);                                    //停止新的线程
    printk("the current pid is:%d\n", current->pid);         //显示当前进程的PID值
    return 0;
}
```

（2）把mydrv.c和Makefile上传到Linux进行编译，然后执行命令insmod mydrv.ko，可以看到模块程序的运行结果了：

```
[ 6707.446229] into demo_init.
[ 6707.447525] the pid of the new thread is:3833
[ 6707.447598] the current pid is:3832
```

说明创建新进程成功，当前进程的进程号是3832，新创建的进程的进程号是3833，在新进程创建完成之后，执行函数wake_up_process()唤醒新进程，然后调用函数kthread_stop()终止新进程，输出结果显示新进程没有被执行，与kthread_create_on_node()的输出结果进行对比，可以得出函数kthread_stop()能够终止输入参数对应的进程。

6.5.10　结束当前正在执行的进程

函数do_exit用于结束当前正在执行的线程，释放占用的CPU资源。该函数声明如下：

```
void do_exit(long error_code) __noreturn;
```

参数error_code是long型变量，是进程的退出码，是子进程返回给父进程的值。此函数的返回值是void型变量，即不返回任何值。__noreturn的作用是声明如果某函数调用了函数do_exit()，而此函数在正常情况下是有返回值的，此时不会返回任何值，程序不会报告错误。

【例6.10】结束当前进程

（1）准备编写一个模块程序。打开VS Code，新建mydrv.c，主要代码如下：

```
int my_function(void * argc)
{
 do_exit(0);              //退出线程
    printk("in the kernel thread function! \n");
    printk("the current pid is:%d\n", current->pid);     //显示当前进程的PID号
    printk("out the kernel thread function\n");
    return 0;
}

static int demo_init(void)
{
    printk("into demo_init.\n");
    struct task_struct * result;
    char namefrm [] = "do_exit";
    result = kthread_create_on_node(my_function, NULL, -1, namefrm);//创建子线程
    wake_up_process(result);
    struct pid * kpid = find_get_pid(result->pid);  //获取其新进程的pid结构体
    //显示新进程的PID号
    printk("the pid of the find_get_pid is :%d\n", kpid->numbers[kpid->level].nr);
    //显示函数kthread_create_on_node()的调用结果
    printk("the pid of new thread is :%d\n", result->pid);
    return 0;
}
```

（2）把mydrv.c和Makefile上传到Linux进行编译，然后执行命令insmod mydrv.ko，可以看到模块程序的运行结果了：

```
[ 7207.684433] into demo_init.
[ 7207.684796] the pid of the find_get_pid is :4466
[ 7207.684807] the pid of new thread is :4466
```

然后卸载模块，更改源文件，注释掉语句"do_exit( );"，重新编译文件，再次执行命令insmod mydrv.ko插入内核模块，输入命令dmesg -c查看内核输出信息，出现如下结果：

```
[ 7264.757686] into demo_init.
[ 7264.758138] the pid of the find_get_pid is :4790
[ 7264.758147] the pid of new thread is :4790
[ 7264.762459] in the kernel thread function!
```

```
[ 7264.762468] the current pid is:4790
[ 7264.762472] out the kernel thread function
```

从第一次结果中可以看出子进程创建成功，但子进程没有输出任何结果，而第二次结果中子进程的输出结果成功显示。通过对比两次结果可以看出，在包含语句do_exit()时，执行到子进程处理函数，do_exit()函数使子进程成功退出，说明do_exit()函数能够成功结束当前正在执行的进程。

6.6　并发控制的基本概念

6.6.1　什么是并发

在操作系统中，并发性是指在一段时间内宏观上有多个程序同时运行，并发进程可以在单处理器或者多处理器上调度运行。在单处理器系统中，只有一个程序计数器可使用，每一时刻却仅能有一道程序执行，因此任何时候只有一个指令可以执行，微观上这些程序是分时交替执行的。在多处理器系统中，这些可以并发执行的进程被分配到多个处理器上，实现并行执行，即利用每个处理器来处理一个可并发执行的程序，这样多个程序便可以同时执行。

并发和并行是既相似又有区别的两个概念，并行是允许某一时刻有多个程序同时执行，即执行多条指令；而并发是在某一段时间内运行多个程序交替执行，任意时刻只有一条指令正在执行。

6.6.2　临界资源与临界区

把在一段时间内只允许一个任务访问的资源叫作临界资源，即当该资源已被某个任务占用时，新的要使用该资源的申请，必须等到前一个任务完成并释放该资源后，才能执行。在程序中的共享数据和外部设备很多都是临界资源，如打印机、磁带机等。

把程序中使用临界资源的那段代码称为临界区。为了实现对临界资源的互斥访问，在进入临界区以前，必须检查该资源当前是否被访问。如果此刻临界资源未被访问，那么该任务便可进入临界区，并将其设置为被访问状态。然后即可对临界资源进行操作。操作完成后，该任务退出临界区，将其访问标志清零，释放对临界资源的占有，其他请求使用该资源的任务便可以再次进入临界区。

6.6.3　原子操作

由于机器指令的功能过于简单，一个稍微复杂的操作通常必须用多条指令来完成。在执行的过程中可能会被中断打断，中断处理程序可能会改变被中断操作的数据，导致被中断的操作访问数据出现错误。因此，需要保证指令的执行过程不被打断。原子操作指的是执行过程中不被打断的操作，并发控制要解决的主要问题就是对临界区的原子操作。

6.6.4　并发控制的内容

Linux设备驱动并发控制关键是使进程能够同步和互斥地访问设备，避免多个进程访问共享设备出现竞态。

当多个执行路径并发执行时，执行单元对同一设备的访问容易产生竞态，导致设备数据发生紊乱，解决共享资源出现竞态的方法是保证执行单元对设备的互斥访问。互斥就是对资源的排他性访问，在单处理器系统中，指的是其他进程不能打断当前进程而去访问当前进程正在访问的临界区；在多处理器系统中，除其他进程不能打断当前进程而去访问当前进程正在访问的临界区外，还要保证在任意时刻只有一个进程正在访问临界区。而同步则要对进程执行的先后顺序做出妥善的安排，当多个进程排队访问同一设备时，如果此进程访问设备完毕，那么它有义务通知下一个进程访问设备，这样能够相互协作的过程就是同步。

并发控制的具体内容可从以下三个方面描述。

1. 竞争资源

当并发进程竞争使用同一资源时，它们之间就会发生冲突。如果操作系统将资源分配给其中的某个进程使用，另一个进程就必须等待，直到申请的资源可用时由操作系统分配给它。如果竞争某资源的进程太多，那么这些进程必须等待在一个队列中，如就绪队列、阻塞队列等。一种极端的情况是，被阻塞进程永久得不到申请的资源而发生死锁。

进程竞争资源首先必须解决互斥问题。临界资源的访问必须互斥使用，如打印机、共享变量、表格文件等。在任何时刻，只允许一个进程进入临界区，以此实现进程对临界资源的互斥访问。

2. 共享协作

多个进程常常需要共同修改某些共享变量、表格、文件、数据库等，协作完成一些功能。同时必须确保它们对共享变量的修改是正确的，以保证数据的完整性。由于计算机中的数据保存在存储设备中，如存储器、磁盘等，因此共享数据同样涉及互斥、死锁和饥饿问题，但这更强调对数据的写操作必须互斥地进行。

此外，还必须保证数据的一致性。进入临界区的进程必须一次性完成对这一系列数据的修改操作。只有该进程退出临界区以后，才允许别的进程进入临界区对数据进行修改，以保证数据的一致性。

3. 通信协作

当进程进行通信协作时，各个进程之间需要建立连接，进程通信需要同步和协调。进程通信的方式很多，包括消息传递、管道、共享存储区等。

6.6.5　为何要并发控制

在嵌入式系统中引入操作系统能够完成多任务等复杂功能，有效地管理系统资源，提高资源的利用率，合理控制系统的工作流程，使系统有条不紊地运行。如果运行的系统中自始至终只有一条执行路径，或者一个资源只能被一条路径访问，即资源不是共享的，那么无须考虑互斥和同步的问题。然而，现在的Linux系统不只支持多进程，而且支持多处理器，在这样的环境下，当多个执行路径并发执行时，必须确保对共享设备资源的访问是安全的。

在Linux中，进程是申请和拥有资源的单位，设备可以作为共享的资源。在系统的执行过程中，允许多个进程同时驻留在内存中，进程是并发执行的，会出现多个进程竞争使用同一资源，它们之间就会发生冲突。如果设备驱动程序编写得不合理，就会造成进程无法正确访问共享设备资源。更严重的情况是，在中断处理程序中，因为并发机制设计得不合理而导致中断处理程序在访问共享设备时被阻塞，那么将导致整个系统停止而无法向前推进。

因此，分析Linux系统中执行路径在访问共享设备的过程中可能会出现的竞争资源的情况，在设备驱动的临界区中加入合理的保护机制，使进程能够正常使用设备，是非常必要的，而且是非常重要的。

6.7　设备驱动的并发控制机制

并发控制的内容就是同步与互斥，Linux内核提供了多种互斥与同步机制，如自旋锁、序号锁、RCU、信号量、信号量集合等。除信号量集合外，其余机制都是内核自己使用的，用于保护被所有进程共享的内核资源，协调内核内的进程的动作。可以说，没有互斥与同步机制，就无法保证内核的和谐与稳定。

6.7.1　并发控制的基础操作

为了实现多处理器或并发环境中的互斥与同步机制，内核需要提供一些基础操作，如格栅操作、原子操作、抢占屏蔽操作、进程等待操作等。格栅操作用于设定一些特殊的控制点，以保证控制点后的指令不会在控制点前的指令完全完成之前开始执行，从而控制指令的执行顺序。原子操作是对单个内存变量的不可分割的基本操作（如变量加、减等），用于保证某些特殊内存操作的完整性。抢占屏蔽操作作用于控制进程的调度时机，如禁止某些场合下的进程调度等。进程睡眠与等待操作用于管理进程等待队列，以便在条件成熟时唤醒其中的进程。

1. 格栅操作

正常情况下，编译或汇编器按序生成程序代码，处理器也按序执行程序代码，不会出现乱序现象。然而，为了提高执行速度，目前的汇编和编译器通常会对程序进行优化，如调整指令顺序等，处理器在执行指令期间也会采取一些加速措施，如高速缓存、乱序发射、并行执行等，因而进程对内存的实际访问顺序可能与程序的预定顺序不一致。大部分情况下，指令顺序的调整不会改变程序的行为，但也有一些例外，如将临界区的指令移到临界区外执行就可能产生难以预料的后果。为了保证程序行为的一致性，Intel处理器提供了特殊指令，GCC编译器提供了优化格栅，Linux操作系统提供了内存格栅，用于控制指令的执行顺序。

优化格栅用于防止编译器的过度优化，以保证所生成的代码的正确性。Linux实现的优化格栅是宏barrier，定义如下：

```
#define barrier() _asm__volatile_("":::"memory")
```

内存格栅用于保证指令的顺序执行。Linux提供了多个内存格栅宏，如下：

```
#define mb()    asm volatile("mfence":::"memory")    //读写内存格栅
#define rmb()   asm volatile("lfence":::"memory")    //读内存格栅
#define wmb()   asm volatile("sfence":::"memory")    //写内存格栅
```

因此，格栅就是屏蔽，只有当前面的指令完全执行完之后，其后的指令才会开始执行。在程序中插入格栅可以保证程序的执行顺序，虽然会影响程序的执行性能。

2. 原子操作

由于机器指令的功能过于简单，一个稍微复杂的操作通常都必须用多条指令来完成。在执行的过程中可能会被中断打断，中断处理程序可能会改变被中断操作的数据，导致被中断的操作访问数据出现错误。因此，需要保证指令的执行过程不被打断。

为了保证C语言操作的原子性，Linux定义了原子类型atomic_t并提供了一组该类型上的原子操作，包括原子整数操作和原子位操作。

3. 抢占屏蔽操作

当前进程未主动放弃处理器的情况下，如果系统中出现了更值得运行的进程，那么应该将处理器从当前进程中强行收回，以便让新就绪的进程运行，这一过程称为抢占调度。抢占使处理器的分配更加合理，也可以提升系统的反应能力，但会增加设计的复杂性。

抢占条件通常由中断处理程序创造，抢占时机通常在中断返回之前。如果中断之前的处理器运行在用户态，那么在核心态返回用户态之前进行抢占调度不会引起不一致问题。但如果中断之前的处理器运行在内核态，那么在中断返回之前进行的抢占调度就有可能导致内核数据的不一致。

控制内核抢占的一种方法是关、开中断。在修改某些关键数据结构之前将中断关闭，在修改完成之后再将中断打开。但关、开中断的代价较高，因而Linux引入了抢占计数preempt_count，每个进程一个，表示该进程当前是否可被抢占。

操作preempt_disable()将当前进程的抢占计数加1，从而禁止抢占该进程。

操作preempt_enable()将当前进程的抢占计数减1，而后试图进行抢占调度。调度的条件是：当前进程上设置了TIF_NEED_RESCHED标志，且当前进程的抢占计数是0，且当前处理器的中断未被屏蔽。

上述两个操作都带有优化格栅，保证能使后面的程序看到它们的操作结果。由操作preempt_disable()和preempt_enable()括起来的区域允许中断，但不可抢占。

在从中断返回内核态之前，如果当前进程的抢占计数不是0，即使其上设置了TIF_NEED_RESCHED标志，善后处理程序也不会进行进程调度。

4. 睡眠与等待操作

正在运行的进程可以主动请求睡眠，从而进入等待状态。进程可以在不可中断等待状态下睡眠，也可以在可中断等待状态下睡眠。进程可以预定一个睡眠时间，也可以不预定睡眠时间。Linux将睡眠进程挂在自己指定的等待队列中。

睡眠进程先将自己包装在一个__wait_queue结构中，而后挂在指定的等待队列上，最后请求调度（执行函数schedule()），放弃处理器，进入等待状态。

如果进程预定了睡眠时间，Linux为其启动一个定时器。当定时器到期时，Linux会将进程唤醒（将其状态改为TASK_RUNNING，并加入就绪队列中）。如果进程在到期之前被唤醒，睡眠操作就会返回剩余的睡眠时间。

未预定睡眠时间的进程只能被显式唤醒（wake_up()）。唤醒操作顺序执行等待队列中各__wait_queue结构中的func操作，唤醒等待的进程。唤醒进程可以指定被唤醒进程的状态和一次可唤醒的进程数量。

除睡眠外，进程还可以等待一段时间。等待的进程可以将自己置于不可中断等待状态或可中断等待状态，而且可以预定一个最长等待时间。

6.7.2　自旋锁

Linux内核中最常见的锁是自旋锁（spin_lock）。如果某个临界区被自旋锁保护，那么在任意时刻只能有一个可执行进程持有自旋锁进入临界区，如果其他执行进程试图获得一个已持有的自旋锁进入临界区，那么该进程就会一直进行忙循环（旋转），等待锁重新可用。此时等在自旋锁的进程仍然占用处理器，执行空操作，执行的时间是调度程序分配给它的时间片。如果在等待的过程中自旋锁被释放，那么等待的进程获得锁，继续执行。在单处理器系统中，自旋锁能够保证可执行进程完整地访问完临界区后，其他的进程才能进入临界区；在多处理器系统中，自旋锁能够保证在任意时刻只有一个可执行进程进入临界区。

一个可执行进程在等待使用自旋锁时执行空操作，这比较浪费处理器的时间，所以自旋锁不应该被长时间持有。但它不会引起进程的切换，进程一直处于运行状态。由于进程状态的改变需要执行大量的代码，比较耗时，因此相比引起进程阻塞的锁机制，当临界区的访问时间较短时，使用自旋锁比较合适。

Linux内核实现的自旋锁是不可递归的。这点不同于自旋锁在其他操作系统中的实现。所以如果你试图得到一个你正持有的锁，你必须自旋，等待你自己释放这个锁。但你处于自旋忙等待中，所以你永远没有机会释放锁，于是你被自己锁死了。最后造成系统停止，不能正常向前推进。千万小心自旋锁！

自旋锁可以用在中断处理程序中。假如临界区可能会被外部中断处理程序访问，而且使用自旋锁来保护临界区，那么必须选择能够禁止本地中断请求（当前处理器上的中断请求）的自旋锁。否则在可执行进程访问临界区的过程中，可能会被外部中断打断，假如外部中断处理程序也试图访问临界区，那么它必须获得自旋锁才能进入临界区。但是此时自旋锁已被持有，所以外部中断处理程序会等待自旋锁的释放。然而此时，可执行进程在等待中断处理程序的退出，且外部中断处理程序不能被调度程序调度，这样二者都在互相等待，整个系统将会停止而不能向前推进。因此，如果中断处理可能会持有自旋锁，那么必须选择能够禁止本地中断请求的自旋锁，自旋锁释放后会允许本地中断，之前没有响应的中断会响应请求。但是缺点是会延迟外部中断的响应。

图6-12列举了在单处理器下常用的自旋锁和具体实现的内容。

锁　操　作		具体实现内容	
加　锁	解　锁	加　锁	解　锁
spin_lock	spin_unlock	preempt_disable	preempt_enable
spin_lock_irq	spin_unlock_irq	local_irq_disable preempt_disable	local_irq_enable preempt_enable
spin_lock_irqsave	spin_unlock_irqrestore	local_irq_save preempt_disable	local_irq_restore preempt_enable
spin_lock_bh	spin_unlock_bh	local_bh_disable preempt_disable	local_bh_enable preempt_enable

图 6-12

　　spin_lock类的函数在进入临界区时，对临界区中的操作行为不进行细分，也就是说，spin_lock不会考虑临界区中代码对共享资源访问的具体类型，只要是访问共享资源，就执行加锁操作。但是有些时候，比如某些临界区的代码只是去读取这些共享数据，并不会改写，如果采用spin_lock函数，就意味着任意时刻只能有一个进程可以读取这些共享数据，如果系统中有大量对这些共享资源的读操作，很明显使用spin_lock会降低系统的性能。在对共享资源访问类型（读或者写）进行细分的基础上，提出了读－写自旋锁的概念。

　　与之前的spin_lock类比起来，这种锁的特点是，它允许任意数量的读取者同时进入临界区，但写入者必须进行互斥访问。一个进程想读的话，必须检查是否有进程正在写，有的话必须自旋，否则可以获得锁；一个进程想写的话，必须检查是否有进程正在读或者写，有的话必须自旋。

　　从概率上讲，当一个进程试图写时，成功获得锁的概率要低于一个进程试图读。在一个读/写相互依赖的生产者与消费者系统中，这种设计思想在一定程度上会导致读取者饥饿（没数据可读）。因此，在一个存在大量读取操作而数据更少发生的系统中，使用读－写锁对共享资源进行保护，相对普通形式的自旋锁，无疑会大大提升系统性能。

6.7.3　信号量

　　信号量有两个操作，分别为down()和up()。down()操作通过对信号量计数减一来请求获得一个信号量。如果结果是0或者大于0，获得信号量锁，进程就可以进入临界区。如果结果是负数，进程的状态变为睡眠状态，被放入等待队列中，处理器执行其他进程。该函数如同一个动词，降低（down）一个信号量就等于获取该信号量，因为它会增加信号量的计数值。如果在该信号量上的等待队列不为空，那么处于队列中等待的进程在被唤醒的同时会获得该信号量。

　　Linux中的信号量是一种睡眠锁。假设某个临界区被信号量保护，当有一个进程试图进入临界区时，它首先要获得该信号量，如果此时该临界区正在被一个进程访问，那么该进程将不能获得信号量，且会被放入一个等待队列中，该进程的状态变为睡眠状态，且该进程不占用处理器，这和自旋锁的等待是不一样的。当持有信号量的进程将信号量释放后，该进程将被唤醒，并获得该信号量，才能进入临界区访问。

　　从信号量的睡眠特性得出一些结论：

（1）由于使用信号量会引起进程睡眠，进程在睡眠期间不占用处理器，因此信号量适用于访问临界区比较占时间的情况。相比进程状态变换所耗费的时间，如果访问临界区的时间较短，则使用自旋锁比较合适。

（2）由于使用信号量会引起进程睡眠，当外部中断处理程序也会访问临界区时，此时不能使用信号量，只能使用自旋锁（且需禁止本地中断的自旋锁），否则可能会导致系统停止而不能向前推进，因为在外部中断处理程序是不能进行调度的。

（3）等待信号量的进程处于睡眠状态，不占用处理器等待自旋锁的进程处于运行状态，仍然占用处理器，进程不能交叉访问被这两种锁保护的临界区。如果一个进程既访问被信号量保护的临界区，又访问被自旋锁保护的临界区，那么进程在等待信号量时持有自旋锁处于睡眠状态，而持有自旋锁的进程是不允许处于睡眠状态的，其结果同样会引起系统停止运行。

信号量可以同时允许任意数量的锁持有者，而自旋锁在一个时刻最多允许一个任务持有它。通常情况下，信号量和自旋锁一样，在一个时刻仅允许有一个锁持有者。这时计数等于1，这样的信号量被称为二值信号量或者互斥信号量。另一方面，初始化时也可以把数量设置为大于1的非0值，这种情况下，信号量被称为计数信号量（Counting Semaphore），它允许在一个时刻至多有count个锁持有者。

信号量上的主要操作是down和up，在Linux内核中，对信号量进行的主要down操作有：

```
void down(struct semaphore *sem);
int down_interruptible(struct semaphore *sem);
int down_killable(struct semaphore *sem);
int down_trylock(struct semaphore *sem);
int down_timeout(struct semaphore *sem, long jiffies);
```

up操作只有一个：

```
void up(semaphore *sem);
```

与自旋锁一样，信号量也有区分读一写访问的可能。与读一写自旋锁和普通自旋锁之间的关系差不多，读一写信号量也要比普通信号量更具优势。

6.7.4　其他的并发控制机制

1. 完成变量

如果在内核中一个任务需要发出信号通知另一任务发生了某个特定事件,利用完成变量是使两个任务得以同步的简单方法。通常完成变量的用法是,将完成变量作为数据结构中的一项动态创建,而完成数据结构初始化工作的内核代码将调用wait_for_completion()进行等待。初始化完成后,初始化函数调用completion()唤醒在等待的内核任务。

2. 顺序锁

顺序锁（Seqlock）的设计思想是,对某一共享数据读取时不加锁,写的时候加锁。为了保证读取的过程中不会因为写入者的出现导致该共享数据更新,需要在读取者和写入者之间引入一个整型变量,称之为顺序值sequence。读取者在开始读取前读取该sequence,在读取后重新读取该值，如果与之前读取到的值不一致，则说明本次读取操作中发生了数据更新，读取操作无效。

3. RCU

RCU（Read－Copy－Update，读－复制－更新）在Linux提供的所有内核互斥设施中属于一种免锁机制，适用于读取者和写入者共存的系统。其原理是将读取者和写入者要访问的共享数据放在一个指针p中，读取者通过指针p来访问其中的数据，而写入者则通过修改指针p来更新数据。

6.7.5 驱动并发控制的设计方法

本小节从Linux系统执行路径并发执行的原因出发，分析执行路径并发访问共享设备的过程，结合并发控制机制的特点，分析嵌入式Linux设备驱动并发控制的设计方法。这些都是宝贵的经验。

1. 确定哪些共享设备可能会被多条执行路径访问

并发访问指的是在某个时间段内会有多条路径访问同一个设备。某条路径在访问设备的过程中，因为某些原因，如时间片截止且进程调度程序不再调度被打断的进程，或者被外部中断处理程序打断（包括硬中断和软中断），这些进程或者中断处理程序也会访问这个设备，导致原先访问的路径继续访问时出现错误。

因此，如果这个设备能被一条路径访问，就没有必要在编写设备驱动程序时加上并发控制机制。

2. 确定共享设备驱动程序中的临界区并加上并发控制机制

设备驱动中的临界区是指设备驱动程序中操作共享的数据的代码，具体来说就是多条路径会读/写的全局变量的执行代码，而不是整个设备驱动程序。由于临界区的一个特点是在任意时刻只有一条路径正在访问，它会降低整个系统的性能，因此临界区要尽量短一些。设备驱动中，多条路径并发访问临界区的过程如图6-13所示。

图6-13中的实线表示的是执行路径正在占用处理器，正在执行程序，虚线表示的是执行路径不占用处理器，处于睡眠状态，没有执行程序。图6-13中以两条执行路径为例，多条执行路径访问临界区的过程和两条类似。

在图6-13中，假设执行路径A和执行路径B都要访问临界区，路径A首先获得并发控制机制进入临界区，在访问过程中被路径B打断，此时路径B尝试获得并发控制保护机制，但由于并发控制保护机制被路径A占有没有释放，路径B就不能获得，也就不能进入临界区，自旋等待或者阻塞，直到路径A访问临界区完毕且释放并发控制保护机制，路径B才能获得并发控制保护机制进入临界区访问。

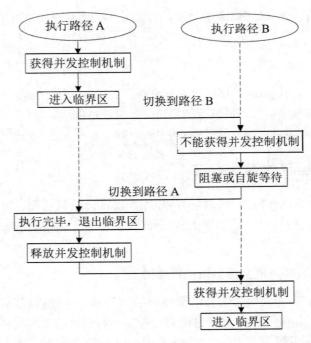

图 6-13

3. 分析会有哪些执行路径访问共享设备和访问过程

在嵌入式Linux系统中，并发访问共享设备的执行路径有两种类型，分别是Linux用户空间的用户进程和Linux内核空间的外部中断处理程序，如图6-14所示。

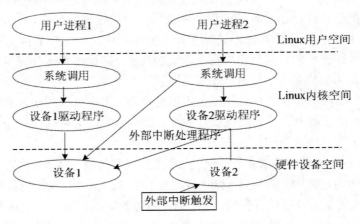

图 6-14

Linux用户空间的用户进程通过系统调用访问内核空间的设备驱动程序，外部设备通过外部中断触发进入内核空间访问设备驱动程序，然后才能访问硬件设备。

Linux的内核支持用户空间抢占和内核空间抢占，当有较高优先级的进程时，调度程序就会切换进程，从而引起用户进程并发访问共享设备。分析进程并发访问共享设备分为两种情况，分别是用户空间的进程切换和内核空间的进程切换。

1）用户空间进程与进程之间的并发执行

当时间片截止时，调度程序重新计算各个进程的优先级，如果此时有一个较高优先级的进程处于就绪状态，调度器就会调度较高优先级的进程。如果较高优先级的进程也访问该设备，那么就会导致原来的进程访问设备一半时被打断，不能持续访问该设备。如果较高优先级的进程修改了一些设备的共享数据，那么当较低优先级的进程继续访问设备时，就会出当前的数据与上次不一致的情况。

2）内核空间进程与进程的并发执行

在中断（包括异常、外部中断和系统调用）处理完后，处理器会恢复现场，返回中断发生前的位置，继续执行被中断的工作。然后在退出内核空间、恢复现场之前，如果允许调度，那么就会重新计算进程的优先级，选择较高优先级的进程执行，从而在内核空间引起进程之间的切换，如图6-15所示。

外部设备通过中断触发进入Linux内核空间，如果此时Linux系统环境合适的话，就会打断正在执行的路径，通过自身的设备驱动程序中的中断处理程序访问另一个硬件设备。中断处理程序分为硬中断处理程序和软中断处理程序。

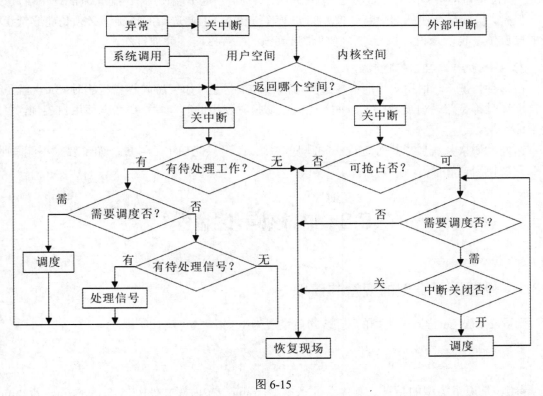

图 6-15

在合适的环境下（例如外部中断不被屏蔽），外部中断任何时刻异步发生，硬中断处理程序就可能随时打断当前正在执行的路径；另外，内核能在任何时刻唤醒或调度软中断处理程序，打断正在执行的路径。总之，并发访问共享设备的执行路径包括用户进程和外部中断处理程序。

4. 根据各个路径并发访问共享设备的过程使用合理并发控制机制

我们主要研究的并发控制机制是自旋锁和信号量,使用并发控制具体的内容是给设备驱动程序的临界区加上合适的自旋锁和信号量。自旋锁和信号量的主要区别是,自旋锁会引起试图访问共享设备的执行路径自旋等待(等待会占用处理器),而信号量会引起睡眠(等待过程不占用处理器);自旋锁不会引起进程的切换,而信号量会,进程的切换比较耗费系统的时间,使用信号量没有使用自旋锁效率高。在设计的时候,要根据并发执行路径的特点和性能要求选择合适的自旋锁和信号量。具体分为以下两种情况。

1)并发执行路径有中断处理程序

由前面的内容可知,在嵌入式Linux系统中,并发访问共享设备的路径是进程和外部中断处理程序。进程可以被阻塞而变为睡眠状态,可以被其他的进程唤醒,而外部中断处理程序不能睡眠,因为它打断了其他的执行路径,只有等到外部中断处理程序执行完毕后,其他的执行路径才能执行,一旦它处于睡眠状态,整个系统也就处于睡眠状态,不能被唤醒,整个系统也就停止而不能向前推进。由于信号量会使造成等待的执行路径睡眠,而且不能禁止抢占和中断,因此,当设备可能会被外部中断处理程序并发访问时,一定不能使用信号量,只能使用自旋锁。

但是,自旋锁会使外部中断处理程序处于等待状态,因此选用的自旋锁必须是能够禁止中断的自旋锁,也就是说,执行路径访问带自旋锁的临界区时不会被打断。

2)并发执行路径只有进程

在这种情况下,根据实际的情况选择自旋锁和信号量。如果访问临界区的时间(也就是使用自旋锁时等待路径自旋等待的时间)比进程切换时使用的时间短,那么就使用自旋锁,否则使用信号量。

另外,如果系统要求执行进程必须睡眠,那么此时只能使用信号量;如果要求不能睡眠,那么只能使用自旋锁。

6.8　内核同步编程

6.8.1　设置原子类型的变量并读取

函数atomic_set将原子类型的变量v的值设置为i,该函数声明如下:

```
#include <asm/atomic.h>
static inline void atomic_set(atomic_t * v, int i);
```

参数v是原子类型的指针。其中,原子类型atomic_t在内核文件linux-5.xx.xx/include/linux/types.h中定义:

```
typedef struct {
        int counter;
} atomic_t;
```

counter为一个int类型的计数器。原子操作是最小的执行单位，它需要硬件的支持，因此是与体系结构相关的。原子操作一般用来保护简单变量，例如计数器和位掩码（Bitmask），上面结构体中的counter字段即可看作一个计数器。C语言不能实现原子操作，一些对原子类型的操作函数都是通过汇编语言来实现的。笔者的系统是基于x86体系结构的，因此这里的原子操作都是基于x86体系结构的。参数i表示原子类型变量的值将被设置为该值。

函数atomic_read用于对原子类型的变量v进行原子读操作，并得到其值。该函数声明如下：

```
static inline int atomic_read(const atomic_t * v);
```

参数v是指向原子类型变量的指针。该函数返回读取到的原子类型变量v的值。

【例6.11】设置原子类型的变量并读取

（1）准备编写一个模块程序。打开VS Code，新建mydrv.c，主要代码如下：

```
atomic_t gat;  //全局的原子类型变量
static int demo_init(void)
{
    printk("into demo_init.\n");
    int i = 8;
    printk("before atomic_set, gat.counter = %d\n", atomic_read(&gat));
    atomic_set(&gat, i);
    printk("after atomic_set, gat.counter = %d\n", atomic_read(&gat));
    return 0;
}
```

首先定义一个原子类型gat，然后调用函数atomic_set()将其值设置为8，并通过函数atomic_read()将原子类型gat的counter字段读出。

（2）把mydrv.c和Makefile上传到Linux进行编译，然后执行命令insmod mydrv.ko，用dmsg -c就可以看到模块程序的输出结果了：

```
[ 3593.951058] into demo_init.
[ 3593.951063] before atomic_set, gat.counter = 0
[ 3593.951065] after atomic_set, gat.counter = 8
```

由输出信息可知，调用atomic_set()后，原子类型的值由0变为8。

6.8.2　递增递减原子变量值

函数atomic_inc用于将原子类型的变量v的值原子地递增1。该函数声明如下：

```
static inline void atomic_inc(atomic_t *v);
```

其中，参数v是指向原子类型变量的指针。

函数atomic_dec用于将原子类型的变量v的值原子地递减1。该函数声明如下：

```
static inline void atomic_dec(atomic_t *v);
```

其中，参数v是指向原子类型变量的指针。

【例6.12】 递增、递减原子变量值

（1）准备编写一个模块程序。打开VS Code，新建mydrv.c，主要代码如下：

```
atomic_t gat;
static int demo_init(void)
{
    printk("into demo_init.\n");
    atomic_set(&gat, 8);
    printk("after atomic_set, gat.counter = %d\n", atomic_read(&gat));
    atomic_inc(&gat);    //将原子类型的变量gat原子地递增1
    printk("after atomic_inc, gat.counter = %d\n", atomic_read(&gat));
    atomic_inc(&gat);    //将原子类型的变量gat原子地再递增1
    printk("again,after atomic_inc, gat.counter = %d\n", atomic_read(&gat));
    atomic_dec(&gat);    //将原子类型的变量gat原子地递减1
    printk("after atomic_dec, gat.counter = %d\n", atomic_read(&gat));

    return 0;
}
```

初始时，我们将原子变量gat设置为8，然后两次递增，一次递减，最终输出结果是9。

（2）把mydrv.c和Makefile上传到Linux进行编译，然后执行命令insmod mydrv.ko，用dmsg -c就可以看到模块程序的输出结果了：

```
[ 1284.109704] into demo_init.
[ 1284.109709] after atomic_set, gat.counter = 8
[ 1284.109710] after atomic_inc, gat.counter = 9
[ 1284.109711] again,after atomic_inc, gat.counter = 10
[ 1284.109712] after atomic_dec, gat.counter = 9
```

6.8.3　初始化信号量

函数sema_init用来初始化信号量，并将信号量的计数器值设置为val。该函数声明如下：

```
#include <linux/semaphore.h>
static inline void sema_init(struct semaphore *sem, int val);
```

其中，参数sem是信号量结构体指针，指向将要被初始化的信号量；val是信号量初始化值。

信号量结构体semaphore在内核文件linux-5.xx.xx/include/linux/semaphore.h中定义：

```
struct semaphore {
    raw_spinlock_t        lock;       //自旋锁
    unsigned int          count;      //计数器
    struct list_head      wait_list;  //等待队列
};
```

经过sema_init()操作后，信号量计数器的值将为val。

【例6.13】 初始化信号量并输出其值

（1）准备编写一个模块程序。打开VS Code，新建mydrv.c，主要代码如下：

```
struct semaphore sema;
static int demo_init(void)
{
    printk("into demo_init.\n");
    printk("sema.count: %d\n", sema.count);
    sema_init(&sema, 8);    //将信号量初始化
    //输出初始化后信号量的信息
    printk("after sema_init, sema.count: %d\n", sema.count);

    return 0;
}
```

首先定义一个信号量结构体sema。在调用函数sema_init()之前，输出该结构体中的字段信息，其中计数器count为0。然后调用函数sema_init()，并将第二个参数设为8，再输出结构体sema中的字段信息，可以看到计数器count变为8了。

（2）把mydrv.c和Makefile上传到Linux进行编译，然后执行命令insmod mydrv.ko，用dmsg -c就可以看到模块程序的输出结果了：

```
[ 3445.915044] into demo_init.
[ 3445.915052] sema.count: 0
[ 3445.915054] after sema_init, sema.count: 8
```

6.8.4 获取信号量并减1（不可中断）

函数down的功能是获取信号量，成功后信号量计数器值将减1。由于获取不成功时，进程将进入睡眠状态而一直等待下去，因此一般不使用该函数，多数情况下使用down_interruptible()或down_killable()。但有时候down还是有用的，比如使用木马病毒的场合。该函数声明如下：

```
void down(struct semaphore *sem);
```

参数sem是信号量结构体指针，指向将要获取的信号量。注意：如果信号量值为0，再调用down则将阻塞，也就是卡死了。因此，down函数获取信号量的关键是信号量为正数。

比如下列代码执行到down时将会阻塞：

```
sema_init(&sema, 0);    //信号量初始化
// 输出初始化后信号量的信息
printk("after sema_init, sema.count: %d\n", sema.count);//这里可以执行到
down(&sema);            //获取信号量，此时将阻塞，因为信号量已经是0了
```

执行到down就会卡死，并且按键盘命令Ctrl+C都无法终止该进程，这是因为down一旦获取不到信号量就会一直等待下去，且不可中断。如果要再次加载该模块，会提示在使用中（in use），此时只能重启系统。

【例6.14】获取信号量并减1

（1）准备编写一个模块程序。打开VS Code，新建mydrv.c，主要代码如下：

```
struct semaphore sema;
static int demo_init(void)
{
```

```
        printk("into demo_init.\n");
        sema_init(&sema, 8);        //信号量初始化
        // 输出初始化后信号量的信息
        printk("after sema_init, sema.count: %d\n", sema.count);
        down(&sema);                //获取信号量
        //输出down操作后信号量的信息
        printk("first down, sema.count: %d\n", sema.count);

        return 0;
}
```

（2）把mydrv.c和Makefile上传到Linux进行编译，然后执行命令insmod mydrv.ko，最后用dmsg -c就可以看到模块程序的输出结果了：

```
[ 1624.779335] into demo_init.
[ 1624.779341] after sema_init, sema.count: 8
[ 1624.779342] first down, sema.count: 7
```

6.8.5   获取信号量并减1（可中断）

函数down_interruptible用来获取信号量，将信号量sem的计数器值减1，但它可被信号中断，这一点与down()函数不同。interruptible的中文意思是可中断的。当有其他的内核控制路径给这个因为竞争不到信号量而睡眠的进程发送了一个信号时，它收到信号后就会立即返回，而放弃继续获得信号量。该函数声明如下：

```
int down_interruptible(struct semaphore *sem);
```

其中，参数sem是信号量结构体指针，指向将要获取的信号量。该函数返回一个整型值，如果成功获取了信号量，则返回0，否则在收到中断信号后将返回-EINTR。

```
int down_interruptible(struct semaphore *sem)
```

【例6.15】获取信号量并减1（可中断）

（1）准备编写一个模块程序。打开VS Code，新建mydrv.c，主要代码如下：

```
struct semaphore sema;
static int demo_init(void)
{
    printk("into demo_init.\n");
    int ret;
    sema_init(&sema, 5);                                    //信号量初始化
    //输出初始化后信号量的信息
    printk("after sema_init, sema.count: %d\n", sema.count);
    ret = down_interruptible(&sema);                        //获取信号量
    printk("first down_interruptible, ret = %d\n", ret);    //输出返回值
    // 输出信号量计数器值
    printk("first down_interruptible, sema.count: %d\n", sema.count);
    sema_init(&sema, 0);                                    //重新初始化信号量为0
    ret = down_interruptible(&sema);
    printk("second down_interruptible, ret = %d\n", ret);
    printk("second down_interruptible, sema.count: %d\n", sema.count);
```

```
    return 0;
}
```

在代码中，首先定义一个信号量结构体sema，并调用函数sema_init()初始化该信号量，将其计数器值设置为5。第一次调用down_interruptible()获取信号量，其计数器值count将减1而变为4，同时该函数的返回值为0，即成功获取了信号量。然后调用函数sema_init()将信号量sema的计数器值设为0，此后再调用down_interruptible()进程将处于等待获取信号量的状态，这时可向该进程发送一个信号使其放弃获取信号量而返回。这里测试时，通过键盘命令Ctrl+Z发送一个从键盘退出的信号，进程将立即返回且返回值为−EINTR，由输出信息可知，该值为−4。

（2）把mydrv.c和Makefile上传到Linux进行编译，然后执行命令insmod mydrv.ko，再用键盘命令Ctrl+Z终止进程，最后用dmsg -c就可以看到模块程序的输出结果了：

```
[ 1101.468117] into demo_init.
[ 1101.468121] after sema_init, sema.count: 5
[ 1101.468122] first down_interruptible, ret = 0
[ 1101.468123] first down_interruptible, sema.count: 4
[ 1103.595906] second down_interruptible, ret = -4
[ 1103.595917] second down_interruptible, sema.count: 0
```

6.8.6　在指定的时间内获取信号量

函数down_timeout用于在指定的时间timeout内获取信号量sem，成功获取信号量后，sem的计数器值将减1。如果超时还未获取信号量则返回，不会继续等待下去。该函数声明如下：

```
int down_timeout(struct semaphore *sem, long timeout);
```

其中，参数sem是信号量结构体指针，指向将要获取的信号量；timeout表示在timeout个时钟节拍内获取信号量，一个时钟节拍为4ms。该函数返回一个整型值，如果成功获取了信号量，则返回0；如果在时间timeout内未获取信号量，则返回错误−ETIME。

【例6.16】在指定的时间内获取信号量

（1）准备编写一个模块程序。打开VS Code，新建mydrv.c，主要代码如下：

```
struct semaphore sema;
static int demo_init(void)
{
    printk("into demo_init.\n");
    int ret;
    long iffies = 1000;                  //1000个时钟节拍，即4s
    sema_init(&sema, 5);                 //信号量初始化, count = 5

    //输出初始化后信号量的信息
    printk("after sema_init, sema.count: %d\n", sema.count);
    ret = down_timeout(&sema, iffies);   //获取信号量

    //输出down_timeout操作后信号量的信息
    printk("first down_timeout, ret = %d\n", ret);
    printk("first down_timeout, sema.count: %d\n", sema.count);
```

```
    sema_init(&sema, 0);                    //信号量初始化, count = 0
    ret = down_timeout(&sema, iffies);

    printk("second down_timeout, ret = %d\n", ret);
    printk("second down_timeout, sema.count: %d\n", sema.count);
    return 0;
}
```

在代码中，首先定义一个信号量结构体sema，并调用函数sema_init()初始化该信号量，将其计数器值设置为5。第一次调用down_timeout()获取信号量，其计数器值count将减1而变为4，同时该函数的返回值为0，即成功获取了信号量。然后调用函数sema_init()将信号量sema的计数器值设为0，此后再调用down_timeout()进程将处于等待获取信号量的状态。如果等待时间操作了timeout个时钟节拍（在该测试程序中为4s），进程将返回且返回值为-ETIME，由输出信息可知，该值为-62。

（2）把mydrv.c和Makefile上传到Linux进行编译，然后执行命令insmod mydrv.ko，最后用dmsg -c就可以看到模块程序的输出结果了：

```
[  948.194005] into demo_init.
[  948.194009] after sema_init, sema.count: 5
[  948.194011] first down_timeout, ret = 0
[  948.194011] first down_timeout, sema.count: 4
[  952.328014] second down_timeout, ret = -62
[  952.328020] second down_timeout, sema.count: 0
```

6.8.7　释放信号量

有获取必然对应着释放。也就是你获取了信号量，一旦不用了它了，要记得释放，这样其他人才可以用。函数up的功能是释放信号量sem，释放信号量后，sem的计数器值将加1。当一个线程调用down函数的某个版本获得信号量后，它将获得信号量所保护的临界区，对该临界区访问结束后，必须释放信号量，up就是用来完成这个功能的。该函数声明如下：

```
void up(struct semaphore *sem);
```

参数sem信号量结构体指针指向将要获取的信号量。

【例6.17】释放信号量

（1）准备编写一个模块程序。打开VS Code，新建mydrv.c，主要代码如下：

```
struct semaphore sema;
static int demo_init(void)
{
    printk("into demo_init.\n");
    sema_init(&sema, 2);        //信号量初始化
    //输出初始化后信号量的信息
    printk("after sema_init, sema.count: %d\n", sema.count);
    down(&sema);                //获取信号量
    //输出down操作后信号量的信息
    printk("after down, sema.count: %d\n", sema.count);
```

```
        up(&sema);        //释放信号量
        //输出up操作后信号量的信息
        printk("after up, sema.count: %d\n", sema.count);
        return 0;
}
```

首先定义一个信号量结构体sema，并调用函数sema_init()初始化该信号量，将其计数器值设置为2。然后调用down()获取信号量，其计数器值count将减1而变为1。再调用函数up()来释放信号量，则sema的计数器值将加1，count恢复为2，可供其他线程继续获得信号量。

（2）把mydrv.c和Makefile上传到Linux进行编译，然后执行命令insmod mydrv.ko，最后用dmsg -c就可以看到模块程序的输出结果了：

```
[ 1758.404511] into demo_init.
[ 1758.404519] after sema_init, sema.count: 2
[ 1758.404522] after down, sema.count: 1
[ 1758.404523] after up, sema.count: 2
```

第 7 章

块设备驱动

像Linux这样的操作系统，非常有价值的是提供了一套具体设备的抽象接口，比如我们常提到的字符设备、块设备、网络设备、位图显示器等。其中块设备非常重要，尤其随着持久化存储的不断发展以及未来持久化内存的持续增长，块设备抽象的应用场景将越来越广泛。

块设备驱动是Linux三大驱动类型之一。块设备驱动远比字符设备驱动复杂得多，不同类型的存储设备又对应不同的驱动子系统。接下来我们重点学习块设备相关驱动概念及其程序设计方法。

7.1 块设备的概念

7.1.1 什么是块设备

块设备是指只能以块为单位进行访问的设备。可以随机进行访问，但必须使用缓冲区。缓冲区的作用是协调处理器和块设备读写之间的速度差异。因为当前处理器的处理速度远大于块设备的读写速度。访问块设备也正是通过访问块设备的缓冲区来完成的。

块设备是针对存储设备的，比如SD卡、EMMC、NAND Flash、Nor Flash、SPI Flash、机械硬盘、固态硬盘等。因此，块设备驱动其实就是这些存储设备驱动。块设备结构不同，其I/O算法也会不同，比如对于EMMC、SD卡、NAND Flash这类没有任何机械设备的存储设备，就可以任意读写任何扇区（块设备物理存储单元）。但是对于机械硬盘这样带有磁头的设备，读取不同的盘面或者磁道中的数据，磁头都需要进行移动，因此对于机械硬盘而言，将那些杂乱的访问按照一定的顺序进行排列可以有效提高磁盘性能。

7.1.2 常用的块设备

在Linux操作系统中，有许多类型的块设备，它们具有不同的特性和用途。以下是一些常用的块设备类型。

1. 硬盘驱动器

硬盘驱动器（Hard Disk Drives，HDDs）是一种非易失性存储设备，用于存储计算机的操作系统、应用程序和用户数据。它使用磁盘旋转和磁头读写数据。由于其大容量和相对较低的价格，硬盘驱动器在许多场景中仍然非常受欢迎。

2. 固态驱动器

固态驱动器（Solid-State Drives，SSDs）是一种基于闪存技术的非易失性存储设备。与硬盘驱动器相比，固态驱动器具有更快的读写速度、更低的功耗和更高的抗震性。然而，固态驱动器的价格相对较高，容量通常也较小。

3. 光盘驱动器

光盘驱动器（Optical Disc Drives，ODDs）使用激光技术来读取和写入光盘（如CD、DVD、Blu-ray等）。光盘驱动器在过去曾非常流行，但随着USB存储设备、云存储和网络传输的普及，其使用逐渐减少。

4. 闪存设备（Flash Memory Devices）

闪存设备包括USB闪存驱动器、嵌入式多媒体卡（eMMC）和安全数字卡（SD卡）等。这些设备采用闪存技术，具有较高的读写速度和较低的功耗。它们通常用于移动设备、嵌入式系统和便携式存储设备。

5. 虚拟磁盘

虚拟磁盘（Virtual Disks）是一种模拟物理磁盘的软件实现。虚拟磁盘可以是文件或内存中的一块连续区域，它允许操作系统以与物理磁盘相同的方式访问和管理虚拟磁盘。虚拟磁盘在虚拟化、云计算和分布式存储领域都非常重要。

6. RAID（冗余磁盘阵列）

RAID是一种通过将多个物理磁盘组合在一起来提高性能和容错能力的技术。根据不同的RAID级别（如RAID 0、RAID 1、RAID 5等），可以实现不同程度的数据冗余和I/O性能。

7.1.3 块设备和字符设备的区别

块设备驱动和字符设备驱动的主要区别如下：

（1）块设备只能以块为单位进行读写访问，字符设备是以字节为单位进行数据传输的，不需要缓冲。

（2）块设备在结构上可以进行随机访问，对于这些设备的读写都是按块进行的，块设备使用缓冲区来暂时存放数据，等到条件成熟后，再一次性将缓冲区中的数据写入块设备中。这么做的目的是提高块设备的寿命。读者仔细观察的话，就会发现有些硬盘或者NAND Flash会标明擦除次数（Flash的特性，写之前要先擦除），比如擦除100 000次等。因此，为了提高块设备的寿命而引入了缓冲区，数据先写入缓冲区中，等满足一定条件后再一次性写入真正的物理存储设备中，这样就减少了对块设备的擦除次数，提高了块设备的寿命。而字符设备不需要缓冲区。

　　总而言之，块设备驱动比字符设备驱动要复杂得多，在I/O操作上表现出极大的不同，缓冲、I/O调度、请求队列等都是与块设备驱动相关的概念。概念一多，就复杂了。当然，初学者要先抓住基本内容，复杂概念以后可以在工作实践中慢慢体会。

7.1.4　块设备相关的几个单位

- 扇区（Sector）：扇区是块设备本身的特性，大小一般为 512 的整数倍，因为历史原因，很多时候都向前兼容定义为 512。概念来源于早期磁盘。
- 块（Block）：是内核对文件系统数据处理的基本单位，大小为若干（1、2、4、8 等）扇区，常见的有 512B、1KB、4KB 等，概念来源于文件系统。在 Linux 内核中，块设备将数据存储在固定大小的块中，每个块都有自己的固定地址。
- 段（Section）：是内核的内存管理中的一页或者部分页，由若干连续的块组成。段主要为了进行 scatter/gather DMA 操作使用，同一个物理页面中的在硬盘存储介质上连续的多个块组成一个段。段的大小只与块有关，必须是块的整数倍。所以块通常包括多个扇区，段通常包括多个块，物理段通常包括多个段。段在内核中由结构 struct bio_vec 来描述，多个段的信息存放于 struct bio 结构中的 bio_io_vec 指针数组中，段数组在后续的块设备处理流程中会被合并成物理段。段结构定义如下：

```
struct bio_vec {
    struct page    *bv_page;    // 段所在的物理页面结构，即bh->b_page
    unsigned int   bv_len;      // 段的字节数，即bh->b_size
    unsigned int   bv_offset;   // 段在bv_page页面中的偏移，即bh->b_data
};
```

- 页（Page）：概念来自内核，是内核内存映射管理的基本单位。Linux 内核的页式内存映射名称来源于此。
- 文件块：大小定义和文件系统块一样，只是相对于文件的一个偏移逻辑块，需要通过具体文件系统中的此文件对应的 inode 所记录的间接块信息，换算成对应的文件系统块。此做法是为了将一个文件的内容存于硬盘的不同位置，以提高访问速度，即一个文件的内容在硬盘一般是不连续的。在 EXT2 文件系统中，ext2_get_block()完成文件块到文件系统块的映射。

　　块设备驱动对存储硬件以扇区为单位交换数据，对上层文件系统以块为单位交换数据。块设备的操作方式和字符设备不同，块设备一般不是直接操作块设备文件的/dev/mmcp0，而是通过文件系统来简化操作。

　　扇区由磁盘的物理特性决定，块缓冲区由内核代码决定。段由多个块组成，一个段就是一个内存页（如果一个块是两个扇区大小，也就是1024B，那么一个段的大小可以是1024、2018、3072、4096，也就是说段的大小只与块有关，而且是整数倍）。Linux系统一次读取磁盘的大小是一个块，而不是一个扇区，块设备驱动由此得名。

　　页（Page）、段（Segment）、块（Block）、扇区（Sector）之间的关系图如图7-1所示。

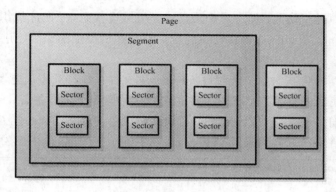

图 7-1

7.1.5　块设备的访问

用户空间访问块设备按如下过程进行。在用户空间（应用层），应用程序通过GNUC库或者直接通过系统调用接口首先访问虚拟文件系统。通过虚拟文件系统提供给各个特定文件系统的统一接口访问特定的文件系统（比如在Linux下广泛使用的EXT2或EXT3文件系统）。在该特定文件系统下，块设备对应一个设备文件，接着通过特定文件系统的文件访问函数访问块设备文件。访问块设备文件的过程不是直接进行的，而是访问函数将对块设备的访问请求初始化为一个bio结构。然后由访问函数把该bio结构提交给通用块设备层，通用块设备层调用I/O调度层的某种I/O调度算法处理该bio结构。处理过程一般是创建一个新的request结构，或合并该bio结构到一个已有的request结构中。I/O调度层会将新创建的request结构插入该块设备的请求队列中。最后块设备驱动程序处理该请求队列中的请求。应用程序访问块设备如图7-2所示。

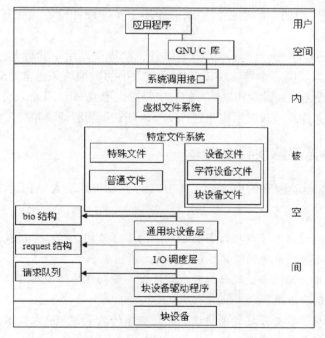

图 7-2

虽然块设备可以随机访问，但是对于磁盘这类机械设备而言，顺序组织块设备的访问可以提高性能。而对SD卡、RamDisk等块设备而言，不存在机械上的原因，进行这样的调整没有必要。

应用层程序有两种方式访问一个块设备：/dev和文件系统挂载点，前者和字符设备一样，通常用于配置，后者就是挂载之后通过文件系统直接访问一个块设备。

块设备也和字符设备一样可以通过/dev目录下的设备文件来访问。此外，块设备（例如磁盘）上能够容纳文件系统。我们来看一下/dev目录下的一些成员，如图7-3所示。

```
wolfgang@meitner> ls -l /dev/sd{a,b} /dev/ttyS{0,1}
brw-r-----1 root disk 8, 0 2008-02-21 21:06 /dev/sda
brw-r-----1 root disk 8, 16 2008-02-21 21:06 /dev/sdb
crw-rw----1 root uucp 4, 64 2007-09-21 21:12 ttyS0
crw-rw----1 root uucp 4, 65 2007-09-21 21:12 ttyS1
```

图 7-3

访问权限之前的字母是b或c，分别表示块设备和字符设备。设备文件没有文件长度，而且增加了主设备号和从设备号。二者共同形成了一个唯一的号码，内核可由此查找对应的设备驱动程序。

7.2　块设备驱动程序的概念

7.2.1　什么是块设备驱动程序

驱动程序负责将用户的一组功能调用映射作用于实际硬件设备的特有操作上，是系统软件与硬件设备沟通的桥梁。

Linux块设备驱动程序是一种特殊类型的设备驱动程序，用于管理和控制访问块设备，如硬盘驱动器、固态硬盘、闪存卡等。块设备以固定大小的数据块（通常为512字节或4096字节）进行操作，这与字符设备（如键盘和鼠标）的逐字符操作形成对比。Linux块设备驱动程序通过内核提供的统一接口与文件系统和应用程序进行交互，使它们能够读取和写入设备上的数据。

7.2.2　为什么需要了解块设备驱动

了解Linux块设备驱动程序的原理和工作方式对于系统开发人员和运维人员非常重要，原因如下。

- 性能优化：通过深入了解块设备驱动程序的工作原理，可以帮助我们识别并解决存储性能瓶颈，从而提高系统的整体性能。
- 故障排除：当存储设备出现故障时，对块设备驱动程序的了解可以帮助我们更快地诊断问题，找到解决方案。
- 定制开发：对于需要开发定制块设备驱动程序的场景（如嵌入式系统或特殊硬件），了解块设备驱动程序的原理和结构至关重要。

- 数据安全：通过理解块设备驱动程序的工作原理，我们可以更好地保护数据安全，例如实施加密和访问控制策略。

总之，了解Linux块设备驱动程序有助于提高系统设计、开发和运维的技能，确保系统的性能和稳定性。

7.2.3　块设备驱动的组成部分

块设备驱动程序作为Linux内核的一个重要组成部分，负责管理和控制块设备，如硬盘、光盘驱动器等。块设备驱动程序主要由以下几个部分构成。

1. 块设备结构

在Linux内核中，块设备驱动程序通过一个名为block_device_operations的结构体来定义。这个结构体包含一系列回调函数指针，用于实现对块设备的各种操作。例如，打开设备、关闭设备、读取数据、写入数据等。

2. 请求队列

请求队列（Request Queue）是块设备驱动程序的核心组件之一，它负责管理来自上层（如文件系统、虚拟文件系统）的I/O请求。内核将这些I/O请求组织成一个队列，然后由块设备驱动程序按照一定的调度策略进行处理。请求队列通过request_queue结构体来定义。

3. I/O 调度器

I/O调度器（I/O Scheduler）负责对请求队列中的I/O请求进行排序和调度，以提高整体的I/O性能。Linux内核支持多种I/O调度算法，如完全公平队列（Completely Fair Queuing，CFQ）、Deadline调度器、Noop调度器等。开发者可以根据具体的应用场景选择合适的I/O调度算法。

4. 块设备操作函数

块设备操作函数（Block Device Operations）是块设备驱动程序的关键组成部分，负责实现具体的设备操作。这些操作包括打开设备、关闭设备、读取数据、写入数据等。这些函数通常需要与硬件设备的底层接口进行交互，从而实现对块设备的控制。

5. 系统注册与注销

为了让内核识别并使用块设备驱动程序，开发者需要在驱动程序中实现设备的注册和注销。这包括分配设备号、创建设备节点、注册设备操作等。这些操作通常通过内核提供的函数接口（如register_blkdev、unregister_blkdev等）来实现。

总结起来，块设备驱动程序主要由块设备结构、请求队列、I/O调度器、块设备操作函数、系统注册与注销等部分构成。掌握这些组件的原理和用法有助于我们更好地学习和开发块设备驱动程序。

7.2.4　块设备驱动框架

块设备驱动程序主要通过传输固定大小的随机数据块来访问设备。数据块的大小由内核来决定，通常是字节，但可以根据体系结构和所使用的文件系统进行改变。为了提高块设备的读写速度，系统设置了数据缓冲区，如果使用的是一个高性能的块设备，在实际的传输过程中可以使用。对设备的读写操作是通过一个函数来处理的。Linux块设备驱动架构图如图7-4所示。

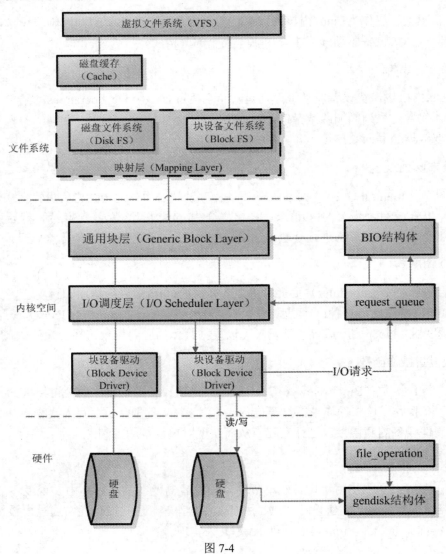

图 7-4

在Linux中，驱动对块设备的输入或输出（I/O）操作都会向块设备发出一个请求，在驱动中用request结构体描述。但对于一些磁盘设备而言，请求的速度很慢，这时内核就提供一种队列的机制把这些I/O请求添加到队列（请求队列）中，在驱动中用request_queue结构体描述。在向块设备提交这些请求前，内核会先执行请求的合并和排序预操作，以提高访问效率，然后由内核中的I/O调度程序子系统来负责提交I/O请求，调度程序将磁盘资源分配给系统中所有挂起的块I/O请求，其工作是管理块设备的请求队列，决定队列中的请求排列顺序以及什么时候派发请求到设备。

当多个请求提交给块设备时，执行效率依赖于请求的顺序。如果所有的请求是同一个方向的（如写数据），那么执行效率是最高的。内核在调用块设备驱动程序例程处理请求之前，先收集I/O请求并将请求排序，然后将连续扇区操作的多个请求进行合并以提高执行效率，对I/O请求排序的算法称为电梯算法（Elevator Algorithm）。电梯算法在I/O调度层完成。

我们以读（Read）数据为例进行读取过程的简单说明。

（1）read()系统调用最终会调用一个适当的VFS函数（read()→sys_read()→vfs_read()），将文件描述符fd和文件内的偏移量offset传递给它。

（2）VFS函数会判断这个SCI的处理方式，如果访问的内容已经被缓存在磁盘缓存中，就可以直接访问，否则从磁盘中读取。

（3）为了从物理磁盘中读取，内核依赖映射层，即图7-4中的磁盘文件系统确定该文件所在文件系统的块的大小，并根据文件块的大小计算所请求数据的长度。本质上，文件被拆成很多块，因此内核需要确定请求数据所在的块映射层，调用一个具体的文件系统的函数，这个层的函数会访问文件的磁盘节点，然后根据逻辑块号确定所请求的数据在磁盘上的位置。

（4）内核利用通用块层（Generic Block Layer）启动I/O操作来传达所请求的数据，通常一个I/O操作只针对磁盘上一组连续的块。

（5）I/O调度程序根据预先定义的内核策略将待处理的I/O进行重排和合并。

（6）块设备驱动程序向磁盘控制器硬件接口发送适当的指令，进行实际的数据操作。

为了照顾初学者，我们对一些名词进行解释。

1. VFS

由于内核需要跟不同的文件系统打交道，而每个文件系统所实现的方式和数据结构也不尽相同，因此内核抽象了这一层，也就是虚拟文件系统（Virtual File System，VFS），专门用来适配各种文件系统，对上层提供统一的操作接口，对下层的诸多设备进行统一的抽象。

VFS是对各种具体文件系统的一种封装，用户程序访问文件提供统一的接口。在挂载块设备成功后，应用程序通过I/O系统调用来访问块设备的文件，和应用程序交互的是虚拟文件系统，但是块设备可能是EXT3、EXT4等文件系统，中间会做从虚拟文件系统到块设备文件系统的转换。

2. 磁盘缓存

当用户发起文件访问请求的时候，首先会到磁盘缓存中寻址文件是否被缓存了，如果在缓存中，则直接从缓存中读取。如果数据不在缓存中，就必须到具体的文件系统中读取数据。

3. 映射层

首先确定文件系统的块大小（Block Size），然后计算所请求的数据包含多少个块，再调用具体文件系统的函数来访问文件的inode结构，确定所请求的数据在磁盘上的地址。

4. 通用块层

内核把块设备看作由若干扇区组成的数据空间，上层的读写请求在通用块层（Generic Block Layer）被构造成一个或多个bio结构。由通用块层负责维持一个I/O请求在上层文件系统与底层物理磁盘之间的关系。在通用块层中，通常用一个bio结构体来对应一个I/O请求。

一般当我们提到"块层"时，是指Linux内核中应用程序和文件系统用来访问多种不同的存储设备的模块接口。那么究竟哪些代码构成了块层呢？一个不动脑子的答案就是在Linux Kernel源代码中block子目录下的所有代码都是块层。这一堆代码可以看作提供了两个抽象层，它们合作紧密，但是又有所不同。这两层目前在社区并没有统一的叫法，我们姑且叫它们bio层和request层。这里先介绍bio层。在深入了解bio层之前，有必要了解一下块设备之上的层。这里提到的"上"，是指离用户态更近一些，而离硬件更远一些。图7-5表述了块层在内核中的位置。

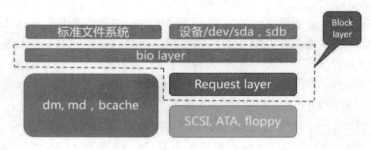

图 7-5

访问块设备通常是通过/dev目录下的文件来实现的，例如/dev/sda这样的就是块设备，它们在内核中被映射成S_IFBLK属性的inodes。这些文件并不代表真正的块设备，而更像是软链接，我们可以通过它们代表的major:minor（主:从号）这样的数字来找到真正的块设备。在内核的inode结构体中，i_bdev这个成员被用来指向一个代表真实设备的结构体struct block_device。而这个struct block_device中的bd_inode则指向了另一个inode，这个inode才和这个块设备的I/O真正相关。

当设备没有使用O_DIRECT打开的时候，这个bd_inode（实现在fs/block_dev.c、fs/buffer.c等）的主要角色是提供页面缓存（Page Cache）。像一个正常被打开的文件一样，这个inode节点的页面同意被用于对这个设备进行缓冲读、预读、缓冲写、延迟写等。当这个设备被以O_DIRECT的方式打开的时候，读写则会直接到块设备。一般来说，当一个文件系统挂载一个块设备时，文件系统的读写操作通常都是直接访问块设备。但是对于另一些文件系统（比如我们经常用到的ext *系列），它们则会用bd_inode的page cache来管理一些文件系统的元数据。这是bio层向上提供的主要接口，包括发送读取或写入请求，或者其他一些请求，比如discard，并最终将答复返回给上层。

bio层包括两个结构体：一个是结构体gendisk，这个结构体并不包含很多实用的信息，而主要是作为上面的文件系统和下面的设备层之间的接口；另一个结构体叫作struct bio，它代表来自block_device的读取和写入请求，以及其他一些控制请求，这些请求从block_device发出，经过gendisk再到设备驱动。后面我们还会详细介绍这两个结构体。

5. I/O 调度层

I/O调度层（I/O Scheduler Layer）负责采用某种算法（如电梯调度算法）对I/O操作进行排序。该层负责对上层下发的IO的合并优化等工作，提供NOOP、CFQ、DeadLine、Anticipatory四种IO调度器。

电梯调度算法的基本原则：如果电梯现在朝上运动，当前楼层的上方和下方都有请求，则先响应所有上方的请求，然后才向下响应下方的请求；电梯向下运动，则刚好相反。

6. 块设备驱动

在块系统架构的最底层，由块设备驱动根据排序好的请求对硬件进行数据访问。

7. 硬件

这一层就是真正的物理硬件，比如硬盘、SD卡、Flash等。

7.3　块设备驱动的关键数据结构

物理上的块设备，如硬盘、U盘、光盘等，在块设备驱动程序中统一由gendisk结构实例表示，称之为通用磁盘，本书中统称磁盘。块设备驱动程序的主要工作是创建gendisk实例，并将其添加到块设备数据库。块设备驱动程序中主要的数据结构有通用硬盘结构gendisk、块设备对象结构block_device、块设备的请求队列request_queue结构、请求结构request、bio结构以及表示磁盘的底层操作的block_device_operations结构。

7.3.1　通用硬盘结构gendisk

gendisk是一个物理磁盘或分区在内核中的描述。结构体gendisk代表了一个通用硬盘（Generic Hard Disk）对象，它存储了一个硬盘的信息，包括请求队列、分区链表和块设备操作函数集等。块设备驱动程序分配结构gendisk实例，装载分区表，分配请求队列并填充结构的其他域。支持分区的块驱动程序必须包含 <linux/genhd.h> 头文件，并声明一个结构gendisk，内核还维护该结构实例的一个全局链表gendisk_head，通过函数add_gendisk、del_gendisk和get_gendisk维护该链表。gendisk结构体定义在include/linux/genhd.h头文件内，我们对结构体主要成员进行了注释，如下所示：

```
struct gendisk {
    /* major, first_minor and minors are input parameters only,
     * don't use directly.  Use disk_devt() and disk_max_parts().
     */
    int major;                 //驱动主设备号
    int first_minor;           //第一个从设备号，通常为0
    int minors;                //从设备数量，磁盘分区数为miniors-1，1表示磁盘不分区

    char disk_name[DISK_NAME_LEN];    /* 主驱动号驱动程序的名称*/
    unsigned short events;            /* 支持的事件 */
```

```
        unsigned short event_flags;          /* 事件处理标记*/
        struct xarray part_tbl;              //磁盘分区表结构指针
        struct block_device *part0;          //指向block_device结构体的指针，代表一个块设备
        const struct block_device_operations *fops; //块设备操作函数集结构体指针
        struct request_queue *queue;         //请求队列指针
        void *private_data;                  //私有数据，一般指向驱动程序内部数据结构

        int flags;                           //用来表述驱动器状态的标记
        unsigned long state;
#define GD_NEED_PART_SCAN    0
#define GD_READ_ONLY         1
#define GD_DEAD              2

        struct mutex open_mutex;             /* 打开/关闭互斥量 */
        unsigned open_partitions;            /* 打开分区的数量 */

        struct backing_dev_info  *bdi;
        struct kobject *slave_dir;           //表示gendisk的device实例的父设备
#ifdef CONFIG_BLOCK_HOLDER_DEPRECATED
        struct list_head slave_bdevs;
#endif
        struct timer_rand_state *random;
        atomic_t sync_io;                    /* RAID */
        struct disk_events *ev;              //磁盘事件结构指针
#ifdef  CONFIG_BLK_DEV_INTEGRITY
        struct kobject integrity_kobj;
#endif                                       /* CONFIG_BLK_DEV_INTEGRITY */
#if IS_ENABLED(CONFIG_CDROM)
        struct cdrom_device_info *cdi;
#endif
        int node_id;                         //磁盘关联的内存节点编号
        struct badblocks *bb;
        struct lockdep_map lockdep_map;
        u64 diskseq;
};
```

Linux上是用结构体gendisk来代表块设备的，这个结构体并不包含很多实用的信息，而主要是作为上面的文件系统和下面的设备层之间的接口。在gendisk之上是一个或多个struct block_device，也就是前文提到的/dev中的inode链接。当一个gendisk有多个分区时，它会和多个block_device结构关联。因此，我们会用一个block_device代表整个gendisk（比如/dev/sda），也有可能还有一些其他的block_device代表gendisk中的分区（比如/dev/sda1，/dev/sda2等）。

7.3.2 块设备对象结构block_device

内核用结构block_device实例代表一个块设备对象，如整个硬盘或特定分区。如果该结构代表一个分区，则其成员bd_part指向设备的分区结构。如果该结构代表设备，则其成员bd_disk指向设备的通用硬盘结构gendisk。当用户打开块设备文件时，内核创建结构block_device实例，设备驱动程序还将创建结构gendisk实例，分配请求队列并注册结构block_device实例。

块设备对象结构block_device如下所示（在include/linux/blktype.h中）：

```
struct block_device {
    sector_t        bd_start_sect;
    struct disk_stats __percpu *bd_stats;
    unsigned long       bd_stamp;
    bool                bd_read_only;   /* read-only policy */
    dev_t               bd_dev;
    int                 bd_openers;
    struct inode *      bd_inode;       /* will die */   //分区节点
    struct super_block * bd_super;
    void *              bd_claiming;
    struct device       bd_device;
    void *              bd_holder;
    int                 bd_holders;
    bool                bd_write_holder;
    struct kobject      *bd_holder_dir;
    u8                  bd_partno;
    spinlock_t          bd_size_lock;   /* for bd_inode->i_size updates */
    struct gendisk *    bd_disk;                    //设备为硬盘时，指向通用硬盘结构

    /* The counter of freeze processes */
    int                 bd_fsfreeze_count;
    /* Mutex for freeze */
    struct mutex        bd_fsfreeze_mutex;
    struct super_block  *bd_fsfreeze_sb;

    struct partition_meta_info *bd_meta_info;
#ifdef CONFIG_FAIL_MAKE_REQUEST
    bool                bd_make_it_fail;
#endif
} __randomize_layout;
```

7.3.3 bio结构

bio为通用层的主要数据结构，既描述了磁盘的位置，又描述了内存的位置，是上层内核vfs与下层驱动的连接纽带。一个bio结构体中主要包括具体的块设备信息、块设备中的偏移量、请求大小、请求类型（读或写）以及放置数据的内存位置。在Linux 4.14之前，bio中通过指向struct block_device的指针来标识目标设备。Linux 4.14以后，struct block_device被替换成一个指向struct gendisk的指针以及一个可以由bio_set_dev()设置的分区号。考虑到gendisk结构的核心作用，这样的改动更自然一些。

一旦bio构造完成，我们就可以通过调用submit_bio来发起bio请求。但是一般情况下，我们并不会等待请求完成，而只是将其插入队列以便后续处理，所以整个过程是异步的。bio结构定义在include/linux/blk_types.h中。

7.3.4 请求队列request_queue结构

每个gendisk对象都有一个request_queue对象。块设备有两种访问接口，一种是在/dev下，

另一种是通过文件系统。后者经过IO调度在这个gendisk->request_queue上增加请求,最终回调与request_queue绑定的处理函数,将这些请求向下变成具体的硬件操作。

request_queue对象表示针对一个gendisk对象的所有请求的队列,是相应gendisk对象的一个域。每个块设备都有一个请求队列,每个请求队列单独执行I/O调度,请求队列是由请求结构实例链接成的双向链表,链表以及整个队列的信息用结构request_queue描述,称为请求队列对象结构或请求队列结构。它存放了关于挂起请求的信息以及管理请求队列(如电梯算法)所需要的信息。请求队列结构request_queue定义在/include/linux/blkdev.h中,由于其比较长,这里不再列出。但要注意一下成员elevator:

```
struct request_queue {
    struct request        *last_merge;
    struct elevator_queue    *elevator;
...
};
```

elevator表示请求队列使用的I/O调度算法,通过内核启动参数来选择: kernel elevator=deadline。request_queue_t和gendisk一样需要使用内核API来分配并初始化,里面大量的成员不需要直接操作。此外,请求队列如果要正常工作,还需要绑定到一个处理函数中,当请求队列不为空时,处理函数会被回调,这就是块设备驱动中处理请求的核心部分。

7.3.5 请求结构request

request表示经过I/O调度之后,针对一个gendisk(通用磁盘)的一个"请求",是request_queue的一个元素。多个request构成了一个request_queue。请求结构request定义在include/linux/blkdev.h中:

```
/*
 * Try to put the fields that are referenced together in the same cacheline.
 *
 * If you modify this structure, make sure to update blk_rq_init() and
 * especially blk_mq_rq_ctx_init() to take care of the added fields.
 */
struct request {
    struct request_queue *q;          /*指向请求队列*/
    struct blk_mq_ctx *mq_ctx;
    struct blk_mq_hw_ctx *mq_hctx;

    unsigned int cmd_flags;           /* 命令标识 */
    req_flags_t rq_flags;

    int tag;
    int internal_tag;

    /* the following two fields are internal, NEVER access directly */
    unsigned int __data_len;          /* total data len */
    sector_t __sector;                /*将提交的下一个扇区*/
    struct bio *bio;                  /*请求中第一个未完成操作的bio*/
```

```
    struct bio *biotail;                /*请求链表中末尾的bio*/

    struct list_head queuelist;
...
};
```

结构体较长，不再全部列出，有兴趣的读者可以直接查看内核源码。

7.3.6 磁盘操作结构block_device_operations

block_device_operations描述磁盘的操作方法集，block_device_operations之于gendisk，类似于file_operations之于cdev（字符设备）。block_device_operations结构包含对磁盘底层操作的函数指针，例如激活设备、发送控制命令、按页读写块设备等。其结构体定义在include/linux/blkdev.h中：

```
struct block_device_operations {
    blk_qc_t (*submit_bio) (struct bio *bio);
    int (*open) (struct block_device *, fmode_t); //打开块设备文件，完成磁盘底层激活
操作
    void (*release) (struct gendisk *, fmode_t); //释放磁盘底层操作
    int (*rw_page)(struct block_device *, sector_t, struct page *, unsigned int);
//按页读写磁盘的函数
    int (*ioctl) (struct block_device *, fmode_t, unsigned, unsigned long); //ioctl()
系统调用向块设备发送命令
    int (*compat_ioctl) (struct block_device *, fmode_t, unsigned, unsigned long);
    unsigned int (*check_events) (struct gendisk *disk,  //检查磁盘事件
                    unsigned int clearing);
    void (*unlock_native_capacity) (struct gendisk *);
    int (*getgeo)(struct block_device *, struct hd_geometry *);//获取磁盘几何信息，
如磁头、扇区、柱面
    int (*set_read_only)(struct block_device *bdev, bool ro);
    /* this callback is with swap_lock and sometimes page table lock held */
    void (*swap_slot_free_notify) (struct block_device *, unsigned long);
    int (*report_zones)(struct gendisk *, sector_t sector,
            unsigned int nr_zones, report_zones_cb cb, void *data);
    char *(*devnode)(struct gendisk *disk, umode_t *mode);
    struct module *owner;
    const struct pr_ops *pr_ops;

    /*
     * Special callback for probing GPT entry at a given sector.
     * Needed by Android devices, used by GPT scanner and MMC blk
     * driver.
     */
    int (*alternative_gpt_sector)(struct gendisk *disk, sector_t *sector);
};
```

内核通过设备文件控制磁盘设备，在打开块设备文件时，其文件操作file_operations结构体为def_blk_fops实例，然后调用驱动程序中定义的block_device_operations实例响应的函数完成对块设备的控制。

7.4 块设备驱动中的 I/O 请求处理函数

通过对block_device_operations结构体的分析可知，该结构体中没有函数负责读写数据操作，在块设备的I/O操作中，块设备驱动对I/O请求有两种处理方法，这两种方法的区别在于是否使用请求队列。使用请求队列时，由驱动程序中的xxx _ request()函数完成块设备的I/O请求。不使用请求队列时，由驱动程序中的xxx_make_request()函数完成块设备的I/O请求。

7.4.1 使用请求队列处理I/O请求

当使用请求队列时，驱动程序的xxx _ request()函数完成块设备的I/O请求。xxx _ request()函数是块设备驱动程序的核心。该函数在内核中的原型如下：

```
void request (struct request_queue *queue);
```

当内核需要驱动程序处理I/O请求时，就会调用该函数。在该函数返回前，request()函数不必完成所有在队列中的请求。事实上，对于大多数真实设备而言，它可能没有完成任何请求，但是它必须启动对请求的响应，并保证所有的请求最终被驱动程序所处理。

一般每个块设备都对应一个请求队列，该请求队列就是块设备I/O请求的序列。一个块设备的请求队列可以包含那些实际上并不向磁盘读出或写入数据的请求。这些请求包含获取生产商的信息、底层诊断等操作。大多数块设备不知道如何处理这些请求，只是让这些请求失败而已。

一般情况下，使用请求队列处理一个I/O请求的过程如下：

（1）调用elv_next_request()函数获取请求队列中的第一个未完成的I/O请求，然后调用带参数的宏blk_fs_request()判断该请求是不是文件系统的请求。

（2）根据上一步判断的结果，如果不是文件系统请求，就调用end_request()函数将该请求直接从请求队列中清除。如果是文件系统请求，就执行下一步。

（3）调用驱动程序中完成I/O操作处理的函数完成该请求。完成请求后，调用end_request()函数将该请求从请求队列中清除。至此，一个I/O请求完成。

7.4.2 不使用请求队列处理I/O请求

在块设备中，还有一些设备，像RAMDISK、数码相机使用的SD卡和软件的RAID组等，这些设备完全可以随机访问。使用请求队列时，对请求的排列或合并等操作根本不需要，为此内核为这种设备提供了无队列的操作模式。通过在驱动程序中实现xxx_make_request()函数完成块设备的I/O请求。该函数在内核中的原型如下：

```
static int __make_request(struct request_queue *q, struct bio *bio);
```

该函数的q参数是一个请求队列，但该请求队列中不包含实际的任何I/O请求。bio参数表示一个或者多个要传送的缓冲区。在驱动程序的xxx_make_request()函数中，处理bio结构体的方法和使用请求队列处理request结构的方法相似。具体过程如下：

（1）调用elv_next_request()函数获取请求队列中的第一个未完成的I/O请求，然后调用带参数的宏blk_fs_request()判断该请求是不是文件系统的请求。

（2）根据上一步判断的结果，如果不是文件系统请求，就调用bio_endio()函数将该请求直接从bio结构链表中清除。如果是文件系统请求，就执行下一步。

（3）调用驱动程序中完成I/O操作处理的函数完成该请求。完成请求后，再调用bio_endio()函数将该请求从bio结构链表中清除。这样就完成了一个I/O请求。

7.5　块设备驱动编写的步骤

驱动程序负责将用户的一组功能调用映射作用于实际硬件设备的特有操作上，它是系统软件与硬件设备沟通的桥梁。编写简单驱动程序主要包含以下步骤。

（1）定义块设备结构体：定义blk_device结构体来表示块设备。这个结构体通常包含设备名称、大小、块大小等信息。

（2）注册块设备：使用register_blkdev()函数注册块设备，以便内核能够识别并与其通信。

（3）分配I/O请求队列：使用blk_init_queue()函数为块设备分配I/O请求队列，以便处理来自应用程序的读写请求。

（4）实现I/O处理函数：编写处理块设备读写操作的I/O处理函数，该函数通常被称为make_request()函数。

（5）实现设备操作函数：实现与块设备相关的操作函数，例如设备的开启、关闭、读写等操作。

（6）注册块设备驱动：将块设备驱动注册到内核中，使用blk_register_region()或blk_register_blkdev()函数实现。

（7）卸载块设备驱动：在使用完块设备驱动之后，使用blk_unregister_blkdev()函数将其卸载。

以上是编写Linux块设备驱动的基本步骤，具体实现可以根据需求进行调整。

7.6　重　要　函　数

7.6.1　注册

注册包括块设备驱动程序注册和磁盘注册。

1. 块设备驱动程序注册

块设备要想被内核知道其存在，必须使用内核提供的一系列注册函数进行注册。驱动程序的第一步就是向内核注册自己，提供该功能的宏定义在include/linux/genhd.h中：

```
#define register_blkdev(major, name) \
    __register_blkdev(major, name, NULL)
```

本质上调用的是__register_blkdev，使用宏可能是为了兼容基于旧版本内核的程序。在旧版本内核中，register_blkdev其实是个函数。参数是该设备使用的主设备号（major）及其名字（name），name通常与设备文件名称相同，但也可以是任意有效的字符串。如果传递的主设备号是0，内核将分派一个新的主设备号给设备，并将该设备号返回给调用者。使用该函数，块设备将会显示在/proc/devices。

对应的注销函数如下：

```
void unregister_blkdev(unsigned int major, const char *name);
```

2. 磁盘注册

通过注册驱动程序我们获得了主设备号，但是现在还不能对磁盘进行操作。内核对于磁盘的表示使用的是gendisk结构体，gendisk结构中的许多成员必须由驱动程序进行初始化。

gendisk结构是一个动态分配的结构，它需要一些内核的特殊处理来进行初始化。驱动程序不能自己动态分配该结构，而是必须调用宏blk_alloc_disk来分配，定义如下：

```
#define blk_alloc_disk(node_id)                             \
({                                                          \
    static struct lock_class_key __key;                     \
                                                            \
    __blk_alloc_disk(node_id, &__key);                      \
})
```

参数是该磁盘使用的次设备号数目。当不再需要一个磁盘时，可以调用下面的函数卸载磁盘，声明如下：

```
void del_gendisk(struct gendisk *gp);
```

分配一个gendisk结构并不能使磁盘对系统可用。为达到这个目的，必须初始化结构，并调用add_disk，声明如下：

```
int add_disk(struct gendisk *disk);
```

7.6.2　块设备操作

gendisk中包含一个指针fops（struct block_ device_ operations * fops;），它指向对应的块设备操作函数。接下来，看一下block_device_operations都有哪些函数需要驱动程序来实现。

字符设备使用file__operations结构来告诉系统对它们的操作接口。块设备使用类似的数据结构，在include/linux/blkdev.h中声明了结构block_device_operations。同时，块设备在VFS层也提供了统一的标准操作结构file_ operations：

```
struct block_device_operations {
    blk_qc_t (*submit_bio) (struct bio *bio);
    int (*open)(struct block_device *, fmode_t);//打开块设备文件,完成磁盘底层激活操作
    void (*release)(struct gendisk *, fmode_t);//释放磁盘底层操作
    int (*rw_page)(struct block_device *, sector_t, struct page *, unsigned int);
```

```
//按页读写磁盘的函数
        int (*ioctl) (struct block_device *, fmode_t, unsigned, unsigned long); //ioctl()
系统调用向块设备发送命令
        ...
    };
```

open、release和ioctl函数与file_operations中等价，分别用于打开、关闭文件以及向块设备发送特殊命令（查询设备物理信息、扇区、磁头数）。

file_operations与block device operations的结构类似，但不能将二者混淆。file_operations由VFS层用来与用户空间通信，其中的例程会调用block_device_operations中的函数，以实现与块设备的通信。block_device_operations必须针对各种块设备分别实现，对设备的属性加以抽象，而在此之上建立的file_operations，使用同样的操作即可处理所有的块设备。

7.7　实战案例：用 RAM 模拟一个块设备

前文理论知识讲了不少，下面就要进行一下实战了。考虑到经济因素，我们不需要特意去买一个块设备，笔者利用内存（RAM）来模拟一个块设备，然后对其进行加载（mount）、分区（fdisk）、复制和粘贴文件等操作。

【例7.1】用RAM模拟一个磁盘

（1）编写驱动。打开VS Code，新建mydrv.c，输入如下代码：

```c
#include <linux/major.h>
#include <linux/vmalloc.h>
#include <linux/init.h>
#include <linux/module.h>
#include <linux/blk-mq.h>
#include <linux/mutex.h>
#include <linux/hdreg.h>

// 定义磁盘设备大小
#define RAMDISK_SIZE  (2*1024*1024)
// 每个切片位偏移4KB
#define RAMDISK_CHUNKSHIFT 12
// 磁盘分片，每片大小为1KB
#define RAMDISK_CHUNKSIZE (1<<RAMDISK_CHUNKSHIFT)
// 磁盘切片mask
#define RAMDISK_CHUNKMASK (RAMDISK_CHUNKSIZE-1)
// 块设备名称
#define DEVICE_NAME  "ramdisk"
// 主设备号
#define DEVICE_MAJOR 37

// 定义互斥锁
static DEFINE_MUTEX(ramdisk_mutex);
// 指针数组，每个元素都指向一个磁盘切片
static u_long ** ramdisk_map;
```

```
    // 定义自旋锁
    static DEFINE_SPINLOCK(ramdisk_lock);
    // 通用磁盘
    static struct gendisk *ram_gendisk;

    /*次设备号，用于标识当前被占用的块设备分区，同一时间可以打开一个block_device（一个磁盘可以包
含多个分区，即多个block_device）*/
    static int current_device = -1;
    /*
     * 对块设备进行读写操作
     */
    static blk_status_t blk_mq_queue_rq(struct blk_mq_hw_ctx *hctx, const struct
blk_mq_queue_data *bd)
    {
        struct request *req = bd->rq;                    // 获取当前request
        unsigned long start = blk_rq_pos(req) << 9;  // 起始扇区地址，转为字节地址
        /*当前bio段需要传输的字节大小，如果一个请求包含多个bio段，这里只处理了
        第request->bio->bi_iter->bi_idx个bio段*/
        unsigned long len = blk_rq_cur_bytes(req);
        blk_mq_start_request(req);

        if (start + len > RAMDISK_SIZE)
        {
            pr_err(DEVICE_NAME ": bad access: block=%llu, "
                "count=%u\n",
                (unsigned long long)blk_rq_pos(req),  // 扇区地址，转位字节地址
                blk_rq_cur_sectors(req));             // 当前扇区
            return BLK_STS_IOERR;
        }

        spin_lock_irq(&ramdisk_lock);
        while (len)
        {
            unsigned char *addr;                         // 获取块设备当前切片的起始地址
            //当前切片剩余大小
            unsigned long size = RAMDISK_CHUNKSIZE - (start & RAMDISK_CHUNKMASK);
            void *buffer = bio_data(req->bio);          // 获取要读写的数据在内存中的地址

            if (len < size)          // 设置当前切片可以写入的字节大小
                size = len;          // 获取第start>>16个块设备切片的地址+读取偏移
            addr = (char *)ramdisk_map[start >> RAMDISK_CHUNKSHIFT] + (start &
RAMDISK_CHUNKMASK);    // 读操作，addr -> buffer，从块设备读数据存到内存，每次传输size大小字节
            if (rq_data_dir(req) == READ)    {
                printk("read from disk address %lu,length %lu,bio segment count %d;disk
mapping ram %px\n",
                    start,
                    len,
                    req->bio->bi_vcnt,
                    addr);
                memcpy(buffer, addr, size);
            }
            else {    // 写操作，buffer -> addr，将内存数据写入块设备，每次传输size大小字节
```

```
                    printk("write to disk address %lu,length %lu,bio segment count %d;disk
mapping ram %px\n",
                        start,
                        len,
                        req->bio->bi_vcnt,
                        addr);
                memcpy(addr, buffer, size);
            }
            start += size;          // 下一次传输的起始地址
            len -= size;            // 剩余需要传输的字节
        }
        spin_unlock_irq(&ramdisk_lock);
        blk_mq_end_request(req, BLK_STS_OK);
        return BLK_STS_OK;
}

/*
 * 打开一个 block_device设备时调用
 */
static int block_device_open(struct block_device *bdev, fmode_t mode)
{
        int major, minor;
        int rc = 0;

        // 获取次设备号，实际为0
        minor = MINOR(bdev->bd_dev);
        // 获取主设备号
        major = MAJOR(bdev->bd_dev);
        printk("device major %d, minor %d\n", major, minor);
        mutex_lock(&ramdisk_mutex);      // 互斥锁
        // 当前块设备已经被某个应用占用
        if (current_device != -1 && current_device != minor)
        {
            rc = -EBUSY;
            printk("open block device fail\n");
        }
        else {
          // 设置当前选择的块设备的次设备号
            current_device = minor;
            printk("open block device success\n");
        }
        mutex_unlock(&ramdisk_mutex); // 解锁
        return rc;
}

/*
 * 关闭一个block_device设备时调用
 */
static void block_device_release(struct gendisk *disk, fmode_t mode)
{
        printk("release block device success\n");
}
```

```
/*
 * 获取驱动器的集合信息，获取到的信息会被填充在一个hd_geometry结构中
 */
static int ramdisk_getgeo(struct block_device *bdev, struct hd_geometry *geo)
{
    geo->heads = 2;        // 2个磁头
    geo->cylinders = 32;   // 32个磁道（柱面），具有相同编号的磁号形成一个圆柱，称之为磁盘的
柱面
    geo->sectors = RAMDISK_SIZE / (2 * 32*SECTOR_SIZE);  // 一个磁道有多少个扇区
    return 0;
}

/*
 * 块设备驱动操作参数
 */
static struct block_device_operations block_device_fops =
{
    .owner = THIS_MODULE,
    .open = block_device_open,
    .release = block_device_release,
    .getgeo = ramdisk_getgeo,        //几何，保存磁盘的信息(柱头、柱面、扇区)
};

static struct request_queue *ramdisk_queue;
static struct blk_mq_tag_set tag_set;

/*
 * 块设备驱动mq操作函数
 */
static struct blk_mq_ops ramdisk_mq_ops =
{
    .queue_rq = blk_mq_queue_rq,
};

static void get_ramdisk(void)
{
    int i;

    for (i = 0; i < RAMDISK_SIZE / RAMDISK_CHUNKSIZE; i++)
    {
        // 初始化第i个元素 -> 指向一个磁盘切片
        ramdisk_map[i] = kmalloc(RAMDISK_CHUNKSIZE, GFP_KERNEL);
        if (ramdisk_map[i] == NULL)
        {
            printk(KERN_ERR DEVICE_NAME": cannot get mem for ramdisk_map\n");
        }
    }
    return;
}
/*
 * RAM模拟磁盘
 */
static int ramdisk_alloc(void)
{
```

```
        int max_ramdisk_map = (RAMDISK_SIZE / RAMDISK_CHUNKSIZE) *  sizeof(u_long *);
        printk("every chunk size %d,chunk count %d", RAMDISK_CHUNKSIZE, max_ramdisk_map
/ sizeof(u_long *));
        int rc = -ENOMEM;

        ramdisk_map = kmalloc(max_ramdisk_map, GFP_KERNEL);
        if (ramdisk_map == NULL)
        {
            printk(KERN_ERR DEVICE_NAME": cannot get mem for ramdisk_map\n");
            goto err_out;
        }
        // 动态申请内存
        get_ramdisk();
        set_capacity(ram_gendisk, RAMDISK_SIZE >> 9);    // 设置块设备容量，单位为扇区个数
        return 0;

    err_out:
        return rc;
    }
    /*
     * 块设备驱动入口函数
     */
    static int ramdisk_init(void)
    {
        int ret;
        ret = -EBUSY;
        // 注册块设备主设备号
        if (register_blkdev(DEVICE_MAJOR, DEVICE_NAME))
            goto err;

        ret = -ENOMEM;
        // 申请一个通用磁盘对象gendisk，参数为1，表示磁盘不分区，0号分区表示的是整个磁盘
        ram_gendisk = alloc_disk(1);
        if (!ram_gendisk)
            goto out_disk;

        // 初始化一个请求队列
        ramdisk_queue = blk_mq_init_sq_queue(&tag_set, &ramdisk_mq_ops, 16,
BLK_MQ_F_SHOULD_MERGE);
        if (IS_ERR(ramdisk_queue))
        {
            ret = PTR_ERR(ramdisk_queue);
            ramdisk_queue = NULL;
            goto out_queue;
        }

        ram_gendisk->major = DEVICE_MAJOR;
        ram_gendisk->first_minor = 0;
        ram_gendisk->fops = &block_device_fops;
        sprintf(ram_gendisk->disk_name, DEVICE_NAME);
        ram_gendisk->queue = ramdisk_queue;

        // 注册gendisk
        add_disk(ram_gendisk);
```

```
    // 申请内存作为磁盘
    ret = ramdisk_alloc();
    if (IS_ERR(ret))
    {
        goto out_ram;
    }
    return 0;
out_ram:
    // 释放磁盘gendisk
    del_gendisk(ram_gendisk);
    // 清除内核中的请求队列request_queue
    blk_cleanup_queue(ramdisk_queue);
    // 释放 blk_mq_alloc_tag_set申请的标签集tag_set
    blk_mq_free_tag_set(&tag_set);
out_queue:
    // 注销磁盘gendisk
    put_disk(ram_gendisk);
out_disk:
    // 取消块设备主设备号注册
    unregister_blkdev(DEVICE_MAJOR, DEVICE_NAME);
err:
    return ret;
}

/*
 * 块设备驱动出口函数
 */
static void ramdisk_exit(void)
{
    int i;
    // 取消块设备主设备号注册
    unregister_blkdev(DEVICE_MAJOR, DEVICE_NAME);

    // 释放磁盘gendisk
    del_gendisk(ram_gendisk);
    // 注销磁盘gendisk
    put_disk(ram_gendisk);
    // 清除内核中的请求队列request_queue
    blk_cleanup_queue(ramdisk_queue);

    // 释放 blk_mq_alloc_tag_set申请的标签集tag_set
    blk_mq_free_tag_set(&tag_set);
    for (i = 0; i < RAMDISK_SIZE / RAMDISK_CHUNKSIZE; i++)
    {
        kfree(ramdisk_map[i]);
    }
    kfree(ramdisk_map);
    return;
}

module_init(ramdisk_init);
module_exit(ramdisk_exit);
```

我们对代码做了详细的注释，请读者参考。

（2）编译驱动程序。把mydrv.c和Makefile上传到Linux某目录，然后直接执行make命令进行编译。

（3）加载和使用驱动，在Linux命令行下输入加载驱动的命令：

```
insmod mydrv.ko
```

此时到/dev目录下就可以看到有一个名为ramdisk的磁盘了：

```
# ll /dev/ramdisk
brw-rw---- 1 root disk 37, 0 7月  26 19:53 /dev/ramdisk
```

将该块设备格式化为dos磁盘类型：

```
# mkdosfs /dev/ramdisk
mkfs.fat 4.1 (2017-01-24)
```

格式化后，还需要挂载（mount）到某个目录后再使用，我们现在新建一个文件夹，比如：

```
mkdir /mydir
```

然后挂载块设备到/mydir：

```
mount /dev/ramdisk /mydir
```

挂载后，可以利用echo命令写一些内容到/mydir/1.txt中：

```
# echo "hello world" > /mydir/1.txt
# cat /mydir/1.txt
hello world
```

再执行卸载块设备命令，可以看到1.txt文件已经不存在了：

```
# umount /mydir
root@mypc:/# cat /mydir/1.txt
cat: /mydir/1.txt: 没有那个文件或目录
```

现在，还可以将块设备中的内容写入ramdisk.bin文件中：

```
# cat /dev/ramdisk > /mnt/ramdisk.bin
```

这时，ramdisk.bin相当于一个磁盘映像，使用过Ghost软件的人应该会了解磁盘映像的概念。

如果我们把ramdisk挂载到其他目录，则又可以看到1.txt，比如挂载到/tmp，然后进入/tmp查看，可以发现1.txt的确存在，命令过程如下：

```
# mount /dev/ramdisk /tmp
root@mypc:/# cd /tmp
root@mypc:/tmp# ls
1.txt
```

除读写ramdisk外，我们还可以用fdisk对其分区，disk用来将一个块设备（磁盘）分成若干块设备，并将分区的信息写进分区表。fdisk命令的常用参数如下。

- d: 删除一个分区。

- n: 新建一个分区。
- p: 打印分区表。
- q: 放弃不保存。
- t: 改变分区类型。
- w: 把分区写入分区表，保存并退出。
- l: 列出已挂载的磁盘。

输入如下命令对ramdisk块设备进行分区：

```
# fdisk /dev/ramdisk

欢迎使用 fdisk (util-linux 2.34)。
```

更改将停留在内存中，直到用户决定将更改写入磁盘。

使用写入命令前请三思。

```
命令(输入 m 获取帮助): n
分区类型
   p   主分区 (0个主分区，0个扩展分区，4空闲)
   e   扩展分区 (逻辑分区容器)
选择 (默认 p): p
分区号 (1-4, 默认 1): 1
第一个扇区 (1-4095, 默认 1): 1
Last sector, +/-sectors or +/-size{K,M,G,T,P} (1-4095, 默认 4095):
```

创建了一个新分区1，类型为Linux，大小为2 MiB。

输入q可以退出fdisk命令。此时可以用fdisk -l查看磁盘信息：

```
Disk /dev/ramdisk: 2 MiB, 2097152 字节, 4096 个扇区
单元：扇区 / 1 * 512 = 512 字节
扇区大小(逻辑/物理)：512 字节 / 512 字节
I/O 大小(最小/最佳)：512 字节 / 512 字节
磁盘标签类型：dos
磁盘标识符：0x00000000
```

我们的分区创建成功了。

第 8 章
Linux平台驱动

我们在前面几章编写的设备驱动都非常简单，都是对I/O进行最简单的读写操作。像I^2C、SPI、LCD等复杂外设的驱动就不能这么写了，Linux系统要考虑驱动的可重用性，因此提出了驱动的分离与分层这样的软件思路，在这个思路下诞生了我们将来常打交道的platform设备驱动，也叫作平台设备驱动。本章就来学习一下Linux下的驱动分离与分层，以及platform框架下的设备驱动该如何编写。

8.1 平台设备驱动模型

8.1.1 驱动的分隔与分离

对于Linux这样一个成熟、庞大、复杂的操作系统，代码的重用性非常重要，否则会在Linux内核中存在大量无意义的重复代码。尤其是驱动程序，因为驱动程序占用了Linux内核代码量的大头，如果不对驱动程序加以管理，任由重复的代码肆意增加，那么用不了多久Linux内核的文件数量就会庞大到无法接受的地步。假如现在有三个平台：A、B和C，这三个平台（这里的平台说的是SOC）上都有MPU6050这个I^2C接口的六轴传感器，按照我们写裸机I^2C驱动时的思路，每个平台都有一个MPU6050的驱动，因此编写出来的最简单的驱动框架如图8-1所示。

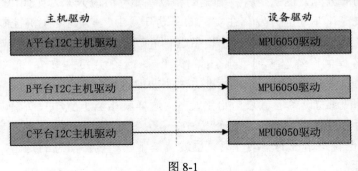

图 8-1

　　从图8-1可以看出，每个平台下都有一个主机驱动和设备驱动，主机驱动肯定是必须写的，毕竟不同的平台其I²C控制器不同。但是右侧的设备驱动就没必要每个平台都写一个，因为无论对于哪个SOC来说，MPU6050都是一样的，通过I²C接口读写数据就行了，只需要一个MPU6050的驱动程序即可。如果再来几个I²C设备，比如AT24C02、FT5206（电容触摸屏）等，如果按照图8-1中的写法，那么设备端的驱动将会重复编写好几次。显然，在Linux驱动程序中这种写法是不推荐的，最好的做法就是每个平台的I²C控制器都提供一个统一的接口（也叫作主机驱动），每个设备也只提供一个驱动程序（设备驱动），每个设备通过统一的I²C接口驱动来访问，这样就可以大大简化驱动文件，比如图8-1中三种平台下的MPU6050驱动框架就可以简化为图8-2。

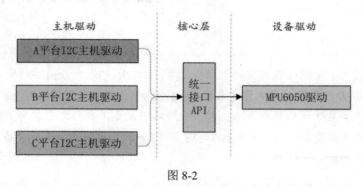

图 8-2

　　实际的I²C驱动设备肯定有很多种，不止MPU6050这一个。实际的驱动架构如图8-3所示。

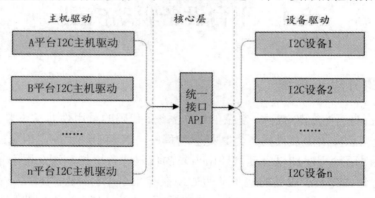

图 8-3

　　这个就是驱动的分隔，也就是将主机驱动和设备驱动分隔开来，比如I²C、SPI等都会采用驱动分隔的方式来简化驱动的开发。在实际的驱动开发中，一般I²C主机控制器驱动已经由半导体厂家编写好了，而设备驱动一般也由设备器件的厂家编写好了，我们只需要提供设备信息即可，比如I²C设备提供设备连接到了哪个I²C接口上，I²C的速度是多少，等等。相当于将设备信息从设备驱动中剥离开来，驱动使用标准方法来获取设备信息（比如从设备树中获取设备信息），然后根据获取到的设备信息来初始化设备。这样就相当于驱动只负责驱动，设备只负责设备，想办法将两者进行匹配即可。这个就是Linux中的总线（Bus）、驱动（Driver）和设备（Device）模型，也就是常说的驱动分离。总线就是驱动和设备信息的月老，负责给两者牵线搭桥，如图8-4所示。

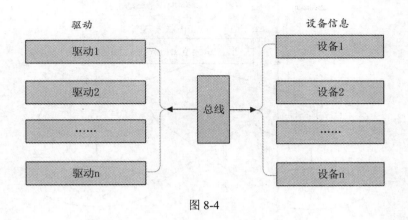

图 8-4

8.1.2 驱动的分层

上一小节讲了驱动的分隔与分离,本小节我们来简单看一下驱动的分层。读者应该听说过网络的7层模型,不同的层负责不同的内容。同样地,Linux下的驱动往往也是分层的,分层的目的是在不同的层处理不同的内容。以其他书籍或者资料经常使用的input(输入子系统)为例,简单介绍一下驱动的分层。input子系统负责管理所有跟输入有关的驱动,包括键盘、鼠标、触摸等,最底层的就是设备原始驱动,负责获取输入设备的原始值,获取到的输入事件上报给input核心层。input核心层会处理各种IO模型,并且提供file_operations操作集合。我们在编写输入设备驱动的时候只需要处理输入事件的上报即可,至于如何处理这些上报的输入事件那是上层要考虑的,我们不用管。可以看出,借助分层模型可以极大地简化驱动的编写,对于驱动的编写来说非常友好。

8.1.3 基本概念

前面我们讲了设备驱动的分离,并且引出了总线、驱动和设备模型,比如I^2C、SPI、USB等总线。但是在SOC中有些外设是没有总线这个概念的,但是又要使用总线、驱动和设备模型,该怎么办呢?为了解决此问题,Linux提出了platform这个虚拟总线,相应地就有platform_driver和platform_device。

Linux系统的驱动模型主要由三个主要部分组成,分别是驱动、总线和设备。现在常见的嵌入式SOC已经不是单纯的CPU的概念了,它们都会在片上集成很多外设电路,这些外设都挂接在SOC内部的总线上,不同于IIC、SPI和USB等实际存在外部PCB走线总线,SOC内部的总线实际上是CPU的内部走线,因此Linux为了统一驱动模型,在系统在启动引导时初始化了一条虚拟总线作为一个抽象的总线,称之为platform总线,实现在drivers/base/platform.c中。现在就来学习这一类驱动的框架结构。要做嵌入式Linux的驱动,这个是绕不开的。

Linux平台设备驱动模型并不是创建新的设备分类,而是在原有的字符设备基础上使用,将设备和驱动分开,生成两个.ko文件。

Linux内核维护一个全局设备链表,对应的总线会将驱动和设备链表中的设备名进行匹配,如果匹配成功,就会将设备的信息传递给驱动的probe函数,probe函数得到设备的核心结构体platform_device的信息就可以进行对应的操作。比如图8-5中,两个设备成功匹配了对应的驱动。

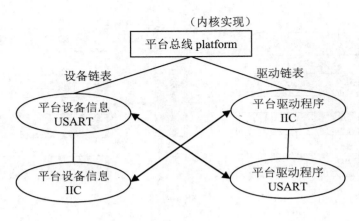

图 8-5

我们只需实现平台驱动和平台设备即可，平台总线是内核实现的，常见的总线如IIC、SPI、CAN等，LED、KEY这种类型的普通字符设备，Linux内核就使用虚拟的平台总线struct bus_type platform_bus_type来匹配这类设备。

platform平台设备驱动模型的作用是将驱动的实现和资源分离，是一个虚拟的总线平台。这其中存在三个成员，分别是platform_bus（平台总线）、platform_device（平台设备）和platform_driver（平台驱动）。platform_device和platform_driver注册不分先后顺序。其中，platform_bus属于虚拟设备总线，通过这个总线将设备和驱动联系起来，属于Linux中总线的一种，它由全局链表实现，平台总线不对应实际的物理总线，是一种虚拟总线，采用总线的模型对设备与驱动进行管理，可提高程序的可移植性；platform_device是挂接在platform_bus下的设备，使用结构体platform_device描述；platform_driver是挂接在平台总线下，且与某种平台设备相对应的驱动，使用结构体platform_driver描述。

Linux的大部分设备驱动都可以使用platform机制，用platform device表示设备，用platform driver表示驱动。

8.1.4 什么是platform总线

从Linux 2.6开始，Linux加入了一套驱动管理和注册机制：platform总线驱动模型。platform总线是一条虚拟总线（只有一条），这类总线没有对应的硬件结构。platform_device为相应的设备，platform_driver为相应的驱动。与传统的bus/device/driver机制相比，platform由内核统一进行管理，提高了代码的可移植性和安全性。

所谓的platform_device，并不是与字符设备、块设备和网络设备并列的概念，而是Linux系统提供的一种附加手段。Linux总线设备驱动模型的框架如图8-6所示。

从图8-6中可以很清楚地看出Linux platform总线设备驱动模型的整体架构。在总线设备驱动模型中，需要关心总线、设备和驱动这3个实体，总线将设备和驱动绑定。

当向内核注册驱动程序时，要调用platform_driver_register函数将驱动程序注册到总线，并将其放入所属总线的drv链表中，注册驱动的时候还会调用所属总线的match函数寻找该总线上与之匹配的设备，如果找到与之匹配的设备，则会调用probe函数将相应的设备和驱动进行绑定，这一匹配过程是由总线自动完成的。

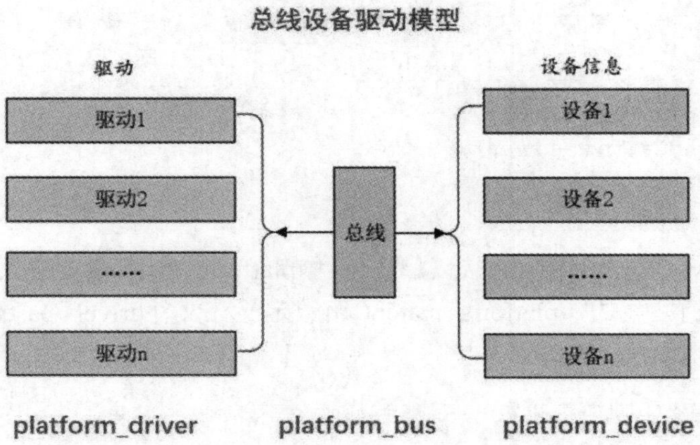

总线设备驱动模型

图 8-6

Linux 系统内核使用 bus_type 结构体表示总线，该结构体定义在文件 include/linux/device.h 中。bus_type 结构定义如下：

```
struct bus_type {
    const char *name; /* 总线名字 */
    const char *dev_name;
    struct device *dev_root;
    struct device_attribute *dev_attrs;
    const struct attribute_group **bus_groups; /* 总线属性 */
    const struct attribute_group **dev_groups; /* 设备属性 */
    const struct attribute_group **drv_groups; /* 驱动属性 */

    int (*match)(struct device *dev, struct device_driver *drv);  //第10行
    int (*uevent)(struct device *dev, struct kobj_uevent_env *env);
    int (*probe)(struct device *dev);
    int (*remove)(struct device *dev);
    void (*shutdown)(struct device *dev);

    int (*online)(struct device *dev);
    int (*offline)(struct device *dev);
    int (*suspend)(struct device *dev, pm_message_t state);
    int (*resume)(struct device *dev);
    const struct dev_pm_ops *pm;
    const struct iommu_ops *iommu_ops;
    struct subsys_private *p;
    struct lock_class_key lock_key;
};
```

第10行的 match 函数很重要，单词 match 的意思是匹配、相配，因此该函数就是完成设备和驱动之间的匹配，总线就是使用 match 函数来根据注册的设备来查找对应的驱动，或者根据注册的驱动来查找相应的设备，因此每一条总线都必须实现该函数。match 函数有两个参数：dev 和 drv，这两个参数分别为 device 和 device_driver 类型，也就是设备和驱动。

platform 总线是 bus_type 的一个具体实例，定义在文件 drivers/base/platform.c 中，platform 总线定义如下：

```
struct bus_type platform_bus_type = {
    .name = "platform",
    .dev_groups = platform_dev_groups,
    .match = platform_match,
    .uevent = platform_uevent,
    .pm = &platform_dev_pm_ops,
};
```

platform_bus_type就是platform平台总线，其中platform_match就是匹配函数。我们来看一下驱动和设备是如何匹配的，platform_match()函数定义在文件drivers/base/platform.c中，函数内容如下：

```
static int platform_match(struct device *dev, struct device_driver *drv)
{
    struct platform_device *pdev = to_platform_device(dev);
    struct platform_driver *pdrv = to_platform_driver(drv);

    /* When driver_override is set, only bind to the matching driver */
    if (pdev->driver_override)
        return !strcmp(pdev->driver_override, drv->name);

    /* Attempt an OF style match first */
    if (of_driver_match_device(dev, drv))                        //第11行
        return 1;                                                //第12行

    /* Then try ACPI style match */
    if (acpi_driver_match_device(dev, drv))                      //第15行
        return 1;                                                //第16行

    /* Then try to match against the id table */
    if (pdrv->id_table)                                          //第19行
        return platform_match_id(pdrv->id_table, pdev) != NULL;  //第20行

    /* fall-back to driver name match */
    return (strcmp(pdev->name, drv->name) == 0);                 //第23行
}
```

驱动和设备的匹配有4种方法，我们依次来看一下：

第11～12行，第一种匹配方式，OF类型的匹配，也就是设备树采用的匹配方式，of_driver_match_device函数定义在文件include/linux/of_device.h中。device_driver结构体（表示设备驱动）中有个名为of_match_table的成员变量，此成员变量保存着驱动的compatible匹配表，设备树中的每个设备节点的compatible属性会和of_match_table表中的所有成员比较，查看是否有相同的条目，如果有的话，就表示设备和此驱动匹配，设备和驱动匹配成功以后，probe函数就会执行。

第15～16行，第二种匹配方式，ACPI匹配方式。

第19～20行，第三种匹配方式，id_table匹配，每个platform_driver结构体有一个id_table成员变量，顾名思义，保存了很多id信息。这些ID信息存放着这个platform驱动所支持的驱动类型。

第23行，第四种匹配方式，如果第三种匹配方式的id_table不存在，就直接比较驱动和设备的name字段，看看是否相等，如果相等，就会匹配成功。

对于支持设备树的Linux版本号，一般设备驱动为了兼容性，都支持设备树和无设备树两种匹配方式。也就是第一种匹配方式一般都会存在，第三种和第四种只要存在一种就可以，一般用得最多的还是第四种，也就是直接比较驱动和设备的name字段，毕竟这种方式最简单了。

8.2　platform 驱动

这里所讲的平台设备驱动是指具体的某种平台设备的驱动，比如前面讲的RTC平台设备，这里就是指RTC平台设备驱动。在Linux中，系统还为平台设备定义了平台驱动结构体platform_driver，就好比系统为字符设备定义了file_operations一样，但不要把平台设备跟字符设备、块设备、网络设备搞成了并列的概念，因为平台设备也可以是字符设备等其他设备。注意：在被定义为平台设备的字符设备的驱动中，除实现字符设备驱动中file_operations的open、release、read、write等接口函数外，还要实现平台设备驱动中platform_driver的probe、remove、suspend、resume等接口函数。搞明白上面这些概念后，本节就来详细分析RTC平台设备的驱动实现。

8.2.1　platform_driver结构体

platform_driver结构体用于描述驱动的实现。通过platform_driver的name成员匹配device后probe函数会被调用，在设备拔出时，系统会调用remove成员做清理工作。该结构体声明如下：

```
struct platform_driver {
    int (*probe)(struct platform_device *); // device和driver的name匹配成功后调用
probe函数
    int (*remove)(struct platform_device *);   // 设备移除时调用
    void (*shutdown)(struct platform_device *);
    int (*suspend)(struct platform_device *, pm_message_t state);
    int (*resume)(struct platform_device *);
    struct device_driver driver; //第7行。id_table->name没设置时，使用driver->name
进行匹配
    const struct platform_device_id *id_table;
};
```

当驱动与设备匹配成功后，probe函数就会执行，这是非常重要的函数。一般驱动的提供者会编写，如果自己要编写一个全新的驱动，那么probe就需要自行实现。

第7行的driver成员为device_driver结构体变量，Linux内核中大量使用到了面向对象的思维，device_driver相当于基类，提供了基础的驱动框架。platform_driver继承了这个基类，然后在此基础上又添加了一些特有的成员变量。

第8行的id_table表，也就是上一节讲解platform总线匹配驱动和设备的时候采用的第三种方法，id_table是个表（也就是数组），每个元素的类型为platform_device_id，其中platform_device_id结构定义如下：

```
struct platform_device_id {
    char name[PLATFORM_NAME_SIZE];  // 用来和platform_device->name进行匹配
    kernel_ulong_t driver_data;
};
```

device_driver结构体定义在include/linux/device.h中，device_driver结构体的内容如下：

```
struct device_driver {
    const char          *name;
    struct bus_type     *bus;

    struct module       *owner;
    const char          *mod_name;   /* used for built-in modules */

    bool suppress_bind_attrs;/* disables bind/unbind via sysfs */
    enum probe_type probe_type;

    const struct of_device_id*of_match_table;  //第10行
    const struct acpi_device_id  *acpi_match_table;

    int (*probe) (struct device *dev);
    int (*remove) (struct device *dev);
    void (*shutdown) (struct device *dev);
    int (*suspend) (struct device *dev, pm_message_t state);
    int (*resume) (struct device *dev);
    const struct attribute_group **groups;
    const struct attribute_group **dev_groups;

    const struct dev_pm_ops *pm;
    void (*coredump) (struct device *dev);

    struct driver_private *p;
};
```

第10行，of_match_table就是采用设备树的时候驱动使用的匹配表，同样是数组，每个匹配项都为of_device_id结构体类型，此结构体定义在文件include/linux/mod_devicetable.h中，内容如下：

```
/*
 * Struct used for matching a device
 */
struct of_device_id {
    charname[32];
    chartype[32];
    charcompatible[128];  //第4行
    const void *data;
};
```

第4行的compatible非常重要，因为对于设备树而言，就是通过设备节点的compatible属性值和of_match_table中每个项目的compatible成员变量进行比较，如果有相等的，就表示设备和此驱动匹配成功。

在编写platform驱动的时候，首先定义一个platform_driver结构体变量，然后实现结构体中的各个成员变量，重点是实现匹配方法以及probe函数。当驱动和设备匹配成功以后，probe函数就会执行，具体的驱动程序在probe函数中编写，比如字符设备驱动等。当我们定义并初始化platform_driver结构体变量以后，需要在驱动入口函数中调用platform_driver_register()函数向Linux内核注册一个platform驱动，platform_driver_register函数原型如下：

```
int platform_driver_register (struct platform_driver *driver);
```

其中，参数driver是要注册的platform驱动。返回负数表示失败，返回0表示成功。

还 需 要 在 驱 动 卸 载 函 数 中 通 过 platform_driver_unregister 函 数 卸 载 platform 驱 动，platform_driver_unregister函数原型如下：

```
void platform_driver_unregister(struct platform_driver *drv);
```

其中，参数drv表示要卸载的platform驱动。

我们来看一个LED灯的驱动，以LED中的platform_driver为例进行分析：

```
struct platform_driver led_drv = {
    .probe      = led_probe,
    .remove     = led_remove,
    .driver     = {
        .name   = "myled",
        .of_match_table = of_match_leds, /* 能支持哪些来自dts的platform_device */
    }
};
```

- .probe 函数：当驱动与设备匹配成功以后，probe 函数就会执行，这是非常重要的函数。一般驱动的提供者会编写，如果自己要编写一个全新的驱动，那么 probe 就需要自行实现。
- .remove 函数：platform_driver 结构体中的 remove 成员变量，当关闭 platform 设备驱动的时候，此函数就会执行，以前在驱动卸载 exit 函数中要做的事情就放到此函数中。比如，使用 iounmap 释放内存、删除 cdev、注销设备号等。
- .driver 成员：为 device_driver 结构体变量，Linux 内核中大量使用到了面向对象的思维，device_driver 相当于基类，提供了基础的驱动框架。platform_driver 继承了这个基类，然后在此基础上又添加了一些特有的成员变量。

8.2.2　platform主要函数

platform主要函数如下：

```
/* platform_device注册和卸载函数 */
int platform_device_register(struct platform_device *pdev);
void platform_device_unregister(struct platform_device *pdev);

/* platform_driver注册和卸载函数 */
int platform_driver_register(struct platform_driver *drv);
void platform_driver_unregister(struct platform_driver *drv);

/* 获取platform_device中保存的资源 */
```

```
struct resource *platform_get_resource(struct platform_device *dev, unsigned int
type, unsigned int num);

/* 用于批量注册平台设备 */
int platform_add_devices(struct platform_device **devs, int num)
```

8.2.3   platform驱动框架

如果用文字来总结实现platform驱动架构的步骤，就是：

（1）定义一个platform_driver结构体变量。

（2）实现probe函数。

（3）实现remove函数。

（4）实现of_match_table函数。

（5）调用platform_driver_register函数向Linux内核注册一个platform驱动。

（6）调用platform_driver_unregister函数卸载platform驱动。

我们再通过代码来看一个platform驱动框架，如下所示：

```
/* 设备结构体 */                                        //第1行
struct xxx_dev{
    struct cdev cdev;
    /* 设备结构体其他具体内容 */
};

struct xxx_dev xxxdev; /* 定义设备结构体变量 */

static int xxx_open(struct inode *inode, struct file *filp)
{
    /* 函数具体内容 */
     return 0;
}

static ssize_t xxx_write(struct file *filp, const char __user *buf, size_t cnt,
loff_t *offt)
{
    /* 函数具体内容 */
    return 0;
}

/*
* 字符设备驱动操作集
*/
static struct file_operations xxx_fops = {
    .owner = THIS_MODULE,
    .open = xxx_open,
    .write = xxx_write,
};                                                      //第28行

/*                                                      //第30行
* platform驱动的probe函数
* 驱动与设备匹配成功后，此函数就会执行
*/
```

```
static int xxx_probe(struct platform_device *dev)
{
    ...
    cdev_init(&xxxdev.cdev, &xxx_fops); /* 注册字符设备驱动 */
    /* 函数具体内容 */
    return 0;
}                                               //第40行
static int xxx_remove(struct platform_device *dev)  //第41行
{
    ...
   cdev_del(&xxxdev.cdev);/* 删除 cdev */
    /* 函数具体内容 */
    return 0;
}                                               //第48行
/* 匹配列表 */                                   //第50行
static const struct of_device_id xxx_of_match[] = {
    { .compatible = "xxx-gpio" },               //第52行
    { /* Sentinel */ }
};                                              //第54行
/*                                              //第56行
 * platform平台驱动结构体
 */
static struct platform_driver xxx_driver = {
    .driver = {
    .name = "xxx",
    .of_match_table = xxx_of_match,
    },
    .probe = xxx_probe,                         //第64行
    .remove = xxx_remove,                       //第65行
};                                              //第66行
/* 驱动模块加载 */                               //第68行
static int __init xxxdriver_init(void)
{
    return platform_driver_register(&xxx_driver);
}                                               //第72行
/* 驱动模块卸载 */                               //第74行
static void __exit xxxdriver_exit(void)
{
    platform_driver_unregister(&xxx_driver);
}                                               //第78行
module_init(xxxdriver_init);
module_exit(xxxdriver_exit);
MODULE_LICENSE("GPL");
MODULE_AUTHOR("jamesbin");
```

第1～28行，传统的字符设备驱动，所谓的platform驱动，并不是独立于字符设备驱动、块设备驱动和网络设备驱动之外的其他种类的驱动。platform只是为了驱动的分离与分层而提出的一种框架，其驱动的具体实现还是需要字符设备驱动、块设备驱动或网络设备驱动。

第30～40行，xxx_probe函数，当驱动和设备匹配成功以后，此函数就会执行，以前在驱动入口init函数中编写的字符设备驱动程序就会全部放到probe函数中，比如注册字符设备驱动、添加cdev、创建类等。

第41～48行，xxx_remove函数，platform_driver结构体中的remove成员变量，当关闭platform设备驱动的时候，此函数就会执行，以前在驱动卸载exit函数中要做的事情就会放到此函数中。比如，使用iounmap释放内存、删除cdev、注销设备号等。

第50～54行，xxx_of_match匹配表，如果使用设备树的话，将通过此匹配表进行驱动和设备的匹配。第51行设置了一个匹配项，此匹配项的compatible值为xxx-gpio，因此当设备树中设备节点的compatible属性值为xxx-gpio的时候，此设备就会与此驱动匹配。

第52行是一个标记，of_device_id表最后一个匹配项必须是空的。

第56～66行，定义一个platform_driver结构体变量xxx_driver，表示platform驱动，第59～62行设置platform_driver中的device_driver成员变量的name和of_match_table这两个属性。其中，name属性用于传统的驱动与设备匹配，也就是检查驱动和设备的name字段是否相同。of_match_table属性用于设备树下的驱动与设备检查。对于一个完整的驱动程序，必须提供有设备树和无设备树两种匹配方法。第64～65行设置probe和remove这两个成员变量。

第68～72行，驱动入口函数，调用platform_driver_register函数向Linux内核注册一个platform驱动，也就是上面定义的xxx_driver结构体变量。

第74～77行，驱动出口函数，调用platform_driver_unregister函数卸载前面注册的platform驱动。

8.2.4　platform_device的注册过程

（1）系统初始化时，调用platform_add_devices函数把所有放置在板级platform_device数组中的platform_device注册到系统中。此函数循环调用platform_device_register函数来注册每个platform_device。而platform_device_register中会调用platform_device_add函数。

（2）platform_device全部注册到系统之后，便可以通过platform的操作接口来获取platform_device中的resource资源，比如地址、中断号等，以进行request_mem_region、ioremap（将resource分配的物理地址映射到Kernel的虚拟空间中）和request_irq操作。platform的操作接口函数包括platform_get_irq、platform_get_irq_byname、platform_get_resource、platform_get_resource_byname等。

（3）在驱动模块insmod到系统时，驱动代码可以通过platform的操作接口函数来获取对应platform_device的resource资源。比如在module_init中会调用platform_driver_register，这个会引用platform_driver中的probe函数。probe函数可以通过get_resource来获取寄存器物理基地址，然后ioremap到Kernel的虚拟空间中，这样驱动就可以正式操纵和修改设备的寄存器，进行cdev的初始化及cdev_add的操作。

8.3　platform 设备

　　platform驱动已经准备好了，我们还需要platform设备，否则仅仅一个驱动也做不了什么。platform_device这个结构体表示platform设备，这里我们要注意，如果内核支持设备树的话，就不要再使用platform_device来描述设备，因为改用设备树来描述了。当然，如果一定要用platform_device来描述设备信息，也是可以的。

　　通常在Linux中，把SOC系统中集成的独立外设单元（如：I^2C、IIS、RTC、看门狗等）都当作平台设备来处理。

　　在Linux中，用platform_device结构体来描述一个平台设备，在Linux内核中定义在include/linux/platform_device.h中，如下所示：

```
struct platform_device {
    const char    *name;  //设备名称,要与platform_driver的name一样,这样总线才能匹配成功
    int           id;     //插入总线下相同name的设备编号(一个驱动可以有多个设备),如果只有一
个设备则填-1
    bool          id_auto;
    struct device dev;    //具体的device结构体,继承了device父类,成员platform_data
                          //可以给平台driver提供各种数据(比如:GPIO引脚等等)
    u64           platform_dma_mask;
    struct device_dma_parameters dma_parms;
    u32           num_resources;      //设备使用各类资源的数量
    struct resource *resource;        //设备使用的资源,用来描述io、内存等

    const struct platform_device_id  *id_entry;
    /*
     * Driver name to force a match.  Do not set directly, because core
     * frees it.  Use driver_set_override() to set or clear it.
     */
    const char *driver_override;

    /* MFD cell pointer */
    struct mfd_cell *mfd_cell;

    /* arch specific additions */
    struct pdev_archdata archdata;
};
```

　　我们只需要关注name、id、num_resources、resource、dev这几个成员。其中，name 表示设备名字，应该与platform driver对应。注册后，会在/sys/device/目录下创建一个以name命名的目录，并且创建软链接到/sys/bus/platform/device下。name要和所使用的platform驱动的name字段相同，否则设备无法匹配到对应的驱动。比如对应的platform驱动的name字段为xxx-gpio，那么此name字段也要设置为xxx-gpio。代码中，num_resources表示资源数量，一般为resource资源的大小。resource表示资源，也就是设备信息，比如外设寄存器等。Linux内核使用resource结构体表示资源，resource结构体定义在include\linux\ioport.h中，定义如下：

```
struct resource {
    resource_size_t start;            //起始资源，如果是地址的话，必须是物理地址
    resource_size_t end;              //结束资源，如果是地址的话，必须是物理地址
    const char *name;                 //资源名
    unsigned long flags;              //资源类型，可以是io/irq/mem等
    struct resource *parent, *sibling, *child;    //链表结构，可以构成链表
};
```

start和end分别表示资源的起始信息和终止信息，对于内存类的资源，就表示内存起始和终止地址，name表示资源名字，flags表示资源类型，可选的资源类型都定义在文件include/linux/ioport.h中，如下所示：

```
/*
 * IO resources have these defined flags.
 *
 * PCI devices expose these flags to userspace in the "resource" sysfs file,
 * so don't move them.
 */
#define IORESOURCE_BITS      0x000000ff    /* Bus-specific bits */
#define IORESOURCE_TYPE_BITS 0x00001f00    /* Resource type */
#define IORESOURCE_IO        0x00000100    /* PCI/ISA I/O ports */
#define IORESOURCE_MEM       0x00000200
#define IORESOURCE_REG       0x00000300    /* Register offsets */
#define IORESOURCE_IRQ       0x00000400
#define IORESOURCE_DMA       0x00000800
#define IORESOURCE_BUS       0x00001000
...
```

在以前不支持设备树的Linux版本中，用户需要编写platform_device变量来描述设备信息，然后使用platform_device_register函数将设备信息注册到Linux内核中，此函数原型如下：

```
int platform_device_register(struct platform_device *pdev);
```

参数pdev表示要注册的platform设备。返回值为负数表示失败，返回0表示成功。

如果不再使用platform的话，可以通过platform_device_unregister函数注销掉相应的platform设备，platform_device_unregister函数原型如下：

```
void platform_device_unregister(struct platform_device *pdev);
```

参数pdev表示要注销的platform设备。platform设备信息框架如下：

```
/* 寄存器地址定义*/
#define PERIPH1_REGISTER_BASE (0X20000000) /* 外设 1 寄存器首地址 */
#define PERIPH2_REGISTER_BASE (0X020E0068) /* 外设 2 寄存器首地址 */
#define REGISTER_LENGTH 4

/* 资源 */
static struct resource xxx_resources[] = {                //第7行
    [0] = {
        .start = PERIPH1_REGISTER_BASE,
        .end = (PERIPH1_REGISTER_BASE + REGISTER_LENGTH - 1),
        .flags = IORESOURCE_MEM,
    },
```

```
    [1] = {
        .start = PERIPH2_REGISTER_BASE,
        .end = (PERIPH2_REGISTER_BASE + REGISTER_LENGTH - 1),
        .flags = IORESOURCE_MEM,
    },
};                                                          //第18行

/* platform 设备结构体 */
static struct platform_device xxxdevice = {                 //第21行
 .name = "xxx-gpio",
 .id = -1,
 .num_resources = ARRAY_SIZE(xxx_resources),
 .resource = xxx_resources,
};                                                          //第26行

/* 设备模块加载 */
static int __init xxxdevice_init(void)                      //第29行
{
 return platform_device_register(&xxxdevice);
}                                                           //第30行

/* 设备模块注销 */
static void __exit xxx_resourcesdevice_exit(void)           //第35行
{
 platform_device_unregister(&xxxdevice);
}                                                           //第38行

module_init(xxxdevice_init);
module_exit(xxxdevice_exit);
MODULE_LICENSE("GPL");
MODULE_AUTHOR("zww");
```

第7~18行，数组xxx_resources表示设备资源，一共有两个资源，分别为设备外设1和外设2的寄存器信息。因此，flags都为IORESOURCE_MEM，表示资源是内存类型的。

第21~26行，platform设备结构体变量，注意name字段要和所使用的驱动中的name字段一致，否则驱动和设备无法匹配成功。num_resources表示资源大小，其实就是数组xxx_resources的元素数量，这里用ARRAY_SIZE来测量一个数组的元素个数。

第29~32行，设备模块加载函数，在该函数中调用platform_device_register向Linux内核注册platform设备。

第35~38行，设备模块卸载函数，在该函数中调用platform_device_unregister从Linux内核中卸载platform设备。

以上代码主要是在不支持设备树的Linux版本中使用，当Linux内核支持设备树以后，就不需要用户手动注册platform设备了。因为设备信息都放到了设备树中描述，Linux内核启动的时候会从设备树中读取设备信息，然后将其组织成platform_device形式，至于设备树到platform_device的具体过程就不用详细追究了，感兴趣的读者可以去看一下，网上也有很多博客详细地讲解了整个过程。

关于platform下的总线、驱动和设备就讲解到这里，接下来使用platform驱动框架来编写一个LED灯驱动。本章不使用设备树来描述设备信息，我们采用自定义platform_device这种"古老"的方式来编写LED的设备信息。下一章我们编写设备树下的platform驱动，这样就可以掌握无设备树和有设备树这两种platform驱动的开发方式。

8.4　实现 platform 驱动

本节编写一个驱动模块和一个设备模块，其中驱动模块是platform驱动程序，设备模块是platform的设备信息。当这两个模块都加载成功以后就会匹配成功，然后platform驱动模块中的probe函数就会执行，probe函数中就是传统的字符设备驱动那一套。

【例8.1】实现platform设备与驱动程序

（1）打开VS Code，新建leddevice.c和leddriver.c这两个文件，这两个文件分别为LED灯的platform设备文件和LED灯的platform驱动文件。在leddevice.c中输入如下内容：

```
#include <linux/types.h>
#include <linux/kernel.h>
#include <linux/delay.h>
#include <linux/ide.h>
#include <linux/init.h>
#include <linux/module.h>
#include <linux/errno.h>
#include <linux/gpio.h>
#include <linux/cdev.h>
#include <linux/device.h>
#include <linux/of_gpio.h>
#include <linux/semaphore.h>
#include <linux/timer.h>
#include <linux/irq.h>
#include <linux/wait.h>
#include <linux/poll.h>
#include <linux/fs.h>
#include <linux/fcntl.h>
#include <linux/platform_device.h>
#include <asm/uaccess.h>
#include <asm/io.h>
/*************************************************************
Copyright ©. All rights reserved.
文件名 : leddriver.c
作者 : zww
版本 : V1.0
描述 : platform 设备
其他 : 无
环境 : Ubuntu20.04.1
日志 : 初版 V1.0 2023.8
*************************************************************/

  /*
  * 寄存器地址定义
```

```
   */
#define CCM_CCGR1_BASE (0X020C406C)
#define SW_MUX_GPIO1_IO03_BASE (0X020E0068)
#define SW_PAD_GPIO1_IO03_BASE (0X020E02F4)
#define GPIO1_DR_BASE (0X0209C000)
#define GPIO1_GDIR_BASE (0X0209C004)
#define REGISTER_LENGTH 4

   /* @description : 释放 flatform 设备模块的时候该函数会执行
    * @param - dev : 要释放的设备
    * @return : 无
    */
static void led_release(struct device *dev)
{
    printk("led device released!\r\n");
}

 /*
 * 设备资源信息，也就是 LED0 所使用的所有寄存器
 */
static struct resource led_resources [] = {        //第56行
    [0] = {
    .start = CCM_CCGR1_BASE,
    .end = (CCM_CCGR1_BASE + REGISTER_LENGTH - 1),
    .flags = IORESOURCE_MEM,
},
    [1] = {
    .start = SW_MUX_GPIO1_IO03_BASE,
    .end = (SW_MUX_GPIO1_IO03_BASE + REGISTER_LENGTH - 1),
    .flags = IORESOURCE_MEM,
},
    [2] = {
    .start = SW_PAD_GPIO1_IO03_BASE,
    .end = (SW_PAD_GPIO1_IO03_BASE + REGISTER_LENGTH - 1),
    .flags = IORESOURCE_MEM,
},
    [3] = {
    .start = GPIO1_DR_BASE,
    .end = (GPIO1_DR_BASE + REGISTER_LENGTH - 1),
    .flags = IORESOURCE_MEM,
},
    [4] = {
    .start = GPIO1_GDIR_BASE,
    .end = (GPIO1_GDIR_BASE + REGISTER_LENGTH - 1),
    .flags = IORESOURCE_MEM,
},
};                                                 //第82行


 /*
 * platform 设备结构体
```

```
    */
    static struct platform_device leddevice = {        //第88行
        .name = "imx6ul-led",
        .id = -1,
        .dev = {
        .release = &led_release,
    },                                                 //第96行
        .num_resources = ARRAY_SIZE(led_resources),
        .resource = led_resources,
    };

    /*
     * @description: 设备模块加载
      * @param: 无
      * @return: 无
      */
    static int __init leddevice_init(void)             //第103行
    {
        return platform_device_register(&leddevice);
    }                                                  //第106行

    /*
     * @description : 设备模块注销
     * @param : 无
     * @return : 无
     */
    static void __exit leddevice_exit(void)            //第113行
    {
        platform_device_unregister(&leddevice);
    }                                                  //第116行

    module_init(leddevice_init);
    module_exit(leddevice_exit);
    MODULE_LICENSE("GPL");
    MODULE_AUTHOR("zww");
```

leddevice.c文件的内容就是按照之前的示例代码的platform设备模板编写的。

第56～82行，led_resources数组，也就是设备资源，描述了LED所使用的寄存器信息，也就是IORESOURCE_MEM资源。

第88～96，platform设备结构体变量leddevice，这里要注意name字段为imx6ul-led，所以稍后编写platform驱动中的name字段也要为imx6ul-led，否则设备和驱动会匹配失败。

第103～106行，设备模块加载函数，在该函数中通过platform_device_register向Linux内核注册leddevice这个platform设备。

第113～116行，设备模块卸载函数，在该函数中通过platform_device_unregister从Linux内核中删除leddevice这个platform设备。

leddevice.c文件编写完成后，开始编写leddriver.c这个platform驱动文件，在leddriver.c中输入如下内容：

```c
#include <linux/types.h>
#include <linux/kernel.h>
#include <linux/delay.h>
#include <linux/ide.h>
#include <linux/init.h>
#include <linux/module.h>
#include <linux/errno.h>
#include <linux/gpio.h>
#include <linux/cdev.h>
#include <linux/device.h>
#include <linux/of_gpio.h>
#include <linux/semaphore.h>
#include <linux/timer.h>
#include <linux/irq.h>
#include <linux/wait.h>
#include <linux/poll.h>
#include <linux/fs.h>
#include <linux/fcntl.h>
#include <linux/platform_device.h>
#include <asm/uaccess.h>
#include <asm/io.h>
/********************************************************************
Copyright ©. All rights reserved.
文件名 : leddriver.c
作者 : zww
版本 : V1.0
描述 : platform 驱动
其他 : 无
环境 : Ubuntu20.04.1
日志 : 初版 V1.0 2023.8
********************************************************************/

#define LEDDEV_CNT 1 /* 设备号长度 */        //第34行
#define LEDDEV_NAME "dtsplatled" /* 设备名字 */
#define LEDOFF 0
#define LEDON 1

    /* leddev 设备结构体 */
struct leddev_dev {
    dev_t devid;                    /* 设备号 */
    struct cdev cdev;               /* cdev */
    struct class *class;            /* 类 */
    struct device *device;          /* 设备 */
    int major;                      /* 主设备号 */
    struct device_node *node;       /* LED 设备节点 */
    int led0;                       /* LED 灯 GPIO 标号 */
};

struct leddev_dev leddev;           /* LED设备 */
/*
* @description : LED 打开/关闭
* @param - sta : LEDON(0) 打开 LED, LEDOFF(1) 关闭 LED
* @return : 无
```

```c
*/
void led0_switch(u8 sta)
{
    if (sta == LEDON)
        gpio_set_value(leddev.led0, 0);
    else if (sta == LEDOFF)
        gpio_set_value(leddev.led0, 1);
}

/*
 * @description : 打开设备
 * @param - inode : 传递给驱动的 inode
 * @param - filp : 设备文件，file 结构体有个叫作private_data的成员变量
 * 一般在open的时候将private_data指向设备结构体
 * @return : 0成功；其他失败
 */
static int led_open(struct inode *inode, struct file *filp)
{
    filp->private_data = &leddev; /* 设置私有数据 */
    return 0;
}

/*
 * @description : 向设备写数据
 * @param - filp : 设备文件，表示打开的文件描述符
 * @param - buf : 要给设备写入的数据
 * @param - cnt : 要写入的数据长度
 * @param - offt : 相对于文件首地址的偏移
 * @return : 写入的字节数，如果为负值，表示写入失败
 */
static ssize_t led_write(struct file *filp, const char __user *buf, size_t cnt, loff_t
*offt)
{
    int retvalue;
    unsigned char databuf[2];
    unsigned char ledstat;

    retvalue = copy_from_user(databuf, buf, cnt);
    if (retvalue < 0) {

        printk("kernel write failed!\r\n");
        return -EFAULT;
    }

    ledstat = databuf[0];
    if (ledstat == LEDON) {
        led0_switch(LEDON);
    }
    else if (ledstat == LEDOFF) {
        led0_switch(LEDOFF);
    }
    return 0;
}
```

```
    /* 设备操作函数 */
    static struct file_operations led_fops = {
        .owner = THIS_MODULE,
        .open = led_open,
        .write = led_write,
    };                                    //第122行

    /*
    * @description : flatform驱动的probe函数，当驱动与设备匹配以后，此函数就会执行
    * @param - dev : platform设备
    * @return : 0，成功；其他负值，失败
    */
    static int led_probe(struct platform_device *dev)        //第130行
    {
        printk("led driver and device was matched!\r\n");
        /* 1. 设置设备号 */
        if (leddev.major) {
            leddev.devid = MKDEV(leddev.major, 0);
            register_chrdev_region(leddev.devid, LEDDEV_CNT, LEDDEV_NAME);
        }
        else {
            alloc_chrdev_region(&leddev.devid, 0, LEDDEV_CNT, LEDDEV_NAME);
            leddev.major = MAJOR(leddev.devid);
        }

        /* 2. 注册设备 */
        cdev_init(&leddev.cdev, &led_fops);
        cdev_add(&leddev.cdev, leddev.devid, LEDDEV_CNT);

        /* 3. 创建类 */
        leddev.class = class_create(THIS_MODULE, LEDDEV_NAME);
        if (IS_ERR(leddev.class)) {
            return PTR_ERR(leddev.class);
        }

        /* 4. 创建设备 */
        leddev.device = device_create(leddev.class, NULL, leddev.devid, NULL,
    LEDDEV_NAME);
        if (IS_ERR(leddev.device)) {
            return PTR_ERR(leddev.device);
        }

        /* 5. 初始化 IO */
        leddev.node = of_find_node_by_path("/gpioled");
        if (leddev.node == NULL) {
            printk("gpioled node nost find!\r\n");
            return -EINVAL;
        }

        leddev.led0 = of_get_named_gpio(leddev.node, "led-gpio", 0);
        if (leddev.led0 < 0) {
            printk("can't get led-gpio\r\n");
            return -EINVAL;
        }
```

```
    gpio_request(leddev.led0, "led0");
    gpio_direction_output(leddev.led0, 1);  /*设置为输出，默认为高电平 */
    return 0;
}                   //第206行

 /*
 * @description : remove 函数，移除 platform 驱动的时候该函数会执行
 * @param - dev : platform 设备
 * @return : 0，成功；其他负值，失败
 */
static int led_remove(struct platform_device *dev)    //第213行
{
    gpio_set_value(leddev.led0, 1);  /* 卸载驱动的时候关闭 LED */

    cdev_del(&leddev.cdev);  /* 删除 cdev */
    unregister_chrdev_region(leddev.devid, LEDDEV_CNT);
    device_destroy(leddev.class, leddev.devid);
    class_destroy(leddev.class);
    return 0;
}                       //第226行

 /* 匹配列表 */
static const struct of_device_id led_of_match [] = {
    {.compatible = "atkalpha-gpioled"},
{ /* Sentinel */}
};

 /* platform 驱动结构体 */
static struct platform_driver led_driver = {       //第229行
    .driver = {
    .name = "imx6ul-led", /* 驱动名字，用于和设备匹配 */
    .of_match_table = led_of_match, /* 设备树匹配表 */
},
    .probe = led_probe,
    .remove = led_remove,
};                         //第235行

 /*
 * @description : 驱动模块加载函数
 * @param : 无
 * @return : 无
 */
static int __init leddriver_init(void)  //252
{
    return platform_driver_register(&led_driver);
}                      //255

 /*
 * @description : 驱动模块卸载函数
 * @param : 无
 * @return : 无
 */
static void __exit leddriver_exit(void)
```

```
{
    platform_driver_unregister(&led_driver);
}
module_init(leddriver_init);
module_exit(leddriver_exit);
MODULE_LICENSE("GPL");
MODULE_AUTHOR("zww");
```

leddriver.c文件的内容就是按照之前示例的platform驱动模板编写的。

第34～122行，传统的字符设备驱动。

第130～206行，probe函数，当设备和驱动匹配以后，该函数就会执行，当匹配成功以后，会在终端输出"leddriveranddevicehasmatched!"这样的语句。在probe函数中初始化LED，注册字符设备驱动。也就是将原来在驱动加载函数中做的工作全部放到probe函数中完成。

第213～226行，remove函数，当卸载platform驱动的时候，该函数就会执行。在该函数中释放内存、注销字符设备等。也就是将原来驱动卸载函数中的工作全部都放到remove函数中完成。

第229～235行，platform_driver驱动结构体，注意name字段为imx6ul-led，和我们在leddevice.c文件中设置的设备name字段一致。

第242～245行，驱动模块加载函数，在该函数通过platform_driver_register向Linux内核注册led_driver驱动。

第252～255行，驱动模块卸载函数，在该函数中通过platform_driver_unregister从Linux内核卸载led_driver驱动。

（2）编写Makefile，内容如下：

```
obj-m += leddevice.o leddriver.o
#export ARCH=arm
#export CROSS_COMPILE=arm-linux-gnueabihf-
KDIR := /lib/modules/$(shell uname -r)/build

all:
    make -C $(KDIR) M=$(shell pwd) modules

clean:
    rm -f *.ko *.o *.mod.o *.mod.c *.symvers *.order
```

把这两个源文件和Makefile文件上传到Linux的某个目录，然后在各自目录下执行make命令编译后生成leddevice.ko和leddriver.ko。

（3）编写应用层程序。打开VC 2017新建一个Linux工程，或者使用其他文本编辑器，输入以下代码：

```
#include "stdio.h"
#include "unistd.h"
#include "sys/types.h"
#include "sys/stat.h"
#include "fcntl.h"
#include "stdlib.h"
#include "string.h"
    /************************************************************
```

```
   Copyright ? All rights reserved.
   文件名 : ledApp.c
   作者 : zww
   版本 : V1.0
   描述 : platform 驱动驱测试App
   其他 : 无
   使用方法 : ./ledApp /dev/platled 0 关闭 LED
   ./ledApp /dev/platled 1 打开 LED
   环境 : Ubuntu20.04.1
   日志 : 初版 V1.0 2023.8
   *************************************************************/
#define LEDOFF 0
#define LEDON 1

   /*
    * @description : main 主程序
    * @param - argc : argv 数组元素个数
    * @param - argv : 具体参数
    * @return : 0 成功；其他失败
    */
int main(int argc, char *argv [])
{
    int fd, retvalue;
    char *filename;
    unsigned char databuf[2];

    if (argc != 3) {
        printf("Error Usage!\r\n");
        return -1;
    }

    filename = argv[1];
    /* 打开LED驱动 */
    fd = open(filename, O_RDWR);
    if (fd < 0) {
        printf("file %s open failed!\r\n", argv[1]);
        return -1;
    }

    databuf[0] = atoi(argv[2]); /* 要执行的操作：打开或关闭 */
    retvalue = write(fd, databuf, sizeof(databuf));
    if (retvalue < 0) {
        printf("LED Control Failed!\r\n");
        close(fd);
        return -1;
    }

    retvalue = close(fd); /* 关闭文件 */
    if (retvalue < 0) {
        printf("file %s close failed!\r\n", argv[1]);
        return -1;
    }
```

```
    return 0;
}
```

ledApp.c文件的内容很简单，就是控制LED灯的亮灭。使用VC 2017编译或手动上传ledApp.c到Linux并用命令编译：

```
# gcc ledApp.c -o ledApp
```

编译成功以后，就会生成ledApp这个应用程序。

（4）运行测试。输入如下命令加载leddevice.ko设备模块和leddriver.ko这个驱动模块：

```
insmod leddevice.ko
insmod leddriver.ko
```

或者把leddevice.ko和leddriver.ko复制到系统默认驱动路径/lib/modules/$(uname -r)下面，这里是/lib/modules/5.4.0-42-generic，确认复制完成后，需要在加载模块之前建立该模块的依赖关系，即必须用depmod更新一下/lib/modules/$(uname -r)/modules.dep文件，之后执行指令modprobe xxx（注意：这里xxx不要有.ko后缀，不然会找不到，如模块文件名是hello.ko，那么modprobe hello）就可以了。具体步骤如下：

```
# depmod
# modprobe leddevice
# modprobe leddriver
```

在第一次加载驱动的时候需要运行depmod命令。其中devices子目录为platform设备，drivers子目录为platform驱动。查看/sys/bus/platform/devices/目录，看看我们的设备是否存在，在leddevice.c中设置leddevice（platform_device类型）的name字段为imx6ul-led，也就是设备名为imx6ul-led，因此肯定在/sys/bus/platform/devices/目录下存在一个名为imx6ul-led的文件，否则说明我们的设备模块加载失败，结果如图8-7所示。

图 8-7

同理，查看/sys/bus/platform/drivers/目录，看一下驱动是否存在，在leddriver.c中设置led_driver（platform_driver类型）的name字段为imx6ul-led，因此会在/sys/bus/platform/drivers/目录下存在名为imx6ul-led这个文件，结果如图8-8所示。

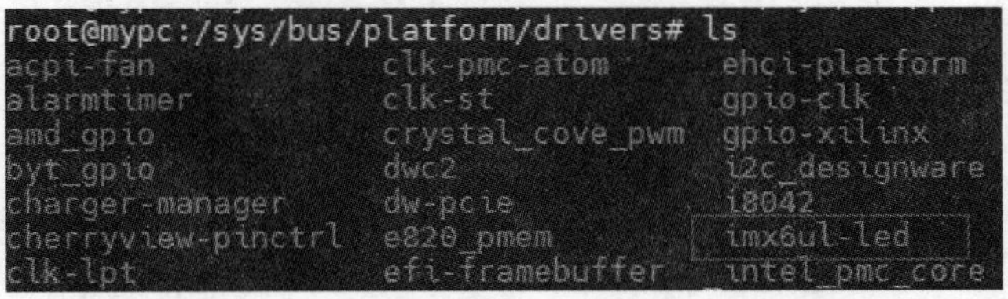

图 8-8

而且，在/dev目录下也有一个dtsplatled设备：

```
root@mypc:/dev# ls dtsplatled
dtsplatled
```

下面就可以用应用程序测试了。输入如下命令打开LED灯：

```
# ./ledApp /dev/dtsplatled 1
```

当然，这里没有开发板，所以无法看到效果。但这并不影响我们学习，效果无非就是现在开发板上的灯亮了而已。

如果要卸载驱动，输入如下命令即可：

```
rmmod leddevice.ko
rmmod leddriver.ko
```

第 9 章
基于AArch64的内核和文件系统

前面几章都是在x86的Ubuntu中实现的，总感觉都是在主机端编程，下面我们来体验嵌入式开发的环境，比如用ARM编译器进行交叉编译、在ARM系统中运行程序等。有人可能要紧张了，是不是要花钱买开发板了？放心，我们没有开发板照样可以进行ARM嵌入式开发。

首先，要明确笔者的开发环境，在物理机上运行Windows系统，然后用VMWare运行Ubuntu，Ubuntu中使用QEMU运行AArch64系统。因此，VMware虚拟机Ubuntu相对于AArch64系统而言，Ubuntu是宿主机，AArch64系统是Ubuntu的客户机。相对于Windows 10系统而言，Ubuntu是Windows 10的客户机。这个环境自始至终如此，希望读者在学习过程中也是如此。

搞安全，肯定要涉及内核。我们开发的安全设备通常是一个嵌入式系统，比如VPN设备、防火墙设备、单向网闸等。通常需要对内核进行裁剪、定制，然后放到专门的嵌入式主板（比如ARM主板）上。这就需要我们有一定的内核开发功底。记得某个前辈说过，一个网络安全系统开发者，首先要是一个嵌入式开发高手。因此，我们有必要了解嵌入式开发和系统内核开发。

在公司开发，由于项目参与人员比较多，如果人手一块ARM开发板，资源比较紧张，希望能够用模拟器来代替。由于不少网络安全设备都基于ARM开发板，因此我们需要熟悉ARM模拟系统，毕竟没有那么多开发板。

基于ARM平台的网络安全软件开发工作可以划分为两类：

1. 应用程序开发

我们在开发嵌入式项目的时候，一般都是先在x86平台上把大部分功能开发完成，然后交叉编译，得到在ARM平台的可执行程序或者库文件。再通过scp指令或者NFS远程挂载的方式，把这些文件复制到ARM板子上执行。

一般而言，应用程序就是利用硬件产品的各种资源、外设来完成特定的功能的，比如数据采集、控制外部设备、网络传输等，主要的特征就是与外部的各种设备进行交互。

2. 系统开发（内核、文件系统、驱动程序）

系统开发的最终目的是为应用程序准备一个基本的执行环境，包括系统引导程序 bootloader、内核 kernel、文件系统 rootfs 以及系统中所有设备的驱动程序。在实际的项目开发中，系统开发难度更大一些，一旦开发完成，对于一块板子来说基本上不会轻易变动，代码的使用生命周期更长。

以上这两种分类主要是从开发工作的内容角度来进行划分的。可以看出：

- 应用程序开发的灵活性更大，需求变动更多（产品经理或项目经理经常会给你改需求）。
- 系统软件开发的需求更稳定，很多代码都是官方提供或者开源的，工作内容就是进行定制、裁剪。对于系统软件开发来说，如果每次编译出一个 bootloader 或者 kernel，都上一个 ARM 开发板进行验证，的确比较麻烦。如果能有一个 ARM 模拟系统，直接在 x86 上进行模拟，工作效率就会提高很多。

9.1　认识 QEMU

9.1.1　QEMU 是什么

QEMU 是一个开源的托管虚拟机，通过纯软件来实现虚拟化模拟器，几乎可以模拟任何硬件设备。比如，QEMU 可以模拟出一个 ARM 系统中的 CPU、内存、IO 设备等，然后在这个模拟层之上可以运行一台 ARM 虚拟机，这个 ARM 虚拟机认为自己在和硬件打交道，但实际上这些硬件都是 QEMU 模拟出来的。

正因为 QEMU 是纯软件实现的，所有的指令都要经过它的转换，所以性能非常低。所以在生产环境中，大多数的做法都是配合 KVM 来完成虚拟化工作，因为 KVM 是硬件辅助的虚拟化技术，主要负责比较烦琐的 CPU 和内存虚拟化，而 QEMU 则负责 I/O 虚拟化，两者合作各自发挥自身的优势，相得益彰。这部分不是重点，就不深入介绍了。

QEMU 本身是一个非常强大的虚拟机，甚至在 Xen、KVM 这些虚拟机产品中都少不了 QEMU 的身影。在 QEMU 的官方文档中也提到，QEMU 可以利用 Xen、KVM 等技术来加速。为什么需要加速呢？那是因为如果单纯使用 QEMU，它自己会模拟出一个完整的个人计算机，它里面的 CPU 等都是模拟出来的，甚至可以模拟不同架构的 CPU，比如在使用 Intel x86 CPU 的计算机中模拟出一个 ARM 的计算机或 MIPS 的计算机，这样模拟出的 CPU 的运行速度肯定赶不上物理 CPU。使用加速以后，可以把客户操作系统的 CPU 指令直接转发到物理 CPU，自然运行效率大增。

QEMU 同时也是一个非常简单的虚拟机，给它一个硬盘镜像就可以启动一台虚拟机，如果想定制这个虚拟机的配置，比如用什么样的 CPU、什么样的显卡、什么样的网络配置，指定相应的命令行参数就可以了。它支持许多格式的磁盘镜像，包括 VirtualBox 创建的磁盘镜像文件。它同时也提供一个创建和管理磁盘镜像的工具 qemu-img。

9.1.2 QEMU的两种执行模式

QEMU有以下两种执行模式。

（1）用户模式（User Mode）：利用动态代码翻译机制来执行不同主机架构的代码，例如在x86平台上模拟执行ARM代码，也就是说，我们写一条ARM指令，传入整个模拟器中，模拟器会把整个指令翻译成x86平台的指令，然后在x86的CPU中执行，如图9-1所示。

（2）系统模式（System Mode）：模拟整个计算机系统，利用其他VMM（Virtual Machine Monitor，虚拟机监视器），比如Xen、KVM等来使用硬件提供的虚拟化支持，创建接近主机性能的全功能虚拟机。总体结构如图9-2所示。

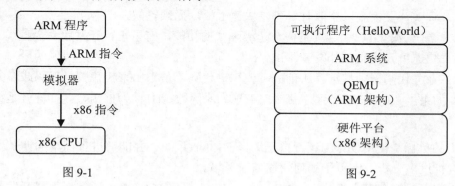

图 9-1   图 9-2

总之，QEMU用户模式可在Host主机下直接执行程序，QEMU系统模式可以模拟启动Linux系统，以及在Linux下正常执行程序。

9.1.3 QEMU的用途

QEMU最大的优势就是可以省钱。因为QEMU是使用纯软件模拟的，它的强项是模拟那些不涉及外部具体硬件设备的场景。例如想学习如何定制bootloader；想在ARM系统中进行文件系统的裁剪，学习文件系统的挂载过程；想体验一下如何配置、裁剪Linux Kernel；想学习Linux系统中的设备树；等等。

9.1.4 使用QEMU虚拟机的几种选择

利用QEMU来运行ARM虚拟机，用户有以下两个选择。

（1）简单方式：直接下载别人编译好的映像文件（包含内核、根文件系统），直接执行即可。缺点是别人编译好的映像文件也许不适合你的需求，没法定制。

（2）复杂方式：自己下载内核代码和根文件系统代码（例如BusyBox），然后进行编译。优点是可以按照自己的实际需求对内核和根文件系统进行裁剪。

在第2种复杂模式中，又有两个选择：

（1）内核代码、根文件系统的代码全部自己手动编译，最后把这些编译结果手动组织在一个文件夹中，形成自己的根目录。

（2）利用buildroot整个框架，只需要手动进行配置（比如交叉编译器在本机上的位置、输出路径、系统的裁剪），然后就可以一键编译出一个完整的系统，可以直接烧写到机器。

以上这几种操作方式可以根据自己的实际需要来选择。如果对构建系统的整个流程已经非常熟悉了，那么可以使用buildroot工具；如果想更彻底地学习制作一个系统，那么可以手动一步一步地编译、操作一遍，多练几次即可。

嵌入式开发离不开硬件设备，如开发板、外设等，但如果只是想研究Linux内核的架构/工作模式，修改一些代码，然后烧写到开发板中验证即可。这样未免有些复杂，QEMU可以避免频繁在开发板上烧写版本，如果只是内核方面的调试，QEMU可以完美地胜任。仿真能解决以下痛点：

（1）真实开发板难以获取时，可以快速上板，无须轮候。

（2）源码级的GDB（这真是一个超级强大的功能，有了它，开发效率会直线上升）。

（3）快速单元测试、开发者测试。

（4）业务代码无须打桩。所谓桩，或称桩代码，是指用来代替关联代码或者未实现代码的代码。如果函数B用B1来代替，那么，B称为原函数，B1称为桩函数。打桩就是编写或生成桩代码。

我们的目标是使用QEMU运行自己编译的Linux系统，并能够进行简单的调试。本章不对QEMU进行过多分析，侧重于如何快速搭建环境。

QEMU可运行在多个平台上，如Linux、Windows、MAC等。通常嵌入式开发是基于开源Linux的，因此我们也基于Linux环境开展实验。为了给读者节省投资，我们尽量使用一台物理机。基本步骤如下：

（1）在Windows下安装VMware，在VMware下创建Ubuntu版本的虚拟机（这个前面已经多次用过了）。

（2）在Ubuntu下安装QEMU软件。

（3）用QEMU模拟运行ARM64 Linux系统。

9.2　不编译运行 AArch64 程序

笔者准备做两件事情：第一件事是在x86_64的Ubuntu上找一个现成的AArch64程序来模拟运行它，这种场景模拟的是别人给你一个已经编译好的AArch64程序，我们要将它运行起来（尤其是在没有硬件AArch64主机的情况下）；第二件事则是在x86_64的Ubuntu上安装AArch64编译器，运行AArch64程序。这里的运行其实只是用QEMU提供的模拟器来运行。如果有AArch64架构的真实物理主机，则可以把在x86_64的Ubuntu上编译出来的AArch64程序放到AArch64主机上运行，这个过程叫作交叉编译运行。也就是编译和运行是在不同的主机上。这是因为目标主机（比如AArch64架构的主机）通常是不安装开发编译环境的，AArch64主机上的系统通常只保留一个最简单的运行环境。

为何要做第一件事呢？这是因为我们编译出来的AArch64程序交付给用户的时候，通常运行的环境都是没有编译环境的，所以平时我们要学会在没有部署编译环境的情况下，直接运行AArch64程序。而第二件事是必备技能，编译环境都不会部署，何谈开发程序？

9.2.1　准备一个现成的AArch64程序

现在我们不安装交叉编译器（AArch编译器）来运行AArch64程序。不安装AArch64编译器而直接运行AArch64程序，首先要有一个AArch64应用程序。这里笔者找了一台AArch64架构的物理主机，然后在这个主机上编辑并编译一个test.c程序，把生成的AArch64可执行程序test直接提供给读者，省得读者再去找AArch64主机。笔者提供的这个AArch程序位于对应章节源码目录的"来自真实物理AArch64主机的程序"目录下，名为test，将它放到x86_64架构的虚拟机Ubuntu的/root下，直接运行肯定是不行的：

```
./test
-bash: ./test：无法执行二进制文件：可执行文件格式错误
```

我们用file命令查看test的文件类型和架构信息，命令如下：

```
# file test
test: ELF 64-bit LSB executable, ARM aarch64, version 1 (SYSV), dynamically linked,
interpreter /lib/ld-linux-aarch64.so.1, BuildID[sha1]=
9b5ae2c792d03bafafdf18d5dd329c82e685d567, for GNU/Linux 3.7.0, not stripped
```

可以非常清楚地看到，这个test程序是ARM AArch64架构的，而且运行时需要动态链接（Dynamically Linked）其他标准库。

现在我们准备在x86_64的Ubuntu虚拟机中运行test，那就需要模拟处理器软件QEMU了。

9.2.2　安装Linux版的QEMU

QEMU的安装方式通常有两种：在线软件包安装和源码编译安装。

1. 在线软件包安装

在以前的Ubuntu 16.04中，在线安装QEMU只需要输入apt-get install qemul命令即可安装QEMU所有相关软件，包括进程级的虚拟机qemu-arch（比如在x86虚拟机下用qemu-arch命令就可以直接运行一个其他架构的应用程序，即直接运行ARM架构的二进制文件，而不必模拟整个SOC）、系统级的虚拟机qemu-system-ARCH（用这个命令可以启动一个相应ARCH的内核），以及QEMU工具（比如qemu-img），其中ARCH对应架构名。升级到20.04后，则要根据需要运行不同的安装命令。可能是因为QEMU软件包越来越大，因此被拆分为多个软件包。不同软件包有不同的功能，比如qemu-system-ARCH提供全系统模拟（根据硬件架构的不同，ARCH也可替换为ARM或MIPS等架构名），qemu-utils则提供了一些工具。

我们可以用apt的搜索命令查看有哪些可下载项：

```
apt search qemu-
```

读者测试一下，结果可以列出很多，一般需要qemu-system-arm和qemu-user-static。

以ARM架构（注意，AArch64和ARM64指代的是同一个东西）为例，如果需要系统级别的虚拟机，安装命令如下：

```
apt install qemu-system-arm
```

该命令会默认安装到/usr/bin下，我们可以到/usr/bin下查看安装了哪些程序。

```
root@mypc:/usr/bin# ls qemu*
qemu-img  qemu-io  qemu-nbd  qemu-pr-helper  qemu-system-aarch64
qemu-system-arm
```

其中，qemu-system-aarch64就是用来模拟整个AArch64架构的虚拟机程序，后面我们会用到该程序。安装完成后，可以查看一下版本号，命令如下：

```
root@myub:~# qemu-system-aarch64 --version
QEMU emulator version 4.2.1 (Debian 1:4.2-3ubuntu6.23)
Copyright (c) 2003-2019 Fabrice Bellard and the QEMU Project developers
```

如果需要进程级别的虚拟机，安装命令如下：

```
apt-get install qemu-user
```

也可以安装静态版本的qemu-user-static，qemu-user-static表示静态版本的qemu-user，如果不带-static，则表示需要动态链接库的qemu-user。这里下载动态版本的，使用起来比较方便。
安装完毕后，到/usr/bin下查看，发现有qemu-aarch64了：

```
# ls /usr/bin/qemu-aarch64
/usr/bin/qemu-aarch64
```

如果我们要查看所有以QEMU开头的程序，可以这样：

```
root@mypc:~# ls /usr/bin/qemu*
/usr/bin/qemu-aarch64    /usr/bin/qemu-hppa        /usr/bin/qemu-microblazeel
...
/usr/bin/qemu-cris       /usr/bin/qemu-microblaze  /usr/bin/qemu-mipsn32
/usr/bin/qemu-ppc64      /usr/bin/qemu-s390x       /usr/bin/qemu-system-aarch64
```

可以发现qemu-arm、qemu-mips64和qemu-riscv64等程序，它们分别用来启动进程级别AArch64、ARM、MIPS64和RISCV64架构的应用程序。也就是说，如果在真实的物理机器（架构是AArch64）上编译了一个名为hellowold的程序，它肯定不能在x86_64的机器上用"./helloworld"这样的方式运行，但是可以在x86_64机器上用qemu-AArch64 helloworld这样的方式运行。理解了吧，后面会给出一个例子。

如果还需要QEMU的一些工具，可以运行命令：

```
apt-get install qemu-utils
```

注意 笔者在本章用的是在线软件包安装。下面的源码编译安装方式适用于工作计算机禁止联网的朋友，此时需要从可以上网的计算机上下载源码，然后用U盘复制到工作计算机上再编译安装。

现在我们拥有了qemu-AArch64这个AArch64模拟软件，再运行/root/test程序试试，命令如下：

```
# qemu-aarch64 /root/test
/lib/ld-linux-aarch64.so.1: No such file or directory
```

提示缺少库，这说明认得这个二进制文件了，如果不认得，会有"可执行文件格式错误"这类的提示。是不是有点惊喜？离成功不远了。但惊悚的是，这个二进制文件居然可以直接运行：

```
# /root/test
/lib/ld-linux-aarch64.so.1: No such file or directory
```

这说明在Ubuntu安装QEMU软件后，它能探测到AArch64程序，并能直接模拟运行。注意这里说了模拟运行，而不是直接运行，直接运行一般意味着应用程序和当前主机是同一架构的，而test是AArch64架构的程序，肯定不能直接运行在x86_64上，所以笔者认为，即使我们能在命令行输入/root/test来运行，但本质上依旧是模拟运行，在后台肯定执行的是qemu-aarch64 /root/test。不信的话，把/usr/bin/qemu-aarch64重命名为qemu-aarch64-bk：

```
root@mypc:/usr/bin# mv qemu-aarch64 qemu-aarch64-bk
```

此时再运行/root/test，可以发现提示变了，命令如下：

```
# /root/test
-bash: /root/test: 没有那个文件或目录
```

提示"没有那个文件或目录"，这里所谓的那个文件肯定指的是/usr/bin/qemu-aarch64，我们赶紧把它恢复成qemu-aarch64：

```
mv /usr/bin/qemu-aarch64-bk /usr/bin/qemu-aarch64
```

再运行/root/test，就恢复正常的模拟运行了：

```
# /root/test
/lib/ld-linux-aarch64.so.1: No such file or directory
```

其实这样设计不好，会误认为AArch64架构的程序可以在x86_64上运行了，或许前面加上qemu-aarch64更好，比如：

```
qemu-aarch64 /root/test
```

当然，在一线开发中，test一般都是复制到真实的AArch64主机上运行的。我们先不让/root/test运行，照顾一下无法在线安装QEMU的朋友，先向他们介绍一下如何通过源码编译安装。

2. 源码编译安装

可以到QEMU官网下载最新源码（https://www.qemu.org/download/）。QEMU版本号会持续更新。值得注意的是，如果前面已经通过软件包方式安装了，则可以先通过VMware的恢复快照功能恢复到安装QEMU软件包之前的状态，再通过源码安装。

这里下载下来的文件是qemu-7.1.0.tar.xz，把它放到Linux中解压：

```
tar xvJf qemu-7.1.0.tar.xz
```

然后进入源码目录进行配置和编译：

```
cd qemu-7.1.0
./configure
```

如果出现ERROR: Cannot find Ninja，则需要安装ninja-build。Ninja是Google的一名程序员推出的注重速度的构建工具，以前在UNIX/Linux上的程序大都通过make/makefile来构建编译，而Ninja通过将编译任务并行组织，大大提高了构建速度。qemu-5.1之前的版本不需要安装Ninja等依赖库，qemu-5.2之后的版本需要安装Ninja依赖库。安装ninja-build的命令如下：

```
apt install ninja-build
```

再次运行配置，可能出现如下错误：

```
ERROR: glib-2.56 gthread-2.0 is required to compile QEMU
```

首先使用apt-cache search glib2看看应该安装哪个库：

```
root@myub:~/soft/qemu-7.1.0# apt-cache search glib2
gvfs-bin - userspace virtual filesystem - deprecated command-line tools
...
libglib2.0-dev - Development files for the GLib library
libglib2.0-dev-bin - Development utilities for the GLib library
...
ruby-glib2 - GLib 2 bindings for the Ruby language
```

编译开发需要安装的是libglib2.0-dev，安装命令如下：

```
apt-get install libglib2.0-dev
```

此时再运行配置命令，则又报错：

```
../meson.build:522:2: ERROR: Dependency "pixman-1" not found, tried pkgconfig
```

安装libpixman-1-dev：

```
apt-get install libpixman-1-dev
```

此时再运行配置命令，就可以顺利完成了，结果如下：

```
root@myub:~/soft/qemu-7.1.0# ./configure
...
Found ninja-1.10.0 at /usr/bin/ninja
Running postconf script '/usr/bin/python3 /root/soft/qemu-7.1.0/scripts/
symlink-install-tree.py'
root@myub:~/soft/qemu-7.1.0#
```

如果需要编译QEMU的时候支持共享文件夹，则需要重新编译QEMU，编译时添加额外的configure参数：

```
--enable-virtfs
```

现在暂不使用共享文件夹。根据不同的需要，./configure还可以包含其他参数：

```
--enable-debug : 使能debug
--disable-werror : 关闭warning导致的error报错
```

```
--extra-cflags=-ldl : make时添加额外cflags，-ldl指代码中可识别动态链接库
--enable-trace-backends=log : 使能qemu trace功能
```

现在了解即可。下面进行编译，命令如下：

```
make
```

等了很长时间，才最终停止：

```
[9607/9608] Compiling C object tests/qtest/prom-env-test.p/prom-env-test.c.o
[9608/9608] Linking target tests/qtest/prom-env-test
make[1]：离开目录"/root/soft/qemu-7.1.0/build"
changing dir to build for make ""...
make[1]：进入目录"/root/soft/qemu-7.1.0/build"
[1/150] Generating qemu-version.h with a custom command (wrapped by meson to capture
output)
[2/34] Generating QAPI test (include) with a custom command
make[1]：离开目录"/root/soft/qemu-7.1.0/build"
root@myub:~/soft/qemu-7.1.0#
```

可以看到，编译了9608个文件。编译生成的可执行二进制文件在源码目录的子目录build下，这个目录编译前就有，但内容不多：

```
root@myub:~/soft/qemu-7.1.0/build# ls
auto-created-by-configure  config.log  config-temp
```

至此，是时候展现快速编译方法了。慢的主要原因是我们没有在配置的时候加参数，编译时就会生成所有目标模拟平台。

下面我们恢复快照到安装QEMU之前的状态，然后指定目标模拟平台后再编译。步骤如下：

```
cd qemu-7.1.0
mkdir mybuild
cd mybuild
../configure --target-list=aarch64-linux-user,aarch64-softmmu
make -j
```

mkdir mybuild的意思是新建一个目录mybuild，其作用是使编译输出的文件都保存在该目录下。--target-list参数表示要生成的目标模拟平台，AArch64-linux-user表示AArch64用户模式，aarch-softmmu表示AArch64系统模式。AArch64是ARMv8架构的一种执行状态，AArch64不是一个单纯的32位ARM构架扩展，而是ARMv8内全新的构架，使用全新的A64指令集。

make -j使用了-j这个选项，这样可以让项目并行编译，比如在一台双核的机器上，完全可以用make -j4让make最多允许4个编译命令同时执行，这样可以更有效地利用CPU资源。在多核CPU上，适当地进行并行编译还是可以明显提高编译速度的，但并行的任务不宜太多，一般以CPU的核心数目的两倍为宜。现在编译速度快了很多，结果如下：

```
...
[2850/2852] Compiling C object tests/qtest/qos-test.p/vhost-user-blk-test.c.o
[2851/2852] Linking target tests/qtest/readconfig-test
[2852/2852] Linking target tests/qtest/qos-test
root@myub:~/soft/qemu-7.1.0/mybuild#
```

可以看到，只需要编译2852个文件了。编译成功后，会在mybuild下生成qemu-AArch64和qemu-system-AArch64两个程序文件。qemu-AArch64可在当前x86_64的Ubuntu虚拟机主机下直接执行AArch64程序。至此，源码编译安装QEMU模拟器成功。

9.2.3　下载交叉编译器

前面我们运行AArch64程序test时，提示需要动态链接库，比如：

```
# qemu-aarch64 /root/test
/lib/ld-linux-aarch64.so.1: No such file or directory
```

一看就知道缺少库文件ld-linux-aarch64.so.1，这个好理解，就像我们在Windows下开发VC程序，默认情况下，一般都不会把系统库和程序编译链接在一个文件中，所以运行时需要动态链接到系统库才能运行，这也是为了减小可执行程序的长度，方便升级。

这个ld-linux-aarch64.so.1文件可以从AArch64的编译器文件夹中找到。要先下载AArch64编译器。

下面准备下载交叉编译器。这里的标题用的是交叉编译器，也就是不是用于编译当前主机架构程序的编译器。虽然这里使用的是AArch64编译器，但其他编译器（比如MIPS64编译器）的，使用过程与之类似。

为什么要现在就下载AArch64编译器呢？这是因为在不安装AArch64编译器的Ubuntu上模拟运行AArch64程序，需要一些动态链接库，这些动态链接库需要在AArch64编译器文件夹中获得。

编译器下载网址：https://releases.linaro.org/components/toolchain/binaries/。

这里选择当前新版latest7，单击latest7，再单击aarch64-linux-gnu，最后单击gcc-linaro-7.5.0-2019.12-x86_64_aarch64-linux-gnu.tar.xz开始下载，这个是针对x86 64位的AArch64编译器的，如果读者的Linux系统是32位的，则要下载i686的AArch64编译器。

如果不想一步一步执行，也可以直接打开网址：https://releases.linaro.org/components/toolchain/binaries/latest-7/aarch64-linux-gnu/。

如果浏览器直接下载比较慢，可以用迅雷下载，但是即使迅雷下载，下载速度也会经常降至0KB/s，此时可以停止再启动下载。

下载完成后，下载下来的文件是gcc-linaro-7.5.0-2019.12-x86_64_aarch64-linux-gnu.tar.tar。笔者把这个文件放到somesofts目录下，不想下载的读者可以直接拿去使用。

我们把编译器压缩包gcc-linaro-7.5.0-2019.12-x86_64_aarch64-linux-gnu.tar.tar放到Ubuntu的某个目录下，比如/root/soft/下，然后解压：

```
tar xvf gcc-linaro-7.5.0-2019.12-x86_64_aarch64-linux-gnu.tar.tar
```

此时将得到文件夹gcc-linaro-7.5.0-2019.12-x86_64_aarch64-linux-gnu。

9.2.4　让AArch64程序运行起来

其实，在编译器文件夹gcc-linaro-7.5.0-2019.12-x86_64_aarch64-linux-gnu下找到的ld-linuxaarch64.so.1并不是真正的库文件，它只是一个软链接，它指向的是gcc-linaro-7.5.0-2019.12-x86_64_aarch64-linux-gnu/aarch64-linux-gnu/libc/lib/下的ld-2.25.so。进入该目录，把ld-2.25.so复制到一个自定义目录，比如/root/mylib/：

```
cp ld-2.25.so /root/mylib/
```

然后在/lib下做一个软链接来指向ld-2.25.so，命令如下：

```
ln -s /root/mylib/ld-2.25.so  /lib/ld-linux-aarch64.so.1
```

此时再运行/root/test，可以发现提示又变了：

```
# /root/test
/root/test: error while loading shared libraries: libc.so.6: cannot open shared
object file: No such file or directory
```

一看就知道缺少动态库libc.so.6，libc库是Linux操作系统的核心库，操作系统中的大部分程序都依赖它完成各种功能。libc库提供了系统的基本函数，如printf()、scanf()等，以及内存、文件和网络等多个模块。

在编译器文件夹中，可以在gcc-linaro-7.5.0-2019.12-x86_64_aarch64-linux-gnu/AArch64-linux-gnu/libc/lib/下发现一个软链接libc.so.6，它指向同目录的libc-2.25.so文件，我们可以把libc-2.25.so复制到/root/mylib，然后做个软链接，并让test程序找到libc.so.6即可。

先复制到/root/mylib/下：

```
cp libc-2.25.so /root/mylib/
```

再做个软链接：

```
ln -s /root/mylib/libc-2.25.so /root/mylib/libc.so.6
```

现在/root/mylib/下就有软链接文件libc.so.6了。可能有读者会问，为何不把libc.so.6放到系统目录，比如/lib下？注意，不要把libc.so.6复制到/usr/lib下，因为/usr/lib下已经有Ubuntu自带的libc.so.6了，这是x86_64架构的libc.so.6，而我们的libc.so.6是AArch64架构下的，复制过去会把原来的覆盖掉，导致x86_64架构的二进制应用程序无法运行。

对于/lib/下的库，我们的test程序会自动找到，因此ld-linux-aarch64.so.1会被自动找到，而libc.so.6由于不在系统目录，为了让我们的二进制AArch64可执行程序能找到libc.so.6（这里其实是个软链接），需要指定路径，这样我们的二进制程序就知道去哪个目录下找libc.so.6了，命令如下：

```
export LD_LIBRARY_PATH=$LD_LIBRARY_PATH:/root/mylib
```

使其生效：

```
source /etc/profile
```

> 注意　export是临时命令，下次开机依旧要执行export和source命令。

此时就可以模拟运行位于/root下的test了：

```
# qemu-aarch64 /root/test
```

```
hello,I am from aarch!!
```

运行成功了。至此，我们把一个现成的AArch64程序运行起来了，虽然是依靠qemu-aarch64来运行的，但节省了一大笔买AArch64主机的钱，开心吧？感谢这些虚拟机程序，让我们没有AArch64主机也可以测试AArch64程序。

9.3　编译运行 AArch64 程序

前面我们把一个已经编译好的AArch64程序运行起来了，现在自己动手编译C源代码为AArch64可执行程序，然后运行它。

首先配置编译器，使得其在任意目录都可以执行。步骤如下：

（1）把已经下载下来的gcc-linaro-7.5.0-2019.12-x86_64_aarch64-linux-gnu.tar.tar放到Ubuntu的某个目录下，比如/root/soft下，然后解压：

```
tar xvf gcc-linaro-7.5.0-2019.12-x86_64_aarch64-linux-gnu.tar.tar
```

（2）编辑~/.bashrc：

```
vi ~/.bashrc
```

在文件末尾添加：

```
PATH=$PATH:/root/soft/gcc-linaro-7.5.0-2019.12-x86_64_aarch64-linux-gnu/bin
```

保存后使其生效：

```
source ~/.bashrc
```

测试获取版本号：

```
# aarch64-linux-gnu-gcc  -v
COLLECT_GCC=aarch64-linux-gnu-gcc
COLLECT_LTO_WRAPPER=/root/aarch64Tool/gcc-linaro-7.5.0-2019.12-x86_64_aarch64-linux-gnu/bin/../libexec/gcc/aarch64-linux-gnu/7.5.0/lto-wrapper
...
gcc 版本 7.5.0 (Linaro GCC 7.5-2019.12)
```

程序aarch64-linux-gnu-gcc就是编译程序。下面我们来交叉编译C源代码，即在x86_64系统上编译出基于AArch64架构的应用程序。

【例9.1】交叉编译一个C源程序

（1）在/root/ex下新建一个test.c，并输入如下内容：

```
#include <stdio.h>

void main()
{
 printf("hello,I am from aarch64!!\n");
}
```

保存，然后编译：

```
aarch64-linux-gnu-gcc test.c -o test
```

如果没提示，就是成功了，此时将在同目录下生成二进制文件test。我们可以看一下这个文件的架构类型：

```
# file test
test: ELF 64-bit LSB executable, ARM aarch64, version 1 (SYSV), dynamically linked,
interpreter /lib/ld-linux-aarch64.so.1, for GNU/Linux 3.7.0,
BuildID[sha1]=153ee9f8dd37db01958c16b469e92c825b30c13c, with debug_info, not stripped
```

可以看出，test是一个基于ARM AArch64架构的程序。

（2）我们来模拟运行它。因为笔者刚才重启了，所以再指定一下libc.so.6的路径，命令如下：

```
export LD_LIBRARY_PATH=$LD_LIBRARY_PATH:/root/mylib
```

使其生效：

```
source /etc/profile
```

目前/root/mylib下有3个文件：ld-2.25.so、libc-2.25.so和libc.so.6。其中，libc.so.6是个软链接，指向libc-2.25.so。ld-2.25.so也是需要的，它所对应的软链接文件，前面已经把它放到/lib下了。

现在可以模拟运行了，在命令行输入：

```
# qemu-aarch64 /root/ex/test
hello,I am from aarch64!!
```

成功了。在x86_64架构的Ubuntu虚拟机中，通过qemu-aarch64这个程序把AArch64系统下的可执行程序运行起来了。其实没什么，我们使用QEMU肯定不是为了执行AArch64架构下的某个小程序。我们要使用的是内核、文件系统等。下面应用qemu-system-aarch64程序。

qemu-system-aarch64可以模拟启动Linux系统，以及在Linux下正常执行程序。

现在开始准备编译内核（Kernel），步骤如下：

（1）下载并解压Kernel源码。

因为本书使用的Ubuntu 20.01所使用的内核版本是5.4，为了特意区分一下，笔者重新下载了一个稍微新的内核5.19，到Kernel官网：https://www.kernel.org下载5.19.8版本的Kernel源码，这里下载下来的文件是linux-5.19.8.tar.xz，把它上传到Linux中。然后在命令行下解压：

```
tar -xvf linux-5.19.8.tar.xz
```

随后就得到一个源码目录linux-5.19.8。不想下载，也可以在somesofts下找到linux-5.19.8.tar.xz。

（2）安装gcc交叉编译工具链。

交叉编译器的作用就不详细解释了，因为我们是在x86平台上进行编译的，而运行的平台是ARM系统，这两个平台的指令集不一样，所以需要交叉编译得到ARM系统上可以执行的程序。

我们要在x86_64 Ubuntu系统下编译ARM64镜像，因此需要交叉编译工具链，安装命令如下：

```
apt install gcc-aarch64-linux-gnu
```

安装完毕后，还可以用命令来验证一下结果，命令如下：

```
dpkg -l gcc-aarch64-linux-gnu
```

（3）安装依赖工具。

初装的Ubuntu缺少很多编译工具，也可不急于全部安装以下工具，如果make menuconfig在哪出错了，再安装对应的软件包即可。这里全部安装上，命令如下：

```
apt-get install git fakeroot build-essential ncurses-dev xz-utils libssl-dev bc
flex libelf-dev bison
```

以上两个步骤（第2步和第3步）还是蛮耗时的，建议此时做个Ubuntu快照，避免以后出现问题恢复的时候，又要重复做这两个步骤。

（4）配置环境变量。

要在x86_64的主机编译ARM64的镜像，需要ARM64的gcc工具，我们需要设置环境变量让系统知道路径在哪里。为了不必每次都进行环境变量的设置，可以一次性永久设定。执行以下命令：

```
vi /etc/profile
```

在文件末尾增加下面两行内容：

```
export ARCH=arm64
export CROSS_COMPILE=/usr/bin/aarch64-linux-gnu-
```

注意 =号两边不要有空格。其中/usr/bin是aarch64-linux-gnu-开头的编译和链接工具的安装位置，可以使用以下命令获得：

```
whereis aarch64-linux-gnu-gcc
```

接着，保存文件并退出。最后执行下面的命令使其生效：

```
source /etc/profile
```

查看环境变量是否设置成功：

```
root@myub:~# env|grep ARCH
ARCH=arm64
```

（5）生成.config文件。

在源码顶层目录下生成ARM64的默认配置文件.config，其实是把arch/arm64/configs/defconfig复制到Kernel源码顶层目录。在内核源码目录下执行命令：

```
root@myub:~/soft/linux-5.19.8# make defconfig
*** Default configuration is based on 'defconfig'
#
# configuration written to .config
#
```

在编译内核时，就根据这个.config文件中的配置进行编译。

（6）在.config文件的基础上配置其他特性开关。

根据自己的实际需要对内核进行定制。比如，可以配置网络和NFS，在系统启动的时候自动挂载宿主机中的某个目录。在内核源码目录下执行命令：

```
make menuconfig
```

现在我们保持默认设置即可。

（7）编译镜像。

10个job运行，加快编译速度。命令如下：

```
make -j 10
```

编译镜像时间较长。最终生成的内核镜像文件在内核源码目录的arch/arm64/boot/路径下，内核镜像文件名是Image。arch/arm64路径编译镜像之前就有，所以前面配置ARCH这个环境变量的时候，必须指定为ARM64，如果以后要编译其他架构，也要和arch目录下的架构名一致。可以看到，arch目录下还有x86、arm、ia64、mips等处理器架构名称。

（8）启动裸内核。

启动内核就要用到QEMU的qemu-system-aarch64程序。它位于qemu-7.1.0/mybuild下，笔者的内核文件位于/root/soft/linux-5.19.8/arch/arm64/boot/Image，因此命令如下：

```
root@myub:~/soft/qemu-7.1.0/mybuild# /root/soft/qemu-7.1.0/mybuild/
qemu-system-aarch64 -M virt -cpu cortex-a57 -m 1024 -nographic -kernel
/root/soft/linux-5.19.8/arch/arm64/boot/Image
```

里面的路径需要改为实际的路径。其中，-M用于指定要模拟的主机类型；-m用于指定内存RAM的大小，单位为MB，这里分配1024MB的内存；-cpu执行要模拟的CPU型号，这里指定模拟为Cortex-A57这个CPU，Cortex-A57是ARM针对2013年、2014年和2015年设计起点的CPU产品系列的旗舰级CPU，它也是ARM首次采用64位ARMv8A架构CPU；-nographic表示禁用图形界面支持；-kernel指定内核文件。

如果一切顺利，可以看到Linux的启动日志，但是大概率会运行到根文件系统初始化时挂死。不过，到这里就证明成功一半了。最后出现的内容如下：

```
    ...
    [    0.932521]  prepare_namespace+0x130/0x170
    [    0.932656]  kernel_init_freeable+0x24c/0x290
    [    0.932837]  kernel_init+0x24/0x130
    [    0.932972]  ret_from_fork+0x10/0x20
    [    0.933613] Kernel Offset: 0x3a3725e00000 from 0xffff800008000000
    [    0.933863] PHYS_OFFSET: 0xffff9d51c0000000
    [    0.934173] CPU features: 0x1100,04067810,00001086
    [    0.934447] Memory Limit: none
    [    0.934828] ---[ end Kernel panic - not syncing: VFS: Unable to mount root fs
on unknown-block(0,0) ]---
```

最后一句的意思是无法挂接（mount）根文件系统。这很正常，我们还没有制作文件系统。

9.4 制作简易文件系统

首先要明白什么是文件系统，文件系统是对一个存储设备上的数据和元数据进行组织的机制。这种机制有利于用户和操作系统交互。尽管内核是Linux的核心，但文件却是用户与操作系统交互所采用的主要工具。这对Linux来说尤其如此，这是因为在UNIX传统中，它使用文件I/O机制管理硬件设备和数据文件。Linux没有文件系统的话，用户和操作系统的交互也就断开了，例如我们使用最多的交互shell，包括其他的一些用户程序，都没有办法运行。由此可以看出文件系统相对于Linux操作系统的重要性。

根文件系统之所以在前面加一个"根"，说明它是加载其他文件系统的"根"，既然是根的话，如果没有这个根，其他的文件系统也就没有办法进行加载。它包含系统引导和使其他文件系统得以挂载的必要文件。根文件系统包括Linux启动时所必需的目录和关键性的文件，任何包括这些Linux系统启动所必需的文件都可以成为根文件系统的一部分。Linux启动时，第一个必须挂载的是根文件系统，若系统不能从指定设备上挂载根文件系统，则系统会出错而退出启动。成功之后，可以自动或手动挂载其他的文件系统。因此，一个系统中可以同时存在不同的文件系统。在Linux中，将一个文件系统与一个存储设备关联起来的过程称为挂载。

当我们在Linux下输入ls /的时候，见到的目录结构以及这些目录下的内容都大同小异，这是因为所有的Linux发行版在对根文件系统的布局上都遵循FHS（Filesystem Hierarchy Standard，文件系统层次结构标准）的建议标准。该标准规定了根目录下各个子目录的名称及其存放的内容，如表9-1所示。

表9-1 FHS规定的根目录下各个子目录的名称及其存放的内容

目　录　名	存放的内容
/bin	必备的用户命令，例如ls、cp等
/sbin	必备的系统管理员命令，例如ifconfig、reboot等
/dev	设备文件，例如mtdblock0、tty1等
/etc	系统配置文件，包括启动文件，例如inittab等
/lib	必要的链接库，例如C链接库、内核模块
/home	普通用户主目录
/root	root用户主目录
/usr/bin	非必备的用户程序，例如find、du等
/usr/sbin	非必备的管理员程序，例如chroot、inetd等
/usr/lib	库文件
/var	守护程序和可变信息的文件，如日志、邮件、打印队列等
/proc	用来提供内核与进程信息的虚拟文件系统，由内核自动生成目录下的内容
/sys	用来提供内核与设备信息的虚拟文件系统，由内核自动生成目录下的内容
/mnt	文件系统挂接点，用于临时安装文件系统
/tmp	临时性的文件，重启后将自动清除

　　制作根文件系统就是要建立以上目录，也不是要全部建立，但有些是必须建立的。其过程大体包括如下步骤：

　　（1）编译/安装BusyBox，生成BusyBox程序和/bin、/sbin、/usr/bin、/usr/sbin等目录。
　　（2）利用交叉编译工具链构建/lib目录。
　　（3）手工构建/etc目录。
　　（4）手工构建最简化的/dev目录。
　　（5）创建其他空目录。
　　（6）配置系统自动生成/proc目录。
　　（7）利用udev构建完整的/dev目录。
　　（8）制作根文件系统的映像文件。

　　这些步骤也是根据具体的需求而定的，比如不需要交叉编译工具，第二步就不需要做。但第一步和最后一步都是必需的。后面我们会建立一个最简单的文件系统，然后逐步增加其他内容进行完善。因此，讲述顺序并不是严格按照这些步骤来的。

　　前面的裸内核在无法加载根文件系统时报错而停止运行，接下来制作一个根文件系统并传递给内核，启动一个完整的内核程序。文件系统和内核是完全独立的两个部分，文件是用户与内核交互的主要工具。根文件系统是内核启动时所挂载的第一个文件系统，是挂载其他文件系统的"根"。一套Linux体系，只有内核本身是不能工作的，必须以rootfs（etc目录下的配置文件、/bin /sbin等目录下的shell命令以及/lib目录下的库文件等）相配合才能工作。

　　下面准备制作一个简易的根文件系统，该文件系统包含的功能极其简陋，仅为了验证QEMU启动Linux内核后挂载根文件系统的过程。以后会进一步完善该文件系统。

　　简单地讲，所谓制作根文件系统，就是创建各种目录，并且在目录中创建相应的文件。例如，在/bin目录下放置可执行程序，在/lib下放置各种库，等等。这里，我们使用BusyBox这个工具来制作文件系统。

9.4.1　BusyBox简介

　　BusyBox是一个集成了一百多个常用Linux命令和工具的软件，它甚至还集成了一个HTTP服务器和一个Telnet服务器，而所有这一切功能只有区区1MB左右。我们平时用的那些Linux命令就好比是分立式的电子元件，而BusyBox就好比一个集成电路，把常用的工具和命令集成压缩在一个可执行文件中，功能基本不变，而大小却小了很多，在嵌入式Linux应用中，BusyBox有非常广的应用。另外，大多数Linux发行版的安装程序中都有BusyBox的身影，安装Linux的时候，按Ctrl+Alt+F2键就能得到一个控制台，而这个控制台中的所有命令都指向BusyBox的链接。

　　简单来说，BusyBox就好比个大工具箱，它集成压缩了Linux的许多工具和命令，也包含Linux系统自带的shell。而且，它还可以用来制作文件系统。

　　BusyBox最初是由Bruce Perens在1996年为Debian GNU/Linux安装盘编写的，其目标是在一张软盘上创建一个可引导的GNU/Linux系统，这可以用作安装盘和急救盘。

　　BusyBox是一个开源项目，遵循GPL v2协议。BusyBox将众多的UNIX命令集合到一个很小的可执行程序中，可以用来替代GNU Fileutils、Shellutils等工具集。BusyBox中的各种命令

与相应的GNU工具相比，所能提供的选项比较少，但是也足够一般的应用使用了。BusyBox
主要用于嵌入式系统。

　　BusyBox在编写过程中对文件大小进行了优化，并考虑了系统资源有限（比如内存等）的
情况。与一般的GNU工具集动辄几兆字节的体积相比，动态链接的BusyBox只有几百千字节，
即使是采用静态链接，也只有1MB左右。BusyBox按模块设计，可以很容易地加入、去除某些
命令，或增减命令的某些选项。BusyBox实际上就是把ls、cd、mkdir等多个Linux中常用的shell
命令集成在一起。集成在一起后有一个体积优势，就是BusyBox程序的大小比BusyBox中实现
的那些命令的大小加起来要小很多。BusyBox体系变小的原因主要有两个：第一个是BusyBox
本身提供的shell命令是阉割版的（BusyBox中的命令支持的参数选项比发行版中要少，例如ls
在发行版中可以有几十个-x，但是在BusyBox中只保留了几个常用的选项，不常用的都删除掉
了）；第二个是BusyBox中因为所有的命令的实现代码都在一个程序中实现，而各个命令中有
很多代码函数都是通用的（例如ls和cd、mkdir等命令都需要操作目录，因此在BusyBox中实现
目录操作的函数就可以被这些命令共用），共用会降低重复代码出现的次数，从而减少总的代
码量和体积。BusyBox的体积优势是嵌入式系统本身的要求和特点造成的。

　　在创建根文件系统的时候，如果使用BusyBox的话，只需要在/dev目录下创建必要的设备
节点，在/etc目录下增加一些配置文件即可。当然，如果BusyBox使用动态链接，那么还需要
在/lib目录下包含库文件。

9.4.2　编译/安装BusyBox

　　现在我们开始构建自己的根文件系统，根文件系统是内核启动时所挂载的第一个文件系
统，是加载其他文件系统的"根"，必须认真制作。首先下载并编译BusyBox，到官网下载新
的源代码，下载BusyBox源码的官方网站是https://busybox.net/downloads/，在这里可以找到与
BusyBox相关的所有资料。这里下载下来的文件是BusyBox-1.35.0.tar.bz2，我们放到Linux下进
行解压：

```
tar xvf busybox-1.35.0.tar.bz2
```

解压后，就可以配置和编译了，步骤如下。

1. 配置环境变量

　　主要还是配置处理器架构名称和交叉编译路径，也就是ARCH和CROSS_COMPILE，这两
个环境变量会在BusyBox的Makefile中被用到，因此我们需要配置一下，在命令行下执行这两
个命令：

```
export ARCH=arm64
export CROSS_COMPILE=/usr/bin/aarch64-linux-gnu-
```

　　这是临时配置法，下次重新打开shell时，需要再次设置。不过前面在编译内核的时候，我
们已经在/etc/profile中设置过了，这是永久设置法，因此这里不执行这两个命令也可以。此外，
如果不想设置两个环境变量，还可以直接在BusyBox的Makefile中写死。进入BusyBox的源码
根目录，先备份Makefile文件：

```
cp -p Makefile Makefile_bak
```

然后打开Makefile，搜索ARCH ?=，这里就可以修改了，先把原来的注释掉，然后修改结果为：ARCH ?= arm64。同样，再搜索CROSS_COMPILE ?=，然后修改为CROSS_COMPILE ?= /usr/bin/aarch64-linux-gnu-。最后保存并退出。这里主要是让读者多了解些一些知识，笔者不准备修改Makefile，因为已经设置好环境变量了。

2. 配置 BusyBox

BusyBox的配置和内核配置类似，都是通过kconfig管理的。BusyBox提供了几种配置：defconfig（默认配置）、allyesconfig（最大配置）和allnoconfig（最小配置），一般选择默认配置即可。这一步结束后，将生成.config。这里使用默认配置，命令如下：

```
make defconfig
```

另外，还可以使用命令make menuconfig进行图形化配置，这一步是可选的，当你认为上述配置中还有不满意的地方时，可以通过这一步进行微调，加入或去除某些命令。这一步实际上是修改.config。现在我们配置静态编译，在命令行输入：

```
make menuconfig
```

在第一个出现的界面中，选择"Settings --->"，然后按Enter键，进入下一个界面，找到Build static binary (no shared libs)并选中，然后按空格键，此时前面的方括号中会出现一个星号，这就表示选择成功了，如图9-3所示。

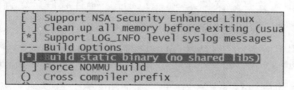

图 9-3

我们可以静态或者动态编译BusyBox，BusyBox支持Glibc和Uclibc。选择动态编译方式，会使得BusyBox可执行文件更小，但稍微麻烦一些，这里采用静态编译方式。

经过上述步骤之后，裁剪的工作已经完成了。这个时候单击配置界面的Exit按钮退出，也可以按ESC键回到初始界面，再按ESC键退出，弹出对话框，询问是否保存刚刚的配置，如图9-4所示。

图 9-4

（1）当然要选择保存了，默认就是YES，我们直接按空格键即可。之后可以看到在源代码目录下多了一个.config文件：

```
root@myub:~/soft/busybox-1.35.0# ls .config
.config
```

（2）.config配置文件中的内容记录了我们刚刚选中了哪些功能，每一行都是"名称=值"的形式，名称是一个环境变量，后面的值如果为y，就代表选中，注释行代表裁剪掉的功能。比如里面有这样一句：

```
CONFIG_STATIC=y
```

（3）配置完成后，就要开始编译安装了。我们选择并行编译，如果觉得自己计算机线程数够用，可以适当调大或减小，这里选择4，命令如下：

```
make -j4
```

如果不想并行编译，直接make也可以，不用-j。编译完成之后，会生成名为BusyBox和BusyBox_unstripped的两个可执行文件，编译阶段的工作也做完了。

编译之后是安装，安装也就是把目录集合、软链接、BusyBox程序放到一个路径下，这个路径默认是源码目录的_install子目录。在BusyBox源码路径下运行安装命令：

```
make install
```

执行后，在BusyBox根目录下会有_install目录，该目录是编译好的一些命令集合，我们可以看一下：

```
root@myub:~/soft/busybox-1.35.0/_install# ls
bin linuxrc sbin usr
```

bin、sbin和usr都是目录，读者应该知道其作用。linuxrc似乎有点眼生，下面来认识一下它，在Linux内核启动过程中，会挂载文件系统，在文件系统挂载后，运行的第一个程序就是根目录下的linuxrc，而这是一个指向/bin/busybox的链接：

```
root@myub:~/soft/busybox-1.35.0/_install# ls -l linuxrc
lrwxrwxrwx 1 root root 11 9月  21 10:10 linuxrc -> bin/busybox
```

也就是说，系统启动后运行的第一个程序就是BusyBox本身。

进入子目录bin，看看该目录下的内容，我们用ll来查看ls、ed这两个命令：

```
root@myub:~/soft/busybox-1.35.0/_install/bin# ll ls
lrwxrwxrwx 1 root root 7 9月  16 17:06 ls -> busybox*
root@myub:~/soft/busybox-1.35.0/_install/bin# ll ed
lrwxrwxrwx 1 root root 7 9月  16 17:06 ed -> busybox*
```

可以看出，虽然在bin目录下有很多命令，但是其实只有一个真正的可执行文件，也就是前面生成的BusyBox程序，其他文件都是到BusyBox的软链接（可以在配置界面设置为硬链接，这对于系统对inode数量有限制的时候特别有用）。说到底，以后用户在文件系统下运行命令，其实都是在执行程序BusyBox，这个BusyBox程序以后也会一起放到文件系统中去。

另外，如果不想放在_install下，想指定目录，可以使用CONFIG_PREFIX来指定安装路径，比如：

```
make install CONFIG_PREFIX=/home/rootfs
```

/home/rootfs是自己设定的路径，也可以改为其他路径。执行成功后，bin、linuxrc、sbin、usr等文件夹就保存到/home/rootfs下去了。

9.4.3　制作根文件系统的映像文件

这一步相当于把前面生成的各个目录放到一个磁盘映像文件中去,这里创建一个空文件作为我们要制作的系统的磁盘映像文件,然后把根文件系统复制到这个空文件中。生成空文件的命令如下:

```
dd if=/dev/zero of=/root/rootfs.ext4 bs=1M count=32
```

命令dd是Linux下功能强大的数据复制工具,主要功能是复制文件(默认从标准输入复制到标准输出,这意味着dd可以在管道中使用)。常见的用法:dd if=输入文件名,of=输出文件名。这里输入的是/dev/zero,/dev/zero是输出一直为零的设备,输出文件是/root/rootfs.ext4,文件名可以自己设定;bs=bytes,表示同时设置读入/输出的块大小为bytes字节,这里是1MB;count=blocks,表示仅复制blocks个块,块大小等于ibs指定的字节数,这里设置的是32,总大小就是32MB。

除dd命令外,还可以使用/root/soft/qemu-7.1.0/mybuild/qemu-img来创建,qemu-img是管理镜像文件最常用的命令,它是QEMU推荐的磁盘管理工具,在QEMU源码编译后就会默认编译好qemu-img这个二进制文件。它可以用来创建镜像文件,查看镜像文件信息,对磁盘镜像文件进行一致性检查,查找镜像文件中的错误,目前仅支持对QCOW2、qed、vdi格式文件的检查,还可以支持不同格式的镜像文件之间的转换,比如可以将VMware用的vmdk格式文件转换为qcow2文件,这对从其他虚拟化方案转移到KVM上的用户非常有用。比如创建一个1GB大小的、镜像文件格式为QCOW2的磁盘镜像文件:

```
/root/soft/qemu-7.1.0/mybuild/qemu-img create -f qcow2 ubuntu.img 1G
```

参数-f用于指定镜像文件的格式,这里指定的是QCOW2,QCOW2镜像格式是QEMU支持的磁盘镜像格式之一。它可以使用一个文件来表示一个固定大小的块设备。与Raw镜像格式相比,QCOW2具有如下优点:文件更小,即便不支持holes(稀疏文件)的文件系统同样适用;支持写时复制(Copy-On-Write,COW),QCOW2镜像只反映底层磁盘镜像所做的修改;支持快照,QCOW2镜像可以包含镜像历史的多重快照;支持基于zlib的数据压缩;支持AES加密等。

限于篇幅,这里先不使用该命令了,以后是否使用它,看缘分吧。

dd命令执行后,会在/root目录下生成一个文件rootfs.ext4,然后将文件格式转换为ext4格式,命令如下:

```
mkfs.ext4 /root/rootfs.ext4
```

注意,和Windows下的格式化磁盘类似,一旦执行了格式化命令,这个映像文件中的内容将会被清空。

最后将BusyBox编译生成的_install目录下的文件全部复制到initrd。命令如下:

```
root@myub:~# mkdir /root/mymnt
root@myub:~# mount /root/rootfs.ext4 /root/mymnt/
root@myub:~# cd mymnt
root@myub:~/mymnt# cp -rf /root/soft/busybox-1.35.0/_install/* /root/mymnt
root@myub:~/mymnt# ls
```

```
bin  linuxrc  lost+found  sbin  usr
root@myub:~/mymnt# cd ..
root@myub:~# umount /root/mymnt
```

注意 里面的路径要改为用户各自的实际路径。笔者喜欢带着绝对路径来演示，这样看起来一目了然。至此，简易版根文件系统就制作完成了，该根文件系统只包含基本的功能，其他功能在以后的操作中会继续添加和完善。

若要在文件系统中添加内容，最好先使用umount mymnt命令卸载挂载的文件系统，然后重新挂载文件系统，最后添加内容。

9.5　非嵌入式方式启动内核

内核有了，文件系统也有了，下面就可以尝试启动了。所谓非嵌入式启动，也就是通过qemu-system-AArch64这个程序来启动，这个程序我们前面已经打过交道了，只不过当时没有加文件系统，导致内核启动到一半的时候停止了，现在我们加上文件系统，命令如下：

```
/root/soft/qemu-7.1.0/mybuild/qemu-system-aarch64 -machine virt -cpu cortex-a57
-nographic -m 2048 -smp 2 -kernel /root/soft/linux-5.19.8/arch/arm64/boot/Image
-append "root=/dev/vda" -hda /root/rootfs.ext4
```

运行后，发现没有出现无法加载根文件系统的错误（Unable to mount root fs），但最后也出现了下列提示：

```
[    1.159883] Freeing unused kernel memory: 6976K
[    1.161427] Run /sbin/init as init process
can't run '/etc/init.d/rcS': No such file or directory
can't open /dev/tty4: No such file or directory
can't open /dev/tty2: No such file or directory
...
```

这些提示会一直打印下去，只能关闭终端窗口。我们先不管这些提示。先来看下命令选项，-machine同-M，用于指定要模拟的板卡类型或机器类型，这里使用通用的虚拟平台（virt），可以认为virt是一块虚拟的板卡，它是与任何真实硬件不相关的平台，用于虚拟机，如果只是想简单地运行Linux并且不关心减少真实硬件的一些特性和限制，virt是建议的板类型；-cpu执行要模拟成的CPU型号，这里指定模拟为Cortex-A57这个CPU；-m用于指定内存RAM大小，单位为MB，这里分配2048MB内存；smp用来设定模拟的SMP架构中CPU的个数；-nographic表示禁用图形界面支持；-kernel指定要启动的内核文件；选项-append "root=/dev/vda"表示传递给内核的参数，双引号中的内容就是要传递的参数内容，root表示根文件系统的设备为/dev/vda；选项-hda表示使用文件作为第一块硬盘映像，hd表示硬盘，a表示第一块硬盘，这里指定了文件/root/rootfs.ext4，这个文件是我们前面刚刚制作的。

下面我们来解决上面的错误提示"can't run '/etc/init.d/rcS': No such file or directory"，看样子，找不到/etc/init.d/rcS，我们可以手动添加这个文件和目录。在_install目录下新建路径etc/init.d，并进入该路径，命令如下：

```
cd /root/soft/busybox-1.35.0/_install
mkdir -p etc/init.d
cd etc/init.d
```

然后在etc/init.d下，用vi新建文件rcS，输入如下内容：

```
#! /bin/sh
```

shell编程以"#"为注释，但"#! /bin/sh"却不是注释。"#! /bin/sh"是对shell的声明，用于说明你所用的shell的类型及其路径，这里"#! /bin/sh"是指此脚本使用/bin/sh来解释执行，"#!"是特殊的表示符，其后面跟的是解释此脚本的shell的路径。

保存文件rcS，再为rcS文件增加执行权限：

```
chmod 777 rcS
```

然后格式化原来的映像文件，格式化之前可以先执行umount命令，否则格式化可能不会成功：

```
umount /root/mymnt
mkfs.ext4 /root/rootfs.ext4
```

这样映像文件中的内容就没有了。我们再挂载到目录mymnt，然后向里面复制内容，命令如下：

```
mount /root/rootfs.ext4 /root/mymnt/
cp -rf /root/soft/busybox-1.35.0/_install/* /root/mymnt
```

赋权限并启动内核：

```
chmod 777 /root/mymnt/bin/busybox
/root/soft/qemu-7.1.0/mybuild/qemu-system-aarch64 -machine virt -cpu cortex-a57
-nographic -m 2048 -smp 2 -kernel /root/soft/linux-5.19.8/arch/arm64/boot/Image
-append "root=/dev/vda" -hda /root/rootfs.ext4
```

此时启动后，最终结果显示：

```
[    1.062443] Run /sbin/init as init process
can't open /dev/tty4: No such file or directory
can't open /dev/tty2: No such file or directory
...
```

看来错误提示"can't run '/etc/init.d/rcS': No such file or directory"消失了。我们再准备解决"can't open /dev/tty4: No such file or directory"这个提示。解决方法是在文件系统中添加dev目录。在_install目录下新建dev目录，命令如下：

```
cd /root/soft/busybox-1.35.0/_install
mkdir dev
```

然后格式化原来的映像文件，格式化之前可以先umount一下，如果挂载着，则格式化可能不会成功：

```
umount /root/mymnt
mkfs.ext4 /root/rootfs.ext4
```

这样映像文件中的内容就没有了，我们再挂载到目录mymnt，然后向里面复制内容，命令如下：

```
mount /root/rootfs.ext4 /root/mymnt/
cp -rf /root/soft/busybox-1.35.0/_install/* /root/mymnt
chmod 777 /root/mymnt/bin/busybox
```

最后一句是给BusyBox程序赋最高权限，在Linux下复制文件会产生文件权限变化，从而导致这个程序无法执行，所以我们最好在复制后添加一下执行权限。下面启动内核：

```
/root/soft/qemu-7.1.0/mybuild/qemu-system-aarch64 -machine virt -cpu cortex-a57
-nographic -m 2048 -smp 2 -kernel /root/soft/linux-5.19.8/arch/arm64/boot/Image
-append "root=/dev/vda" -hda /root/rootfs.ext4
```

最终提示：

```
[    1.053073] Freeing unused kernel memory: 6976K
[    1.054374] Run /sbin/init as init process

Please press Enter to activate this console.
```

看来没有报错了。根据提示，按Enter键出现命令提示符#，成功了。尝试输入命令ls，发现工作正常，这个命令其实也是一个软链接，指向/bin/busybox这个程序，其他命令也是这样的，都是指向BusyBox程序。但有一些命令却没能执行，还需要其他条件，比如poweroff：

```
/ # poweroff
poweroff: can't open '/proc': No such file or directory
```

提示没有目录/proc，那就再往文件系统中添加/proc。重新制作文件系统的命令如下：

```
cd /root/soft/busybox-1.35.0/_install
mkdir proc
umount /root/mymnt
mkfs.ext4 /root/rootfs.ext4
mount /root/rootfs.ext4 /root/mymnt/
cp -rf /root/soft/busybox-1.35.0/_install/* /root/mymnt
chmod 777 /root/mymnt/bin/busybox
/root/soft/qemu-7.1.0/mybuild/qemu-system-aarch64 -machine virt -cpu cortex-a57
-nographic -m 2048 -smp 2 -kernel /root/soft/linux-5.19.8/arch/arm64/boot/Image
-append "root=/dev/vda" -hda /root/rootfs.ext4
```

内核启动到最后，按Enter键进入命令提示符下，然后尝试输入命令，发现可以执行了，比如输入reboot，即可重启我们的AArch64系统。输入poweroff命令后，会关闭AArch64系统，并返回虚拟机Ubuntu的命令提示符下，是不是很神奇？其实，这一切都是QEMU的功劳。

至此，简易的文件系统就启动起来了。但有一个地方不好，就是每次内核启动到最后，都会有一个提示"Please press Enter to activate this console."，即需要按Enter键后才能激活命令行，这对懒人来说是不可接受的。那么如何去掉这个提示，直接出现命令提示符呢？不难，在文件系统的/etc下新建一个名为inittab的脚本文件（注意inittab中有两个t），并输入如下内容：

```
::respawn:-/bin/sh
```

　　这行语句的意思是将sh启动的控制程序交给console。文本文件/etc/inittab是BusyBox程序运行时要读取的配置文件（控制BusyBox执行的一些行为），注意，这个文件不是脚本文件，只是一个文本配置文件而已。软链接linuxrc（嵌入式中就是指向BusyBox程序）会按行为单位读取并解析/etc/inittab文件。BusyBox程序是在parse_inittab()函数中解析/etc/inittab的。inittab文件的解读按行为单位读取，字段之间以冒号分隔，字段的内容可以省略，但是冒号不可以省略。inittab文件如果读取成功，则BusyBox程序不会执行/etc/init.d/rcS脚本，如果不信，稍后证明给读者看。

　　当BusyBox程序解析到/etc/inittab中有respawn这个字段的时候，提示"Please press Enter to activate this console."就不显示了。如果又想显示这个提示，改为ASKFIRST即可。命令如下：

```
cd /root/soft/busybox-1.35.0/_install
vi etc/inittab
```

　　etc前面没有"/"，这是_install下的etc目录，输入如下内容：

```
::respawn:-/bin/sh
```

　　注意不要输入错误，否则程序会因解析它失败而导致BusyBox运行不起来，系统也就启动失败了。一定要保证BusyBox成功运行起来。保存inittab，由于文件etc/inittab需要被BusyBox程序读取，因此需要确保文件夹etc和inittab都有读权限。为了保险起见，可以直接给它们赋予最高权限：

```
chmod 777 etc
chmod 777 /etc/inittab
```

　　再执行：

```
umount /root/mymnt
mkfs.ext4 /root/rootfs.ext4
mount /root/rootfs.ext4 /root/mymnt/
cp -rf /root/soft/busybox-1.35.0/_install/* /root/mymnt
chmod 777 /root/mymnt/bin/busybox
/root/soft/qemu-7.1.0/mybuild/qemu-system-aarch64 -machine virt -cpu cortex-a57
-nographic -m 2048 -smp 2 -kernel /root/soft/linux-5.19.8/arch/arm64/boot/Image
-append "root=/dev/vda" -hda /root/rootfs.ext4
```

　　注意，由于复制可能会改变文件权限，建议赋予关键文件（比如inittab、BusyBox）最高权限。现在启动到最后，就可以直接看到程序提示符#了：

```
...
[    1.031303] Freeing unused kernel memory: 6976K
[    1.033341] Run /sbin/init as init process
/ #
```

　　至此，非嵌入式启动带文件系统的AArch64内核成功了，而且没有要求按Enter键后才能出现命令提示符。我们没有买开发板，却能在普通x86计算机的虚拟机Ubuntu中启动一个AArch64系统，就问你，酷不酷？

　　如果有读者不想直接出现命令提示符，喜欢先按Enter键怎么办？很简单，编辑/etc/inittab，把"::respawn:-/bin/sh"改为：

```
:: askfirst:-/bin/sh
```

然后保存，重新制作文件系统即可，有兴趣的读者可以试试。其实，respawn和askfirst在BusyBox源码中都是传给函数的宏定义。代码如下：

```
/* Start these after ONCE are started, restart on exit */
#define RESPAWN      0x08
/* Like RESPAWN, but wait for <Enter> to be pressed on tty */
#define ASKFIRST     0x10
```

没什么神奇的，笔者已经试过了，是可以使用的。这里就不演示了，因为我们有更重要的事情要做。

9.5.1　BusyBox启动过程简要分析

讲点背后的故事吧。还是先看上面的错误提示can't run '/etc/init.d/rcS': No such file or directory。看样子，是因为找不到/etc/init.d/rcS。这个文件的作用是什么？简单地讲，这个文件是开机脚本文件，它允许用户在启动时运行其他程序，也就是开机要执行的命令、程序或脚本可以放在这个脚本文件中。

前面提到，在Linux内核启动过程中，会挂载文件系统，在文件系统挂载后，运行的第一个程序就是根目录下的linuxrc，而这是一个指向/bin/busybox的链接，也就是说，系统启动起来后运行的第一个程序就是BusyBox程序本身。然后BusyBox会根据"情况"来解析/etc/inittab配置文件，或执行/etc/init.d/rcS。这个"情况"就是，我们在编译BusyBox的时候，若没有定义宏ENABLE_FEATURE_USE_INITTAB为非零或定义了ENABLE_FEATURE_USE_INITTAB为非零但/etc/inittab文件不存在，BusyBox默认执行的初始化脚本是/etc/init.d/rcS。下面来看以下源码：

```
static void parse_inittab(void)
{
#if ENABLE_FEATURE_USE_INITTAB
    char *token[4];
    parser_t *parser = config_open2("/etc/inittab", fopen_for_read);

    if (parser == NULL)
#endif
    {
        /* No inittab file - set up some default behavior */
        /* Sysinit */
        new_init_action(SYSINIT, INIT_SCRIPT, "");
        /* Askfirst shell on tty1-4 */
        new_init_action(ASKFIRST, bb_default_login_shell, "");
//TODO: VC_1 instead of ""? "" is console -> ctty problems -> angry users
        new_init_action(ASKFIRST, bb_default_login_shell, VC_2);
        new_init_action(ASKFIRST, bb_default_login_shell, VC_3);
        new_init_action(ASKFIRST, bb_default_login_shell, VC_4);
    ...
```

在代码中，INIT_SCRIPT的定义如下：

```
# define INIT_SCRIPT  "/etc/init.d/rcS"
```

可以很清楚地看到，当宏ENABLE_FEATURE_USE_INITTAB非零时，就用config_open2函数来读取/etc/inittab，如果文件不存在，则parser == NULL，那么就用new_init_action执行INIT_SCRIPT，即/etc/init.d/rcS。当宏ENABLE_FEATURE_USE_INITTAB为零时，也是执行/etc/init.d/rcS。因此，满足这两个条件之一就会执行/etc/init.d/rcS。另外，默认情况下，宏ENABLE_FEATURE_USE_INITTAB是定义为非零的，我们可以到源码目录下的.config文件中查找到，如下所示：

```
CONFIG_FEATURE_USE_INITTAB=y
```

或者，运行make menuconfig，在Init Utilities下可以发现Support reading an inittab file前是有星号的，也就是选中的，如图9-5所示。

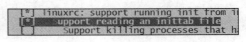

图 9-5

最后，简单证明一下，现在有了/etc/inittab，系统就不会再执行/etc/init.d/rcS脚本了。删除/etc/init.d/rcS脚本，然后重新启动，看看是否报错 "can't run '/etc/init.d/rcS': No such file or directory"。先关闭AArch64系统，然后到虚拟机Ubuntu下执行以下命令：

```
cd /root/soft/busybox-1.35.0/_install
rm -Rf /etc/init.d
umount /root/mymnt
mkfs.ext4 /root/rootfs.ext4
mount /root/rootfs.ext4 /root/mymnt/
cp -rf /root/soft/busybox-1.35.0/_install/* /root/mymnt
chmod 777 /root/mymnt/bin/busybox
/root/soft/qemu-7.1.0/mybuild/qemu-system-aarch64 -machine virt -cpu cortex-a57
-nographic -m 2048 -smp 2 -kernel /root/soft/linux-5.19.8/arch/arm64/boot/Image
-append "root=/dev/vda" -hda /root/rootfs.ext4
```

执行结果一气呵成：

```
...
[   1.091379] Run /sbin/init as init process
/ #
```

可见，当我们创建了文件/etc/inittab后，BusyBox这个程序就不会执行/etc/init.d/rcS脚本了。但文件/etc/inittab存在只是条件之一，BusyBox程序的源码中还有一个宏ENABLE_FEATURE_USE_INITTAB也在控制着是否读取/etc/init.d/rcS脚本，但默认条件下该宏非零，即默认使用文件/etc/inittab。其实，可以在/etc/inittab中配置rcS，从而让rcS得以执行，比如在/etc/inittab中加入这样一句：

```
::sysinit:/etc/init.d/rcS
```

这句话的意思是BusyBox程序要在系统启动时解析/etc/init.d/rcS文件。sysinit对应到BusyBox源码也是一个宏，其定义如下：

```
/* Start these actions first and wait for completion */
#define SYSINIT    0x01
```

如果我们不创建rcS的话，内核启动后就会出现找不到文件的提示：

```
...
[    1.197207] Run /sbin/init as init process
can't run '/etc/init.d/rcS': No such file or directory
```

这是笔者测试的结果，有兴趣的读者可以试一下。

现在根文件系统基本制作完成了，接下来测试我们制作的根文件是否使用。

9.5.2　在新内核系统中运行C程序

我们制作了一个AArch64系统，肯定是想运行我们的C程序。在开发过程，通常有两种方式，一种是交叉编译方式，即在虚拟机Ubuntu中用ARM编译器编译C代码为可执行程序（这个可执行程序是AArch64格式的，无法在x86机器的Ubuntu中直接运行），然后复制到AArch64系统中运行；另一种是在AArch64系统中安装编译工具，直接编译运行。前者是主流方式，因为可以为AArch64系统节省存储空间。

【例9.2】交叉编译开发AArch64程序

在虚拟机Ubuntu系统中，用vi编辑以下代码：

```
#include <stdio.h>
void main()
{
 printf("hello,I am from aarch64!!\n");
}
```

然后保存后编译：

```
aarch64-linux-gnu-gcc -static test.c -o test
```

默认情况下，生成的可执行程序会链接动态链接库，如果需要强制链接静态链接库，需要加上"-static"选项，如果不加的话，直接复制test到AArch64中运行，会出现not found的报错提示。如果我们不确定某个二进制文件是不是静态链接的，可以用file命令来查看一下，比如：

```
root@myub:~# file test
test: ELF 64-bit LSB executable, ARM aarch64, version 1 (GNU/Linux), statically
linked, BuildID[sha1]=a74cae4f4a2e1bfe3f34b097007acd74d1cb0e66, for GNU/Linux 3.7.0,
not stripped
```

里面有提示statically linked，说明是静态链接的。然后把test程序放到文件系统中去，命令如下：

```
umount /root/mymnt/
mount /root/rootfs.ext4 /root/mymnt/
cp /root/test /root/mymnt
umount /root/mymnt/
chmod 777 /root/mymnt/bin/busybox
/root/soft/qemu-7.1.0/mybuild/qemu-system-aarch64 -machine virt -cpu cortex-a57
-nographic -m 2048 -smp 2 -kernel /root/soft/linux-5.19.8/arch/arm64/boot/Image
-append "root=/dev/vda" -hda /root/rootfs.ext4
```

启动内核后，直接运行根目录下的test，运行结果如下：

```
/ # ./test
hello,I am from aarch64!!
```

至此，第一个交叉编译的C程序在我们制作的AArch64系统下运行成功了。

9.6　基本功能的完善

前面我们制作的文件系统非常简单，简单到很多命令运行不起来。不信可以试试ps、lspci、ifconfig -a等命令，都没有结果显示。现在我们一步一步来完善文件系统吧。

9.6.1　挂载proc支持ifconfig

在Linux中存在着一类特殊的伪文件系统，用于使用与文件接口统一的操作来完成各种功能，例如ptyfs、devfs、sysfs和procfs。procfs是Linux内核信息的抽象文件接口，大量内核中的信息以及可调参数都被作为常规文件映射到一个目录树中，这样我们就可以简单直接地通过echo或cat这样的文件操作命令对系统信息进行查取和调整了。使用mount挂载文件系统的命令语法如下：

```
mount [-t vfstype] [-o options] device dir
```

其中，选项-t vfstype用于指定文件系统的类型，通常不必指定。mount会自动选择正确的类型。常用的类型有：

- 光盘或光盘镜像：iso9660。
- DOS fat16 文件系统：msdos。
- Windows 9x fat32 文件系统：vfat。
- Windows NT ntfs 文件系统：ntfs。
- Mount Windows 文件网络共享：smbfs。
- UNIX(LINUX)文件网络共享：nfs。

选项-o options主要用来描述设备或档案的挂接方式。常用的参数有：

- loop：用来把一个文件当成硬盘分区挂接上系统。
- ro：采用只读方式挂接设备。
- rw：采用读写方式挂接设备。
- iocharset：指定访问文件系统所用的字符集。

选项device表示要挂载的设备；选项dir表示设备在系统上的挂载点，通常是一个目录。

在上面的简单文件系统中，如果我们尝试使用ps命令来查看当前系统的进程，会发现不能使用：

```
/ # ps
PID  USER    TIME  COMMAND
ps: can't open '/proc': No such file or directory
```

如果用ifconfig命令，也是如此：

```
/ # ifconfig -a
ifconfig: /proc/net/dev: No such file or directory
```

这是因为名为proc的虚拟文件系统还未挂载。我们将把proc虚拟文件系统挂载到/proc目录，这个目录目前没有，所以我们关闭（power off）QEMU系统（这里把qemu-system-aarch64启动的系统简称为QEMU系统）。然后在_install下新建文件夹proc，再格式化镜像文件，再复制内容到镜像文件，如果已经添加过proc文件夹，现在就不需要重新制作文件系统了，但笔者为了讲述的完整性，再啰唆一些。这个过程的命令如下：

```
cd /root/soft/busybox-1.35.0/_install
mkdir proc
ls
bin  dev  etc  linuxrc  proc  sbin  usr
chmod 777 proc
umount /root/mymnt
mkfs.ext4 /root/rootfs.ext4
mount /root/rootfs.ext4 /root/mymnt/
cp -rf /root/soft/busybox-1.35.0/_install/* /root/mymnt
chmod 777 /root/mymnt/bin/busybox
/root/soft/qemu-7.1.0/mybuild/qemu-system-aarch64 -machine virt -cpu cortex-a57
-nographic -m 2048 -smp 2 -kernel /root/soft/linux-5.19.8/arch/arm64/boot/Image
-append "root=/dev/vda" -hda /root/rootfs.ext4
```

我们对文件夹proc赋予了777权限，建议新建的文件夹赋予高权限，这样以后需要读写文件夹时就不会出现因为权限原因失败的问题了。

启动后，手工执行挂载，命令如下：

```
mount -t proc none /proc
```

然后执行ifconfig -a命令，发现有结果显示：

```
/ # ifconfig -a
eth0      Link encap:Ethernet  HWaddr 52:54:00:12:34:56
          BROADCAST MULTICAST  MTU:1500  Metric:1
          RX packets:0 errors:0 dropped:0 overruns:0 frame:0
          TX packets:0 errors:0 dropped:0 overruns:0 carrier:0
          collisions:0 txqueuelen:1000
          RX bytes:0 (0.0 B)  TX bytes:0 (0.0 B)

lo        Link encap:Local Loopback
...
```

如果输入ps命令，发现也有结果了：

```
/ # ps
PID   USER     TIME  COMMAND
   1 0         0:00 init
   2 0         0:00 [kthreadd]
   3 0         0:00 [rcu_gp]
   4 0         0:00 [rcu_par_gp]
...
```

打开目录/proc，发现里面有按数字命名的文件夹，它们实际上就是进程号。然后使用reboot重启系统，发现这次虽然有proc文件夹，但是没有自动挂载，所以也不能再次正确显示。我们需要想办法开机自动挂载。设置自动挂载的步骤如下：

（1）在/etc/inittab中配置脚本/etc/init.d/rcS，在虚拟机Ubuntu中进入_install/etc/，然后编辑inittab文件，在末尾添加：

```
::sysinit:/etc/init.d/rcS
```

注意，这里的sysinit是小写的，大写是不识别的。BusyBox程序读取到sysinit后，就会执行后面的文件/etc/init.d/rcS。sysinit好比一个动作（Action），BusyBox中还定义了其他动作，代码如下：

```
static const char actions[] ALIGN1 =
        "sysinit\0""wait\0""once\0""respawn\0""askfirst\0"
        "ctrlaltdel\0""shutdown\0""restart\0";
```

respawnh和askfirst也是老朋友了，前面已经接触过了。然后保存文件/etc/inittab。

（2）在脚本/etc/init.d/rcS中调用mount挂载命令。新建文件/etc/init.d/rcS，在/etc/init.d/rcS中添加如下内容：

```
#! /bin/sh
mount -t proc none /proc
```

然后保存，并赋予它最高权限：

```
chmod 777 /etc/init.d/rcS
```

以上两步的意思是告诉BusyBox程序，帮我们启动并执行脚本文件/etc/init.d/rcS。这里强调一下，文件/etc/inittab是供BusyBox程序使用的配置文件，/etc/init.d/rcS才是被BusyBox启动执行的脚本文件。

下面重新制作映像文件，并启动系统，命令如下：

```
umount /root/mymnt
mkfs.ext4 /root/rootfs.ext4
mount /root/rootfs.ext4 /root/mymnt/
cp -rf /root/soft/busybox-1.35.0/_install/* /root/mymnt
chmod 777 /root/mymnt/bin/busybox
/root/soft/qemu-7.1.0/mybuild/qemu-system-aarch64 -machine virt -cpu cortex-a57
-nographic -m 2048 -smp 2 -kernel /root/soft/linux-5.19.8/arch/arm64/boot/Image
-append "root=/dev/vda" -hda /root/rootfs.ext4
```

启动后，马上执行ps命令，发现有结果输出了，说明开机自动加载proc文件系统成功。另外，ifconfig -a也能正确执行了。

另外，我们也可以使用cat /proc/mounts查看已经挂载的文件系统。

9.6.2　挂载sysfs支持lspci

Linux 2.6的内核引入了sysfs文件系统。sysfs被看成是与proc、devfs和devpty同类别的文件系统。sysfs 把连接在系统上的设备和总线组织成一个分级的文件，它们可以被从用户的空间存取。这是被设计用来处理那些以前驻留在/proc/的设备和驱动程序指定的选件，以及用来处理那些以前由devfs提供支持的动态加载设备的。在早期的sysfs实现中，一些驱动和应用仍然被当作旧的proc条目。但是，sysfs是未来的发展方向。

sysfs是Linux 2.6内核的一个特性，它允许内核代码经由一个in-memory的文件系统把信息导出（Export）到用户进程中，文件系统的目录等列（Hierarchy）的组织是严格的，并构成了内核数据结构的内部组织的基础。在这种文件系统中产生的文件大多数是ASCII文件，通常每个文件有一个值。这些特性保证了被导出的信息的准确性并易于被访问，从而使sysfs成为Linux 2.6内核最直观、最有用的特性之一。

sysfs是内核对象、属性及它们的相互关系的一种表现机制。它提供了两个组件：把这些条目通过sysfs导出的内核编程接口和一个用户接口，用来查看和操作这些映射了它们所代表的内核对象的条目。

sysfs是一个面向用户空间导出内核对象的文件系统，它不仅提供了察看内核内部数据结构的能力，还可以修改这些数据结构，即用于导出内核对象（kobject）的文件系统。sysfs数据项来源于内核对象（kobject），而内核对象的层次化组织直接反映了sysfs的目录布局。sysfs始终与kobject的底层结构紧密相关。与proc的区别是，新设计的内核机制应该尽量使用sysfs机制，而将proc保留给纯净的进程文件系统。

从驱动开发的角度来看，/sysfs为用户提供了除设备文件/dev和/proc外的另一种通过用户空间访问内核数据的方式。

下面我们准备使用lspci命令，现在执行结果会报错：

```
/ # lspci
lspci: /sys/bus/pci/devices: No such file or directory
```

这是因为我们没有挂载sysfs文件系统。sysfs像其他基于内存的文件系统一样可以从用户空间挂载。只要内核配置中定义了 CONFIG_SYSFS ，sysfs就能被编译进内核。现在我们通过mount -t sysfs sysfs /sys命令来挂载sysfs到/sys目录。注意，sysfs被挂载的目录是/sys，这是sysfs挂载点的事实标准位置，各主流发行版都采用这种做法。因此，需要回到虚拟机Ubuntu中，在_install下新建sys文件夹：

```
cd /root/soft/busybox-1.35.0/_install
mkdir sys
umount /root/mymnt
mkfs.ext4 /root/rootfs.ext4
mount /root/rootfs.ext4 /root/mymnt/
cp -rf /root/soft/busybox-1.35.0/_install/* /root/mymnt
chmod 777 /root/mymnt/bin/busybox
/root/soft/qemu-7.1.0/mybuild/qemu-system-aarch64 -machine virt -cpu cortex-a57
-nographic -m 2048 -smp 2 -kernel /root/soft/linux-5.19.8/arch/arm64/boot/Image
-append "root=/dev/vda" -hda /root/rootfs.ext4
```

成功启动后，就可通过以下命令挂载它：

```
mount -t sysfs sysfs /sys
```

然后执行lspci命令就有正确结果了：

```
/ # lspci
00:01.0 Class 0200: 1af4:1000
00:00.0 Class 0600: 1b36:0008
00:02.0 Class 0100: 1af4:1001
```

lspci用来查看当前系统连接的所有PCI/PCIe设备，一行表示一个设备，上面有三个设备。在PCI或者PCIe中，每个设备有三个编号：总线编号（Bus Number）、设备编号（Device Number）和功能编号（Function Number），那么对应上面的00:01.0来说，第一行这个设备的总线编号是00，设备编号是01，功能编号是0。需要说明的是，这三个编号都是用十六进制表示的，有些配置中需要填十进制数，需要做一下转换。0200表示当前设备的DeviceClass，也就是设备类型，而后面的1af4:1000代表的是设备的厂商ID（Vendor ID）和设备ID（Device ID）。利用DeviceClass、VendorID:DeviceID来匹配相应的设备，这个设备清单是由https://pci-ids.ucw.cz/维护的，我们也可以直接在网站上查询。直接登录网站，单击首页上的一个链接PCI device classes，进入子页面，即可查询到DeviceClass前两位02是一个Network controller：

```
02  Network controller
```

再在网页上单击链接02，进入子页面，即可看到00表示这个设备是一个Ethernet controller：

```
00  Ethernet controller
```

这就说明0200设备是一个以太网卡。我们再准备查询1af4:1000，在首页上单击链接pci.ids，进入子页面，直接按Ctrl+F键搜1af4，出现了不少1af4，但我们最终定位到这一段：

```
1af4  Red Hat, Inc.
    1000  Virtio network device
        01de fffb  Propolis Virtio network device
```

可以看到，厂商1af4属于Red Hat这个厂商，设备ID为1000，表示这是一个虚拟化网络设备。Virtio是一种标准的半虚拟化IO设备模型。这么看来，QEMU会提供一个默认的虚拟网卡供我们的系统使用。

其实，在Linux中还有一个编号，叫作域编号（Domain Number），不过前面的输出中没有，因为都是0，所以就忽略了。理论上，在PCIe的拓扑结构中，最多支持256条Bus，每条Bus最多支持32个Device，每个Device最多支持8个Function。因此，由Bus:Device:Function（BDF）构成了每个Function的唯一的"身份证号"。在一些场景下，比如设备特别多，是会有多个域编号的，在硬件层面对应多个PCI结构，在这种情况下，使用lspci -D命令，输出就会带上域编号，比如在虚拟机Ubuntu下使用lspci -D命令就可以看到开头的域编号：

```
root@myub:~# lspci -D
    0000:00:00.0 Host bridge: Intel Corporation 440BX/ZX/DX - 82443BX/ZX/DX Host bridge
(rev 01)
    0000:00:01.0 PCI bridge: Intel Corporation 440BX/ZX/DX - 82443BX/ZX/DX AGP bridge
(rev 01)
    ...
```

每行前面4个0组成的编号就是域编号。这么多的Function，主机怎么知道它们具有什么本领？答案是每个Function都有一个大小为4KB的配置空间（Configuration Space）。在系统上电的过程中，枚举整个PCI Bus之后，就会将所有BDF的配置空间读到Host内存中。在Host内存中有一个大小为256MB的Memory Block，专门用来存放所有的配置空间。为什么是256MB？我们计算一下：256（Bus）×32（Dev）×8（Func）×4KB=64×1024×4KB= 256MB。

总线、设备、驱动程序和类是使用kobject机制的主要内核对象，因而占据了sysfs中几乎所有的数据项。我们可以查看一下/sys目录：

```
/ # ls /sys
block       class       devices     fs          kernel      power
bus         dev         firmware    hypervisor  module
```

- block: 表示块设备的存放目录，这是一个过时的接口，按照 sysfs 的设计理念，所有的设备都存放在 sys/devices/，同时在 sys/bus/或/和 sys/class/存放相应的符号链接，所以现在这个目录是为了提高兼容性的设计，里面的文件已经被全部替换成符号链接了，只有在编译内核的时候勾选 CONFIG_SYSFS_DEPRECATED 才会有这个目录。
- bus: bus 是总线的意思，包含系统中所有的总线。"总线"目录包含在内核中注册而得到支持（统一编译或通过模块来加载）的每个物理总线类型的子目录，比如 pci、scsi、usb、spi 等。每个总线类型又有两个子目录列出：devices 和 drivers，devices 目录包含在整个系统中发现的每个该总线类型的设备的列表，这些列出的设备实际上是在全局设备树中指向设备目录的软链接。drivers 目录包含注册该总线类型的每个驱动的目录，每个驱动目录中允许查看和操作设备参数的属性，和指向该设备所绑定的物理设备（在全局设备树上）的软链接。
- class: class 是类的意思，"类"目录包含在内核中注册的每个设备类的表示，一个设备类描述了设备的一个功能类型。每个设备类包含每个分配并注册了那个设备类的类对象的子目录，大多数设备类对象的目录包含指向与那个类对象关联的设备和驱动目录（分别在全局的设备等列与总线等列）的软链接。注意，在设备类与物理设备之间不一定是1:1 的映射，一个物理设备也许包含多个类对象执行不同的逻辑功能。例如，一个物理鼠标会映射一个内核鼠标对象，也会映射一个泛"输入事件"设备，也许还会映射一个"输入调试"设备。每个类与类对象会包含各种属性，它们阵列出参数来描述并控制那个类对象，内容与格式完全是类依赖的，并依赖于内核中所存的支持。按照设备功能对系统设备进行分类的结果放在这个目录,如系统所有输入设备都会出现在/sys/class/input 之下。和/sys/bus 一样，/sys/class 最终的文件都是符号链接，这样设备可以保证整个系统中每个设备都只有一个实例。
- dev: 按照设备号对字符设备和块设备进行分类的结果放在这个目录,同样，文件依然是使用符号链接的形式链接到 sys/devices/中的相应文件。
- devices: 所有的设备文件实例都在 sys/devices/目录下。
- fs: 这里按照设计用于描述系统中所有文件系统，包括文件系统本身和按文件系统分类存放的已挂载点，但目前只有 fuse、gfs2 等少数文件系统支持 sysfs 接口，一些传统的虚拟文件系统层次的控制参数仍然在 sysctl（/proc/sys/fs）接口中。

- kernel：这里是内核所有可调整参数的位置，目前只有 uevent_helper、kexec_loaded、mm 和新式的 slab 分配器等几项较新的设计在使用它，其他内核可调整参数仍然位于 sysctl（/proc/sys/kernel）接口中。

- module：这里有系统中所有模块的信息，不论这些模块是以内联（inlined）方式编译到内核映像文件（vmlinuz）中，还是编译为外部模块（.ko 文件），都可能会出现在/sys/module 中。编译为外部模块（.ko 文件）在加载后会出现对应的/sys/module/。

- power：这是系统中的电源选项，这个目录下有几个属性文件可以用于控制整个机器的电源状态，如可以向其中写入控制命令让机器关机、重启等。

sys/class/、sys/bus/、sys/devices是设备开发中最重要的几个目录。它们之间的关系可以用图9-6表示。

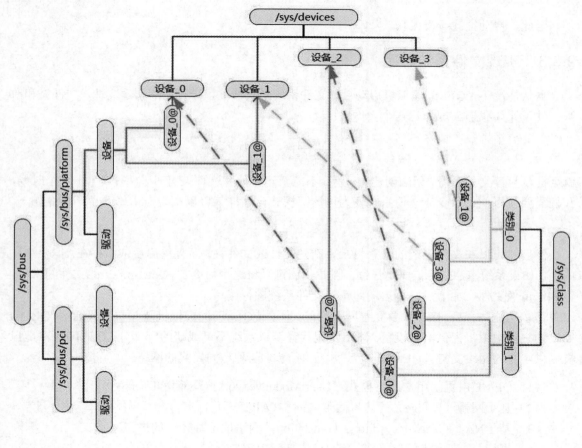

图 9-6

手工挂载sysfs成功后，我们还要让它开机自动挂载。和自动挂载proc的方法一样，在_install/etc/init.d/rcS文件的末尾添加以下挂载语句：

```
mount -t sysfs sysfs /sys
```

保存文件，然后重新制作映像文件并启动系统，命令如下：

```
umount /root/mymnt
mkfs.ext4 /root/rootfs.ext4
mount /root/rootfs.ext4 /root/mymnt/
cp -rf /root/soft/busybox-1.35.0/_install/* /root/mymnt
chmod 777 /root/mymnt/bin/busybox
/root/soft/qemu-7.1.0/mybuild/qemu-system-aarch64 -machine virt -cpu cortex-a57
-nographic -m 2048 -smp 2 -kernel /root/soft/linux-5.19.8/arch/arm64/boot/Image
-append "root=/dev/vda" -hda /root/rootfs.ext4
```

启动成功后，马上执行lspci，可以发现结果正确了：

```
/ # lspci -k
00:01.0 Class 0200: 1af4:1000 virtio-pci
00:00.0 Class 0600: 1b36:0008
00:02.0 Class 0100: 1af4:1001 virtio-pci
```

至此，自动挂载sysfs成功。

9.6.3　实现文件系统可写

默认情况下，QEMU虚拟机启动后，文件系统是只读的，导致无法新建文件、文件夹和改写文件，比如我们尝试新建一个文件夹：

```
/ # mkdir 1
mkdir: can't create directory '1': Read-only file system
```

就会提示只读文件系统，无法创建文件夹。不能新建文件和文件夹有时非常不方便。这个时候，我们需要使用一条命令让文件系统变为可读写模式，这样就可以实现自由修改了。命令如下：

```
mount -o remount,rw /
```

然后就可以在文件系统的任意目录下新建文件或文件夹，而且重启后依旧存在。但要注意的是，如果系统重启，将依旧是只读，因此我们可以将这个命令加在/etc/init.d/rcS文件的末尾，再制作镜像文件。加上后，再启动即可对文件系统进行读写。

基本功能完善后，接下来要完善网络功能。为了使QEMU的虚拟机能够与外界通信，QEMU需要为它的虚拟机提供网络设备。网络是现代计算机系统不可或缺的一部分，QEMU也对虚拟机提供丰富的网络支持。QEMU向客户机提供了如下4种不同模式的网络。

（1）QEMU内置的用户网络模式（User Mode Networking，简称User模式）。
（2）基于网桥（Bridge）的虚拟网卡（简称TAP模式）。
（3）基于NAT（Network Address Translation，网络地址翻译）的虚拟网络。
（4）直接分配网络设备的网络（包括VT-d和SR-IOV）。

用得较多的是前两种模式，也就是网络设备配置常见的两种，一种是User模式，另一种是Tap模式。

9.7 QEMU 用户网络模式

我们的目标是在用户网络模式下,在QEMU虚拟机中能访问并删除其宿主机Ubuntu中的文件,同时打造一个方便的交叉编译运行环境。这里方便一词不是瞎说的,相比传统的交叉编译环境,一般在虚拟机(比如Ubuntu)中编译(比如用ARM编译器)后,要上传到目标机系统(比如ARM系统)中运行。我们打造的系统不需要上传这个步骤,否则窗口来回切换会影响心情。

在QEMU命令行中,客户机网络(除网络设备直接分配外)都是用-net参数进行配置的,如果没有设置任何-net参数,则默认使用-net nic -net user参数,从而使用完全基于QEMU内部实现的用户模式下的网络协议栈。使用用户模式的客户机可以连通宿主机及外部网络。用户模式网络完全由QEMU模拟实现整个TCP/IP协议栈,并且使用这个协议栈提供一个虚拟的NAT网络。它不依赖于宿主机上的网络工具组件,如bridge-utils、tunctl、dnsmasq、iptables等,因此也不需要root用户权限。当然,用户模式网络的缺陷也很明显,由于其在QEMU内部实现所有网络协议栈,因此性能相对较差。

QEMU提供了对一系列主流和兼容性良好的网卡的模拟,通过"-net nic,model=?"参数可以查询到当前的QEMU实现了哪些网卡的模拟,如下命令行显示了QEMU能模拟的网卡种类。

```
root@myub:~/soft/qemu-7.1.0/mybuild# ./qemu-system-aarch64 -M virt -net nic,
model=?
Supported NIC models:
e1000
e1000-82544gc
e1000-82545em
e1000e
i82550
...
vmxnet3
```

其中的e1000系列提供Intel e1000系列的网卡模拟,纯QEMU(非qemu-kvm)默认提供Intel e1000系列的虚拟网卡,即如果未指定网络选项,QEMU将默认模拟一个 Intel e1000 PCI 网卡,该网卡具有桥接到主机网络的用户模式网络堆栈。

下面我们分两种情况来学习,一种是不使用-net选项,另一种是使用-net选项。

9.7.1 不使用-net选项

在用户网络模式下,QEMU提供一个固定的IP用于宿主机和虚拟机之间的通信,这个IP地址为10.0.2.2。默认情况下,QEMU虚拟机所在的子网为10.0.2.0/24,并且提供了一个内嵌的DHCP服务器,该DHCP服务器有16个IP地址可供分配,默认地址范围是10.0.2.15~10.0.2.30。也就是说,我们既可以在QEMU虚拟机中用ifconfig设置IP,也可以让QEMU内嵌的DHCP服务器给QEMU虚拟机自动分配一个IP地址。要自动分配IP地址,需要进行一定的设置。首先在

Ubuntu下，进入BusyBox的源码目录的example/udhcp子目录，这里是/root/soft/busybox-1.35.0/examples/udhcp/，复制文件simple.script到根文件系统的/usr/share/udhcpc/目录下，命令如下：

```
cp simple.script /root/soft/busybox-1.35.0/_install/usr/share/udhcpc/
```

然后更名为default.script：

```
mv simple.script default.script
```

再 将 default.script 中 的 RESOLV_CONF="/etc/resolv.conf" 更 改 为 RESOLV_CONF="/tmp/resolv.conf"。在/root/soft/busybox-1.35.0/_install下新建目录tmp：

```
mkdir tmp
chmod 777 tmp
```

然后重新制作映像文件并启动系统，命令如下：

```
umount /root/mymnt
mkfs.ext4 /root/rootfs.ext4
mount /root/rootfs.ext4 /root/mymnt/
cp -rf /root/soft/busybox-1.35.0/_install/* /root/mymnt
chmod 777 /root/mymnt/bin/busybox
/root/soft/qemu-7.1.0/mybuild/qemu-system-aarch64 -machine virt -cpu cortex-a57
-nographic -m 2048 -smp 2 -kernel /root/soft/linux-5.19.8/arch/arm64/boot/Image
-append "root=/dev/vda" -hda /root/rootfs.ext4
```

启动后，因为命令udhcpc需要创建配置文件，所以我们先让文件系统可写：

```
/ # mount -o remount,rw /
[ 189.480246] EXT4-fs (vda): re-mounted. Quota mode: none.
[ 189.482038] ext4 filesystem being remounted at / supports timestamps until 2038
(0x7fffffff)
```

然后就可以用udhcpc命令从DHCP服务器那里得到IP地址了：

```
/ # udhcpc
udhcpc: started, v1.35.0
Clearing IP addresses on eth0, upping it
udhcpc: broadcasting discover
udhcpc: broadcasting select for 10.0.2.15, server 10.0.2.2
udhcpc: lease of 10.0.2.15 obtained from 10.0.2.2, lease time 86400
Setting IP address 10.0.2.15 on eth0
Deleting routers
route: SIOCDELRT: No such process
Adding router 10.0.2.2
Recreating /tmp/resolv.conf
 Adding DNS server 10.0.2.3
/ #
```

udhcpc是一个动态分配IP的指令，使用这个命令可以从系统动态地获得一个IP命令。udhcpc是集成在BusyBox里面的。值得注意的是，如果文件default.script不存在，则直接使用udhcpc只能分配IP地址，但是没有写入设备中，即这个IP地址并没有生效。因为udhcpc需要一个默认的配置文件default.script，查看这个配置文件，它实际的作用就是将分配到的IP地址通过ifconfig命令写入设备中。接着，输入ifconfig，可以看到eth0得到IP地址了：

```
/ # ifconfig
eth0      Link encap:Ethernet  HWaddr 52:54:00:12:34:56
          inet addr:10.0.2.15  Bcast:10.0.2.255  Mask:255.255.255.0
          UP BROADCAST RUNNING MULTICAST  MTU:1500  Metric:1
          RX packets:148 errors:0 dropped:0 overruns:0 frame:0
          TX packets:152 errors:0 dropped:0 overruns:0 carrier:0
          collisions:0 txqueuelen:1000
          RX bytes:17252 (16.8 KiB)  TX bytes:16024 (15.6 KiB)
```

自动分配的IP地址是10.0.2.15，看来默认子网IP范围是10.0.2.15～10.0.2.30。至此，我们动态获取IP地址成功了。其实，如果想偷懒，也可以不动态获取，直接使用ifconfig eth0 10.0.2.15命令也可以。这样做主要是为了让读者多学点东西。

IP地址搞定后，我们就可以和Ubuntu共享文件了。首先设置Ubuntu的IP地址为10.0.2.2，这样和QEMU虚拟机在同一个网段中。并且在QEMU虚拟机中是可以ping通Ubuntu的，而Ubuntu中无法ping通QEMU虚拟机，ping不通是正常的，因为QEMU虚拟机是计算机模拟出的网卡，是受保护的，外面的都无法访问虚拟机，但是虚拟机可以通过计算机访问外网。但这并不妨碍我们共享文件。

共享文件的方式有很多，比如NFS（Network File System，网络文件系统）方式。NFS的基本原则是容许不同的客户端及服务端通过一组RPC分享相同的文件系统，它是独立于操作系统的，容许不同硬件及操作系统共同进行文件的分享。首先我们在某个路径下新建一个目录，比如：

```
mkdir /home/rootfs
```

然后在/home/rootfs/下随便建立一些文件夹或文件，这里建立文件夹1和2，还有一个文件hello.txt。接着，为文件系统所在的目录设置权限，命令如下：

```
chmod 777 /home/rootfs -R
```

如果不修改共享目录的权限，就会导致NFS共享服务无法正常启动。然后在Ubuntu上安装NFS服务器，命令如下：

```
apt-get install nfs-kernel-server
```

安装后，编辑配置文件，用vi或gedit打开/etc/exports，在最后添加一行：

```
/home/rootfs      10.*.*.*(insecure,rw,sync,no_root_squash)
```

/home/rootfs是刚才我们文件系统安装的路径，也是NFS服务器提供给客户机可以进行访问的目录，供访问者（客户机）映射访问。10.*.*.*表示访问者（客户机）的IP形式，即NFS共享服务器（Ubuntu系统）上的/home/rootfs目录只有IP形式为10开头的主机可以访问，且要有读写权限。此主机用root用户身份访问该共享目录时，不映射root用户（no_root_squash），相当于在服务器上用root身份访问该目录。另外，也可以具体指定客户端的IP地址，比如：

```
/home/rootfs      10.0.2.15 (insecure,rw,sync,no_root_squash)
```

这样就只有IP为10.0.2.15的客户机可以访问NFS服务器了。甚至可以不指定任何IP地址，比如：

```
/home/rootfs      *(insecure,rw,sync,no_root_squash)
```

其中，*表示所有网段都可以访问；选项insecure允许从这台机器过来的非授权访问，NFS可以通过1024以上的端口发送，这对NAT环境非常重要，对应的还有一个secure选项，secure选项要求mount客户端请求源端口小于1024，然而在使用 NAT 网络地址转换时，端口一般总是大于1024的，默认情况下是开启这个选项的，如果要禁止这个选项，则要使用insecure选项；选项sync表示资料同步写入内存与硬盘中；选项no_root_squash表示客户机用root访问该共享文件夹时，不映射root用户。

当修改/etc/exports文件后，是不会立即生效的，需要使用如下命令来重新加载exports文件：

```
exportfs -a
```

或者直接重启nfs服务：

```
service nfs-kernel-server restart
```

执行成功后，就可以准备在ARCH64系统中用mount命令挂载/home/rootfs到本地某个目录了，通常是挂载到/mnt目录，所以我们要为文件系统增加/mnt目录，然后启动系统，命令过程如下：

```
cd /root/soft/busybox-1.35.0/_install
mkdir mnt
chmod 777 mnt
umount /root/mymnt
mkfs.ext4 /root/rootfs.ext4
mount /root/rootfs.ext4 /root/mymnt/
cp -rf /root/soft/busybox-1.35.0/_install/* /root/mymnt
chmod 777 /root/mymnt/bin/busybox
/root/soft/qemu-7.1.0/mybuild/qemu-system-aarch64 -machine virt -cpu cortex-a57
-nographic -m 2048 -smp 2 -kernel /root/soft/linux-5.19.8/arch/arm64/boot/Image
-append "root=/dev/vda" -hda /root/rootfs.ext4
```

AArch64系统启动后，设置一下IP地址：

```
ifconfig eth0 10.0.2.15
```

我们再回到Ubuntu系统中，把Ubuntu的IP地址改为10.0.2.2，命令如下：

```
ifconfig ens33 10.0.2.2
```

这个10.0.2.2是默认给外部系统使用的，从而可以和AArch64系统通信。然后到AArch64系统中进行挂载，命令如下：

```
mount -t nfs -o nolock 10.0.2.2:/home/rootfs  /mnt/
```

其中，10.0.2.2是NFS服务器的IP地址，/mnt是NFS服务器的目录。然后进入/mnt并查看：

```
/mnt # ls
1          2          hello.txt
```

文件夹1和2，以及文件hello.txt正是以前Ubuntu系统的/home/rootfs路径下的内容。这就说明挂载成功了。如果有兴趣，也可以删除hello.txt。再回到Ubuntu系统中的/home/rootfs路径下查看，就会发现hello.txt没有了。共享文件夹成功后，我们就可以在Ubuntu下用ARM编译器编译程序，然后复制到/home/rootfs下，再到AArch64系统的/mnt下，就可以直接执行可执行文件了。

9.7.2　使用-net选项

QEMU默认使用-net nic-net user参数为客户机配置网络，这是一种用户模式的网络模拟。使用用户模式的客户机可以连通宿主机及外部网络。用户模式的网络完全由QEMU模拟实现整个TCP/IP协议栈，并且使用这个协议栈提供一个虚拟的NAT网络。它不依赖于宿主机上的网络工具组件，如bridge-utils、tunctl、dnsmasq、iptables等，因此也不需要root用户权限。当然，用户模式的网络缺陷也很明显：因其在QEMU内部实现所有网络协议栈，相对性能较差。

QEMU命令使用-net user参数配置用户模式的网络，命令格式如下：

```
qemu-system-aarch64 -net nic -net user [, opion[, option[, ... ] ] ]
```

用户模式的参数选项（option）描述如下：

- vlan=vlan 编号，将用户模式的网络栈连接到编号为 n 的 VLAN 中（默认值为 0）。
- name=名称，分配一个网络名称，可以用来在 QEMU monitor 中识别该网络。
- net=地址[/掩码]，设置客户机所在的子网，默认值是 10.0.2.0/24。
- host=地址，用于设置客户机能看到的宿主机 IP 地址，默认值为客户机所在网络的第 2 个 IP 地址 10.0.2.2。
- restrict=开关，如果将此选项打开（y 或 yes），则客户机不能与宿主机通信，也不能通过宿主机路由到外部网络。默认设置为 n 或 no。
- hostname=名称，设置在宿主机 DHCP 服务器中保存的客户机主机名。
- dhcpstart=地址，设置能够分配给客户机的第一个 IP，QEMU 内嵌的 DHCP 服务器有 16 个 IP 地址可供分配，默认地址范围是 10.0.2.15 ~ 10.0.2.30。
- dns=地址，指定虚拟 DNS 的地址，其默认值是网络中的第 3 个 IP 地址 10.0.2.3，不能与 "host=" 中指定的相同。
- hostfwd=[tcpludp] [宿主机地址]: 宿主机端口 - [客户机地址]: 客户机端口，将访问宿主机指定端口的 TCP/UDP 连接重定向到客户机端口上。该选项可以在一个命令行中多次重复使用。

熟悉选项后，就可以在Ubuntu中启动客户机（这里是AArch64系统），命令如下：

```
/root/soft/qemu-7.1.0/mybuild/qemu-system-aarch64 -machine virt -cpu cortex-a57
-nographic -m 2048 -smp 2 -kernel /root/soft/linux-5.19.8/arch/arm64/boot/Image
-append "root=/dev/vda" -hda /root/rootfs.ext4  -net nic -net
user,net=192.168.11.0/24,host=192.168.11.129
```

其中，192.168.11.129是Ubuntu中的IP地址。成功启动后，在AArch64系统中设置同网段的IP地址，然后就可以ping通Ubuntu了，命令如下：

```
/ # ifconfig eth0 192.168.11.3
/ # ping 192.168.11.129
PING 192.168.11.129 (192.168.11.129): 56 data bytes
64 bytes from 192.168.11.129: seq=0 ttl=255 time=21.931 ms
64 bytes from 192.168.11.129: seq=1 ttl=255 time=0.811 ms
```

然后用mount命令加载到/mnt，再到/mnt下查看，命令如下：

```
/ # mount -t nfs -o nolock 192.168.11.129:/home/rootfs  /mnt
/ # cd /mnt
/mnt # ls
1  2
```

其中，文件夹1和2是Ubuntu系统中/home/rootfs/下的两个文件夹。至此，使用-net方式建立用户网络成功了，并且可以和宿主机共享文件夹。

用户网络模式是在QEMU进程中实现一个协议栈，负责在虚拟机VLAN和外部网络之间转发数据。可以将该协议栈视为虚拟机与外部网络之间的一个NAT服务器，宿主机和外部网络不能主动与虚拟机通信。虽然用户模式不需要root权限，使用也简单，但有一些限制。数据包需要经过QEMU自带的网络协议栈，性能较差，部分网络协议不一定有效（如ICMP）。

9.8　QEMU 桥接网络模式

桥接模式也称为TAP（Terminal Access Point）模式，该模式在宿主机上创建一个虚拟网卡设备tap0，tap0在宿主机中通过网桥br0和宿主机的物理网卡绑定，客户机通过这个虚拟网卡设备tap0进行网络通信，虚拟机发出的数据包通过TAP设备先到达br0，然后经过宿主机的物理网卡发送到物理网络中，数据包不需要经过主机的协议栈，效率比较高。

9.8.1　网桥的概念

同TAP/TUN、veth-pair一样，网桥（Bridge）也是一种虚拟网络设备，所以具备虚拟网络设备的所有特性，比如可以配置IP、MAC等。除此之外，网桥还是一个交换机，具有交换机所有的功能。对于普通的网络设备，就像一个管道，只有两端，数据从一端进，从另一端出。而网桥有多个端口，数据可以从多个端口进，从多个端口出。网桥的这个特性让它可以接入其他的网络设备，比如物理设备、虚拟设备、VLAN设备等。网桥通常充当主设备，其他设备为从设备，这样的效果就等同于物理交换机的端口连接了一根网线。

所谓桥接，就是在两个网卡之间搭一座桥，这样一端有数据就可以通过桥走到另一端，对于实现QEMU虚拟机通信正合适。桥接技术在VMware中非常常用，我们设置虚拟机网络的时候就能看见桥接选项，实际上VMware在物理机上虚拟化了3个网卡，分别负责桥接、仅主机和共享网络。

9.8.2　TUN/TAP的工作原理

TAP是虚拟网络设备，它仿真了一个数据链路层设备（ISO七层网络结构的第二层），像以太网的数据帧一样处理第二层数据报。而TUN与TAP类似，也是一种虚拟网络设备，它是对网络层设备的仿真。TAP被用于创建一个网络桥，而TUN与路由相关。

TAP其实就是一个虚拟网卡，虽然虚拟网卡无法将数据传输到外界网络，但却可以将数据传输到本机的另一个网卡（虚拟网卡或物理网卡）或其他虚拟设备（如虚拟交换机）上，可以在用户空间运行一个可读写虚拟网卡的程序，该程序可对流经虚拟网卡的数据包进行处理，比如OpenVPN程序。

　　TUN/TAP驱动程序实现了虚拟网卡的功能，TUN表示虚拟的是点对点设备，TAP表示虚拟的是以太网设备，这两种设备针对网络包实施不同的封装。利用TUN/TAP驱动，可以将TCP/IP协议栈处理好的网络分包传给任何一个使用TUN/TAP驱动的进程，由进程重新处理后再分发到物 理 链 路 中 。 开 源 项 目 OpenVPN （ http://openvpn.sourceforge.net ） 和 VTun（http://vtun.sourceforge.net）都是利用TUN/TAP驱动实现的隧道封装。作为虚拟网卡驱动，TUN/TAP驱动程序的数据接收和发送并不直接和真实网卡打交道，它在Linux内核中添加了一个TUN/TAP虚拟网络设备的驱动程序和一个与之相关连的字符设备/dev/net/tun，字符设备TUN作为用户空间和内核空间交换数据的接口。当内核将数据包发送到虚拟网络设备时，数据包被保存在设备相关的一个队列中，直到用户空间程序通过打开的字符设备TUN的描述符读取时，它才会被复制到用户空间的缓冲区中，其效果就相当于数据包直接发送到了用户空间。通过系统调用write发送数据包时，其原理与此类似。TUN/TAP设备是一种让用户态程序向内核协议栈注入数据的设备，TUN工作在三层，TAP工作在二层，使用较多的是TAP设备。TAP设备的工作原理如图9-7所示。

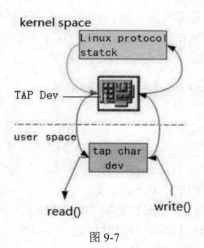

图 9-7

　　当一个TAP设备被创建时，在Linux设备文件目录下会生成一个对应的字符（Char）设备，用户程序可以像打开普通文件一样打开这个文件进行读写。当执行write()操作时，数据进入TAP设备，此时对于Linux 网络层来说，相当于TAP设备收到了一包数据，请求内核接受它，如同普通的物理网卡从外界收到一包数据一样，不同的是其实数据来自Linux上的一个用户程序。Linux收到此数据后，将根据网络配置进行后续处理，从而完成用户程序向Linux内核网络层注入数据的功能。当用户程序执行read()请求时，相当于向内核查询TAP设备上是否有需要被发送出去的数据，有的话就取出到用户程序中，完成TAP设备的发送数据功能。针对TAP设备的一个形象的比喻是，使用TAP设备的应用程序相当于另一台计算机，TAP设备是本机的一个网卡，它们之间相互连接。应用程序通过read()/write()操作和本机网络核心进行通信。

　　从结构上来讲，TUN/TAP驱动并不单纯是实现网卡驱动，同时它还实现了字符设备驱动功能。以字符设备的方式连接用户空间和内核空间，示意如图9-8。

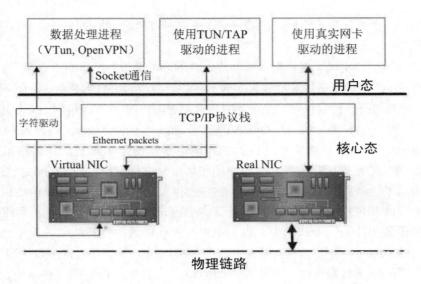

图 9-8

TUN/TAP驱动程序中包含两部分，一部分是字符设备驱动，另一部分是网卡驱动。利用网卡驱动接收来自TCP/IP协议栈的网络分包并发送，或者反过来将接收到的网络分包传给协议栈处理，而字符驱动则将网络分包在用户空间和内核空间之间传送，模拟物理链路的数据接收和发送。TUN/TAP驱动很好地实现了两种驱动的结合。

9.8.3　带TAP的QEMU系统架构

TAP模式的优点是客户机网卡设备与真实网卡相似，缺点是宿主机需要额外的工具进行大量配置，网络拓扑结构复杂。TAP模式是QEMU推荐的、虚拟机联网的虚拟网络设备的后端实现。可以认为虚拟网卡直接与其相连。TAP接口的行为应该与真实的网络设备一样，一旦将TAP绑定到网桥之后，就可以和外部进行网络通信了。

QEMU可以使用TAP接口为GuestOS（客户机操作系统）提供完整的网络功能。当Guest OS运行多个网络服务并且必须通过标准端口连接时，这可能很有用，比如需要TCP和UDP以外的协议时，以及QEMU的多个实例需要相互连接的时候（尽管这也可以在用户模式网络中通过端口重定向或通过套接字来实现）。

采用TAP设备和网桥的虚拟网络的性能应该比使用用户模式网络或VDE要好，原因在于TAP设备和网桥是在内核中实现的。使用TAP方式的前提是宿主机（host）的内核支持TAP/TUN。现在的Linux发行版一般都通过内核模块的方式支持TAP/TUN。如果Host存在/dev/net/tun设备文件，则说明它支持TAP/TUP。在Ubuntu中运行命令：

```
ls /dev/net/tun
```

如果有结果/dev/net/tun，就说明支持TAP/TUP。如果不存在这个设备文件，则可以试试执行命令modprobe tun。modprobe的作用是载入指定的模块。考虑用TUN/TAP的方式，那么需要QEMU宿主机（这里是Ubuntu 20.04）的内核支持TUN/TAP功能。如果用户使用的操作系统内核不支持TUN/TAP，那么需要下载源码，然后编译对应的模块，并插入对应的模块。

使用TAP设备的QEMU虚拟机和宿主机的逻辑拓扑图如图9-9所示。

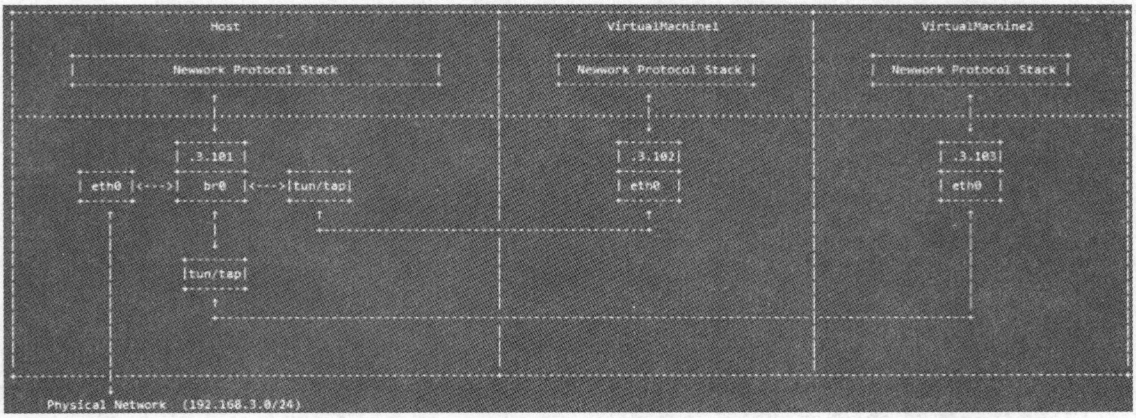

图 9-9

这里的Host可以是一个直接运行在物理机上的Linux系统，也可以是一个在Windows 10上用VMware运行的虚拟机Ubuntu，如果是虚拟机Ubuntu，则只需要将其和Windows系统之间用VMware桥接模式相连即可。图9-9中的VirtualMachine1和VirtualMachine2都是Host中通过QEMU软件运行的虚拟机（也称Host的客户机）。然后，VirtualMachine1和VirtualMachine2中的网卡eth0分别和Host中的TUN/TAP相连。TUN/TAP被认为是后端。在图9-9中，br0是网桥接口，网桥是一种在链路层实现中继，对帧进行转发，根据MAC分区块，可隔离碰撞，将网络的多个网段在数据链路层连接起来的网络设备。br0可以将两个接口进行连接，比如将两个以太网接口eth0进行连接，对帧进行转发。

再针对我们的实际系统，现在VMware虚拟机Ubuntu的ens33网卡已经可以联网了，以后安装虚拟网桥和TAP虚拟网卡后，Ubuntu里面实际就有3样东西：虚拟网桥br0、虚拟网卡tap0和网卡ens33。外部网络连ens33，ens33连虚拟网桥，虚拟网桥的一个端口连接TAP网卡，TAP网卡再和QEMU的网卡相连。这样，NIC网卡就和外部网络相连了。可见，在分析Linux网络时，关键的实体是网卡（无论是物理网卡还是虚拟网卡）、虚拟网桥、路由器、交换机，正是它们之间的正确连接，以及它们之间的网络拓扑才使得机器可以上网。

现在我们知道了，使用TAP的基本网络架构就要给宿主机创建两个虚拟设备，一个是虚拟网桥，另一个是虚拟网卡。要创建虚拟网桥，可以使用bridge命令。要创建虚拟网卡，有两种方式，一种是使用QEMU的辅助程序qemu-bridge-helper自动创建，另一种是手工使用命令tunctl。

9.8.4 brctl的简单用法

在Linux中，brctl命令用来创建、操作以太网桥。通常在用户的服务器上具有多个以太网接口（也就是多个网卡），且希望对它们进行组合，呈现某种逻辑网络时，使用 brctl 命令。比如，Ubuntu默认有一个网卡ens33，然后笔者在VMWare中为Ubuntu再添加一个网络适配器ens38，这样在Ubuntu中就有两个网卡了。现在可以组合它们，让它们呈现为br0，在处理网络流量时可以同时使用ens33和ens38。

首先要安装虚拟网桥工具bridge-utils，这个工具可以用来创建网桥，在线安装命令如下：

```
apt install bridge-utils
```

安装成功后，就可以使用brctl命令了。常用的方法介绍如下。

1. 使用选项 addbr 创建新的以太网桥

brctl addbr可以用来创建网桥。在下面的例子中，我们创建了名为dev、stage以及prod的三个以太网桥：

```
brctl addbr dev
brctl addbr stage
brctl addbr prod
```

此时，这几个以太网桥还是空白的桥，没有其他的以太网网卡依附在上面。此时，用ifconfig -a命令可以看到创建的网桥。

2. 使用选项 show 展示可用的以太网桥

使用brctl show可以看到当前服务器上可用的以太网桥：

```
root@myub:~# brctl show
bridge name     bridge id              STP enabled     interfaces
dev             8000.000000000000      no
prod            8000.000000000000      no
stage           8000.000000000000      no
```

可以看到，现在在interfaces下面的内容为空，这意味着这些网桥现在没有以太网设备（网卡）。

3. 使用选项 delbr 删除以太网桥

brctl delbr可以用来删除已经存在的网桥。下面删除以太网桥 stage：

```
root@myub:~# brctl delbr stage
root@myub:~# brctl show
bridge name     bridge id              STP enabled     interfaces
dev             8000.000000000000      no
prod            8000.000000000000      no
```

值得注意的是，如果网桥处于up状态，那么首先需要使其处于down状态，才能删除它。

4. 使用选项 addif 添加网络接口到网桥

这里的网络接口通常就是网络适配器，即网卡。下面的例子将会添加以太网卡ens38到桥dev：

```
brctl addif dev ens38
```

注意，如果你的主机上只有一个网卡，且通过这个网卡远程连接着主机，那么最好不要在这个主机上执行这个命令，因为把网卡添加到网桥后，会使这个设备的网络连接断开。笔者现在通过ens33远程连接，所以添加ens38到网桥没有影响。

在这个例子中，将会使ens38成为dev桥设备的一个端口，因此所有到达ens38的数据帧都会认为是到达这个桥上。同时，当有数据帧从dev桥发出时，它将会使用ens38，当dev具有多个接口时，ens38将会是一个潜在的候选者来将数据帧从桥上发送出去。在添加ens38到桥后，brctl show展示如下：

```
bridge name       bridge id           STP enabled      interfaces
dev               8000.000c29c64add   no               ens38
prod              8000.000000000000   no
```

如果在添加接口之后，机器出现了问题，可执行下面的命令恢复：

```
brctl delbr dev
```

也就是删除网桥。另外，如果你尝试添加一个回环接口到桥，会有如下无效语句提示：

```
 # brctl addif dev lo can't add to bridge dev: Invalid argument
```

同样，你也不能添加系统中不存在的接口到桥：

```
root@myub:~# brctl addif dev eth123
interface eth123 does not exist!
```

此外，如果一个以太网接口已经是一个桥的一部分，那么你不能添加它到另一个桥。一个
网络接口只能是单个桥的一部分：

```
root@myub:~# brctl addif prod ens38
device ens38 is already a member of a bridge; can't enslave it to bridge prod.
```

还可以一次性添加多个网络接口到网桥，比如：

```
brctl addif dev ens33 ens38
```

5. 为网桥分配一个 IP 地址

和其他网络设备接口一样，网桥也需要一个IP地址。我们可以使用dhclient命令从DHCP服
务器处获得网桥的IP地址，比如：

```
dhclient br0
```

设置后，就可以用ifconfig -a命令看到IP地址了：

```
root@myub:~# dhclient br0
root@myub:~# ifconfig -a
br0: flags=4419<UP,BROADCAST,RUNNING,PROMISC,MULTICAST>  mtu 1500
        inet 192.168.11.131  netmask 255.255.255.0  broadcast 192.168.11.255
        inet6 fe80::20c:29ff:fec6:4add  prefixlen 64  scopeid 0x20<link>
        ether 00:0c:29:c6:4a:dd  txqueuelen 1000
        RX packets 301  bytes 31857 (31.8 KB)
        RX errors 0  dropped 0  overruns 0  frame 0
        TX packets 66  bytes 8701 (8.7 KB)
        TX errors 0  dropped 0  overruns 0  carrier 0  collisions 0
```

这里，得到了IP地址为192.168.11.131。另外，也可以直接用ifconfig命令为网桥设置静态
IP，比如：

```
ifconfig br0 192.168.11.125/24
```

9.8.5　三个网络配置选项

QEMU在配置网络的时候，可以用-net命令行参数来配置前端和后端设备。QEMU虚拟机

系统的网卡是前端设备，而Ubuntu中的TAP虚拟网卡相对于QEMU虚拟机系统来说，则是后端设备。

后来，QEMU官方又添加了一个新的选项-netdev。限于篇幅，这里不再举例了，读者了解即可。 QEMU在2.12版本引入第三种方式来配置NIC，即-nic选项。从QEMU的changelog可以看出，-nic可以快速创建一个网络前端和Host后端。为什么需要第三种方式呢？这三种方式有什么差别呢？我们先来看一下QEMU里面的网络虚拟化接口。

QEMU的网络接口分成下面两部分：

- Guest（客户机，也就是 QEMU 虚拟机系统）看到的仿真硬件叫作 NIC，中文翻译为网络接口控制器，又称网络适配器、网卡等，常见的有 e1000 网卡、rt8139 网卡和 virtio-net 设备。这些统称为网络前端。
- Host（宿主机，这里是 Ubuntu）上的网卡叫后端，最常见的后端是 user，用来提供 NAT 的主机网络访问。TAP 后端可以让 Guest 直接访问主机的网络。还有 Socket 类型的后端，用来连接多个 QEMU 实例来仿真一个共享网络。

按照以上两点，可以简单区分一下这三种方式。

1. -net 选项

-net选项可以定义前端和后端。QEMU最初的Guest网络配置方式是-net选项。可以通过-net nic,model=xyz,...来配置Guest NIC，然后通过-net <backend>,... 来配置Host后端（例如-net user）。但是，仿真的NIC和Host 后端并不是直接相连的。它们通过一个相同的仿真Hub连在一起，这个组件在以前的 QEMU 里面叫作 VLAN。 以 -net nic,model=e1000 -net user -net nic,model=virtio -net tap为例，启动QEMU，它们的连接如图9-10所示。

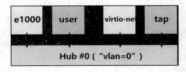

图 9-10

这意味着，e1000网卡可以看到其他三个网卡的网络流量。这种方式并不是用户期待的。用户更期待的是看到两个独立的Guest网络，以及两个独立的Host后端，它们一一对应。为了达到这个目的，你不得不告诉QEMU，我要使用两个单独的HUB。通过vlan参数可以指定不同的VLAN，例如-net nic,model=e1000,vlan=0 -net user,vlan=0 -net nic,model=virtio,vlan=1 -net tap,vlan=1。这样，virtio NIC和TAP后端就连到第二个HUB了。注意，vlan参数会在QEMU 3.0版本被移除。因为这个VLAN术语跟现在常用的网络中的VLAN不是一个概念，会带来很多误解。-net选项依然是保留的。-net可以分别配置前端和后端，可以做到一对一，或者多对一，例如-net nic,model=e1000 -net nic,model=virtio -net l2tpv3。

2. -netdev 选项

-netdev选项只能定义后端。前面提到的-net配置前后端，它们中间必须有一个HUB相连。有了这个HUB，vhost就没法在virtio上启用了。为了配置Guest NIC和后端直接相连的网络，需要-netdev和-device搭配使用。例如，需要配置同-net一样的网络，使用-netdev和-device的方式如下：

```
-netdev user,id=n1 -device e1000,netdev=n1 -netdev tap,id=n2 -device
virtio-net,netdev=n2
```

它们的连接方式是一对一的直接连接，如图9-11所示。

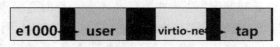

图 9-11

-netdev/-device存在以下两个弊端：首先是使用麻烦，在有些场景下不如-net方便。例如创建默认的TAP网络，可以使用定义好的/etc/qemu-ifup和/etc/qemu-ifdown脚本。例如，可以简单地使用-net nic -net tap。如果使用-netdev/-device，命令就很长了，还不得不取一个ID：-netdev tap,id=n1 -device e1000,netdev=n1。其次，是板载的NIC不能配置成-netdev/-device。

3. 新的-nic 选项

-nic可以一条命令定义前端和后端。前面的两种方式都有各自的局限，新的nic选项的优势是比netdev容易使用。NIC和Host后端直接相连，可以一条命令配置NIC和Host后端。例如，-netdev tap,id=n1 -device e1000,netdev=n1可以替换成-nic tap,model=e1000。model参数还可以被省略，这个也比-net nic -net tap方便。可以使用qemu-system-x86_64 -nic model=help来查看支持的model列表。

总之，新的-nic给用户提供一个更容易和更快的方式来配置QEMU的前后端网络。为了更详细地配置网络NIC的特性，可使用-device/-netdev选项，如果需要一个HUB，可以使用-net，而且-net对于维护一些旧系统的人员来说，是必须掌握的，我们也将重点阐述-net的用法。

9.8.6 实战桥接模式网络

原理和基础知识讲述得差不多了，本小节进入实战环节。我们的目标是启动的QEMU虚拟机要能和其宿主机（这里是VMware创建的Ubuntu系统）相互ping通。能相互ping通，那么后续的文件夹共享、FTP传文件等需求都是手到擒来了。这里，Ubuntu系统通过NAT方式和其宿主机Windows 10相连，且IP地址由DHCP方式获得，网段是192.168.11.0/24。

首先，我们要为Ubuntu准备3个设备，第一个设备是网卡ens38，Ubuntu默认只有ens33，可以在VMware中添加一块网卡，虽然直接使用ens33也可以，但ens33目前用于远程终端连接，所以不使用它。第二个设备是网桥，这个设备可以通过命令来创建。第三个设备是虚拟网卡TAP，这个设备既可以在QEMU虚拟机启动时自动创建，又可以手工用命令来创建，我们将分别演示。

这里先不用命令创建虚拟网卡TAP，而是让QEMU在启动虚拟机时自动创建，具体步骤如下：

（1）在Ubuntu中创建网桥，然后绑定网卡ens38，并设置网桥IP，命令如下：

```
root@myub:~# brctl addbr br0
root@myub:~# ifconfig br0 up
root@myub:~# brctl addif br0 ens38
root@myub:~# dhclient br0
root@myub:~# ifconfig
```

```
br0: flags=4163<UP,BROADCAST,RUNNING,MULTICAST>  mtu 1500
        inet 192.168.11.131  netmask 255.255.255.0  broadcast 192.168.11.255
        ...
```

注意，前3条命令不要分开使用，否则在执行dhclient命令时会导致网络断开。我们通过命令dhclient从DHCP服务器处动态获得了一个IP地址192.168.11.131。网桥类似于交换机，此时可以认为ens38只是该交换机上的一个端口，所有数据包都从ens38进或出，但是最终由网桥决定包的流向，因此只要标记网桥的IP即可，端口并不需要IP，也就是说，绑定后，ens38的IP就没意义了，即ens38不需要IP了，只要网桥有IP即可。

（2）启动QEMU虚拟机，命令如下：

```
/root/soft/qemu-7.1.0/mybuild/qemu-system-aarch64 -machine virt -cpu cortex-a57
-nographic -m 2048 -smp 2 -kernel /root/soft/linux-5.19.8/arch/arm64/boot/Image
-append "root=/dev/vda" -hda /root/rootfs.ext4 -net nic -net
tap,script=no,downscript=no
```

选项-net nic表示希望QEMU在其虚拟机中创建一张虚拟网卡，-net tap表示网络连接模式为TAP模式。script的作用是告诉QEMU在启动系统的时候是否调用脚本自动配置网络环境，downscript则是系统退出时是否调用脚本清理环境，如果这两个选项为空，则不调用脚本，否则就要在启动时调用脚本qemu-ifup，在虚拟机退出时调用脚本qemu-ifdown。因此，我们需要准备好这两个脚本文件，后面也会演示，这里先不用这两个脚本，因此都赋值no即可。

该命令执行后，QEMU虚拟机系统启动成功，然后回到宿主机系统中，用ifconfig -a进行查看，可以看到有tap0这个虚拟网卡了：

```
root@myub:~# ifconfig -a
br0: flags=4163<UP,BROADCAST,RUNNING,MULTICAST>  mtu 1500
        inet6 fe80::d489:8fff:fe42:a8bf  prefixlen 64  scopeid 0x20<link>
        ...

ens33: flags=4163<UP,BROADCAST,RUNNING,MULTICAST>  mtu 1500
        inet 192.168.11.129  netmask 255.255.255.0  broadcast 192.168.11.255
        ...

ens38: flags=4163<UP,BROADCAST,RUNNING,MULTICAST>  mtu 1500
        inet 192.168.11.130  netmask 255.255.255.0  broadcast 192.168.11.255
        ...

tap0: flags=4098<BROADCAST,MULTICAST>  mtu 1500
        ether b2:6a:7a:40:3d:39  txqueuelen 1000
        ...
```

我们也看到了网桥br0。为了节省篇幅，我们用省略号代替不重要的信息。在Ubuntu下启用tap0，命令如下：

```
ifconfig tap0 up
```

以后直接使用ifconfig命令就可以看到tap0了。

（3）绑定tap0到网桥。在Ubuntu下，把tap0绑定到网桥br0，命令如下：

```
brctl addif br0 tap0
```

这样tap0相当于交换机（这里是网桥）上的一个端口，它其实也不需要IP。最后查看一下网桥的绑定状态，命令如下：

```
root@myub:~# brctl show
bridge name     bridge id               STP enabled     interfaces
br0             8000.000c29c64add       no              ens38
                                                        tap0
```

可见，ens38和tap0都绑定到br0了。至此，宿主机上设置完毕了。下面进入QEMU虚拟机系统。

（4）设置虚拟机网卡IP。在QEMU虚拟机系统中，首先启用网卡：

```
/ # ifconfig eth0 up
/ # ifconfig
eth0      Link encap:Ethernet  HWaddr 52:54:00:12:34:56
          UP BROADCAST RUNNING MULTICAST  MTU:1500  Metric:1
    ...
```

然后为eth0设置IP，注意要和宿主机的网桥IP同一网段：

```
/ # ifconfig eth0 192.168.11.135
```

然后ping宿主机网桥：

```
/ # ping 192.168.11.131
PING 192.168.11.131 (192.168.11.131): 56 data bytes
64 bytes from 192.168.11.131: seq=0 ttl=64 time=10.600 ms
64 bytes from 192.168.11.131: seq=1 ttl=64 time=2.170 ms
...
```

可以发现，ping通了。再到Ubuntu中ping虚拟机的eth0：

```
root@myub:~# ping 192.168.11.135
PING 192.168.11.135 (192.168.11.135) 56(84) bytes of data.
64 bytes from 192.168.11.135: icmp_seq=1 ttl=64 time=1.97 ms
64 bytes from 192.168.11.135: icmp_seq=2 ttl=64 time=0.982 ms
...
```

可以发现，能ping通QEMU虚拟机。如果ping不通，可以尝试在虚拟机中设置默认网关：

```
route add default gw 192.168.11.131
```

当然，如果能互相ping通，则不必添加路由。

下面我们再来ping一下物理机Windows系统的网卡VMnet8，这个网卡的IP也是DCHP分配的。在Windows的命令行窗口下用ipconfig命令查看其IP，这里是192.168.11.1。然后在QEMU虚拟机系统中ping这个地址：

```
/ # ping 192.168.11.1
PING 192.168.11.1 (192.168.11.1): 56 data bytes
64 bytes from 192.168.11.1: seq=0 ttl=128 time=1.868 ms
64 bytes from 192.168.11.1: seq=1 ttl=128 time=4.079 ms
```

发现也是可以ping通的。同样，在Windows下也可以ping通QEMU虚拟机系统。既然都能互相ping通，那么我们可以玩点高级的，让QEMU虚拟机系统和Windows之间通过FTP协议互相传文件。FTP需要客户端和服务端，我们让Windows充当服务端，QEMU虚拟机充当客户端。

在Windows上安装自己系统的FTP服务端软件，这里使用小型的tftpd32.exe软件，可以在源码目录的somesofts文件夹中找到。双击运行tftp32，然后单击Browse按钮，选择FTP的当前目录，这样客户端有文件传来时，就会默认存放到这个目录下，这里选择的是d:/test。然后选择服务器接口（Server Interface），也就是监听的IP地址，这里选择的是VMnet8的IP地址，即192.168.11.1，全部选择完毕后，界面如图9-12所示。

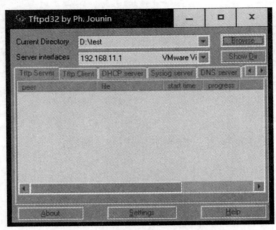

图 9-12

最后，这个窗口就不用管了，可以最小化。

下面回到QEMU虚拟机系统中，因为QEMU虚拟机系统已经自带TFTP（Trivial File Transfer Protocol，简单文件传输协议）这个小程序，所以我们可以直接使用它。TFTP是TCP/IP协议族中的一个用来在客户机与服务器之间进行简单文件传输的协议，提供不复杂、开销不大的文件传输服务，默认端口号为69。由于传输文件需要可靠的传输协议，但TFTP是基于UDP的，UDP是不可靠的传输协议，因此只能通过人为的手段来保证可靠性。

要传文件到Windows中，首先要有文件，/etc目录下就有文件，我们进入/etc目录，然后就可以把文件inittab传输到Windows中了，命令如下：

```
/ # cd /etc
/etc # ls
init.d   inittab  network
/etc # tftp -pr inittab 192.168.11.1
inittab          100% |*******************************|   46  0:00:00 ETA
```

tftp的-pr选项表示将本地文件传送到远端系统。直接输入tftp，可以看到tftp的各个选项的含义。然后到Windows中的d:\test下，可以看到有inittab文件了。我们在d:\test下随便新建一个文件，比如hello.txt，然后回到QEMU虚拟机中，把Windows的文件传输到QEMU虚拟机中。但要注意把QEMU虚拟机系统设置为可写，命令如下：

```
mount -o remount,rw /
```

然后就可以获取Windows的文件了，命令如下：

```
/ # tftp -gr hello.txt 192.168.11.1
hello.txt              100% |*******************************|    13  0:00:00 ETA
/ # ls
bin         etc         linuxrc       mnt        sbin        tmp
dev         hello.txt   lost+found    proc       sys         usr
```

其中，**-gr**就是从远处的FTP服务端获取文件到本地。然后用ls查看，可以发现有hello.txt了。至此，我们的QEMU虚拟机系统和物理机Windows之间互传文件成功。

趁热打铁，我们再来实现Ubuntu和QEMU虚拟机系统之间的FTP文件互传。通常，Ubuntu默认已经安装了TFTP的服务端，其配置文件是/etc/default/tftpd-hpa，如果没有这个文件，那么可能没有安装，需要安装，安装命令如下：

```
apt-get install tftp-hpa tftpd-hpa
```

tftpd-hpa是服务端程序，**tftp-hpa**是客户端程序。在使用之前先配置，用iv打开服务端配置文件/etc/default/tftpd-hpa，然后编辑如下内容：

```
# /etc/default/tftpd-hpa

TFTP_USERNAME="tftp"
TFTP_DIRECTORY="/tmp/"
TFTP_ADDRESS="192.168.11.131:69"
TFTP_OPTIONS="-l -c -s"
```

TFTP_DIRECTORY表示TFTP服务器端的根目录，也就是客户端发送文件过来时存放的路径，客户端要下载文件，也是在这个目录中寻找；**TFTP_ADDRESS**用于指定FTP服务的IP和端口号，也可以设置为TFTP_ADDRESS="0.0.0.0:69"，这样可以在本机任意可用的IP地址上监听。**TFTP_OPTIONS**用于选项设置，-l表示以standalone/listen模式启动TFTP服务，而不是从inetd启动。-c表示可以在TFTP服务器上创建新文件，这样才能接收客户端传来的文件，默认情况下，TFTP只允许覆盖原有文件，不能创建新文件。-s是指定tftpd-hpa服务目录，上面已经指定了/tmp，加了-s后，客户端使用TFTP时不再需要输入指定目录，填写文件的完整路径，而是使用配置文件中写好的目录。这样可以增加安全性。

修改配置之后保存，然后使用命令重启服务：

```
service tftpd-hpa restart
```

启动后，可以用ps命令确认是否运行成功：

```
root@myub:/tmp# ps -ef |grep tftp
root      2926     1  0 15:57 ?        00:00:00 /usr/sbin/in.tftpd --listen --user
tftp --address 192.168.11.131:69 -l -c -s /tmp/
root      2998  1836  0 16:24 pts/1    00:00:00 grep --color=auto tftp
```

这样就是启动成功了。回到QEMU虚拟机系统中，进入/etc目录，然后发送文件：

```
/etc # tftp -pr inittab 192.168.11.131
inittab                100% |*******************************|    46  0:00:00 ETA
```

再到Ubuntu的/tmp下查看，发现有inittab文件了。接着，在Ubuntu的/tmp下随便建立一个文件，这里是winter.txt，然后到QEMU虚拟机系统中输入命令获取该文件：

```
/etc # tftp -gr winter.txt 192.168.11.131
winter.txt          100% |*******************************|   16  0:00:00 ETA
/etc # ls
init.d     inittab    network    winter.txt
```

可以看出，成功获取winter.txt了。至此，QEMU虚拟机系统和Ubuntu之间互传文件成功。
看来TAP模式的网络实验成功了，如果要重新做实验，可以重启Ubuntu操作系统，这样创
建的网桥就会消失，然后可以重新练习一遍。

9.8.7 手工命令创建TAP网卡

前面我们没用命令创建虚拟网卡,而是QEMU虚拟机系统启动时自动在宿主机中创建一张
虚拟网卡。现在我们通过tunctl命令来创建虚拟网卡，然后在QEMU虚拟机系统启动时指定使
用该网卡。如果已经创建了网桥，可以重启Ubuntu，然后网桥和一些配置就会消失，这样方便
我们在一个干净的环境中做实验。要使用tunctl命令，先要安装uml-utilities：

```
apt install uml-utilities
```

安装完毕后，创建网桥，并绑定网桥到ens38，再为网桥获取IP地址，命令如下：

```
brctl addbr br0
ifconfig br0 up
brctl addif br0 ens38
dhclient br0
```

接着创建虚拟网卡tap0，命令如下：

```
tunctl -t tap0 -u root
```

这里，为用户root创建了一个名为tap0的接口，且只允许root用户访问，-t用来指定网卡名
称，-u用来指定允许访问的用户。命令tunctl允许主机系统管理员预先配置一个TUN/TAP设备
以供特定用户使用。该用户可以打开和使用设备，但不能更改主机接口的配置，即这个接口发
生的事不会影响系统的接口。

接着，在虚拟网桥中增加一个tap0接口，并启用tap0，命令如下：

```
brctl addif br0 tap0
ifconfig tap0 up
```

显示 br0 的各个接口，命令如下：

```
root@myub:~# brctl showstp br0
br0
 bridge id               8000.000c29c64add
 designated root         8000.000c29c64add
 root port               0                     path cost               0
 max age                 20.00                 bridge max age          20.00
 hello time              2.00                  bridge hello time       2.00
 forward delay           15.00                 bridge forward delay    15.00
 ageing time             300.00
 hello timer             0.00                  tcn timer               0.00
 topology change timer   0.00                  gc timer                253.83
```

```
 flags

ens38 (1)
 port id                8001                  state                 forwarding
 designated root        8000.000c29c64add     path cost             4
 designated bridge      8000.000c29c64add      message age timer    0.00
 designated port        8001                  forward delay timer   0.00
 designated cost        0                     hold timer            0.00
 flags
tap0 (2)
 port id                 8002                 state                 disabled
 designated root        8000.000c29c64add     path cost             100
 designated bridge      8000.000c29c64add     message age timer     0.00
 designated port        8002                  forward delay timer   0.00
 designated cost        0                     hold timer            0.00
 flags
```

这样就相当于把两张网卡通过网桥连起来了，如图9-13所示。

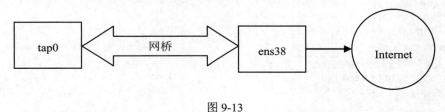

图 9-13

现在就可以启动镜像（QEMU虚拟机系统）了，指定网络连接模式是TAP，并且通过选项ifname来指定tap0，命令如下：

```
/root/soft/qemu-7.1.0/mybuild/qemu-system-aarch64 -machine virt -cpu cortex-a57
-nographic -m 2048 -smp 2 -kernel /root/soft/linux-5.19.8/arch/arm64/boot/Image
-append "root=/dev/vda" -hda /root/rootfs.ext4 -net nic -net
tap,ifname=tap0,script=no,downscript=no
```

其中，-net nic表示希望QEMU在虚拟机中创建一张虚拟网卡，-net tap表示连接类型为TAP，并且使用参数ifname指定了网卡接口名称，就是刚才创建的tap0，相当于把虚拟机接入网桥。另外，如果tap0被占用了，则QEMU还是会创建一个新的TAP。

启动后，在QEMU虚拟机系统中启用eth0，并设置IP，然后就可以ping通Ubuntu的网桥了，命令如下：

```
/ # ifconfig eth0 up
/ # ifconfig eth0 192.168.11.135
/ # ping 192.168.11.131
PING 192.168.11.131 (192.168.11.131): 56 data bytes
64 bytes from 192.168.11.131: seq=0 ttl=64 time=11.944 ms
64 bytes from 192.168.11.131: seq=1 ttl=64 time=1.249 ms
...
```

注意，要设置同一网段的IP，并且Ubuntu中的tap0要处于已经启用状态。接着，在Ubuntu中ping QEMU虚拟机的eth0，也是通的：

```
root@myub:~# ping 192.168.11.135
PING 192.168.11.135 (192.168.11.135) 56(84) bytes of data.
64 bytes from 192.168.11.135: icmp_seq=1 ttl=64 time=2.44 ms
...
```

至此，双方互相能ping通了。然后就可以准备互相传输文件，这里不再赘述，上一小节已经讲述过了。

9.8.8　使用qemu-ifup

除用命令来准备网络环境（创建网桥、创建TAP接口、绑定网卡等）外，还可以把这些操作命令放在一个脚本中，每次镜像启动时自动执行该脚本。qemu-system-AArch64程序的选项script的作用就是告诉 QEMU 在启动系统的时候是否调用脚本自动配置网络环境。在Ubuntu的/etc下用vi新建一个文件qemu-ifup，并输入内容：

```
#!/bin/sh

brctl addbr br0
ifconfig br0 up
brctl addif br0 ens38
dhclient br0
tunctl -t tap0 -u root
brctl addif br0 tap0
ifconfig tap0 up
```

保存文件后，赋予执行权限：

```
chmod +x /etc/qemu-ifup
```

然后就可以启动镜像了，命令如下：

```
/root/soft/qemu-7.1.0/mybuild/qemu-system-aarch64 -machine virt -cpu cortex-a57
-nographic -m 2048 -smp 2 -kernel /root/soft/linux-5.19.8/arch/arm64/boot/Image
-append "root=/dev/vda" -hda /root/rootfs.ext4 -net nic -net tap,script=/etc
/qemu-ifup,downscript=no
```

这次，我们为script设置了脚本文件/etc/qemu-ifup。启动后，在Ubuntu中可以看到网桥和tap0网卡都存在：

```
root@myub:~# ifconfig
br0: flags=4163<UP,BROADCAST,RUNNING,MULTICAST>  mtu 1500
        inet 192.168.11.131  netmask 255.255.255.0  broadcast 192.168.11.255
...

ens33: flags=4163<UP,BROADCAST,RUNNING,MULTICAST>  mtu 1500
        inet 192.168.11.129  netmask 255.255.255.0  broadcast 192.168.11.255
        ...

ens38: flags=4163<UP,BROADCAST,RUNNING,MULTICAST>  mtu 1500
        inet 192.168.11.130  netmask 255.255.255.0  broadcast 192.168.11.255
...
```

```
lo: flags=73<UP,LOOPBACK,RUNNING>  mtu 65536
        inet 127.0.0.1  netmask 255.0.0.0
        ...

tap0: flags=4163<UP,BROADCAST,RUNNING,MULTICAST>  mtu 1500
        inet6 fe80::cdc:fdff:fec5:84f0  prefixlen 64  scopeid 0x20<link>
        ...
```

使用脚本是不是很方便？而且脚本可以重复利用。然后在QEMU虚拟机系统中启用eth0，并设置好IP，就可以ping通Ubuntu的网桥了，命令如下：

```
/ # ifconfig eth0 up
/ # ifconfig eth0 192.168.11.135
/ # ping 192.168.11.131
PING 192.168.11.131 (192.168.11.131): 56 data bytes
64 bytes from 192.168.11.131: seq=0 ttl=64 time=9.626 ms
64 bytes from 192.168.11.131: seq=1 ttl=64 time=3.423 ms
```

同样，在Ubuntu中，也可以ping通QEMU虚拟机的eth0：

```
root@myub:~# ping 192.168.11.135
PING 192.168.11.135 (192.168.11.135) 56(84) bytes of data.
64 bytes from 192.168.11.135: icmp_seq=1 ttl=64 time=1.60 ms
64 bytes from 192.168.11.135: icmp_seq=2 ttl=64 time=0.417 ms
```

另外，如果想在QEMU虚拟机系统退出后自动注销网桥，则可以在downscript所指定的脚本文件qemu-ifdown中写入注销网桥的命令，这样可以达到退出QEMU后重置网络配置的效果。/etc/qemu-ifdown内容如下：

```
#Remove tap interface tap0 from bridge br0
brctl delif br0 tap0
#Delete tap0
ip link del tap0
#Remove ens38 from bridge
brctl delif br0 ens38
#Bring bridge down
ifconfig br0 down
#Remove bridge
brctl delbr br0
```

这样，QEMU虚拟机系统poweroff退出后，QEMU会执行这个脚本，然后可以把宿主机中的网桥和TAP网卡删掉。当然，为了照顾初学者，这里的脚本写得比较简单，灵活性不够。

9.9　QEMU 运行国产操作系统

2022年发生了俄乌战争，同年6月19日，据海外多家媒体报道，俄罗斯境内的用户已经不能正常地下载 Windows 10和Windows 11系统安装程序了。当俄罗斯的用户试图从微软网站下载 Windows 11系统安装镜像时，会出现这样的提示："错误：您的请求有问题。如需帮助，请访问Microsoft支持联系页面"。如果尝试下载Windows 10，则会出现错误："404 - Not Found"。

所谓404，意味着找不到该文件或者目录。这个事件同样警示我们，操作系统等基础信息软件一定要国产、自主、可控，否则说不定哪一天就会被断供，卡脖子。

为此，当前国家正大力推广信创平台。2016年3月我国就成立了信息技术应用创新工作委员会，推动中国逐步建立自己的IT底层架构和标准，形成自有开放生态。"信创"二字的意义也源于此。而信创的涉及面也很广泛，包括IT基础设施、基础软件、应用软件、信息安全等在内的数据细分领域。信创产业是数据安全、网络安全的基础，传统意义上的信创产业更聚焦于底层基础技术，但行业用户所需要的并不是技术本身，而是构建在安全、可信技术之上的一种服务。

近年来，由于华为被断供的原因，再加上国际形势的大环境因素的影响，越来越多的企业、开发者，如麒麟、统信、华为等，纷纷投身于国产操作系统的研发中，打破了操作系统领域"被动"的状态。在国内桌面操作系统市场方面，微软占有中国87.5%的市场份额，而国产操作系统还处在起步阶段。但是，无论微软有没有可能对中国实施禁令，中国都必须加大自主知识产权的操作系统的市场份额，从俄乌战争期间俄罗斯被全面封杀来看，自己的命运不能被他人把控。近几年，中国的国产化产业链的发展，在IT领域的芯片、操作系统、数据库三大领域都有了突破性的进展，一批国产公司逐渐成长起来，比如芯片领域的龙芯，操作系统领域的麒麟与统信，以及众多的国产数据库厂商。

因此，信息安全产品使用国产操作系统刻不容缓，而我们也要尽早学习和熟悉不同CPU架构的国产操作系统，为将来在国产系统下开发做好准备。现在我们就来学习在Windows下用QEMU软件运行AArch64架构的银河麒麟操作系统。前面我们学会了在Ubuntu下使用QEMU，现在换个环境，学习不同环境下的使用。

9.9.1　安装Windows版的QEMU

首先到网站（https://qemu.weilnetz.de/w64/）下载Windows版本的QEMU。请注意，新版的QEMU不再适用于Windows XP。这里我们下载64位的QEMU安装包，下载下来的文件是qemu-w64-setup-20220831.exe。下载下来后，直接双击安装，然后下一步，保持默认即可，但安装路径中不要有空格，否则以后运行命令行会因为空格需要特殊处理。这里的安装路径是C:\qemu，如图9-14所示。

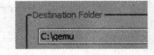

图 9-14

然后单击Install开始安装。安装结束后，以管理员身份打开命令行窗口，然后到C:\qemu下运行命令qemu-system-aarch64.exe -version来查看版本，运行结果如下：

```
C:\qemu>qemu-system-aarch64.exe -version
QEMU emulator version 7.1.0 (v7.1.0-11925-g4ec481870e-dirty)
Copyright (c) 2003-2022 Fabrice Bellard and the QEMU Project developers
```

出现类似的提示，就说明安装成功了，可以正常使用QEMU。

9.9.2　UEFI固件下载

UEFI（Unified Extensible Firmware Interface，统一可扩展固件接口）是一种个人计算机系统规格，用来定义操作系统与系统固件之间的软件界面，作为BIOS的替代方案。可扩展固件接口负责加电自检（POST）、联系操作系统以及提供连接操作系统与硬件的接口。

UEFI的前身是Intel在1998年开始开发的Intel Boot Initiative，后来被重命名为可扩展固件接口（Extensible Firmware Interface，EFI）。Intel在2005年将其交由统一可扩展固件接口论坛（Unified Extensible Firmware Interface Forum）来推广与发展，为了凸显这一点，EFI也更名为UEFI（Unified Extensible Firmware Interface）。UEFI论坛的创始者是11家知名计算机公司，包括硬件厂商Intel、IBM等，软件厂商Microsoft，以及BIOS厂商AMI、Insyde及Phoenix。

以前系统的启动过程可以简化为BIOS固件→引导程序→操作系统，但是由于传统的BIOS启动方式存在许多问题，如BIOS运行在16位模式、寻址空间小、运行慢等，因此现在X86、ARM等架构都改采用改进的UEFI启动方式（当然，会有兼容传统BIOS启动方式的考虑），这种情况下，系统启动过程如图9-14所示。

UEFI启动中最开始执行的是专门的UEFI固件。因此，我们要想引导到安装光盘（支持UEFI模式）进一步安装AArch64架构的系统，先要下载对应架构（这里是AArch64）的UEFI固件。UEFI固件区分架构，在UEFI引导模式下，通常只能运行特定架构的UEFI操作系统和特定架构的EFI应用程序（EBC程序除外）。比如，采用64位UEFI固件的计算机，在UEFI引导模式下只能运行64位操作系统启动程序；而在Legacy引导模式（BIOS兼容引导模式）下，通常不区分操作系统的比特数，既可以运行16位的操作系统（如DOS），又可以运行32位或64位的操作系统，和BIOS一样。

这里，我们可以到http://releases.linaro.org/components/kernel/uefi-linaro/16.02/release/QEMU64/下载QEMU_EFI.fd文件，下载下来后，可以放到D盘下或者其他自定义路径，后面要用到这个路径。

9.9.3　安装麒麟操作系统

这里准备运行AArch64架构的麒麟系统。首先在网上下载麒麟系统，下载下来的文件是Kylin-Server-10-SP1-Release-Build20-20210518-aarch64.iso。然后创建磁盘镜像，以管理员身份打开命令行窗口，然后到C:\qemu下运行命令：

```
C:\qemu>qemu-img create d:\myky.img 20G
Formatting 'd:\myky.img', fmt=raw size=21474836480
```

我们开辟了20GB的磁盘空间作为新系统的磁盘镜像。然后使用qemu-system-aarch64.exe程序来启动安装，命令如下：

```
C:\qemu>qemu-system-aarch64.exe -m 6333 -cpu cortex-a72 -smp 2,cores=2,threads=1,
sockets=1 -M virt -bios d:\qemu_EFI.fd -net nic,model=pcnet -device nec-usb-xhci -device
usb-kbd -device usb-mouse -device VGA -drive if=none,file=d:\soft\os
\Kylin-Server-10-SP1-Release-Build20-20210518-aarch64.iso,id=cdrom,media=cdrom
-device virtio-scsi-device -device scsi-cd,drive=cdrom -drive
file=d:\myky.img,if=none,format=raw,id=hd0 -device virtio-blk-device,drive=hd0
```

该命令运行后，出现一些提示，然后命令行就会停止：

```
qemu-system-aarch64.exe: warning: hub 0 is not connected to host network

(qemu:10216): Gtk-WARNING **: 11:08:46.222: Could not load a pixbuf from icon theme.
This may indicate that pixbuf loaders or the mime database could not be found.
```

随后会出现一个Windows窗口，开始安装旅程。其中，qemu-system-aarch64.exe是个二进制程序文件，提供模拟AArch64架构的虚拟机进程；-m 6333表示分配6333MB内存；-M virt表示模拟成什么服务器，我们一般选择virt就可以了，它会自动选择最高版本的virt；-cpu cortex-a72表示模拟成什么CPU，其中cortex-a53\a57\a72都是ARMv8指令集的；-smp 2表示虚拟CPU（vCPU）的个数为2，这两个vCPU是由QEMU模拟出的一个插槽（Socket）中的两个核心；sockets=1表示CPU插槽的数目为1，socket就是主板上插CPU的槽的数目，也就是可以插入的物理CPU的个数；cores=2表示双核CPU，core就是我们平时说的"核"，每个物理CPU可以是双核、四核的等；threads=1表示超线程数，thread就是每个core的硬件线程数，即超线程；-bios d:\qemu_EFI.fd指定BIOS固件程序所在的路径；-device xxx表示添加一个设备，参数可重复；-drive表示添加一个驱动器，参数可重复；-net表示添加网络设备，这里指定的网卡是pcnet，以后在麒麟系统下可以用lspci|grep Eth看到这个网卡设备，另外，下次启动时也可以重新设定网卡，或其他硬件设备。虚拟化真好，不需要花钱买很多硬件设备了。最后，代码中有几个路径要注意一下，替换成自己的就行了。

qemu-system-aarch64提供了AArch64架构的虚拟机在x86架构上运行支持，这样可以帮我们节省学习投资，让我们在不用买开发板的情况下使用非x86的CPU成为可能。但是，物理机器也不能太弱，毕竟又要运行宿主机Windows 10，又要运行麒麟系统，还要让qemu-system-aarch64作为中介，翻译AArch64指令到x86_64，安装过程会比较慢。读者要做好心理准备。笔者的内存有16GB，也感觉很慢。等待一会儿，会出现图形安装向导界面，如图9-15所示。

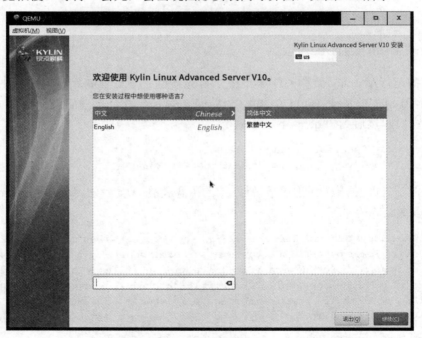

图 9-15

这个窗口是在Windows 10下出现的窗口。单击"继续"按钮，然后出现安装信息摘要界面，这里我们进入"软件选择（S）"下，把"开发工具"选上，其他保持默认设置即可，如图9-16所示。

图 9-16

然后单击"开始安装"按钮就可以正式安装了。安装的同时可以设置一个root密码，比如1qaz@1234，还可以创建一个用户。接着休息要等待一下，毕竟要等待的时间比较长。安装完毕后重启，然后单击"登录"按钮，输入root口令，就可以进入桌面了，如图9-17所示。

图 9-17

在桌面上右击，打开终端窗口，用uname -a查看一下信息，如图9-18所示。

```
Linux localhost.localdomain 4.19.90-23.8.v2101.ky10.aarch64 #1 SMP Mon May 17 17
:07:38 CST 2021 aarch64 aarch64 aarch64 GNU/Linux
```

图 9-18

可以看出是AArch64的麒麟系统。最后输入poweroff关闭麒麟系统。至此，我们成功通过QEMU运行AArch64的国产操作系统麒麟系统。

9.9.4　运行麒麟系统

前面我们安装并关闭了麒麟系统，下面来学习如何启动已经安装好的麒麟系统。启动麒麟系统不需要再指定ISO文件，ISO文件只是安装时需要，以后只需要IMG镜像文件即可。在Windows下，以管理员身份打开命令行窗口，然后输入如下命令：

```
C:\qemu>c:\qemu\qemu-system-aarch64.exe -m 8192 -cpu cortex-a72 -smp
2,cores=2,threads=1,sockets=1 -M virt -bios d:\qemu_EFI.fd -device nec-usb-xhci -device
usb-kbd -device usb-mouse -device VGA -device virtio-scsi-device -drive
if=none,file=d:\myky.img,id=hd0 -device virtio-blk-device,drive=hd0
```

这里内存设置为8192，和前面安装时不同，也就是说，我们可以在启动系统的时候修改硬件配置。另外，这里没有使用-net选项指定网卡，因此会得到一个默认网卡。

稍等片刻，出现登录界面，输入root及其口令就可以登录。这次我们启动麒麟系统的主要目的是和宿主机联网，所以重点关注网卡的识别。在麒麟系统中，在桌面上右击，打开终端窗口，然后输入命令lspci|grep Eth，结果如图9-19所示。

```
00:01.0 Ethernet controller: Virtio: Virtio network device
```

图 9-19

看来识别到了。然后输入ifconfig命令，结果如图9-20所示。

```
enp0s1: flags=4163<UP,BROADCAST,RUNNING,MULTICAST>  mtu 1500
        inet 10.0.2.15  netmask 255.255.255.0  broadcast 10.0.2.255
        inet6 fec0::8b4b:1157:9fc1:7d90  prefixlen 64  scopeid 0x40<site>
        inet6 fe80::449f:3721:3336:1531  prefixlen 64  scopeid 0x20<link>
        ether 52:54:00:12:34:56  txqueuelen 1000  (Ethernet)
        RX packets 20113  bytes 20876064 (19.9 MiB)
        RX errors 0  dropped 0  overruns 0  frame 0
        TX packets 4825  bytes 272860 (266.4 KiB)
        TX errors 0  dropped 0 overruns 0  carrier 0  collisions 0

lo: flags=73<UP,LOOPBACK,RUNNING>  mtu 65536
        inet 127.0.0.1  netmask 255.0.0.0
        inet6 ::1  prefixlen 128  scopeid 0x10<host>
        loop  txqueuelen 1000  (Local Loopback)
        RX packets 36  bytes 2824 (2.7 KiB)
        RX errors 0  dropped 0  overruns 0  frame 0
        TX packets 36  bytes 2824 (2.7 KiB)
        TX errors 0  dropped 0 overruns 0  carrier 0  collisions 0
```

图 9-20

看来网络配置也没问题。我们重新设置一个与Windows宿主机同网段的IP地址，然后互相ping。

第 10 章
设 备 树

在Linux 2.6中，arch/arm/plat-xxx和arch/arm/mach-xxx中充斥着大量的垃圾代码，多数代码只是在描述板级细节，而这些板级细节对于内核来讲不过是垃圾，如板上的platform设备、resource、i2c_board_info、spi_board_info以及各种硬件platform_data。在Linux 3.x版本后，在arch/arm/plat-xxx 和 arch/arm/mach-xxx 中，描述板级细节的代码（比如platform_device、i2c_board_info等）被大量取消，取而代之的是设备树，其目录位于arch/${ARCH}/boot/dts。设备树（Device Tree）最早用于PowerPC等体系架构，到现在，很多架构都支持设备树。

掌握设备树是Linux驱动开发人员必备的技能。因为在新版本的Linux中，ARM相关的驱动全部采用设备树（也有支持旧式驱动的，比较少），新出的CPU的驱动开发也基本都是基于设备树的，比如ST新出的STM32MP157、NXP的I.MX8系列等。我们所使用的Linux版本为5.4，当然也支持设备树。

10.1 设备树的概念

10.1.1 什么是设备树

设备树这个词分开就是"设备"和"树"，描述设备树的文件叫作DTS（Device Tree Source），这个DTS文件采用树形结构描述板级设备，也就是开发板上的设备信息，比如CPU数量、内存基地址、IIC接口上接了哪些设备、SPI接口上接了哪些设备等，如图10-1所示。

在图10-1中，树的主干就是系统总线，IIC控制器、GPIO控制器、SPI控制器等都是接到系统主线上的分支。IIC控制器又分为IIC1和IIC2两种，其中IIC1上接了FT5206和AT24C02这两个IIC设备，IIC2上只接了MPU6050这个设备。DTS文件的主要功能就是按照如图10-1所示的结构来描述板子上的设备信息，DTS文件描述设备信息是有相应的语法规则的，稍后我们会详细讲解DTS的语法规则。

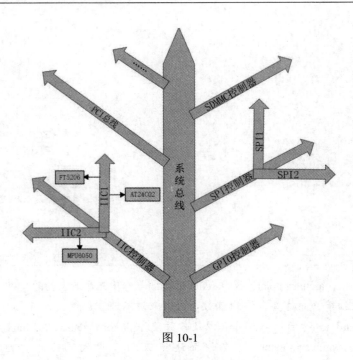

图 10-1

10.1.2　设备树的起源

设备树在2011年被引入ARM Linux内核中，也就是在Linux内核3.x以后引入的，在内核3.x之前都没有设备树的概念，都是使用平台文件来描述硬件的。设备树的引入主要是想解决ARM Linux内核代码冗余的问题。

设备树是一种描述硬件的数据结构，它起源于Open Firmware（OF），因此，我们看到的一些of函数，便是Open Firmware的缩写。

以前的Linux内核中ARM架构并没有采用设备树。在没有设备树的时候，Linux如何描述ARM架构中的板级信息呢？在Linux内核源码中，存在大量的arch/arm/mach-xxx和arch/arm/plat-xxx文件夹，这些文件夹中的文件就是对应平台下的板级信息。比如在/arch/arm/mach-s3c24xx/mach-smdk2440.c中有如下内容：

```
/* LCD driver info */
static struct s3c2410fb_display smdk2440_lcd_cfg __initdata = {
    .lcdcon5= S3C2410_LCDCON5_FRM565 |
              S3C2410_LCDCON5_INVVLINE |
              S3C2410_LCDCON5_INVVFRAME |
              S3C2410_LCDCON5_PWREN |
              S3C2410_LCDCON5_HWSWP,

    .type       = S3C2410_LCDCON1_TFT,

    .width      = 240,
    .height     = 320,
...
};

static struct s3c2410fb_mach_info smdk2440_fb_info __initdata = {
```

```
    .displays        = &smdk2440_lcd_cfg,
    .num_displays    = 1,
    .default_display = 0,
...
};
static struct platform_device *smdk2440_devices[] __initdata = {
    &s3c_device_ohci,
    &s3c_device_lcd,
    &s3c_device_wdt,
    &s3c_device_i2c0,
    &s3c_device_iis,
};
```

上述代码中的结构体变量smdk2440_fb_info就是描述SMDK2440这个开发板上的LCD信息的，结构体指针数组smdk2440_devices描述SMDK2440这个开发板上的所有平台相关信息。这个只是使用2440芯片的SMDK2440开发板下的LCD信息，SMDK2440开发板还有很多其他外设硬件和平台硬件信息。使用2440芯片的板子有很多，每个板子都有描述相应板级信息的文件，而这只是一个2440芯片。

随着智能手机的发展，每年新出的ARM架构芯片少说有数十、数百款，Linux内核下的板级信息文件将会呈指数级增长。这些板级信息文件都是.c或.h文件，都会被硬编码进Linux内核中，导致Linux内核"虚胖"。就好比你喜欢吃自助餐，然后花了100多元到一家宣传很不错的自助餐厅，结果你想吃的牛排、海鲜、烤肉基本没多少，全都是一些凉菜、炒面、西瓜、饮料等，相信你此时肯定会脱口而出一句"骗子！"。

同样地，当Linux之父Linus看到ARM社区向Linux内核添加了大量无用、冗余的板级信息文件时，不禁说出了一句"This whole ARM thing is a f*cking pain in the ass"。从此以后，ARM社区就引入了PowerPC等架构已经采用的设备树，将这些描述板级硬件信息的内容都从Linux中分离开来，用一个专属的文件格式来描述，这个专属的文件就叫作设备树，文件扩展名为.dts。

一个SOC可以做出很多不同的板子，这些板子肯定有共同的信息，将这些共同的信息提取出来作为一个通用文件，其他的.dts文件直接引用这个通用文件即可，这个通用文件就是.dtsi文件，类似于C语言中的头文件。

一般.dts描述板级信息（也就是开发板上有哪些IIC设备、SPI设备等），.dtsi描述SOC级信息（也就是SOC有几个CPU、主频是多少、各个外设控制器的信息等）。

这个就是设备树的由来，简而言之，就是Linux内核中的ARM架构下有太多冗余的垃圾板级信息文件，导致Linus震怒，然后ARM社区引入了设备树。

对ARM平台的相关代码做出如下规范调整，这也正是引入.dts文件的原因。

（1）ARM的核心代码仍然保存在arch/arm目录下。

（2）ARM SOC核心架构代码保存在arch/arm目录下。

（3）ARM SOC的周边外设模块的驱动保存在drivers目录下。

（4）ARM SOC的特定代码保存在arch/arm/mach-xxx目录下。

（5）ARM SOC开发板说明代码被移除，由设备树机制来负责传递硬件拓扑和硬件资源信息。

要理解设备树的原理，首先用户要了解硬件配置和系统运行参数，并把这些信息组织成DTS（Device Tree Source）文件。通过DTC（Device Tree Compiler）可以将这些适合人类阅读的DTS文件变成适合机器处理的DTB（Device Tree Binary或为Device Tree Blob）文件。

在系统启动的时候，Boot Program（例如FirmWare、Bootloader）可以将保存在Flash中的DTB文件复制到内存（或通过Bootloader的交互式命令加载DTB文件，或使用FirmWare探测到设备的信息，组织成DTB文件保存在内存中），并把DTB文件的起始地址传递给Client Program（例如OS Kernel、Bootloader或者其他有特殊功能的程序）。对于计算机系统，一般是FirmWare→Bootloader→OS，对于嵌入式系统，一般是Bootloader→OS。

本质上，设备树改变了原来用hardcode方式将HW配置信息嵌入内核代码的方法，把其变成用Bootloader传递一个DB的形式。

10.1.3   Linux内核对硬件的描述方式

在以前的内核版本中：

（1）内核包含对硬件的全部描述。

（2）Bootloader会加载一个二进制的内核镜像并执行它，比如uImage或者zImage。

（3）Bootloader会提供一些额外的信息，成为ATAGS，它的地址会通过r2寄存器传递给内核，ATAGS包含内存大小和地址、kernel command line等。

（4）通过r1寄存器存放的machine type integer，Bootloader会告诉内核加载哪一款Board。

（5）U-Boot的内核启动命令：bootm。

现今的内核版本使用了设备树：

（1）内核不再包含对硬件的描述，它以二进制的形式单独存储在其他位置：Device Tree Blob（DTB）。

（2）Bootloader需要加载两个二进制文件：内核镜像和DTB内核镜像仍然是uImage和zImage，DTB文件在arch/arm/boot/dts中，每个Board对应一个dts文件。

（3）Bootloader通过r2寄存器来传递DTB地址，通过修改DTB可以修改内存信息、kernel command line以及潜在的其他信息。

（4）不再有machine type。

（5）U-Boot的内核启动命令为：bootm <kernel img addr> - <dtb addr>。

有些Bootloader不支持设备树或者有些专门给特定设备编写的Bootloader版本太旧了。为了解决这个问题，CONFIG_ARM_APPENDED_DTB被引进，它会告诉内核，在紧跟着内核的地址中查找DTB文件。由于没有built-in Makefile rule来产生这样的内核，因此需要手动操作：

```
cat arch/arm/boot/zImage arch/arm/boot/dts/myboard.dtb > my-zImage
mkimage ... -d my-zImage my-uImage
```

另外，CONFIG_ARM_ATAG_DTB_COMPAT选项告诉内核在Bootloader中读取ATAGS，并使用它升级DT。

10.1.4 设备树和内核的关系

设备树是描述一个硬件平台的硬件资源。这个设备树可以被Bootloader（uboot）传递到内核，内核可以从设备树中获取硬件信息。在操作系统引导阶段进行设备初始化（DTB文件在Linux内核启动的时候进行内核解析），解析之后设备树就被放到内存中。如果某个驱动需要使用设备信息，直接从设备树上获取对应的设备信息即可。设备树和内核的关系如图10-2所示。

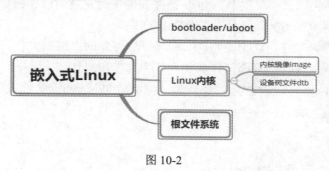

图 10-2

10.2 DTS 文件和 DTSI 文件

DTS（Device Tree Source）文件是以ASCII文本形式来描述设备树内容的。DTS文件是一个文本形式的文件，用于描述硬件信息，包括CPU的数量和类别、内存基地址和大小、中断控制器、总线和桥、外设、时钟和GPIO控制器等。

DTSI文件把SOC公用的部分或者多个设备共同的部分提炼为DTSI，类似于C语言的头文件。

虽然我们基本上不会从头到尾重写一个.dts文件，大多时候是直接在SOC厂商提供的DTS文件上进行修改。但是DTS文件的语法还是需要详细学习一遍，因为我们肯定需要修改.dts文件。读者不要看到要学习新的语法就觉得很复杂，DTS语法非常人性化，是一种ASCII文本文件，无论是阅读还是修改都很方便。

DTS文件是用户编写的，一个DTS文件对应一个ARM的machine。一般放置在内核的arch/arm/boot/dts/目录内，比如exynos4412参考板的板级设备树文件就是arch/arm/boot/dts/exynos4412-origen.dts。

一个DTS文件对应一个ARM的machine，但一个SOC可能有多个不同的电路板，这些电路板有很多类似的部分，导致DTS文件会有很多共同的部分，导致有不少冗余代码，设备树将这些共同部分保存在DTSI文件中，供不同的DTS文件使用。DTSI文件的使用方法类似于C语言的头文件，在DTS文件中使用include包含DTSI文件即可。例如：

```
#include "exynos4412.dtsi"
```

使用DTS文件时，就会把包含的DTSI文件内容展开。DTS和DTSI的语法规则一样。

10.3 DTB 文件和 DTC 文件

DTB文件是二进制格式，是编译后最终生成的二进制文件，由Linux内核识别，为其中的设备匹配合适的驱动程序。

前面讲了，设备树源文件扩展名为.dts，但是我们平时在移植Linux的时候一直在使用DTB文件，那么DTS文件和DTB文件是什么关系呢？

DTS是设备树源码文件，DTB是将DTS编译以后得到的二进制文件。将C文件编译为O文件需要用到gcc编译器，那么将DTS文件编译为DTB文件需要什么工具呢？需要用到DTC工具。DTC工具源码在Linux内核的scripts/dtc目录下，scripts/dtc/Makefile文件内容如下：

```
# SPDX-License-Identifier: GPL-2.0
# scripts/dtc makefile

hostprogs-$(CONFIG_DTC) := dtc
always        := $(hostprogs-y)

dtc-objs      := dtc.o flattree.o fstree.o data.o livetree.o treesource.o \
          srcpos.o checks.o util.o
dtc-objs      += dtc-lexer.lex.o dtc-parser.tab.o

# Source files need to get at the userspace version of libfdt_env.h to compile
HOST_EXTRACFLAGS := -I $(srctree)/$(src)/libfdt
...
```

可以看出，DTC工具依赖于dtc.c、flattree.c、fstree.c等文件，最终编译并链接出DTC这个主机文件。如果要编译DTS文件的话，只需要进入Linux源码根目录下，然后执行make all命令。make all命令可以编译Linux源码中的所有东西，包括内核映像文件zImage、.ko驱动模块以及设备树。基于ARM架构的SOC有很多种，一种SOC又可以制作出很多款板子，每个板子都有一个对应的DTS文件。那么如何确定编译哪一个DTS文件呢？下面以I.MX6ULL这款芯片对应的板子为例来看一下，打开arch/arm/boot/dts/Makefile，有如下内容：

```
dtb-$(CONFIG_SOC_IMX6UL) += \
    imx6ul-14x14-evk.dtb \
    imx6ul-ccimx6ulsbcexpress.dtb \
    imx6ul-ccimx6ulsbcpro.dtb \
    imx6ul-geam.dtb \
    imx6ul-isiot-emmc.dtb \
    imx6ul-isiot-nand.dtb \
    ...
    imx6ull-colibri-wifi-eval-v3.dtb \
    imx6ull-phytec-segin-ff-rdk-nand.dtb \
    imx6ull-phytec-segin-ff-rdk-emmc.dtb \
    imx6ull-phytec-segin-lc-rdk-nand.dtb \
    imx6ulz-14x14-evk.dtb
```

可以看出，当选中I.MX6ULL这个SOC以后（CONFIG_SOC_IMX6ULL=y），所有使用到

I.MX6ULL这个SOC的板子对应的DTS文件都会被编译为DTB。如果我们使用I.MX6ULL新做了一个板子，只需要新建一个此板子对应的DTS文件，然后将对应的DTB文件名添加到dtb-$（CONFIG_SOC_IMX6ULL）下，这样在编译设备树的时候就会将对应的DTS文件编译为二进制的DTB文件。Linux内核启动以后，先解析并注册DTS文件中的设备，然后注册驱动，比较驱动中的compatible属性和设备中的compatible属性，或者比较两者的name属性，如果一致，则匹配成功。

　　DTC是用来编译设备树的工具，就像gcc可以用来编译C语言一样，设备树源文件也需要编译器来对它进行编译，而这个编译器就是DTC。DTC编译工具的源代码在内核根目录下的/scripts/dtc文件夹中，在对应的Makefile中可以看到内核将跟DTC有关的文件都进行编译，最后生成一个可执行程序。make dtbs可以对设备树文件进行编译，生成的设备文件后缀为.dtb。

　　设备树的编译、加载过程如图10-3所示。

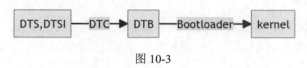

图 10-3

　　DTC编译DTS文件生成的二进制文件（DTB文件），Bootloader在引导内核时，会预先读取DTB文件到内存，进而由内核解析。DTB文件可以由DTC单独进行编译，编译命令格式如下：

```
dtc [-I input-format] [-O output-format][-o output-filename] [-V output_version]
input_filename
```

　　要使用DTC，通常要下载device-tree-compiler：

```
sudo apt-get install device-tree-compiler
```

　　然后使用以下命令：

```
dtc -I dtb -O dts -o hello.dts arch/arm/boot/dts/imx6ull-14x14-evk-emmc.dtb
```

　　这里的hello.dts是使用者自己设定的，可以指定为用户想要的名字，它会在执行完指令后把反编译的设备树文件存放在其内部。然后arch/arm/boot/dts/imx6ull-14x14-evk-emmc.dtb为用户要反编译的设备树二进制文件的路径。执行完命令后，会在当前文件中找到hello.dts。

10.4　设备树框架

　　一个DTS文件+n个DTSI文件编译而成的DTB文件就是真正的设备树。基于同样的软件分层设计的思想，由于一个SOC可能对应多个machine，如果每个machine的设备树都写成一个完全独立的DTS文件，那么势必相当一部分DTS文件有重复的部分。

　　为了解决这个问题，Linux设备树目录把一个SOC公用的部分或者多个machine共同的部分提炼为相应的DTSI文件。这样每个DTS文件就只有自己差异的部分，公有的部分需要include相应的DTSI文件，以保证整棵设备树的管理更加有序。以SolidRun公司的hummingboard为例，其组成为：

```
imx6dl-hummingboard.dts
        |_imx6dl.dtsi
        |  |_imx6qdl.dtsi
        |_imx6qdl-microsom.dtsi
        |_imx6qdl-microsom-ar8035.dtsi
```

此外，DTS/DTSI兼容C语言的一些语法，能使用宏定义，也能包含.h文件。

设备树用树状结构描述设备信息，有以下几种特性：

（1）每棵设备树文件都有一个根节点，每个设备都是一个节点。

（2）节点由"节点名 + 属性"组成。

（3）节点间可以嵌套，形成父子关系，这样方便地描述设备间的关系。

（4）每个设备的属性都用一组Key-Value对（键一值对）来描述。

（5）每个属性的描述用分号（;）结束。

因此，一棵设备树的基本框架可以写成下面这个样子，一般来说，/表示板子，它的子节点node1表示SOC上的某个控制器，控制器中的子节点node2表示挂载在这个控制器上的设备。比如：

```
/ {                              //根节点
    node1{                       //node1是节点名，是/的子节点
        key=value;               //node1的属性
        ...
        node2{                   //node2是node1的子节点
            key=value;           //node2的属性
            ...
        }
    }                            //node1的描述到此为止
    node3{
        key=value;
        ...
    }
}
```

以下是一棵最简单的设备树：

```
/dts-v1/;
/ {

};
```

注意/dts-v1/;是必需的，有时正是因为忽略了它而引起syntax error且没有其他提示。

10.4.1 布局与节点

设备树的布局与节点的基本语法如下：

```
DTS文件布局（layout）:
/dts-v1/;
[memory reservations]                    //格式：/memreserve/<address><length>;
/{
```

```
    [label:] node-name[@unit-address] {      //节点名称
      [properties definitions]       //就是属性定义,对当前节点描述,将硬件信息提供给内核处理
      [child nodes]                   //子节点
  };
  };
```

上面代表一个节点,一个节点由节点名称、节点属性以及子节点三部分组成,以大括号{}为一段,[]表示可写可不写。子节点的语法跟父节点一样,子节点中可以有自己的子节点,层层嵌套。

设备树的根是从"/"开始的,"/{};"代表根节点root,一棵设备树只有一个根节点,根节点下可有多个节点。例如:

```
/{                            //根节点
    node1{                    //node1是节点名,是/的子节点
        key=value;            //node1的属性
        ...
        node2{                //node2是node1的子节点
            key=value;        //node2的属性
            ...
        };
    };                        //node1的描述到此为止
    node3{
        key=value;
        ...
    };
};
```

一般根节点描述板子,第一层节点可以描述控制器,如片选、nand_flash控制器,第二层可描述控制器上具体的设备。

{}包围起来的结构称为节点,DTS文件中最开头的/{}称为根节点。在节点中,以key = value代表节点属性。树中每个表示一个设备的节点都需要一个compatible属性。

10.4.2　节点名

节点名的形式是node-name[@unit-address],node-name是必需的,最长可以是31个字符长度,node-name可重复。@unit-address是设备地址,在同级中必须是唯一的,用以区分相同node-name的两个设备。下面是典型节点名的写法:

```
/ {
        model = "Freescale i.MX23 Evaluation Kit";
        compatible = "fsl,imx23-evk", "fsl,imx23";

        memory {
                reg = <0x40000000 0x08000000>;
        };
        // 注意这里
        apb@80000000 {
                ...
        };
}
```

上面的节点名是apb，节点路径是/apb@80000000，这点要注意，因为根据节点名查找节点的API的参数是不能有"@xxx"这部分的。又比如有两块内存：

```
memory@30000000 {
    device_type = "memory";
    reg = <0x30000000 0x20000000>;
};
memory@50000000 {
    device_type = "memory";
    reg = <0x50000000 0x20000000>;
};
```

Linux中的设备树还包括几个特殊的节点，比如chosen，chosen节点不描述一个真实设备，而是用于固件向操作系统传递数据，比如Bootloader传递内核启动参数给内核。再次强调，chosen节点不表示一个设备，仅用来传递参数给内核，其parent node必须是名字是"/"的根节点。比如：

```
/include/ "zynq-7000.dtsi"
/ {
    model = "Zynq ZC702 Development Board";
    compatible = "xlnx,zynq-zc702", "xlnx,zynq-7000";

    ...

    chosen {
        bootargs = "console=ttyPS1,115200 earlyprintk";
    };
};
```

又比如：

```
chosen {
    bootargs = "console=ttySAC2,115200n8 root=/dev/nfs nfsroot=192.168.0.101:
/home/run/work/rootfs/rootfs_3.16.57 ;
    };
```

其效果等同于u-boot中设置的bootargs。

memory device node描述物理内存的分布，是所有设备树必备的节点，其device_type必须等于memory，reg定义起始地址和长度。比如：

```
memory@50000000 {
    device_type = "memory";
    reg = <0x50000000 0x20000000>; //用来指定内存的地址和大小
};
```

10.4.3　引用

当我们找一个节点的时候，必须书写完整的节点路径，这样当一个节点嵌套比较深的时候就不是很方便。因此，设备树允许我们用下面的形式为节点标注引用（起别名），借以省去冗长的路径。

标号引用常常还作为节点的重写方式,用于修改节点属性。格式如下:

```
声明别名: 别名 : 节点名
访问 : &别名
```

编译设备树的时候,相同的节点的不同属性信息都会被合并,相同节点的相同属性会被重写(覆盖前值),使用引用可以避免移植者四处找节点,直接在板级DTS文件中新增或修改即可。比如:

```
/include/ "imx53.dtsi"

/ {
        model = "Freescale i.MX53 Automotive Reference Design Board";
        compatible = "fsl,imx53-ard", "fsl,imx53";

        memory {
                reg = <0x70000000 0x40000000>;
        };

        eim-cs1@f4000000 {
                #address-cells = <1>;
                #size-cells = <1>;
                compatible = "fsl,eim-bus", "simple-bus";
                reg = <0xf4000000 0x3ff0000>;

                lan9220@f4000000 {
                        compatible = "smsc,lan9220", "smsc,lan9115";
                        reg = <0xf4000000 0x2000000>;
                        phy-mode = "mii";
                        interrupt-parent = <&gpio2>; // 直接使用引用

                        vdd33a-supply = <&reg_3p3v>;
                };
        };

        regulators {
                compatible = "simple-bus";

                reg_3p3v: 3p3v {                        // 定义一个引用
                        compatible = "regulator-fixed";
                        regulator-name = "3P3V";
                };
        };

        ...
        // 引用一个节点, 新增/修改其属性
        &reg_3p3v {
            regulator-always-on;
        }
```

10.4.4 cpus节点

cpus节点下面有一个或多个cpu子节点,cpu子节点用reg属性来表明自己是那个cpu。cpus节点的格式是固定的。比如:

```
cpus {
    #address-cells = <1>;
    #size-cells = <0>;

    cpu0: cpu@0 {
        device_type = "cpu";
        compatible = "arm,cortex-a15";
        reg = <0x0>;
        clock-frequency = <1600000000>;
    };

    cpu1: cpu@1 {
        device_type = "cpu";
        compatible = "arm,cortex-a15";
        reg = <0x1>;
        clock-frequency = <1600000000>;
    };

    cpu2: cpu@2 {
        device_type = "cpu";
        compatible = "arm,cortex-a15";
        reg = <0x2>;
        clock-frequency = <1600000000>;
    };

    cpu3: cpu@3 {
        device_type = "cpu";
        compatible = "arm,cortex-a15";
        reg = <0x3>;
        clock-frequency = <1600000000>;
    };
};
```

10.5　属　　性

　　节点是由一堆属性组成的，节点都是具体的设备，不同的设备需要不同的属性，用户可以自定义属性。除用户自定义属性外，有很多属性是标准属性，Linux下的很多外设驱动都会使用这些标准属性，本节来学习几个常用的标准属性。

　　在设备树中，键－值对是描述属性的方式，属性一般由 key = value; 键－值对构成。比如，在Linux驱动中可以通过设备节点中的compatible这个属性查找设备节点。

　　Linux设备树语法中定义了一些具有规范意义的属性，包括compatible、address、interrupt等，这些信息能够在内核初始化找到节点的时候，自动解析生成相应的设备信息。此外，还有一些Linux内核定义好的，一类设备通用的有默认意义的属性，这些属性一般不能被内核自动解析生成相应的设备信息，内核已经编写的相应的解析提取函数常见的有mac_addr、gpio、clock、power、regulator等。

　　一个简单的键－值对的值可以为空或者包含一个任意字节流。虽然数据类型并没有编码进数据结构，但在设备树源文件中有几种基本的数据表示形式：

这里的值是键-值的值。每个节点都有不同属性，不同的属性又有不同的内容，属性都是键-值对，值可以为空或任意的字节。设备树支持的数据类型如下。

1. 字符串

文本字符串（无结束符）用双引号表示。比如：

```
compatible = "arm,cortex-a7";
string-property = "a string"
```

也可以使用逗号来创建字符串列表。

2. 32 位无符号整数

单元格是由尖括号分隔的无符号32位整数，比如：

```
reg = <0>;
```

该行代码设置reg属性的值为0，reg的值也可以设置为一组值，比如：

```
reg = <0 0x123456 100>;
```

3. 字符串列表

属性值也可以为字符串列表，字符串和字符串之间采用“,”隔开，如下所示：

```
compatible = "fsl,imx6ull-gpmi-nand", "fsl, imx6ul-gpmi-nand";
```

该行代码设置属性compatible的值为“fsl,imx6ull-gpmi-nand”和“fsl,imx6ul-gpmi-nand”。

4. 二进制数据

用方括号限定，比如：

```
binary-property = [01 23 45 67];
```

5. 复合数据

不同类型数据可以在同一个属性中存在，以逗号分格，比如：

```
mixed-property = "a string", [01 23 45 67], <0x12345678>;
```

6. 混合形式

以上几种的混合形式。

10.5.1 兼容性属性

compatible属性也叫作兼容性属性，这是非常重要的一个属性。compatible属性的值是一个字符串列表，compatible属性用于将设备和驱动绑定起来。字符串列表用于选择设备所要使用的驱动程序。

如果一个节点是设备节点，那么它一定要有compatible属性，因为这将作为驱动和设备（设备节点）的匹配依据，compatible的值可以有不止一个字符串以满足不同的需求。设备节点中对应的节点信息已经被内核构造成struct platform_device。驱动可以通过相应的函数提取信息。

compatible属性是用来查找节点的方法之一，另外还可以通过节点名或节点路径查找指定节点。而根节点的compatible也是非常重要的，一般在系统启动以后，用于识别对应系统中一些东西，并由此进行对应的初始化。格式如下：

```
compatible = "<manufacturer>,<model>" [, "<manufacturer>,<model>"]
```

manufacturer指定厂家名，model指定特定设备型号，后续的<manufacturer,model>指定兼容的设备型号（其中，后续的<manufacturer>可为空，第二个model也可为空）。示例如下：

```
compatible = "fsl,imx6ul-evk-wm8960","fsl,imx-audio-wm8960";
```

其中，fsl表示厂商是飞思卡尔，imx6ul-evk-wm8960和imx-audio-wm8960表示驱动模块名字。设备首先使用第一个兼容值在Linux内核中查找，如果没有找到，就使用第二个兼容值查找。

我们来看compatible是如何与驱动捆绑在一起的。可以看出，驱动中用于匹配的结构使用的compatible和设备树中一模一样，否则可能无法匹配，同时struct of_device_id数组的最后一个成员一定是空的，因为相关的操作API会读取这个数组直到遇到一个空值。

（1）在设备树中随机选择一个网卡设备，关键是找到compatible属性中的<model>值。

```
// 文件节选于: arch/arm/boot/dts/vexpress-v2m-rs1.dtsi
ethernet@2,02000000 {
    compatible = "smsc,lan9118", "smsc,lan9115";
    reg = <2 0x02000000 0x10000>;
    interrupts = <15>;
    phy-mode = "mii";
    reg-io-width = <4>;
    smsc,irq-active-high;
    smsc,irq-push-pull;
    vdd33a-supply = <&v2m_fixed_3v3>;
    vddvario-supply = <&v2m_fixed_3v3>;
};
```

（2）在驱动中（为了方便读者理解，在内核源码根目录下查找，实际上就是在driver目录下查找）找到对应的.compatible关键字所在的文件以及行数。

```
$ find . 2>/dev/null | grep lan9115
arch/arm/boot/dts/vexpress-v2m-rs1.dtsi:50:    compatible = "smsc,lan9118",
"smsc,lan9115";
arch/arm/boot/dts/vexpress-v2m.dtsi:49:    compatible = "smsc,lan9118",
"smsc,lan9115";
drivers/net/ethernet/smsc/smsc911x.c:2578:    { .compatible = "smsc,lan9115", },
```

（3）顺藤摸瓜，找到所在行，也就找到用来描述设备信息的结构体of_device_id了。

```
// 节选于 drivers/net/ethernet/smsc/smsc911x.c
#ifdef CONFIG_OF
static const struct of_device_id smsc911x_dt_ids[] = {
    { .compatible = "smsc,lan9115", },
    { /* sentinel */ }
};
MODULE_DEVICE_TABLE(of, smsc911x_dt_ids);
#endif
```

可以看出，驱动中用于匹配的结构使用的compatible和设备树中一模一样，而且字符串需要严格匹配。

值得注意的是，struct of_device_id数组的最后一个成员一定是空的，因为相关的操作API会读取这个数组直到遇到一个空值。

i2c和spi驱动还支持一种别名匹配机制，以pcf8523为例，假设某程序员在设备树中的pcf8523设备节点中写了compatible="pcf8523";，显然相对于驱动id_table中的"nxp,pcf8523"，他遗漏了nxp字段，但是驱动却仍然可以匹配上，因为别名匹配对compatible字符串中的第二个字段敏感。

驱动程序将直接和设备树中的设备节点进行配对，是通过设备节点中的compatible来与设备节点进行配对的。

10.5.2　model属性

model属性值是一个字符串，一般model属性用于描述设备模块的信息，比如名字等：

```
model = "wm8960-audio";
```

10.5.3　status属性

status属性看名字就知道是和设备状态有关的，status属性值也是字符串，字符串是设备的状态信息，可选的状态如表10-1所示。

表10-1　可选的状态

值	描　　述
okay	表明设备是可操作的
disabled	表明设备当前是不可操作的，但是在未来可以变为可操作的，比如热插拔设备插入以后。至于disabled的具体含义，还要看设备的绑定文档
fail	表明设备不可操作，设备检测到了一系列的错误，而且设备也不大可能变得可操作
fail-sss	含义和fail相同，后面的sss部分是检测到的错误内容

10.5.4　#address-cells和#size-cells

#address-cells和#size-cells属性的值都是无符号32位整型，这两个属性可以用在任何拥有子节点的设备中，用于描述子节点的地址信息。

#address-cells属性值决定了子节点reg属性中地址信息所占用的字长（32位），#size-cells属性值决定了子节点reg属性中长度信息所占的字长（32位）。

#address-cells和#size-cells表明子节点应该如何编写reg属性值，一般reg属性都是和地址有关的内容，和地址相关的信息有两种：起始地址和地址长度，reg属性的格式如下：

```
reg = <address1 length1 address2 length2 address3 length3...
...
>
```

每个address length组合表示一个地址范围，其中address是起始地址，length是地址长度，

#address-cells表明address这个数据所占用的字长，#size-cells表明length这个数据所占用的字长，比如：

```
spi4 {
    compatible = "spi-gpio";
    #address-cells = <1>;                //第3行
    #size-cells = <0>;                   //第4行

    gpio_spi: gpio_spi@0 {
        compatible = "fairchild,74hc595";
        reg = <0>;                       //第8行
    };
};

aips3: aips-bus@02200000 {
    compatible = "fsl,aips-bus", "simple-bus";
    #address-cells = <1>;                //第14行
    #size-cells = <1>;                   //第15行

    dcp: dcp@02280000 {
        compatible = "fsl,imx6sl-dcp";
        reg = <0x02280000 0x4000>;       //第19行
    };
};
```

第3～4行，节点spi4的#address-cells=<1>和#size-cells=<0>，说明spi4的子节点reg属性中起始地址所占用的字长为1，地址长度所占用的字长为0。

第8行，子节点 gpio_spi:gpio_spi@0 的 reg 属性值为 <0>，因为父节点设置了#address-cells=<1>和#size-cells=<0>，所以addres=0，没有length的值，相当于设置了起始地址，而没有设置地址长度。

第14～15行，设置aips3:aips-bus@02200000节点#address-cells=<1>和#size-cells=<1>，说明aips3:aips-bus@02200000节点的起始地址长度所占用的字长为1，地址长度所占用的字长也为1。

第19行，子节点dcp:dcp@02280000的reg属性值为<0x022800000x4000>，因为父节点设置了#address-cells=<1>和#size-cells=<1>，address=0x02280000，length=0x4000，相当于设置了起始地址为0x02280000，地址长度为0x4000。

10.5.5　reg属性

reg属性前面已经讲过了，reg属性的值一般是（address，length）对。reg属性一般用于描述设备地址空间资源信息，一般都是某个外设的寄存器地址范围信息，比如在imx6ull.dtsi中有如下内容：

```
uart1: serial@02020000 {
    compatible = "fsl,imx6ul-uart",
                 "fsl,imx6q-uart", "fsl,imx21-uart";
    reg = <0x02020000 0x4000>;    //第326行
    interrupts = <GIC_SPI 26 IRQ_TYPE_LEVEL_HIGH>;
    clocks = <&clks IMX6UL_CLK_UART1_IPG>,
    <&clks IMX6UL_CLK_UART1_SERIAL>;
```

```
    clock-names = "ipg", "per";
    status = "disabled";
    };
```

上述代码是节点uart1，uart1节点描述了I.MX6ULL的UART1相关信息，重点是第326行的
reg 属 性 。 其 中 uart1 的 父 节 点 aips1:aips-bus@02000000 设 置 了 #address-cells=<1> 和
#size-cells=<1>，因此reg属性中address=0x02020000，length=0x4000。I.MX6ULL的UART1寄
存器首地址为0x02020000，但是UART1的地址长度（范围）并没有0x4000这么多，这里我们
重点获取UART1寄存器首地址。

10.5.6　ranges属性

ranges属性值可以为空或者按照（child-bus-address，parent-bus-address，length）格式编写
的数字矩阵，ranges是一个地址映射/转换表，ranges属性每个项目由子地址、父地址和地址空
间长度这三部分组成。

- child-bus-address: 子总线地址空间的物理地址，由父节点的#address-cells 确定此物理地
  址所占用的字长。
- parent-bus-address: 父总线地址空间的物理地址，同样由父节点的#address-cells 确定此物
  理地址所占用的字长。
- length: 子地址空间的长度，由父节点的#size-cells 确定此地址长度所占用的字长。如果 ranges
  属性值为空，则说明子地址空间和父地址空间完全相同，不需要进行地址转换。对于我们
  所使用的 I.MX6ULL 来说，子地址空间和父地址空间完全相同，因此会在 imx6ull.dtsi 中找
  到大量值为空的 ranges 属性，如下所示：

```
soc {
    #address-cells = <1>;
    #size-cells = <1>;
    compatible = "simple-bus";
    interrupt-parent = <&gpc>;
    ranges;  //第142行
...
}
```

第142行定义了ranges属性，但是ranges属性值为空。ranges属性不为空的示例代码如下：

```
soc {
    compatible = "simple-bus";
    #address-cells = <1>;
    #size-cells = <1>;
    ranges = <0x0 0xe0000000 0x00100000>;   //第5行
    serial {
        device_type = "serial";
        compatible = "ns16550";
        reg = <0x4600 0x100>;   //第10行
        clock-frequency = <0>;
        interrupts = <0xA 0x8>;
```

```
            interrupt-parent = <&ipic>;
            };
    };
```

第5行，节点soc定义的ranges属性，值为<0x0 0xe0000000 0x00100000>，此属性值指定了一个1024KB（0x00100000）的地址范围，子地址空间的物理起始地址为0x0，父地址空间的物理起始地址为0xe0000000。

第10行，serial是串口设备节点，reg属性定义了serial设备寄存器的起始地址为0x4600，寄存器长度为0x100。经过地址转换，serial设备可以从0xe0004600开始进行读写操作，0xe0004600=0x4600+0xe0000000。

10.5.7 name属性

name属性值为字符串，用于记录节点名字。目前name属性已经被弃用，不推荐使用。一些旧的设备树文件可能会使用此属性。

10.5.8 device_type属性

device_type属性值为字符串，IEEE1275会用到此属性，用于描述设备的FCode，但是设备树没有FCode，所以此属性也被抛弃了。此属性只能用于cpu节点或者memory节点。imx6ull.dtsi的cpu0节点用到了此属性，内容如下：

```
cpu0: cpu@0 {
        compatible = "arm,cortex-a7";
        device_type = "cpu";
        reg = <0>;
...
    };
```

10.5.9 address属性

有关节点的地址，比如i2c@021a0000，虽然它在名字后面跟了地址，但是正式的设置是在reg属性中设置。几乎所有的设备都需要与CPU的IO口相连，所以其IO端口信息就需要在设备节点中说明。常用的属性说明如下。

- #address-cells = <CNT>：用来描述子节点 reg 属性的地址表中用来描述首地址的 cell 的数量。
- #size-cells = <CNT>：用来描述子节点 reg 属性的地址表中用来描述地址长度的 cell 的数量。
- reg = <address…length>：address 代表基地址，length 代表长度。基地址和长度的格式是可变的。addr 由父节点的#address-cells 个 uint32 值组成，len 由父节点的#size-cells 个 uint32 值组成，表明了设备使用的一个地址范围。例如：

```
aips-bus@02000000 { /* AIPS1 */
    compatible = "fsl,aips-bus", "simple-bus";
    #address-cells = <1>;
    #size-cells = <1>;
    reg = <0x02000000 0x100000>;
```

```
        i2c1: i2c@021a0000 {
            #address-cells = <1>;
            #size-cells = <0>;
            compatible = "fsl,imx6q-i2c", "fsl,imx21-i2c";
            reg = <0x021a0000 0x4000>;

            rtc: rtc@68 {
                compatible = "stm,mt41t62";
                reg = <0x68>;
            };
        };
    };
```

我们知道，aips-bus@02000000是i2c@021a0000的父节点，i2c@021a0000是rtc@68的父节点。

aips-bus@02000000的#address-cells和#size-cells均为1，所以i2c@021a0000中的`reg`格式为: <address length>`
i2c@021a0000的#address-cells和#size-cells分别为1和0，所以rtc@68中的`reg`格式为: `<address>`

通俗来讲，如果现在有一个节点A的#address-cells和#size-cells分别为2和1，那么A的子节点B的reg格式为<address address length>。

10.5.10　interrupts属性

中断产生设备用interrupts属性描述中断源（Interrupt Specifier），因为不同的硬件描述中断源需要的数据量不同，所以interrupts属性的类型也不同。为了明确表示一个中断由几个u32表示，又引入了#interrupt-cells属性，#interrupt-cells属性的类型是u32，假如一个中断源需要两个u32表示（一个表示中断号，另一个表示中断类型），那么#interrupt-cells就设置成2。

有些情况下，设备树的父节点不是中断的父节点（主要是中断控制器一般不是父节点），为此引入了interrupt-parent属性，该属性的类型是用来引用中断父节点（前边讲过，一般用父节点的标签，这个地方说中断父节点，而不是中断控制器是有原因的）。如果设备树的父节点就是中断父节点，那么可以不用设置interrupt-parent属性。interrupts属性和interrupt-parent属性都是中断产生设备节点的属性，但是#interrupt-cells属性不是，#interrupt-cells属性是中断控制器节点和interrupt nexus节点的属性，这两类节点都可能是中断父节点。

一个计算机系统中大量设备都是通过中断请求CPU服务的，所以设备节点中需要指定中断号。常用的属性说明如下。

- interrupt-controller: 一个空属性，用来声明这个 node 接收中断信号，即这个 node 是一个中断控制器。
- #interrupt-cells: 中断控制器节点的属性，用来标识这个控制器需要几个单位做中断描述符，用来描述子节点中 interrupts 属性使用了父节点中的 interrupts 属性的具体哪个值。一般情况下，如果父节点的该属性的值是 3，则子节点的 interrupts 一个 cell 的三个 32bits 整数值分别为<中断域 中断 触发方式>，如果父节点的该属性是 2，则是<中断 触发方式>。

- interrupt-parent: 标识此设备节点属于哪个中断控制器，如果没有设置这个属性，则会自动依附父节点。
- interrupts: 一个中断标识符列表，表示每个中断输出信号。

10.5.11　gpio属性

gpio是常见的IO口，常用的属性说明如下。

- gpio-controller: 用来说明该节点描述的是一个 gpio 控制器。
- #gpio-cells: 用来描述 gpio 使用节点的属性一个 cell 的内容，即属性 = <&引用 GPIO 节点别名　GPIO 标号　工作模式>。

通过上面的属性定义以后，就可以使用它，例如：

```
&spi_1 {
    status = "okay";
    cs-gpios = <&gpa2 5 GPIO_ACTIVE_HIGH>; // 使用 GPIO A2 第5个引脚

    w25q80bw@0 {
        #address-cells = <1>;
        #size-cells = <1>;
        compatible = "w25x80";
        reg = <0>;
        spi-max-frequency = <1000000>;

        controller-data {
            samsung,spi-feedback-delay = <0>;
        };
```

10.5.12　驱动自定义key属性

针对具体的设备，有部分属性很难做到通用，需要驱动自己定义好。可以在设备树中自定义key属性，再在驱动中通过内核的属性提取解析函数进行值的获取。比如：

```
/* 有关的设备树写法 */
ethernet@2,02000000 {
    compatible = "smsc,lan9118", "smsc,lan9115";
    reg = <2 0x02000000 0x10000>;
    interrupts = <15>;
    phy-mode = "mii";
    reg-io-width = <4>;
    smsc,irq-active-high;    // 自定义key
    smsc,irq-push-pull;      // 自定义key
    vdd33a-supply = <&v2m_fixed_3v3>;
    vddvario-supply = <&v2m_fixed_3v3>;
};

usb@2,03000000 {
    compatible = "nxp,usb-isp1761";
    reg = <2 0x03000000 0x20000>;
    interrupts = <16>;
```

```
arch/arm/boot/dts/vexpress-v2m-rs1.dtsi
/* 有关的驱动写法，drivers/net/ethernet/smsc/smsc911x.c */
    if (of_get_property(np, "smsc,irq-active-high", NULL))
        config->irq_polarity = SMSC911X_IRQ_POLARITY_ACTIVE_HIGH;
    if (of_get_property(np, "smsc,irq-push-pull", NULL))
        config->irq_type = SMSC911X_IRQ_TYPE_PUSH_PULL;
    if (of_get_property(np, "smsc,force-internal-phy", NULL))
        config->flags |= SMSC911X_FORCE_INTERNAL_PHY;
    if (of_get_property(np, "smsc,force-external-phy", NULL))
        config->flags |= SMSC911X_FORCE_EXTERNAL_PHY;
    if (of_get_property(np, "smsc,save-mac-address", NULL))
        config->flags |= SMSC911X_SAVE_MAC_ADDRESS;
    return 0;
```

10.6　设备树操作常用 API

前面介绍了设备树的语法，这里主要介绍内核中提供的操作设备树的API，这些API通常都在linux-5.4.1\include\linux\of.h中声明。

如果要启用设备树，则需要将内核编译选项CONFIG_OF设置为Y。要在驱动程序中调用设备树的API，必须添加以下头文件：

```
#include <linux/of.h>
#include <linux/of_device.h>
```

下面我们对常用的结构体和函数进行介绍。

10.6.1　device_node

在内核中用下面的结构描述设备树中的一个节点，后面的API都需要一个device_node对象作为参数传入。

```
struct device_node {
    const char *name;                      //节点名
    phandle phandle;                       //设备类型
    const char *full_name;                 //全路径节点名
    struct fwnode_handle fwnode;

    struct  property *properties;
    struct  property *deadprops; /* removed properties */
    struct  device_node *parent;           //父节点指针
    struct  device_node *child;            //子节点指针
    struct  device_node *sibling;
#if defined(CONFIG_OF_KOBJ)
    struct  kobject kobj;
#endif
```

```
    unsigned long _flags;
    void*data;
#if defined(CONFIG_SPARC)
    unsigned int unique_id;
    struct of_irq_controller *irq_trans;
#endif
};
```

10.6.2 查找节点API

下面给出的几个API函数可用于查找节点。

```
/**
 * of_find_compatible_node - 通过compatible属性查找指定节点
 * @from - 指向开始路径的节点，如果为NULL，则从根节点开始
 * @type - device_type设备类型，可以为NULL
 * @compat - 指向节点的compatible属性的值（字符串）的首地址
 * 成功：得到节点的首地址；失败：NULL
 */
struct device_node *of_find_compatible_node(struct device_node *from,const char
*type, const char *compat);
/**
 * of_find_matching_node - 通过compatible属性查找指定节点
 * @from - 指向开始路径的节点，如果为NULL，则从根节点开始
 * @matches - 指向设备ID表，注意ID表必须以NULL结束
 * 范例:   const struct of_device_id mydemo_of_match[] = {
              { .compatible = "fs4412,mydemo", },
              {}
          };
 * 成功：得到节点的首地址；失败：NULL
 */
struct device_node *of_find_matching_node(struct device_node *from,const struct
of_device_id *matches);
/**
 * of_find_node_by_path - 通过路径查找指定节点
 * @path - 带全路径的节点名，也可以是节点的别名
 * 成功：得到节点的首地址；失败：NULL
 */
struct device_node *of_find_node_by_path(const char *path);
/**
 * of_find_node_by_name - 通过节点名查找指定节点
 * @from - 开始查找节点，如果为NULL，则从根节点开始
 * @name- 节点名
 *  成功：得到节点的首地址；失败：NULL
 */
struct device_node *of_find_node_by_name(struct device_node *from,const char
*name);
```

10.6.3 提取通用属性API

下面给出的几个API函数可用于提取通用属性。

```
/**
 * of_find_property - 提取指定属性的值
 * @np - 设备节点指针
 * @name - 属性名称
 * @lenp - 属性值的字节数
 * 成功：属性值的首地址；失败：NULL
 */
struct property *of_find_property(const struct device_node *np, const char *name,
int *lenp);
/**
 * of_property_count_elems_of_size - 得到属性值中数据的数量
 * @np - 设备节点指针
 * @propname  - 属性名称
 * @elem_size - 每个数据的单位（字节数）
 * 成功：属性值的数据个数；失败：负数，绝对值是错误码
 */
int of_property_count_elems_of_size(const struct device_node *np,const char
*propname, int elem_size);
/**
 * of_property_read_u32_index - 得到属性值中指定标号的32位数据值
 * @np - 设备节点指针
 * @propname  - 属性名称
 * @index   - 属性值中指定数据的标号
 * @out_value - 输出参数，得到指定数据的值
 * 成功：0；失败：负数，绝对值是错误码
 */
int of_property_read_u32_index(const struct device_node *np, const char *propname,
u32 index, u32 *out_value);
/**
 * of_property_read_string - 提取字符串（属性值）
 * @np - 设备节点指针
 * @propname  - 属性名称
 * @out_string - 输出参数，指向字符串（属性值）
 * 成功：0；失败：负数，绝对值是错误码
 */
int of_property_read_string(struct device_node *np, const char *propname, const char
**out_string);
```

10.6.4　提取addr属性API

下面给出的几个API函数可用于提取addr属性。

```
/**
 * of_n_addr_cells - 提取默认属性#address-cells的值
 * @np - 设备节点指针
 * 成功：地址的数量；失败：负数，绝对值是错误码
 */
int of_n_addr_cells(struct device_node *np);
/**
 * of_n_size_cells - 提取默认属性#size-cells的值
 * @np - 设备节点指针
```

```
    * 成功：地址长度的数量；失败：负数，绝对值是错误码
    */
   int of_n_size_cells(struct device_node *np);
   /**
    * of_get_address - 提取I/O口地址
    * @np - 设备节点指针
    * @index - 地址的标号
    * @size - 输出参数，I/O口地址的长度
    * @flags - 输出参数，类型（IORESOURCE_IO、IORESOURCE_MEM）
    * 成功：I/O口地址的首地址；失败：NULL
    */
   __be32 *of_get_address(struct device_node *dev, int index, u64 *size, unsigned int
*flags);
   /**
    * of_translate_address - 从设备树中提取I/O口地址转换成物理地址
    * @np - 设备节点指针
    * @in_addr - 设备树提取的I/O地址
    * 成功：物理地址；失败：OF_BAD_ADDR
    */
   u64 of_translate_address(struct device_node *dev, const __be32 *in_addr);
   /**
    * of_iomap - 提取I/O口地址并映射成虚拟地址
    * @np - 设备节点指针
    * @index - I/O地址的标号
    * 成功：映射好虚拟地址；失败：NULL
    */
   void __iomem *of_iomap(struct device_node *np, int index);
   /**
    * 功能：提取I/O口地址并申请I/O资源及映射成虚拟地址
    * @np - 设备节点指针
    * @index - I/O地址的标号
    * @name - 设备名，申请I/O地址时使用
    * 成功：映射好虚拟地址；失败：NULL
    */
   void __iomem *of_io_request_and_map(struct device_node *np, int index, const char
*name);
```

10.6.5　提取resource属性API

下面给出的12个API函数可用于提取resource属性。

```
   /**
    * of_address_to_resource - 从设备树中提取资源resource（I/O地址）
    * @np - 设备节点指针
    * @index - I/O地址资源的标号
    * @r - 输出参数，指向资源resource（I/O地址）
    * 成功：0；失败：负数，绝对值是错误码
    */
   int of_address_to_resource(struct device_node *dev, int index, struct resource *r);
```

10.6.6　提取GPIO属性API

下面给出的函数可用于提取GPIO属性。

```
/**
 * include/of_gpio.h
 * of_get_named_gpio - 从设备树中提取gpio口
 * @np - 设备节点指针
 * @propname - 属性名
 * @index - gpio口引脚标号
 * 成功：得到GPIO口编号；失败：负数，绝对值是错误码
 */
int of_get_named_gpio(struct device_node *np, const char *propname, int index);
```

10.6.7　提取irq属性API

下面给出的函数可用于提取irq属性。

```
/**
 * of_irq_count从设备树中提取中断的数量
 * @np - 设备节点指针
 * 成功：大于或等于0，实际中断数量，0则表示没有中断
 */
int of_irq_count(struct device_node *dev);
/**
 * of_irq_get - 从设备树中提取中断号
 * @np - 设备节点指针
 * @index - 要提取的中断号的标号
 * 成功：中断号；失败：负数，其绝对值是错误码
 */
int of_irq_get(struct device_node *dev, int index);
```

10.6.8　从设备树中提取MAC地址

下面给出的函数可用于从设备树中提取MAC地址。

```
/**
 * of_get_mac_address - 从设备树中提取MAC地址
 * @np - 设备节点指针
 * @成功：MAC（6字节）的首地址；失败：NULL
 */
void *of_get_mac_address(struct device_node *np);
```

10.7　编写设备树并编译

本节中，我们将编辑一个DTS文件，然后用DTC工具将其编译为DTB文件。首先要安装用来编译设备树的工具DTC，在命令行下输入命令：

```
apt install device-tree-compiler
```

　　稍等片刻，安装完成，此后可以使用DTC了。设备树编译工具有了，接下来需要编译一下DTS文件，DTS文件用来描述开发板的设备信息。有了DTS文件，设备驱动程序可以和设备信息分离，使得内核和硬件资源描述相对独立。

【例10.1】测试DTC是否好用

　　（1）我们准备编写一个简单的DTS文件，用来测试DTC工具是否可用。在/root/下新建一个文件夹mydts，然后在里面新建一个文件test.dts，并输入如下内容：

```
/dts-v1/;
/ {
    compatible = "snps,arc";
    #address-cells = <1>;
    #size-cells = <1>;
    chosen { };
    aliases { };

    cpus {
        #address-cells = <1>;
        #size-cells = <0>;

        cpu@0 {
            device_type = "cpu";
            compatible = "riscv";
            reg = <0>;
            riscv,isa = "rv64imafdc";
            mmu-type = "riscv,none";
            i-cache-block-size = <64>;
            i-cache-size = <0x8000>;
            d-cache-block-size = <64>;
            d-cache-size = <0x8000>;
        };
    };
};
```

　　这是笔者曾经工作的时候的一个DTS文件，内容的具体含义不要管，反正我们也没有开发板，就是描述一些硬件的信息，没什么技术含量，都是硬件厂家在用户手册中定义好的，照着写就可以了。至此，保存文件，退出编辑器。

　　（2）在命令行下运行：

```
dtc -I dts -O dtb -o /root/mydts/tmp.dtb /root/mydts/test.dts
```

　　如果没有提示，就说明编译完成了。到/root/mydts/下查看，发现DTB文件编译出来了：

```
root@mypc:~/mydts# ls
test.dts  tmp.dtb
```

　　DTB文件是DTS编译后生成的二进制文件，U-boot在引导启动内核时，会读取该文件到内存中，然后在内核中读取访问。

第 11 章
I²C驱动实战

写驱动程序并不容易，倒不是说程序逻辑如何难，最重要的拦路虎是实验条件准备齐全不容易，我们学习时总不能针对每种驱动都购买相应的硬件吧。考虑到广大学生朋友没有很多资金购买开发板，为此，笔者绞尽脑汁，特地设计了基于虚拟硬件的驱动程序（也就是不使用真正的硬件），相应的驱动程序也就是虚拟驱动程序。这样的好处就是不用购买开发板，依然可以学会驱动程序架构和设计思路，以后设计真的硬件开发板驱动的时候，只需要修改一下虚拟驱动框架里面的参数或选项即可。本章先从基础的硬件驱动开始讲解，并最终用源码实现。

11.1　I²C 的基本概念

11.1.1　总线的定义

在计算体系结构中，总线（Bus）是计算机内部组件之间或计算机之间传送信息的公共通信干线，它是由导线组成的传输路径。

总线是一种电路，它是CPU、RAM、ROM、输入、输出等设备传递信息的公用通道，充当数据在计算机内传输的高速公路，示意图如图11-1所示。

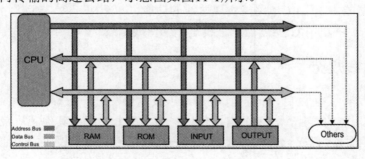

图 11-1

按照计算机所传输的信息种类，计算机的总线可以划分为数据总线、地址总线和控制总线，分别用来传输数据信息、地址信息和控制信号。

11.1.2   什么是I^{2}C

在电视机内部电路中，众多功能需要用到集成电路（IC）来实现，包括主控器件微控制器和众多外围设备器件，如PLL合成器、非易失性存储器、音频处理器、视频处理器、屏幕显示器等。这些器件相互之间要传递数据信息，就需要用导线相互连接，如此众多IC器件互连，势必导致芯片引脚、PCB走线以及连接导线数量变得庞大，错综复杂。这会导致IC芯片体积增大、功耗增大、成本增加，给IC芯片设计制造厂商带来不利影响，同时也给IC芯片应用厂商和应用工程师造成极大不便。

1982年，从事电灯泡、电剃刀、电唱机、收音机、电视机等研发制造已久的荷兰飞利浦公司，为解决电视机的上述问题，从而发明了一种集成电路互联通信电路，该电路的优点是仅用两条线就可以实现芯片之间的互联通信，使硬件电路最简化，硬件效益最大化，给芯片设计制造者和芯片应用者带来极大益处。

飞利浦公司将这种集成电路互连通信电路命名为Inter-Integrated Circuit，简称为Inter-IC，或I^{2}C（数字2为上标）。在Inter-Integrated Circuit中，Inter-表示"在……之间，相互"；Integrated Circuit简称IC，表示集成电路。Inter-Integrated Circuit直接翻译过来就是内部集成电路（DeepL翻译为互联电路，微软翻译为内部集成电路，百度翻译为内置集成电路）。应该把Inter-Integrated Circuit翻译为集成电路互连或者芯片互连，这样更符合国人习惯，更为贴切。

11.1.3   I^{2}C总线

在I^{2}C电路中，多个主机器件和从机器件之间通信时只需要用到两根导线互连，这两根导线分别为串行数据线（SDA）和串行时钟线（SCL）。I^{2}C总线连线如图11-2所示。

所有主从器件的SDA线全部连在一根线上，这些器件分时占用这根公共数据线来实现两两互传数据，SDA符合数据总线的特征；所有主从器件的SCL线全部连在一根线上，它们分时占用这根公共时钟线来实现两两互传时钟，SCL符合时钟总线的特征。

因为I^{2}C中的两根导线（SDA和SCL）构成了两根总线，所以实现了总线的功能。由于I^{2}C电路能实现总线的功能，故把I^{2}C电路称为I^{2}C总线，中文叫I^{2}C总线（I^{2}C总线是一个两线总线）。

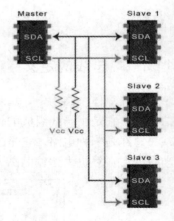

图 11-2

11.1.4   I^{2}C总线规范

飞利浦公司发明I^{2}C总线后，一方面，利用这项技术研发出了许多带有I^{2}C总线功能的芯片。这些带有I^{2}C总线功能的芯片，一部分自己使用，另一部分出售给其他芯片应用厂商；另一方面，将I^{2}C总线专利技术授权给其他芯片制造厂商，获得专利技术授权的其他芯片制造厂商把这项技术应用集成到自家的芯片中，使自家的芯片也具有I^{2}C总线功能。

飞利浦公司无论是对外出售I²C总线芯片，还是对外出售I²C总线专利技术，都要同时对外提供一套完整的技术文档和应用细则，使得具有I²C总线功能的器件有一个统一的标准，这就是I²C总线规范（I²C-bus Specification）。

最初，I²C总线规范由飞利浦半导体公司编写。后来被IEEE（Institute of Electrical and Electronics Engineers，电气和电子工程师协会）引用采纳，成为全世界的行业标准。2016年，飞利浦公司旗下的半导体事业部独立成为一个新公司，取名NXP（恩智浦）公司，NXP（恩智浦）公司现在是I²C总线规范的利益相关者。

自2006年10月10日起，I²C原始专利已过期，因此I²C总线可以自由使用，不需要支付专利费，但制造商获取NXP分配的I²C从设备地址仍然需要付费。

2017年由MIPI联盟推出的I3C规范，NXP参与并做出了贡献。MIPI I³C提供了与I²C的向后兼容性、更高的速度和更低的功耗，并且提供了免版税版本。

I²C总线是一种全世界遵循的行业标准，目前已在50多家公司生产的1000多种不同IC中应用实施。此外，通用的I²C总线用于各种控制体系结构，如系统管理总线（SMBus）、电源管理总线（PMBus）、智能平台管理接口（IPMI）、显示数据通道（DDC）和高级电信计算体系结构（ATCA）。

11.1.5　I²C总线的特点

I²C总线具有如下特点：

（1）只需要两条总线：串行数据线（SDA）和串行时钟线（SCL）。

（2）连接到总线的每个设备都是可通过唯一地址进行软件寻址的，并且始终存在简单的控制器/目标关系，控制器可以作为控制器发送器或控制器接收器运行。

（3）这是一种真正的多控制器总线，包括冲突检测和仲裁，以防止两个或更多控制器同时启动数据传输时出现数据损坏。

（4）面向8位的串行双向数据传输速率在标准模式下最高可达100 kbit/s，在快速模式下最高可达400 kbit/s，在快速增强模式下最高可达1 Mbit/s，在高速模式下最高可达3.4 Mbit/s。

（5）串行、面向8位、单向数据传输，在超快速模式下最高可达5 Mbit/s。

（6）片内滤波可抑制总线数据线上的尖峰信号，以保持数据完整性。

（7）可以连接到同一总线的IC数量仅受最大总线电容的限制。在某些条件下（如简化SCL时钟频率、增加输出驱动力、增加缓冲器件、改进上拉电阻等），可以允许更大的电容。

（8）极低的电流消耗，高抗扰度，宽电源电压范围，宽工作温度范围。

（9）硬件的最简化，给芯片设计师减轻了输出引脚的压力，给芯片应用商带来了成本降低、空间减小、测试方便、易于升级等诸多好处，为芯片应用工程师的产品开发带来灵活多样的选择方案、方便快捷的调试手段、开发周期的缩短、开发效率的提高等好处。

11.2　I²C 驱动实战

前面介绍了理论，本节要进入实战。我们准备实现一个虚拟的I²C适配器（adapter），并基于该I²C适配器挂载一个虚拟的I²C设备（device），并基于虚拟I²C适配器、I²C设备搭建一个虚拟的I²C控制器（Controller），即I²C设备，以便需要学习Linux I²C驱动模型的读者可以方便地练习I²C设备驱动（Device Driver）。总之，我们的目的有两个：

（1）当你没有开发板，又想学习I²C驱动模型，并想进行Linux I²C设备驱动的练习时。

（2）当你完成了I²C设备驱动，在硬件开发板出来之前进行I²C设备驱动的验证时。

我们知道Linux系统针对I²C控制器抽象了数据结构i2c_adapter，因此进行虚拟I²C控制器的实现，也就是实现一个i2c_adapter类型的变量，并将其注册到I²C子系统中。因我们需要模拟的是一个虚拟的I²C控制器，以及多个依附于虚拟I²C控制器的I²C设备，所以我们定义的数据结构包含I²C控制器、I²C设备两部分内容。

我们定义了数据结构体virtual_i2c_bus_t，该结构体中包含i2c_adapter类型的成员和virtual_i2c_adapter_info_t类型的成员，其中：

（1）在i2c_adapter类型的成员中，需要实现i2c_adapter->algo，由于抽象的是I²C，因此我们需要实现master_xfer接口和functionality接口。

（2）virtual_i2c_adapter_info_t结构体则主要包含一个双向链表list和一个互斥量。list链表用于将所有虚拟I²C设备连接在一起，虚拟I²C设备对应的数据结构为virtual_i2c_dev_info_t，该数据结构包括node节点、虚拟I²C设备的地址addr、虚拟I²C设备对应的寄存器等。

【例11.1】实现I²C虚拟驱动

（1）分别实现virtual_i2c_controller和i2c_device_driver这两个驱动，因此新建了两个文件夹virtual_i2c_controller和i2c_device_driver。

在virtual_i2c_controller文件夹中新建virtual_i2c_controller.c，输入如下代码：

```
#include "virtual_i2c_controller.h"
static void virtual_i2c_adapter_dev_release(struct device *dev)
{

}

static struct platform_device gvirtual_i2c_master_platform_device = {
    .name = "virtual_i2c_adapter_dev",
    .id = 1,
    .dev =
    {
        .release = virtual_i2c_adapter_dev_release,
    }
};
```

```
    static int virtual_i2c_master_xfer (struct i2c_adapter *adap, struct i2c_msg *msgs,
int num)
    {
        int i = 0;
        virtual_i2c_bus_t *virtual_i2c_bus_ptr = container_of(adap, virtual_i2c_bus_t,
adapter);
        virtual_i2c_dev_info_t *vir_i2c_dev_infop = NULL;
        uint8_t .reg_addr = 0;

        for(i = 0; i < num; i++)
        {
            /*reg:8bits value:16bits*/
            list_for_each_entry(vir_i2c_dev_infop,
&(virtual_i2c_bus_ptr->virtual_dev_info.list), node)
            {
                if(vir_i2c_dev_infop->addr == msgs[i].addr)
                {
                    if(msgs[i].flags &I2C_M_RD)
                    {
                        /*read...*/
                        if(msgs[i].len == 2)
                        {
                            msgs[i].buf[0] = vir_i2c_dev_infop->
regs[vir_i2c_dev_infop->current_reg_addr]>>8;
                            msgs[i].buf[1] = vir_i2c_dev_infop->
regs[vir_i2c_dev_infop->current_reg_addr]&0x00FF;
                        }
                        else
                        return -EINVAL;
                    }
                    else
                    {
                        /*write...*/
                        reg_addr = msgs[i].buf[0];
                        if(reg_addr >= VIRTUAL_I2C_DEV_REGS_NUM)
                            return -EINVAL;
                            vir_i2c_dev_infop->current_reg_addr = reg_addr;
                            if(msgs[i].len >= 3)
                            vir_i2c_dev_infop->regs[reg_addr] = msgs[i].buf[1]<<8
|msgs[i].buf[2];
                    }
                }
            }

        }
        return num;
    }

    static u32 virtual_i2c_functionality (struct i2c_adapter * adap)
    {
        return I2C_FUNC_I2C;
```

```
    }
    static struct i2c_algorithm virtual_i2c_algo =
    {
        .master_xfer = virtual_i2c_master_xfer,
        .functionality = virtual_i2c_functionality
    };

    static struct i2c_board_info virtual_i2c_board_0 = {
        .type = "virtual_i2c_dev0",
        .addr = 0x30
    };
    static int virtual_i2c_adapter_platform_probe(struct platform_device
*platform_dev)
    {
        struct i2c_client * i2c_dev;
        virtual_i2c_bus_t *virtual_i2c_bus_ptr = NULL;

        virtual_i2c_bus_ptr = devm_kzalloc(&platform_dev->dev,
sizeof(virtual_i2c_bus_t), GFP_KERNEL);
        if (!virtual_i2c_bus_ptr)
        {
            printk("%s(): unable to alloc i2c adapter \n", __func__);
            return -EINVAL;
        }

        virtual_i2c_bus_ptr->adapter.owner = THIS_MODULE;
        strcpy(virtual_i2c_bus_ptr->adapter.name, "virtual_i2c_adapter");

        virtual_i2c_bus_ptr->adapter.algo = &virtual_i2c_algo;
        virtual_i2c_bus_ptr->adapter.class = I2C_CLASS_HWMON;
        virtual_i2c_bus_ptr->adapter.dev.parent = &platform_dev->dev;
    #ifdef CONFIG_OF
        virtual_i2c_bus_ptr->adapter.dev.of_node =
of_node_get(platform_dev->dev.of_node);
    #endif

        INIT_LIST_HEAD(&virtual_i2c_bus_ptr->virtual_dev_info.list);

        mutex_init(&virtual_i2c_bus_ptr->virtual_dev_info.virtual_i2c_mutex);
        if (i2c_add_adapter(&virtual_i2c_bus_ptr->adapter))
        {
            return -EINVAL;
        }

        platform_set_drvdata(platform_dev, virtual_i2c_bus_ptr);

        if ((i2c_dev = i2c_new_device(&virtual_i2c_bus_ptr->adapter,
&virtual_i2c_board_0)) == NULL)
        {
            printk("%s:%d add i2c device failed\n", __FUNCTION__, __LINE__);

            return -EINVAL;
        }
        else
```

```
    {
        virtual_i2c_dev_info_t *virtual_devp = devm_kzalloc(&platform_dev->dev,
sizeof(virtual_i2c_dev_info_t), GFP_KERNEL);
        if(NULL == virtual_devp)
        {
            i2c_unregister_device(i2c_dev);
            return -EINVAL;
        }
        INIT_LIST_HEAD(&virtual_devp->node);
        virtual_devp->addr = i2c_dev->addr;
        list_add_tail(&(virtual_devp->node),
&(virtual_i2c_bus_ptr->virtual_dev_info.list));
    }

    printk("%s:%d\n", __FUNCTION__, __LINE__);
    return 0;
}

static int virtual_i2c_adapter_platform_remove(struct platform_device
*platform_dev)
{
    virtual_i2c_bus_t *virtual_i2c_bus_ptr = platform_get_drvdata(platform_dev);
    printk("%s:%d\n", __FUNCTION__, __LINE__);
    i2c_del_adapter(&virtual_i2c_bus_ptr->adapter);
    printk("%s:%d\n", __FUNCTION__, __LINE__);
    return 0;
}

static struct platform_driver virtual_i2c_adapter_platform_driver = {
    .driver = {
        .name = "virtual_i2c_adapter_dev",
        .owner = THIS_MODULE,
    },
    .probe = virtual_i2c_adapter_platform_probe,
    .remove = virtual_i2c_adapter_platform_remove,
};

static int __init virtual_i2c_adapter_init(void)
{
    int ret = 0;
    ret = platform_device_register(&gvirtual_i2c_master_platform_device);
    if(ret == 0)
    {
        ret = platform_driver_register(&virtual_i2c_adapter_platform_driver);
    }
    return ret;
}

static void __exit virtual_i2c_adapter_exit(void)
{
    printk("%s:%d\n", __FUNCTION__, __LINE__);
```

```
    platform_device_unregister(&gvirtual_i2c_master_platform_device);
    printk("%s:%d\n", __FUNCTION__, __LINE__);

    platform_driver_unregister(&virtual_i2c_adapter_platform_driver);
}

module_init(virtual_i2c_adapter_init);
module_exit(virtual_i2c_adapter_exit);
MODULE_DESCRIPTION("Virtual I2c Adapter Platform Device Drivers");
MODULE_LICENSE("GPL");
MODULE_AUTHOR("zww");
```

然后新建virtual_i2c_controller.h，输入如下代码：

```
#ifndef VIRTUAL_I2C_CONTROLLER_H_
#define VIRTUAL_I2C_CONTROLLER_H_

#include <linux/fs.h>
#include <linux/init.h>
#include <linux/module.h>
#include <linux/delay.h>
...     //限于篇幅，头文件没有全部列出，具体可以参考源码
#include <linux/vmalloc.h>
#include <linux/dcache.h>
#include <linux/spi/spi.h>
#include <linux/i2c.h>

#define VIRTUAL_I2C_DEV_REGS_NUM    16

typedef struct virtual_i2c_dev_info_s
{
    struct list_head node;
    int addr;
    int current_reg_addr;
    u16 regs[VIRTUAL_I2C_DEV_REGS_NUM];
}virtual_i2c_dev_info_t;

typedef struct virtual_i2c_adapter_info_s
{
    struct list_head list;
    struct mutex virtual_i2c_mutex;
}virtual_i2c_adapter_info_t;

typedef struct virtual_i2c_bus_s
{
    virtual_i2c_adapter_info_t virtual_dev_info;
    struct i2c_adapter adapter;
}virtual_i2c_bus_t;

#endif
```

针对虚拟控制器驱动的实现主要包括如下几个步骤（借助platform驱动模型实现虚拟控制器驱动）：

（1）创建一个platform设备，用于实现与虚拟控制器驱动对应的platform设备进行匹配。

（2）创建一个platform驱动，在该驱动的probe接口中实现如下功能：

  ① 申请virtual_i2c_bus_t类型的内存空间，并设置virtual_i2c_bus_t->adapter.algo，主要设置master_xfer（virtual_i2c_master_xfer）和functionality。

  ② 调用i2c_add_adapter接口，将virtual_i2c_bus_t->adapter注册到I²C子系统中。

  ③ 调用i2c_new_device接口，创建虚拟I²C设备，并依附于上述①中创建的adapter。

  ④ 针对接口virtual_i2c_master_xfer，针对传递i2c_msg，将其与已注册到virtual_i2c_bus_t->virtual_dev_info中的虚拟I²C设备进行对比，若找到I²C地址相同的虚拟I²C设备，则进行寄存器的设置、读取寄存器的值等。

这两个文件实现了虚拟i2c_controller驱动，下面实现i2c_device驱动。

（3）在文件夹i2c_device_driver中新建文件virtual_i2cdev.c，输入如下内容：

```c
#include "virtual_i2cdev.h"

#define DEV_NAME "virtual_i2cdev"

static struct class *class_ptr;

static int virtual_i2c_dev_ctrl_open(struct inode *inode, struct file *filp)
{
    struct cdev *cdev = inode->i_cdev;
    virtual_dev_t *devp = container_of(cdev, struct __virtual_dev_s, chr_dev);

    filp->private_data = devp;

    return 0;
}

static int virtual_i2c_dev_ctrl_close(struct inode *inode, struct file *file)
{
    file->private_data  = NULL;
    return 0;
}

static int virtual_i2c_dev_set_value(virtual_dev_t *devp, virtual_i2c_dev_data_t
*infop)
{
    struct i2c_msg msg;
    uint8_t buff[4];

    if((devp == NULL) || (infop == NULL))
    {
        return -EINVAL;
    }

    /*write operation*/
    memset(&msg, 0, sizeof(msg));
    msg.addr = devp->client->addr;
    msg.buf = buff;

    buff[0] = infop->reg&0x00FF;

    msg.len = 3;
    buff[1] = infop->value>>8;
```

```
        buff[2] = infop->value&0x00FF;

        return i2c_transfer(devp->client->adapter, &msg, 1);
    }

    static int virtual_i2c_dev_get_value(virtual_dev_t *devp, virtual_i2c_dev_data_t
*infop)
    {
        struct i2c_msg msg;
        uint8_t buff[4];
        int result = 0;

        if((devp == NULL) || (infop == NULL))
        {
            return -EINVAL;
        }

        /*write operation*/
        memset(&msg, 0, sizeof(msg));
        msg.addr = devp->client->addr;
        msg.buf = buff;
        msg.flags = I2C_M_RD;
        buff[0] = infop->reg&0x00FF;

        msg.len = 3;
        //函数i2c_transfer用于进行I²C适配器和I²C设备之间的一组消息交互
        result = i2c_transfer(devp->client->adapter, &msg, 1);
        if(result == 0)
        {
            infop->value = buff[1]<<8|buff[2];
            printk("buff[1]=0x%x buff[2]=0x%x\n", buff[1], buff[2]);
        }

        return result;
    }

    /*
    board ioctl function: in this function, we can add any sub sytem ioctl case
    */
    static long virtual_i2c_dev_ctrl_ioctl(struct file *filep, unsigned int cmd,
unsigned long args)
    {
        int ret = 0;
        virtual_dev_t *devp = filep->private_data;
        virtual_i2c_dev_data_t common_cmd;

        memset(&common_cmd, 0, sizeof(virtual_i2c_dev_data_t));
        switch(cmd)
        {
            case VIRTUAL_I2C_READ_VALUE:
                if(copy_from_user(&common_cmd, (void __user *) args,
sizeof(virtual_i2c_dev_data_t)))
                {
                    printk("%s:%d\n", __FUNCTION__, __LINE__);
                    return -EFAULT;
```

```
                }
                ret = virtual_i2c_dev_get_value(devp, &common_cmd);
                if(ret != 0)
                    return ret;

                if(copy_to_user((void __user *) args, &common_cmd,
sizeof(virtual_i2c_dev_data_t)))
                {
                    printk("%s:%d\n", __FUNCTION__, __LINE__);
                    return -EFAULT;
                }
                break;
            case VIRTUAL_I2C_WRITE_VALUE:
                if(copy_from_user(&common_cmd, (void __user *) args,
sizeof(virtual_i2c_dev_data_t)))
                {
                    printk("%s:%d\n", __FUNCTION__, __LINE__);
                    return -EFAULT;
                }
                ret = virtual_i2c_dev_set_value(devp, &common_cmd);
                break;
            default:
                return -EINVAL;
        }

        return ret;
    }

    static struct file_operations virtual_i2c_dev_ops =
    {
        .owner = THIS_MODULE,
        .open = virtual_i2c_dev_ctrl_open,
        .release = virtual_i2c_dev_ctrl_close,
        .unlocked_ioctl = virtual_i2c_dev_ctrl_ioctl
    };

    static int virtual_i2c_dev_probe(struct i2c_client *client, const struct
i2c_device_id *id)
    {
        int result = -ENODEV;
        virtual_dev_t *devp;

        printk("%s:%d\n", __FUNCTION__, __LINE__);

        if (!i2c_check_functionality(client->adapter, I2C_FUNC_I2C))
            return -EIO;

        devp = kzalloc(sizeof(virtual_dev_t),GFP_KERNEL);
        if(devp == NULL)
        {
            printk(KERN_ERR"%s:Init:malloc failed\n", __FUNCTION__);
            return -ENOSPC;
        }
        memcpy(devp->name, DEV_NAME, sizeof(DEV_NAME));
```

```
        result = alloc_chrdev_region(&(devp->dev_num),0,1,devp->name);
        if(result != 0)
        {
            printk(KERN_ERR"%s: can not alloc dev_num\n", __FUNCTION__);
            goto out_err_mem;
        }

        cdev_init(&devp->chr_dev, &virtual_i2c_dev_ops);
        cdev_add(&devp->chr_dev,devp->dev_num, 1);
        class_ptr = class_create(THIS_MODULE, "virtual_i2c_dev");
        if(IS_ERR(class_ptr))
        {
            printk(KERN_ERR "%s:class_create() failed for dev_ctrl_class\n",
__FUNCTION__);
            goto out_err_class;
        }
        devp->base_dev = device_create(class_ptr, NULL, devp->dev_num, devp,
devp->name);
        if(devp->base_dev == NULL)
        {
            printk(KERN_ERR"%s:device_create failed \n", __FUNCTION__);
            goto out_err_device;
        }
        devp->client = client;
        i2c_set_clientdata(client, devp);

        printk("virtual i2c dev addr=0x%x\n",  client->addr);

        return 0;
    out_err_device:
        class_destroy(class_ptr);
        class_ptr = NULL;
    out_err_class:
        unregister_chrdev_region(devp->dev_num,1);
    out_err_mem:
        kfree(devp);
        devp = NULL;
        return result;
    }

    static int virtual_i2c_dev_remove(struct i2c_client *client)
    {
        virtual_dev_t *devp = i2c_get_clientdata(client);

        if(devp == NULL)
            return -EINVAL;

        device_del(devp->base_dev);
        cdev_del(&devp->chr_dev);
        unregister_chrdev_region(devp->dev_num,1);
        devp->base_dev = NULL;
        kfree(devp);
```

```
        devp = NULL;

        class_destroy(class_ptr);
        class_ptr = NULL;

        return 0;
}
static const struct of_device_id virtual_i2c_dev_of_match[] = {
    {
        .compatible = "virtual,virtual_i2c_dev0",
    },
    {},
};

MODULE_DEVICE_TABLE(of, virtual_i2c_dev_of_match);

static const struct i2c_device_id virtual_i2c_dev_id[] = {
    {"virtual_i2c_dev0", 0},
    {},
};

static struct i2c_driver virtual_i2c_dev_driver = {
    .driver = {
        .name = "virtual_i2c_driver",
        .of_match_table = of_match_ptr(virtual_i2c_dev_of_match),
    },
    .probe      = virtual_i2c_dev_probe,
    .remove     = virtual_i2c_dev_remove,
    .id_table   = virtual_i2c_dev_id,
};

module_i2c_driver(virtual_i2c_dev_driver);

MODULE_DESCRIPTION("virtual i2c Device Drivers");
MODULE_LICENSE("GPL");
MODULE_AUTHOR("zww");
```

通过以上两步已经实现了虚拟I²C适配器、虚拟I²C设备,现在我们就可以实现I²C设备驱动,并与I²C设备驱动进行交互。实现的流程如下:

(1)定义struct i2c_driver类型的变量,实现struct i2c_device_id和struct of_device_id类型变量的设置,赋值给struct i2c_driver中对应的成员变量,并实现struct i2c_driver中的probe接口和remove接口。

(2)在上述(1)中实现的probe接口中,我们可以实现该I²C设备对应的字符设备,应用程序即可通过操作字符设备文件来完成与虚拟I²C设备的通信。

下面新建头文件virtual_i2cdev.h,并输入如下代码:

```
//注意:限于篇幅,系统文件没有列出
typedef struct __virtual_dev_s
{
    char name[32];
    dev_t dev_num;
```

```
    struct cdev chr_dev;
    struct device *base_dev;
    struct i2c_client *client;
}virtual_dev_t;

typedef struct __virtual_i2c_dev_data_t
{
    uint8_t reg;
    uint16_t value;
}virtual_i2c_dev_data_t;

#define DEVICE_MAGIC 'b'
#define VIRTUAL_I2C_READ_VALUE          _IOR(DEVICE_MAGIC, 0x01,
virtual_i2c_dev_data_t)      /*read*/
    #define VIRTUAL_I2C_WRITE_VALUE         _IOW(DEVICE_MAGIC, 0x01,
virtual_i2c_dev_data_t)      /*write*/
```

（3）完成以上内容后，即可在应用层中，通过访问字符设备文件，从而完成对虚拟I^2C设备的访问。下面编制应用层测试程序，新建文件夹user_test，然后在user_test下新建user_test.c，并输入如下代码：

```
#include "usr_test.h"
void printf_useage(void)
{
    int i = 0 ;
    printf("Useage: ./usr_test -w/r  reg_addr -c value\n");
    printf("-w write value to reg_addr[need append -c set_regname]\n");
    printf("-r read value from reg_addr\n");
    return;
}
typedef enum
{
    OP_NONE,
    OP_READ,
    OP_WRITE
}opration_mode_e;

int main(int argc ,char *argv[])
{
    int fd;
    int ret = 0;
    int reg_addr = 0;
    int reg_val = -1;
    char ch;
    int action = 0;

    virtual_i2c_dev_data_t cmd_info;

    if (argc == 1)
    {
        printf_useage();
        exit(1);
    }
```

```
while(((ch = getopt(argc, argv, "hr:w:c:")) != -1)&&(optind <= argc))
{
    switch(ch)
    {
        case 'w':
            action = OP_WRITE;
            reg_addr = atoi(optarg);
            break;

        case 'r':
            action = OP_READ;
            reg_addr = atoi(optarg);

            break;
        case 'c':
            reg_val = atoi(optarg);
            break;
            break;
        case 'h':
            printf_useage();
            exit(1);
        default:
            printf_useage();
            exit(1);
    }
}

if(action == OP_WRITE)
{
    if(reg_val == -1)
    {
        printf("reg addr is invalid\n");
        return -1;
    }
}

memset(&cmd_info, 0, sizeof(virtual_i2c_dev_data_t));

fd = open(DEV_NAME, O_RDWR);
if(fd < 0)
{
    printf("%s:open failed\n", __FUNCTION__);
    return -1;
}

if (action == OP_NONE)
{
    printf("no action, opt error!!!\n");
    close(fd);
    return 0;
}

if (action == OP_WRITE)
{
    cmd_info.reg = reg_addr;
    cmd_info.value = reg_val;
```

```
        ret = ioctl(fd, VIRTUAL_I2C_WRITE_VALUE, &cmd_info);
        if(ret < 0)
        {
            printf("%s:set reg[%d] value failed\n", __FUNCTION__, cmd_info.reg);
        }
        else
        {
            printf("%s:set reg[%d] value success\n", __FUNCTION__, cmd_info.reg);
        }
    }
    else if (action == OP_READ)
    {
        cmd_info.reg = reg_addr;
        cmd_info.value = 0;

        ret = ioctl(fd, VIRTUAL_I2C_READ_VALUE, &cmd_info);
        if(ret < 0)
        {
            printf("%s:get reg[%d] value failed\n", __FUNCTION__, cmd_info.reg);
        }
        else
        {
            printf("%s:reg[%d]=0x%x \n", __FUNCTION__, cmd_info.reg,
cmd_info.value);
        }
    }

    close(fd);

    return 0;
}
```

代码逻辑很简单，也就是打开设备，然后进行读写。

（4）准备编译。我们把文件夹user_test、virtual_i2c_controller和i2c_device_driver放到一个i2c文件夹中，并在i2c文件夹中新建一个Makefile，内容如下：

```
BUILD_DIRS = i2c_device_driver  user_test  virtual_i2c_controller
HOST_MKDIR=mkdir -p
HOST_INSTALL=install

IMAGES_DIR=$(shell pwd)/images
export IMAGES_DIR HOST_MKDIR HOST_INSTALL

all:
    @$(foreach dir, $(BUILD_DIRS), $(MAKE) -C $(dir) || exit 1;)

install:
    $(if $(wildcard $(IMAGES_DIR)), , $(HOST_MKDIR) $(IMAGES_DIR))
    @$(foreach dir, $(BUILD_DIRS), $(MAKE) -C $(dir) install || exit 1;)

clean:
    @$(foreach dir, $(BUILD_DIRS), $(MAKE) -C $(dir) clean || exit 1;)
    rm -rf $(IMAGES_DIR)

.PHONY:all install clean
```

这样可以在i2c文件夹下直接编译。注意：3个子文件夹下也是各有各的Makefile的，这里限于篇幅，它们的内容不再列出。

在命令行下进入i2c文件夹，然后输入make进行编译，编译结果如下：

```
root@mypc:~/ex/i2c# make
make[1]: 进入目录"/root/ex/i2c/i2c_device_driver"
make -C /lib/modules/5.4.0-42-generic/build M=/root/ex/i2c/i2c_device_driver
modules
make[2]: 进入目录"/usr/src/linux-headers-5.4.0-42-generic"
  CC [M]  /root/ex/i2c/i2c_device_driver/virtual_i2cdev.o
  Building modules, stage 2.
  MODPOST 1 modules
  CC [M]  /root/ex/i2c/i2c_device_driver/virtual_i2cdev.mod.o
  LD [M]  /root/ex/i2c/i2c_device_driver/virtual_i2cdev.ko
make[2]: 离开目录"/usr/src/linux-headers-5.4.0-42-generic"
make[1]: 离开目录"/root/ex/i2c/i2c_device_driver"
make[1]: 进入目录"/root/ex/i2c/user_test"
make[1]: 对all无须做任何事
make[1]: 离开目录"/root/ex/i2c/user_test"
make[1]: 进入目录"/root/ex/i2c/virtual_i2c_controller"
make -C /lib/modules/5.4.0-42-generic/build M=/root/ex/i2c/virtual_i2c_controller
modules
make[2]: 进入目录"/usr/src/linux-headers-5.4.0-42-generic"
  CC [M]  /root/ex/i2c/virtual_i2c_controller/virtual_i2c_controller.o
  Building modules, stage 2.
  MODPOST 1 modules
  CC [M]  /root/ex/i2c/virtual_i2c_controller/virtual_i2c_controller.mod.o
  LD [M]  /root/ex/i2c/virtual_i2c_controller/virtual_i2c_controller.ko
make[2]: 离开目录"/usr/src/linux-headers-5.4.0-42-generic"
make[1]: 离开目录"/root/ex/i2c/virtual_i2c_controller"
root@mypc:~/ex/i2c#
```

此时，会在virtual_i2c_controller和i2c_device_driver下生成.ko文件，并在user_test下生成可执行文件user_test。

进入文件夹virtual_i2c_controller，加载驱动：

```
insmod virtual_i2c_controller.ko
```

再进入文件夹i2c_device_driver/，加载驱动：

```
insmod virtual_i2cdev.ko
```

然后进入文件夹usr_test，运行usr_test，运行结果如下：

```
# ./usr_test -w 10 -c t
main:set reg[10] value success
```

至此，在寄存器10位置设置值（t）成功。当然，我们的虚拟驱动主要是为了演示编程框架和流程。

第 **12** 章

SPI驱动实战

在第11章中，我们已经完成了虚拟I²C控制器的模拟，本章准备完成一个虚拟SPI（Serial Peripheral Interface）控制器，本章的流程和第11章类似。

以下两个场景我们经常会碰到：

（1）学生买不起开发板，但又想学习SPI驱动模型，并且想进行Linux SPI Device Driver 的练习。

（2）工作中，硬件开发板的制作还没有完成，而你已经完成了SPI Device Driver，并需要验证。

这个时候，如果有一个虚拟的SPI控制器，那么就可以轻松应对这2个场景。

SPI是由摩托罗拉（Motorola）公司开发的全双工同步串行总线，是微控制单元（Micro Controller Unit, MCU）和外围设备之间进行通信的同步串行端口，主要包括EEPROM、Flash、实时时钟（Real Time Clock, RTC）、模数转换器（Analog to Digital Converter, ADC）、网络控制器、微控制单元、数字信号处理器（Digital Signal Processor, DSP）以及数字信号解码器等。

12.1 SPI 概述

12.1.1 什么是SPI

SPI是一种嵌入式系统中应用广泛的同步串行通信、主从架构式总线接口。SPI总线是硬件上用得比较多的一种串行总线，高速传输，无应答，无校验。它在20世纪80年代由摩托罗拉开发，已成为事实标准。这句话里有几个关键点：同步、串行、通信、主从、总线。SPI系统可直接与各个厂家生产的多种标准外围器件直接接口。标准的SPI需要4根信号线：

（1）主机输出/从机输入数据线，也称MOSI线。MOSI的意思是Master Out Slave In，即Master输出，Slave输入，由Master向Slave发送数据的通道。

（2）主机输入/从机输出数据线，也称MISO线。MISO的意思是Master In Slave Out，即Master输入，Slave输出，由Slave向Master发送数据的通道。

（3）低电平有效的从机选择线，也称SS线。SS表示Slave Select，从设备选择，也称片选，Master通过拉低Slave的片选信号选择Slave。从设备片选信号由主设备控制。它的功能是用来作为"片选引脚"，也就是选择指定的从设备，让主设备可以单独地与特定的从设备通信，避免数据线上的冲突。

（4）串行时钟线，也称SCK线。SCK的意思是Serial Clock，串行时钟。SCK线就是传输时钟的信号线，时钟信号由Master产生，类似于I^2C的SCL。

SPI数据传输原理如图12-1所示。

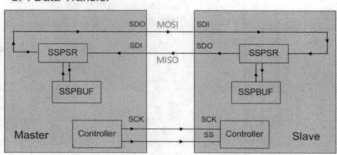

图 12-1

其中，Master表示主设备；Slave表示从设备；SDO表示Serial Data Output，即串行数据输出；SDI表示Serial Data Input，即串行数据输入；MOSI表示Master Output Slave Input，即主设备数据输出/从设备数据输入；MISO表示Master Input Slave Output，即主设备数据输入/从设备数据输入；SCK表示Serial Clock，即串行时钟；SSPBUF表示Synchronous Serial Port Buffer，即同步串行端口缓冲器；SSPSR表示Synchronous Serial Port Register，同步串行端口寄存器。SS表示Slave Select，即选择从设备，也称片选。这图12-1中，MISO和MISO代表数据线，SDI和SDO代表芯片引脚。

这里有些人会把SDI/SDO和MOSI/MISO弄混。笔者的理解是具体看芯片手册，如果标的是SDI/SDO，则是固定了输入输出脚。当该芯片作为主机（Master）时，SDI就是MISO，SDO就是MOSI。当作为从机（Slave）时，SDI就是MOSI，SDO就是MISO。SPI比较混乱，主要是没有标准的协议，只有moto（摩托罗拉公司）制定的事实标准。所以衍生出了多个版本，但没有本质的差异。比如有的文献上还会出现图12-2和图12-3。

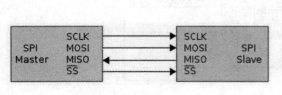

图 12-2

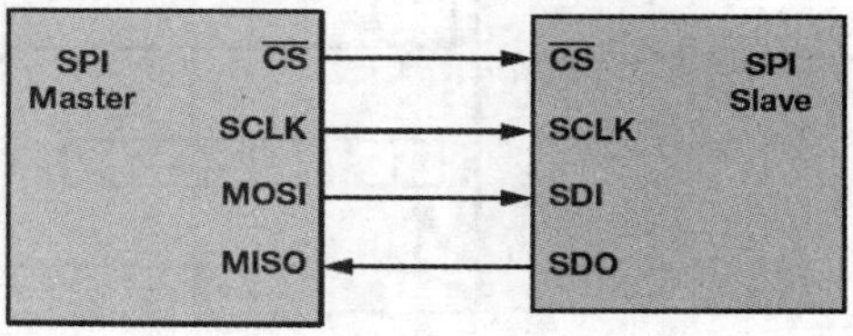

图 12-3

SPI Master是指SPI主设备，它是产生时钟信号的器件，通常就是带有SPI接口的MCU。SPI Slave表示从设备，也就是待操作的芯片，比如ST公司的L9826芯片。

或许读者会惊讶，怎么MISO和MOSI代表引脚了。读者不必惊讶，有的资料还会出现主设备的引脚用MOSI/MISO表示，从设备的引脚用SDI/SDO表示，可谓五花八门。不必追究谁对谁错，习惯就好，本来就没有公认标准，只要知道输入、输出以及方向即可，一切都以你要使用的芯片和芯片手册上的规定为准。关键是看具体的芯片手册时能明白含义即可，比如ST公司的L9826，它的引脚图中就用SDI和SDO表示引脚，如图12-4所示。

L9826是用于电阻和电感负载的八通道低侧驱动器，具有串行/并行输入控制、输出保护和诊断。总之一句话，具体引脚叫什么不要紧，我们的目的是在看芯片手册时，能明白其含义，知道输入、输出以及方向（主到从，还是从到主），这样在设计电路的时候，就不会出错了。

另外要注意，SPI接口只能有一个主机，但可以有一个或多个从机，比如图12-5是一个主设备对应3个从设备。

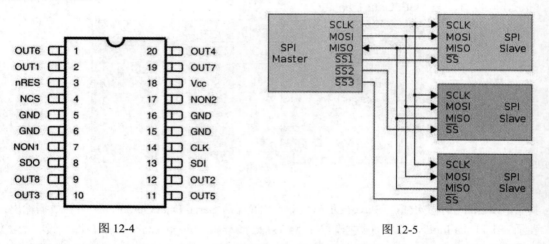

图 12-4   图 12-5

同一时刻只有一个从设备（Slave）可以与主设备（Master）通信，具体和哪个从设备通信，就得靠片选，即当SPI主设备想读/写从设备时，它会拉低从设备对应的SS线（SS是低电平有效），表示将与该从设备进行通信。

选择从设备后，就可以传输数据了。SPI的工作基于移位寄存器，工作过程就像一个环形传送带，由主设备逐位将数据放在传送带上，并驱动传送带将数据传送到从设备，同时从设备也会同步逐位将数据传送给主设备。简单地理解，可以认为是数据交换，主设备向从设备发送多少位数据，就可以由从设备收到多少位数据，如图12-6所示。

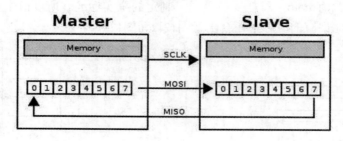

图 12-6

SPI是事实标准，没有被任何国际委员会承认，这样导致协议在一些地方并没有规定死，一方面使得协议比较灵活，可由厂商来自行定制；另一方面会造成一些混乱。比如：

- 字长：不同的字长是很常见的，常见的是 8bit 或者 16bit。
- 字节序：MSB 优先还是 LSB 优先。
- 片选：片选高有效或者低有效（常见的是低有效），有时一个主设备、一个从设备不需要片选信号。
- 信号线：标准是 4 根信号线，可能无片选信号，只读（无 MOSI），只写（无 MISO）。
- 时钟：SCK 信号空闲时为高还是低。
- 采样：第一个跳变沿采样，还是第二个跳变沿采样，因为 SPI 的数据输入和输出线独立，所以允许同时完成数据的输入和输出，不同的 SPI 设备的实现方式不尽相同，主要是数据改变和采集的时间不同，在时钟信号上沿或下沿采集有不同定义，具体请参考相关器件的数据手册（常见的是在一个时钟沿发送数据到 MOSI 线上，下一个时钟沿从 MISO 线接收数据）。所谓采样，就是把连续信号转换成离散信号。

SPI是一个环形的总线结构，在SCLK的控制下，两个双向移位寄存器进行数据交换。主机和从机在交换数据的时候涉及一个问题，即主机在什么时刻输出到MOSI上，而从机在什么时刻采样这个数据，或者从机什么时刻输出到MISO上，而主机什么时刻采样这个数据。同步通信的一个特点就是所有数据的变化和采样都是伴随着时钟沿进行的，也就是说数据总是在时钟的边沿附近变化或被采样，而一个完整的时钟周期必定包含一个上升沿和一个下降沿，只是这两个沿的先后并无规定。又因为数据从产生到它稳定需要一定的时间，如果主机在上升沿输出数据到MOSI，从机就只能在下降沿采样这个数据。反之，如果一方在下降沿输出数据，另一方就必须在上升沿采样这个数据。

12.1.2　SPI工作模式

SPI有4种工作模式，通过时钟极性（CPOL）和时钟相位（CPHA）的搭配来得到4种工作模式：

（1）CPOL=0，串行时钟空闲状态为低电平。
（2）CPOL=1，串行时钟空闲状态为高电平。
（3）CPHA=0，串行时钟的第一个跳变沿（上升沿或下降沿）采集数据。
（4）CPHA=1，串行时钟的第二个跳变沿（上升沿或下降沿）采集数据。

这4种模式还可以用符号来表示，如图12-7所示。

Mode 0	CPOL=0, CPHA=0
Mode 1	CPOL=0, CPHA=1
Mode 2	CPOL=1, CPHA=0
Mode 3	CPOL=1, CPHA=1

图 12-7

示例波形图如图12-8所示。

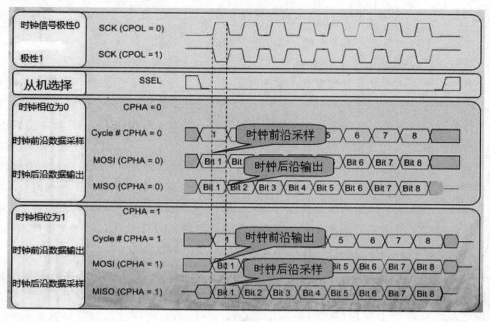

图 12-8

12.1.3　SPI 传输机制

主机和从机都有一个串行移位寄存器，主机通过向它的SPI串行寄存器写入一字节来发起一次传输。寄存器通过MOSI信号线将字节传送给从机，从机也将自己的移位寄存器中的内容通过MISO信号线返回给主机。这样，两个移位寄存器中的内容就被交换，如图12-9所示。

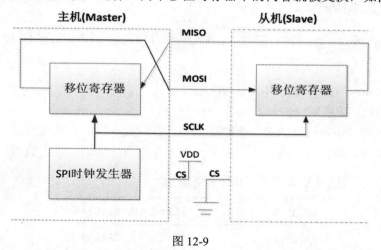

图 12-9

外设的写操作和读操作是同步完成的。如果只进行写操作，主机只需忽略接收到的字节；反之，若主机要读取从机的一字节，则必须发送一个空字节来引发从机的传输。波形图如图12-10所示。

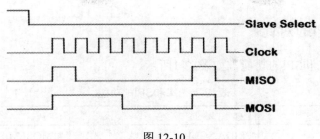

图 12-10

虽然SPI四线制支持读写同时进行，但实际上我们很多时候并不需要既读又写，例如以下两种情况。

1. 主机向从机写数据

主机先发送8 bits，第一个bit为0代表这次主机是想写数据到从机，AD6～AD0表示要写的寄存器地址。然后，主机就会一直写下去。在这期间SDO一直没用，一直是高阻态，算是一直读到1，如图12-11所示。

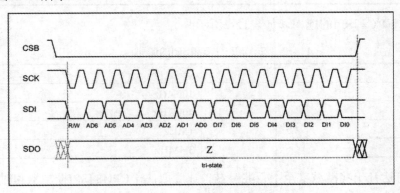

图 12-11

2. 主机从从机读数据

这种情况下，主机先发送8 bits，第一位为1代表这次是读，然后AD6～AD0是想要读的寄存器地址，SDO开始返回数据，如图12-12所示。

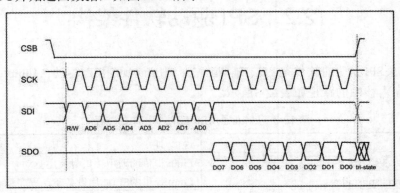

图 12-12

12.1.4　I²C和SPI的对比

我们对比一下I²C和SPI的功能，如表12-1所示。

表12-1　I²C和SPI的功能

功　　能	I²C	SPI
线数	2(SDA,SCL)	4(MOSI,MISO,SCLK,CS)
主机数量	≥1	==1
类型	半双工	全双工
回应机制	yes	no
速度	≤3.4Mbps	high
应用	重要数据	大量数据
流控	yes	no
设备地址	yes	no
常规用途	命令	数据

再对比一下I²C和SPI的速率，如表12-2所示。

表12-2　I²C和SPI的速率

I²C模式	速　　度
标准	100KHz
快速	400KHz
快速+	1MHz
高速	3.4MHz

SPI速率可达几十兆赫兹甚至上百兆赫兹，速度取决于CPU的SPI控制器和时钟（Clock）。比如芯片STM32F103的SPI最高支持18MHz，而imx6ull的SPI最高支持52MHz，其他芯片一般用不到更高的，因为速度越快，波形质量越不好，越容易出问题。

具体采用多大速率还和外设有关，比如EEPROM的W25Q128的SPI最高支持80MHz，ICM20608传感器的SPI最高支持8MHz。一般用在Flash上的速度会较快。

12.2　SPI 驱动软件架构

内核中有关SPI驱动的软件是封层的，首先介绍Linux通用SPI驱动（Linux Common SPI Driver），它在内核中的路径如表12-3所示。

表12-3　Linux通用SPI驱动内核中的路径

路　　径	说　　明
kernel-5.4.1/drivers/spi/spi.c	Linux提供的通用接口封装层驱动
kernel-5.4.1/drivers/spi/spidev.c	Linux提供的SPI通用设备驱动程序
kernel-5.4.1/include/linux/spi/spi.h	Linux提供的包含SPI的主要数据结构和函数

SPI控制器驱动由IC厂商提供，不同厂商命名不同，它在内核中的路径如表12-4所示。

表12-4　SPI控制器驱动在内核中的路径

路　　　径	说　　　明
kernel-5.4.1/drivers/spi/spi-mt65xx.c	MTK SPI 控制器驱动
kernel-5.4.1/drivers/spi/spi-mt65xx-dev.c	
kernel-4.14/include/linux/platform_data/spi-mt65xx.h	驱动头文件

设备树DTS相关的路径如下：

```
kernel-5.4.1/arch/arm/boot/dts/
kernel-5.4.1/arch/arm64/boot/dts/
```

以上文件对应的SPI驱动软件架构如图12-13所示。

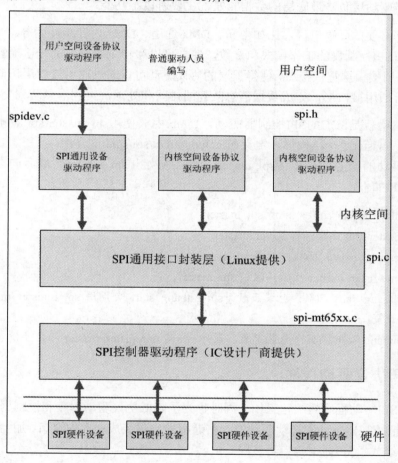

图 12-13

12.2.1　SPI通用设备驱动程序

考虑到连接在SPI控制器上的设备的可变性，在内核没有配备相应的协议驱动程序时，内核为我们准备了通用的SPI设备驱动程序，该设备驱动程序向用户空间提供了SPI的控制接口，具体的协议控制和数据传输工作交由用户空间根据具体的设备来完成。在这种方式中，只能采用同步的方式和SPI设备进行通信，所以通常用于一些数据量较少的简单SPI设备。

12.2.2　SPI控制器驱动程序

SPI控制器不用关心设备的具体功能，它只负责把上层协议驱动准备好的数据按SPI总线的时序要求发送给SPI设备，同时把从设备收到的数据返回给上层的协议驱动，因此内核把SPI控制器的驱动程序独立出来了。

SPI控制器驱动负责控制具体的控制器硬件，诸如DMA和中断操作等，因为多个上层的协议驱动可能会通过控制器请求数据传输操作，所以SPI控制器驱动同时也要负责对这些请求进行队列管理，以保证先进先出的原则。

SPI控制器驱动层负责最底层的数据收发，主要有以下功能：

（1）申请必要的硬件资源，比如中断、DMA通道、DMA内存缓冲区等。

（2）配置SPI控制器的工作模式和参数，使之可以和相应的设备进行正确的数据交换。

（3）向通用接口层提供接口，使得上层的协议驱动可以通过通用接口层访问控制器驱动。

（4）配合通用接口层，完成数据消息队列的排队和处理，直到消息队列变空为止。

SPI主机驱动就是SOC的SPI控制器驱动。Linux内核使用spi_master/spi_controller表示SPI主机驱动，spi_master是个结构体，定义在include/linux/spi/spi.h文件中。

SPI主机驱动的核心就是申请spi_master，然后初始化spi_master，最后向Linux内核注册spi_master。API如下：

- spi_alloc_master 函数：申请 spi_master。
- spi_master_put 函数：释放 spi_master。
- spi_register_master 函数：注册 spi_master。
- spi_unregister_master 函数：注销 spi_master。
- spi_bitbang_start 函数：包装函数，spi_bitbang_start 会调用 spi_register_master 函数向内核注册 spi_master。
- spi_bitbang_stop 函数：包装函数，最终会 spi_unregister_master 函数注销 spi_master。

12.2.3　SPI协议驱动程序

为了简化SPI驱动程序的编程工作，同时也为了降低协议驱动程序和控制器驱动程序的耦合程度，内核把控制器驱动和协议驱动的一些通用操作封装成标准的接口，加上一些通用的逻辑处理操作，组成了SPI通用接口封装层。

这样的好处是，对于控制器驱动程序，只要实现标准的接口回调API，并把它注册到通用接口层即可，无须直接和协议层驱动程序进行交互。而对于协议层驱动来说，只需通过通用接口层提供的API即可完成设备和驱动的注册，并通过通用接口层的API完成数据的传输即可，无须关注SPI控制器驱动的实现细节。

12.2.4 队列化

SPI数据传输可以有两种方式：同步方式和异步方式。

- 同步方式：数据传输的发起者必须等待本次传输结束，期间不能做其他事情，用代码来解释就是，调用传输的函数后，直到数据传输完成，函数才会返回。
- 异步方式：数据传输的发起者无须等待传输结束，数据传输期间还可以做其他事情，用代码来解释就是，调用传输的函数后，函数会立刻返回而不用等待数据传输完成，只需设置一个回调函数，传输完成后，该回调函数会被调用以通知发起者数据传送已经完成。

同步方式简单易用，很适合处理那些少量数据的单次传输。但是对于数据量大、次数多的传输来说，异步方式就显得更加合适。

对于SPI控制器来说，要支持异步方式必须考虑以下两种状况：

（1）对于同一个数据传输的发起者，异步方式无须等待数据传输完成即可返回，返回后，该发起者可以立刻又发起一个message，而这时上一个message还没有处理完。

（2）对于另一个不同的发起者来说，也有可能同时发起一次message传输请求。

队列化正是为了解决以上问题。所谓队列化，是指把等待传输的message放入一个等待队列中，发起一个传输操作，其实就是把对应的message按先后顺序放入一个等待队列中，系统会不断检测队列中是否有等待传输的message，如果有就不停地调度数据传输内核线程，逐个取出队列中的message进行处理，直到队列变空为止。SPI通用接口层为我们实现了队列化的基本框架。

12.3 SPI 虚拟驱动实战

针对SPI控制器而言，就是填充SPI Master结构体相关的成员变量，针对SPI Master而言，主要设置SPI Master支持的通信模式、总线号、芯片选择个数等参数，并设置进行SPI通信的接口spi_master->transfer或spi_master->transfer_one_message（新版本已使用transfer_one_message接口替换transfer接口，新版本的内核的SPI模块为每个控制器提供了kthread_worker机制，为每个SPI控制器提供了工作线程，由该工作线程进行SPI message的处理，并最终调用transfer_one_message对一个message进行处理）。

在虚拟SPI控制器的实现中，我们为该虚拟SPI控制器关联一个virtual_spi_master_info_t类型的变量，该变量中的list链表用于管理该虚拟SPI控制器上所挂载的虚拟SPI设备；我们为每个虚拟SPI设备定义了数据结构virtual_spi_dev_info_t，该结构体包括芯片选择号和寄存器地址信息。我们设置spi_master的setup接口和transfer_one_messahe接口分别为virtual_spi_master_setup和virtual_spi_transfer。其中，virtual_spi_master_setup接口中主要判断注册的虚拟SPI设备的芯片选择号是否在合理范围内，而接口virtual_spi_transfer主要处理spi_message上所有的spi_transfer信息（包括读写寄存器）。

下面实现SPI虚拟驱动。

（1）分别实现virtual_spi_controller和spi_device_driver这两个驱动，因此新建了两个文件夹virtual_spi_controller和spi_device_driver。

在virtual_spi_controller文件夹中新建virtual_spi_controller.c，输入如下代码：

```c
#include "virtual_spi_controller.h"
static struct spi_board_info virtual_spi_board_0 = {
    .modalias = "virtual_spi_dev0",
    .max_speed_hz = 16000000,
    .chip_select = 3,
    .mode = SPI_MODE_0,
};
static void virtual_spi_master_dev_release(struct device *dev)
{

}

static struct platform_device gvirtual_spi_master_platform_device = {
    .name =  "virtual_spi_master_dev",
    .id = 1,
    .dev =
    {
        .release = virtual_spi_master_dev_release,
    }
};
static int virtual_spi_master_setup(struct spi_device *spi)
{
    int ret = 0;
    if(spi->chip_select >= spi->master->num_chipselect)
    {
        printk("%s:%d invalid chip_select\n", __FUNCTION__, __LINE__);
    }
    return ret;
}
static int virtual_spi_transfer(struct spi_master *master,
        struct spi_message *msg)
{
    virtual_spi_master_info_t *nspi = spi_master_get_devdata(master);
    struct spi_transfer *t;
    virtual_spi_dev_info_t *vir_spi_dev_infop;
    int result = 0;
    u32 tr_size;
    u16 reg_addr = 0;

    list_for_each_entry(t, &msg->transfers, transfer_list) {
        tr_size = t->len;
        if((t->tx_buf && t->rx_buf)||((t->tx_buf == NULL)&&(t->rx_buf == NULL))
||(t->len < 4))
        {
```

```
                    result = -EINVAL;
                    break;
            }
            reg_addr = 0;
            if(t->tx_buf)
            {
                reg_addr |= ((u8 *)t->tx_buf)[0] << 8;
                reg_addr |= ((u8 *)t->tx_buf)[1];
            }
            else
            {
                reg_addr |= ((u8 *)t->rx_buf)[0] << 8;
                reg_addr |= ((u8 *)t->rx_buf)[1];
            }

            list_for_each_entry(vir_spi_dev_infop, &nspi->list, node)
            {
                if(vir_spi_dev_infop->chip_select == msg->spi->chip_select)
                {
                    if(reg_addr >= VIRTUAL_SPI_DEV_REGS_NUM)
                    {
                        result = -EINVAL;
                        goto done;
                    }

                    if(t->rx_buf)
                    {
                        ((u8 *)t->rx_buf)[2] = vir_spi_dev_infop->regs[reg_addr]>>8;
                        ((u8 *)t->rx_buf)[3] = vir_spi_dev_infop->regs[reg_addr]&0x00FF;
                    }
                    else
                    {
                        vir_spi_dev_infop->regs[reg_addr] = ((u8 *)t->tx_buf)[2]<<8|((u8
*)t->tx_buf)[3];
                    }
                }
            }
        }

    done:
        msg->status = result;
        spi_finalize_current_message(master);
        return result;

    }

    static int virtual_spi_master_platform_probe(struct platform_device *platform_dev)
    {
        struct spi_master *master;
        virtual_spi_master_info_t *nspi;
        struct spi_device * spi_dev;

        master = spi_alloc_master(&(platform_dev->dev),sizeof(virtual_spi_master_info_t));
        if (!master)
```

```
        {
            printk("%s: unable to alloc SPI master\n", __func__);
            return -EINVAL;
        }

        nspi = spi_master_get_devdata(master);
        master->mode_bits = SPI_CPOL | SPI_CPHA | SPI_LSB_FIRST;
        master->bus_num = -1;

        master->num_chipselect = VRIUTAL_SPI_DEV_NUM;
        master->transfer_one_message = virtual_spi_transfer;
        master->setup = virtual_spi_master_setup;
        INIT_LIST_HEAD(&nspi->list);
        if (spi_register_master(master))
        {
            return -EINVAL;
        }

        platform_set_drvdata(platform_dev, master);

        if ((spi_dev = spi_new_device(master, &virtual_spi_board_0)) == NULL)
        {
            printk("%s:%d add spi device failed\n", __FUNCTION__, __LINE__);
            return -EINVAL;
        }
        else
        {
            virtual_spi_dev_info_t *virtual_devp = kzalloc(sizeof(virtual_spi_dev_info_t),
GFP_KERNEL);
            if(NULL == virtual_devp)
            {
                spi_unregister_device(spi_dev);
                return -EINVAL;
            }

            virtual_devp->chip_select = spi_dev->chip_select;
            virtual_devp->regs[2] = 10;
            list_add_tail(&(virtual_devp->node), &(nspi->list));

        }

        return 0;
    }

    static int virtual_spi_master_platform_remove(struct platform_device
*platform_dev)
    {
        struct spi_master*master = platform_get_drvdata(platform_dev);

        spi_unregister_master(master);
        printk("%s:%d\n", __FUNCTION__, __LINE__);
        return 0;
    }

    static struct platform_driver virtual_spi_master_platform_driver = {
        .driver = {
```

```
        .name = "virtual_spi_master_dev",
        .owner = THIS_MODULE,
    },
    .probe = virtual_spi_master_platform_probe,
    .remove = virtual_spi_master_platform_remove,
};

static int __init virtual_spi_master_init(void)
{
    int ret = 0;

    ret = platform_device_register(&gvirtual_spi_master_platform_device);

    if(ret == 0)
    {
        ret = platform_driver_register(&virtual_spi_master_platform_driver);
    }

    return ret;
}

static void __exit virtual_spi_master_exit(void)
{
    printk("%s:%d\n", __FUNCTION__, __LINE__);
    platform_device_unregister(&gvirtual_spi_master_platform_device);
    printk("%s:%d\n", __FUNCTION__, __LINE__);

    platform_driver_unregister(&virtual_spi_master_platform_driver);
}

module_init(virtual_spi_master_init);
module_exit(virtual_spi_master_exit);
MODULE_DESCRIPTION("Virtual Spi Controller Device Drivers");
MODULE_LICENSE("GPL");
MODULE_AUTHOR("zww");
```

然后新建virtual_spi_controller.h，输入如下代码：

```
#ifndef VIRTUAL_SPI_CONTROLLER_H_
#define VIRTUAL_SPI_CONTROLLER_H_

#include <linux/fs.h>
//限于篇幅，大部分头文件这里省略了
#include <linux/spi/spi.h>

#define VIRTUAL_SPI_DEV_REGS_NUM    16

#define VRIUTAL_SPI_DEV_NUM      4

typedef struct virtual_spi_dev_info_s
{
    int chip_select;
    struct list_head node;
    u16 regs[VIRTUAL_SPI_DEV_REGS_NUM];
}virtual_spi_dev_info_t;

typedef struct virtual_spi_master_info_s
```

```
{
    struct list_head list;
}virtual_spi_master_info_t;

#endif
```

针对虚拟控制器驱动的实现，主要包括如下几个步骤（借助platform驱动模型实现虚拟控制器驱动）：

① 创建一个platform设备，用于实现与虚拟控制器驱动对应的platform驱动进行匹配。

② 创建一个platform驱动，在该驱动的probe接口中实现如下功能。

- 调用 spi_alloc_master 申请 spi_master 及其关联的 virtual_spi_master_info_t 类型的内存。
- 调用 spi_register_master 完成 spi_master 的注册。
- 调用 spi_new_device 向虚拟 spi_master 注册虚拟 SPI 设备。

（2）在文件夹spi_device_driver中新建文件virtual_spi_dev.c，输入如下内容：

```
#include "virtual_spi_dev.h"

static struct class *spi_ctrl_class_ptr;

static int virtual_dev_open(struct inode *inode, struct file *filp)
{
    struct cdev *cdev = inode->i_cdev;
    virtual_spi_dev_t *devp = container_of(cdev, struct __virtual_spi_dev_s,
chr_dev);
    filp->private_data = devp;

    return 0;
}

static int virtual_dev_close(struct inode *inode, struct file *file)
{
    file->private_data = NULL;
    return 0;
}

static ssize_t virtual_dev_read(struct file *filp, char *buf, size_t count, loff_t
*f_pos)
{
    int ret = 0;
    return ret;
}

static ssize_t virtual_dev_write(struct file *filp, const char *buf, size_t count,
loff_t *f_pos)
{
    int ret = 0;
    return ret;
}

static int virtual_dev_set_reg(virtual_spi_dev_t *devp, virtual_spi_ioctl_cmd_t
*cmdp)
{
```

```
        uint8_t buf[4];
        if(devp == NULL || cmdp == NULL)
            return -EINVAL;

        memset(buf, 0, sizeof(buf));
        buf[0] = cmdp->reg>>8;
        buf[1] = cmdp->reg &0x00FF;
        buf[2] = cmdp->val>>8;
        buf[3] = cmdp->val&0x00FF;

        return spi_write(devp->spi, buf, sizeof(buf));
    }

    static int virtual_dev_get_reg(virtual_spi_dev_t *devp, virtual_spi_ioctl_cmd_t
*cmdp)
    {
        int ret = 0;
        uint8_t buf[4];

        if(devp == NULL || cmdp == NULL)
            return -EINVAL;

        memset(buf, 0, sizeof(buf));
        buf[0] = cmdp->reg>>8;
        buf[1] = cmdp->reg &0x00FF;
        ret = spi_read(devp->spi, buf, sizeof(buf));

        if(ret == 0)
        {
            cmdp->val = buf[2]<<8 | buf[3];
        }

        return ret;
    }

    static long virtual_dev_ioctl(struct file *file, unsigned int cmd, unsigned long
args)
    {
        int ret = 0;
        virtual_spi_ioctl_cmd_t cmd_info;
        virtual_spi_dev_t *devp = file->private_data;

        memset(&cmd_info, 0, sizeof(virtual_spi_ioctl_cmd_t));

        switch(cmd)
        {
            case BOARD_SET_REG_VALUE:
                if(copy_from_user(&cmd_info, (void __user *)args,
sizeof(virtual_spi_ioctl_cmd_t)))
                    return -EINVAL;
                ret = virtual_dev_set_reg(devp, &cmd_info);
                break;
            case BOARD_GET_REG_VALUE:
                if(copy_from_user(&cmd_info, (void __user *)args,
sizeof(virtual_spi_ioctl_cmd_t)))
                    return -EINVAL;
```

```
                ret = virtual_dev_get_reg(devp, &cmd_info);
                if(ret != 0)
                    return ret;
                if(copy_to_user((void __user *) args, &cmd_info,
sizeof(virtual_spi_ioctl_cmd_t)))
                    return -EFAULT;
                break;
            default:
                return -1;
        }

        return ret;
    }

    static struct file_operations virtual_spi_dev_ops =
    {
        .owner = THIS_MODULE,
        .open = virtual_dev_open,
        .release = virtual_dev_close,
        .unlocked_ioctl = virtual_dev_ioctl,
        .read = virtual_dev_read,
        .write = virtual_dev_write,
    };
    static int virtual_spi_dev_probe(struct spi_device *spi)
    {
        int ret = 0;
        virtual_spi_dev_t *devp = NULL;
        uint8_t rx_buf[4];
        uint8_t tx_buf[4];
        uint16_t reg_value = 0;

        devp = kzalloc(sizeof(virtual_spi_dev_t),GFP_KERNEL);
        if(devp == NULL)
        {
            printk(KERN_ERR"%s:Init:malloc failed\n", __FUNCTION__);
            return -ENOSPC;
        }
        memcpy(devp->name, DEV_NAME, sizeof(DEV_NAME));

        devp->spi = spi;

        /*register chrdev*/
        ret = alloc_chrdev_region(&(devp->dev_num),0,1,devp->name);
        if(ret != 0)
        {
            printk(KERN_ERR"%s: can not alloc dev_num\n", __FUNCTION__);
            goto out_err_mem;
        }

        cdev_init(&devp->chr_dev, &virtual_spi_dev_ops);
        cdev_add(&devp->chr_dev,devp->dev_num, 1);

        spi_ctrl_class_ptr = class_create(THIS_MODULE, "virtual_dev_class");
        if (IS_ERR(spi_ctrl_class_ptr))
        {
```

```
        printk(KERN_ERR "%s:class_create() failed for bsr_class\n", __FUNCTION__);
        goto out_err_class;
    }

    devp->base_dev = device_create(spi_ctrl_class_ptr, NULL, devp->dev_num, devp,
devp->name);
    if(devp->base_dev == NULL)
    {
        printk(KERN_ERR"%s:device_create failed \n", __FUNCTION__);
        goto out_err_device;
    }
    mutex_init(&devp->mlock);
    spi_set_drvdata(spi, devp);

    tx_buf[0] = 0x00;
    tx_buf[1] = 0x02;
    tx_buf[2] = 0x00;
    tx_buf[3] = 0x57;
    rx_buf[0] = 0x00;
    rx_buf[1] = 0x02;
    spi_write(spi, tx_buf, sizeof(tx_buf));
    spi_read(spi, rx_buf, sizeof(rx_buf));
    reg_value = rx_buf[2]<<8 | rx_buf[3];
    printk("%s:%d reg_value=%d\n", __FUNCTION__, __LINE__, reg_value);
    return 0;

out_err_device:
    class_destroy(spi_ctrl_class_ptr);
    spi_ctrl_class_ptr = NULL;
out_err_class:
    unregister_chrdev_region(devp->dev_num,1);
out_err_mem:
    kfree(devp);
    devp = NULL;

    return ret;
}
static int virtual_spi_dev_remove(struct spi_device *spi)
{
    int ret = 0;
    virtual_spi_dev_t *devp = spi_get_drvdata(spi);

    printk("%s:module uninstalled\n", __FUNCTION__);
    device_del(devp->base_dev);
    class_destroy(spi_ctrl_class_ptr);
    cdev_del(&devp->chr_dev);
    unregister_chrdev_region(devp->dev_num,1);
    devp->base_dev = NULL;
    kfree(devp);
    devp = NULL;
    spi_ctrl_class_ptr = NULL;

    return ret;
}
```

```
static const struct of_device_id virtual_spi_dev_match[] = {
        {
         .compatible = "virtual,virtual_spi_master_dev",
         },
        {},
};
static struct spi_driver virtual_spi_dev_driver = {
        .driver = {
                .name = "virtual_spi_dev0",
                .bus = &spi_bus_type,
                .owner = THIS_MODULE,
                .of_match_table = virtual_spi_dev_match,
                },
        .probe = virtual_spi_dev_probe,
        .remove = virtual_spi_dev_remove,

};
static int __init vitual_spi_dev_init(void)
{
    int ret;

    ret = spi_register_driver(&virtual_spi_dev_driver);
    if(ret != 0)
    {
        printk("%s: spi register failed\n", __FUNCTION__);
    }

    return ret;
}
static void __exit vitual_spi_dev_exit(void)
{
    spi_unregister_driver(&virtual_spi_dev_driver);
}
module_init(vitual_spi_dev_init);
module_exit(vitual_spi_dev_exit);

MODULE_DESCRIPTION("Spi Device Driver For Virtual Spi Device");
MODULE_LICENSE("GPL");
MODULE_AUTHOR("zww");
```

下面介绍SPI设备驱动的实现流程。通过以上两步已经实现了virtual spi master、virtual spi device，现在我们就可以实现SPI设备驱动，进行SPI设备与SPI设备驱动的联系了。实现的流程如下：

① 定义spi_driver类型的变量，实现virtual_spi_dev_match类型变量的设置，并实现struc spi_driver中的probe接口、remove接口。

② 在上述①中实现的probe接口中，我们可以实现该SPI设备对应的字符设备（并实现ioctl，可实现读写寄存器命令），应用程序即可通过操作字符设备文件，从而完成与虚拟SPI设备的通信。

下面再新建virtual_spi_dev.h，添加如下代码：

```
#include <linux/module.h>
//限于篇幅，其他头文件不再列出
#include <linux/cdev.h>

#define DEV_NAME "virtual_spidev"
#define QCTEK_SPI_TRANSFER_BUF_LEN 4

typedef struct __virtual_spi_dev_s
{
    char name[32];
    struct cdev chr_dev;
    struct spi_device *spi;
    dev_t dev_num;
    struct mutex mlock;
    struct device *base_dev;
    struct class *fpga_chr_classp;
    uint8_t spi_read_buf[QCTEK_SPI_TRANSFER_BUF_LEN];
    uint8_t spi_write_buf[QCTEK_SPI_TRANSFER_BUF_LEN];
}virtual_spi_dev_t;

typedef struct __virtual_spi_ioctl_cmd_s
{
    u16 reg;
    u16 val;
}virtual_spi_ioctl_cmd_t;

#define DEVICE_MAGIC 'b'
#define BOARD_SET_REG_VALUE            _IOW(DEVICE_MAGIC, 0x01,
virtual_spi_ioctl_cmd_t)      /* set reg vaule*/
    #define BOARD_GET_REG_VALUE            _IOR(DEVICE_MAGIC, 0x02,
virtual_spi_ioctl_cmd_t)      /* get reg vaule*/
```

（3）编写应用层测试程序。对于SPI设备字符设备文件的访问，我们可以在应用层中，通过访问字符设备文件，从而完成对virtual spi device的访问。

新建文件夹user_test，并在里面新建文件user_test.c，输入如下代码：

```
#include "usr_test.h"

void printf_useage(void)
{
    int i = 0 ;

    printf("Useage: ./usr_test -w/r  reg_addr -c value\n");

    printf("-w write value to reg_addr[need append -c set_regname]\n");
    printf("-r read value from reg_addr\n");
    return;
}
typedef enum
{
    OP_NONE,
    OP_READ,
    OP_WRITE
```

```
}opration_mode_e;
int main(int argc ,char *argv[])
{
    int fd;
    int ret = 0;
    int reg_addr = 0;
    int reg_val = -1;
    char ch;
    int action = 0;

    virtual_spi_ioctl_cmd_t cmd_info;

    if (argc == 1)
    {
        printf_useage();
        exit(1);
    }

    while(((ch = getopt(argc, argv, "hr:w:c:")) != -1)&&(optind <= argc))
    {
        switch(ch)
        {
            case 'w':
                action = OP_WRITE;
                reg_addr = atoi(optarg);
                break;
            case 'r':
                action = OP_READ;
                reg_addr = atoi(optarg);

                break;
            case 'c':
                reg_val = atoi(optarg);
                break;
                break;
            case 'h':
                printf_useage();
                exit(1);
            default:
                printf_useage();
                exit(1);
        }
    }

    if(action == OP_WRITE)
    {
        if(reg_val == -1)
        {
            printf("reg addr is invalid\n");
            return -1;
        }
```

```
    }
    memset(&cmd_info, 0, sizeof(virtual_spi_ioctl_cmd_t));

    fd = open(DEV_NAME, O_RDWR);
    if(fd < 0)
    {
        printf("%s:open failed\n", __FUNCTION__);
        return -1;
    }

    if (action == OP_NONE)
    {
        printf("no action, opt error!!!\n");
        close(fd);
        return 0;
    }

    if (action == OP_WRITE)
    {
        cmd_info.reg = reg_addr;
        cmd_info.val = reg_val;
        ret = ioctl(fd, BOARD_SET_REG_VALUE, &cmd_info);
        if(ret < 0)
        {
            printf("%s:set reg[%d] value failed\n", __FUNCTION__, cmd_info.reg);
        }
        else
        {
            printf("%s:set reg[%d] value success\n", __FUNCTION__, cmd_info.reg);
        }
    }
    else if (action == OP_READ)
    {
        cmd_info.reg = reg_addr;
        cmd_info.val = 0;

        ret = ioctl(fd, BOARD_GET_REG_VALUE, &cmd_info);
        if(ret < 0)
        {
            printf("%s:get reg[%d] value failed\n", __FUNCTION__, cmd_info.reg);
        }
        else
        {
            printf("%s:reg[%d]=0x%x \n", __FUNCTION__, cmd_info.reg, cmd_info.val);
        }
    }
    close(fd);

    return 0;
}
```

逻辑很简单，就是打开设备，然后读写。最后新建usr_test.h，输入如下代码：

```
#ifndef USR_TEST_H_
#define USR_TEST_H_
#include <stdio.h>
#include <stdlib.h>
#include <string.h>
#include <sys/ioctl.h>
#include <fcntl.h>
#include <unistd.h>
#include <stdint.h>

#define DEV_NAME "/dev/virtual_spidev"

typedef struct __virtual_spi_ioctl_cmd_s
{
    uint16_t reg;
    uint16_t val;
}virtual_spi_ioctl_cmd_t;

#define DEVICE_MAGIC 'b'
#define BOARD_SET_REG_VALUE            _IOW(DEVICE_MAGIC, 0x01,
virtual_spi_ioctl_cmd_t)     /* set reg vaule*/
    #define BOARD_GET_REG_VALUE            _IOR(DEVICE_MAGIC, 0x02,
virtual_spi_ioctl_cmd_t)     /* get reg vaule*/

    #endif
```

（4）编译运行。把以上3个文件夹放到一个spi文件夹中，然后在spi文件夹中编制Makefile文件，另外在3个子文件夹中也有Makefile文件，限于篇幅，这里不再列出。最后在命令行下进入spi目录，直接make编译。如果编译成功，将在spi_device_driver文件夹下生成virtual_spi_dev.ko，并在virtual_spi_controller目录下生成virtual_spi_controller.ko，在user_test目录下生成可执行程序user_test。对这两个.ko文件进行加载：

```
insmod virtual_spi_controller.ko
insmod virtual_spi_dev.ko
```

最后在命令行下进入user_test目录，运行user_test程序：

```
# ./usr_test -w 10 -c t
main:set reg[10] value success
```

运行成功。